计算机课程改革教材——任务实训系列

Office 2007 基础教程

张　巍　总主编

王小平　林　波　林柏涛　龙天才　副总主编

张　巍　主　编

刘雪莉　主　审

電子工業出版社

Publishing House of Electronics Industry

北京·BEIJING

内 容 简 介

Office 2007是Microsoft公司推出的一款办公软件，具有丰富且强大的功能，包括文字编排功能和表格数据处理功能，以及制作精美的演示文稿功能，在电脑办公的各个领域都有广泛的应用。

本书将软件功能与行业实际应用相结合，通过不断的任务制作掌握Office 2007的3大组件Word、Excel和PowerPoint的应用并能制作一些在办公中常见的实例文稿。全书共10个模块，主要讲解Word 2007的基础知识；设置文档格式；插入和编辑文档对象；文档排版的高级操作； Excel 2007的基础知识；编辑和美化电子表格；计算和管理电子表格数据；PowerPoint 2007的基础知识；设置、放映和输出幻灯片；Office 2007协同使用。

本书适用于中职学生及社会培训人员。本书配有电子教学参考资料包，内容包括电子教案，教学指南。

图书在版编目（CIP）数据

Office 2007基础教程 / 张巍主编.—北京：电子工业出版社，2011.8
计算机课程改革教材. 任务实训系列
ISBN 978-7-121-13672-6

Ⅰ. ①O… Ⅱ. ①张… Ⅲ. ①办公自动化—应用软件，Office 2007—中等专业学校—教材 Ⅳ. ①TP317.1

中国版本图书馆CIP数据核字（2011）第101235号

策划编辑：关雅莉
责任编辑：郝黎明　　文字编辑：裴　杰
印　　刷：涿州市京南印刷厂
装　　订：涿州市桃园装订有限公司
出版发行：电子工业出版社
　　　　　北京市海淀区万寿路173信箱　　邮编100036
开　　本：787×1092　　1/16　　印张：14.5　　字数：372千字
印　　次：2011年8月第1次印刷
印　　数：4 000册　　定价：28.00元

凡所购买电子工业出版社图书有缺损问题，请向购买书店调换。若书店售缺，请与本社发行部联系，联系及邮购电话：（010）88254888。

质量投诉请发邮件至zlts@phei.com.cn，盗版侵权举报请发邮件至dbqq@phei.com.cn。

服务热线：（010）88258888。

前　言

☑丛书写作背景

中等职业教育是我国高中阶段教育的重要组成部分，而中等职业学校的教学目标是培养具有综合职业能力的高素质技能型人才，随着我国中等职业教育改革的不断深入与创新，以就业为导向、以学生为本并提倡学生全面发展的职业教育理念迅速应用到教学过程中，从而很好地完成了从重知识到重能力的转化过程。职业教育的课程特点主要体现在以下几个方面：

- 以就业为导向，满足职业发展需求；
- 以学生为本，激发学习兴趣；
- 以技能培养为主线，解决实际问题；
- 重视与实践紧密结合的项目任务和实训。

本套“中等职业学校·任务实训教程”就是顺应这种转化趋势应运而生，我们调查了多所中等职业学校，并总结了众多优秀老师的教学方式与教学思路，从而打造出以“任务驱动与上机实训相结合”的教学方式，让学生易学、易就业，让老师易教、易拓展。

☑本书的内容

Office 2007 是 Microsoft 公司推出的一款办公软件，具有丰富且强大的功能，包括文字编排功能和表格数据处理功能，以及制作精美的演示文稿功能，在电脑办公的各个领域都有广泛的应用。

我们编写的这本《Office 2007 基础》将软件功能与行业实际应用相结合，通过不断的任务制作掌握 Office 2007 的 3 大组件 Word、Excel 和 PowerPoint 的应用并能制作一些在办公中常见的实例文稿。全书共分为 10 个模块，各模块的主要内容如下。

- 模块一：主要讲解 Word 2007 的基础知识，包括 Word 2007 工作界面、Word 2007 的基本操作和在 Word 2007 中输入文本的方法等。
- 模块二：以制作“活动宣传”文档、制作“楼盘简介”文档和制作“旅行社景点介绍”文档等任务讲解设置文档格式的相关知识。
- 模块三：以制作“办公用品申领计划表文档”、制作“产品介绍文档”和制作“公司周年庆请柬文档”等任务讲解插入和编辑文档对象的相关知识。
- 模块四：以“排版公司员工手册”和“查看和修订公司员工手册”文档等任务讲解文档排版高级操作的相关知识。
- 模块五：主要讲解 Excel 2007 的基础知识，包括 Excel 2007 工作界面介绍、Excel 2007 的基本操作和在 Excel 2007 中输入数据的方法等。
- 模块六：以制作“员工年度综合评估统计表”、制作“产品入库记录电子表格”和制作“销售业绩电子表格”等任务讲解编辑和美化电子表格的相关知识。
- 模块七：以“计算产品订单金额”、“分析汽车各季度销售数量”和打印“销售业绩表”等任务讲解计算和管理电子表格数据的相关知识。

- 模块八：主要讲解 PowerPoint 2007 的基础知识，包括 PowerPoint 2007 工作界面、PowerPoint 2007 的基本操作和在 PowerPoint 2007 中插入对象的方法等。
- 模块九：以制作“员工工作管理演示文稿”、设置“管理培训演示文稿”和“放映与输出礼仪培训演示文稿”等任务讲解设置、放映和输出幻灯片的相关知识。
- 模块十：以“批量制作并打印邀请函”、“制作市场调查报告”和“制作公司年终总结会议演示文稿”等任务讲解 Office 2007 协同使用的相关知识

☑本书的特色

本书具有以下一些特色。

（1）分模块化讲解，任务目标明确

每个模块都给出了“模块介绍”和“学习目标”，便于学生了解模块介绍的相关内容并明确学习目的，然后通过完成几个任务和上机实训来学习相关操作，同时每个任务还给出了任务目标、专业背景、操作思路和操作步骤，使学生明确需要掌握的知识点和操作方法。

（2）以学生为本，注重学以致用

在任务讲解过程中，通过各种“技巧”和“提示”为学生提供了更多解决问题的方法和掌握更为全面的知识，而每个任务制作完成后通过学习与探究版块总结了相关软件知识与操作技能，并引导学生尝试如何更好、更快地完成任务以及类似任务的制作方法等。

（3）实例丰富，与企业接轨

本书的所有实例都来源于实际工作中，具有较强的代表性和可操作性，并融入了大量的职业技能元素，注重实训教学，按照实际的工作流程和工作需求来设计实例，使学生能较快地适应企业工作环境，并能获得一些设计经验与方法。

（4）边学边实践，自我提高

每个模块最后提供有大量练习题，给出了各练习的最终效果和制作思路，在进一步巩固前面所学知识基础上重点培养学生的实际动手能力，并拓展学生的思维，有利于自我提高。

☑本书的作者

本书由张巍担任总主编，王小平、林波、林柏涛、龙天才为副总主编，本书具体编写分工如下：张巍担任主编，刘雪莉担任主审，李云华、郑果、王涛担任副主编，参加编写的还有陈兴贵、邓小琴、黄永刚、贾学礼、李伟、吴祖强、颜璟。

由于编者水平有限，书中疏漏和不足之处在所难免，恳请广大读者及专家不吝赐教。为了方便教学，本书配有电子教学参考资料包，内容包括教学指南、电子教案（电子版），请有此需要的教师登录华信教育资源网（http://www.hxedu.com.cn）下载或与电子工业出版社联系（E-mail：xiaoboai@phei.com.cn）。

编者

目　录

模块一

Word 2007 的基本操作

Word 2007 是 Office 2007 办公软件中的一个组件，它具有强大的文字编排功能，利用它可以制作出日常办公中所需的各种文档，如公告、通知、说明书、宣传单等。本模块将用 3 个任务来介绍 Word 2007 的基本操作，最后以一个操作实例来介绍在 Word 中输入与编辑文本的操作。

学习目标

- 掌握启动和退出 Word 2007 的方法
- 熟悉 Word 2007 的工作界面
- 掌握 Word 文档的打开、新建、保存等基本操作
- 熟悉为文档加密和打印文档的操作
- 熟练掌握文本的输入、修改等操作

任务一　初识 Word 2007

◆ 任务目标

本任务的目标是对 Word 2007 的操作环境进行初步认识，包括启动和退出 Word 2007，认识 Word 2007 的工作界面和使用 Word 帮助系统等操作。

本任务的具体目标要求如下：

（1）掌握启动和退出 Word 2007 的方法。

（2）了解 Word 2007 的工作界面组成。

（3）了解 Word 2007 的帮助系统。

操作一　启动和退出 Word 2007

（1）执行以下任意一种操作启动 Word 2007。

- 执行“开始”→“所有程序”→“Microsoft Office”→“Microsoft Office Word 2007”菜单命令。
- 双击桌面上的快捷图标。
- 双击保存在计算机中的 Word 格式文档（.docx 或.doc 文档）。

（2）执行以下任意一种操作退出 Word 2007。

- 单击标题栏上的关闭按钮。
- 单击“Office”按钮，在弹出的下拉菜单中选择“关闭”选项或单击右下角的“退出 Word”按钮。
- 在标题栏空白处单击鼠标右键，在弹出的下拉菜单中选择“关闭”选项。
- 在工作界面中按【Alt+F4】组合键。

操作二 认识 Word 2007 的工作界面

Word 2007 与 Word 2003 的工作界面有很大的不同，Word 2007 增加了许多新功能，且界面设计更加美观，主要包括“Office”按钮、“帮助”按钮、快速访问工具栏、标题栏、功能选项卡、功能区、标尺、文档编辑区、状态栏和视图栏等部分，如图 1-1 所示。

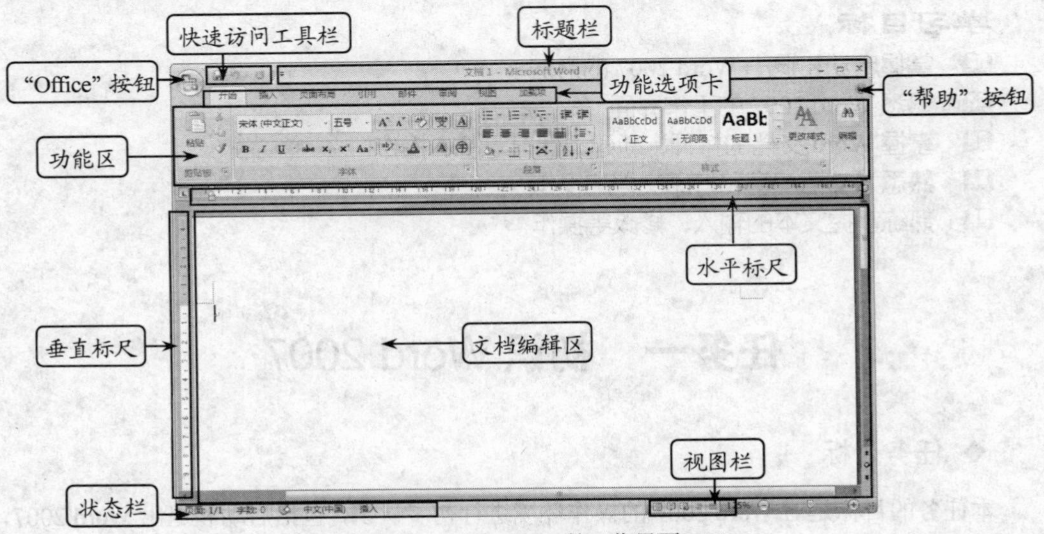

图 1-1 Word 2007 的工作界面

- “Office”按钮：位于工作界面的左上角，其功能与 Word 2003 中的“文件”菜单项功能类似，单击该按钮，在弹出的下拉菜单中包括新建、打开、保存、打印和发送文档等选项。
- 快速访问工具栏：默认情况下“快速访问”工具栏位于“Office”按钮的右侧，包括“保存”、“撤销”和“重复”按钮。单击按钮，在弹出的下拉菜单中选择常用的工具命令即可将该工具命令添加到快速访问工具栏中，也可以选择其他命令来自定义快速访问工具栏。
- 标题栏：标题栏位于窗口的最上方，用于显示正在操作的文档和程序名称等信息，右侧包括 3 个控制按钮，即“最小化”按钮、“最大化”按钮和“关闭”按钮，单击这些按钮可以执行相应的操作命令。
- “帮助”按钮：位于功能选项卡的右侧，单击该按钮可打开“Word 帮助”窗口，在其中可查找需要的帮助信息。
- 功能选项卡：类似于传统菜单命令的集合，单击各个功能选项卡，可以切换到对应的功能区。

- 功能区：集合了许多自动适应窗口大小的功能组，其中为用户提供了常用的命令按钮或列表框，某些功能组右下角显示有“对话框启动器”按钮，单击该功能按钮将打开相应的对话框或任务窗格，便于进行详细的设置。
- 标尺：位于文档编辑区的左侧和上侧，其作用是确定文档在屏幕和纸张上的位置。
- 文档编辑区：它是窗口的主要组成部分，包含编辑区和滚动条，在编辑区中闪烁的光标即是文本插入点，用于控制文本输入的位置；拖动滚动条可显示文档的其他内容。
- 状态栏：用于显示与当前工作有关的基本信息。
- 视图栏：主要用于切换文档的视图模式。

操作三　使用 Word 帮助系统

使用 Word 的帮助系统可以获取关于使用 Microsoft Office Word 的帮助信息，下面来介绍其使用方法。

（1）单击窗口右侧的“帮助”按钮，打开“Word 帮助”窗口，如图 1-2 所示。

（2）在“搜索”框中输入需要获取的帮助，单击右侧的“搜索”按钮，在下面的浏览区中将查找出与帮助相关的超级链接，单击相应的超级链接即可显示相应的内容，搜索结果如图 1-3 所示。

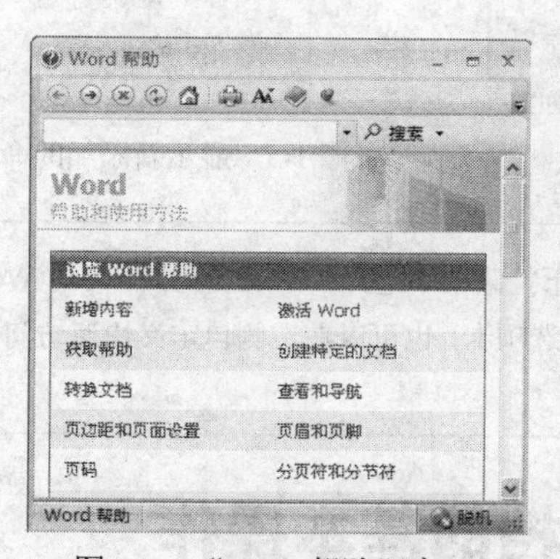

图 1-2　“Word 帮助”窗口

图 1-3　搜索结果

◆ 学习与探究

本任务介绍了 Word 2007 的基础知识，包括启动和退出 Word 2007、Word 2007 的工作界面和 Word 帮助系统。

另外，对 Word 2007 的工作界面还可以进行以下设置，以提高工作效率。

1．功能区

为了扩大文档编辑区，提高编辑和浏览速度，可以最小化功能区，有如下两种方法。

（1）单击“自定义快速访问工具栏”按钮，在弹出的下拉菜单中选择“功能区最小化”选项即可最小化功能区，若要还原功能区只需再次执行相同的操作即可。

（2）按【Ctrl+F1】组合键可以快速最小化功能区。

2．快速访问工具栏

快速访问工具栏中的按钮并不是固定的，用户可以根据需要进行相应的设置，有如下两种方法。

（1）单击“自定义快速访问工具栏”按钮，在弹出的下拉菜单中选择“在功能区下方显示”选项，将快速访问工具栏移动到功能区下方，以方便各种操作。

（2）单击“自定义快速访问工具栏”按钮，在弹出的下拉菜单中选择“其他命令”选项，打开“Word 选项”对话框，从左侧列表框中选择要添加的命令，单击“添加”按钮，右侧的列表框中将显示添加的命令，如图 1-4 所示。单击“确定”按钮，在快速访问工具栏中即可显示新添加的命令，如图 1-5 所示。

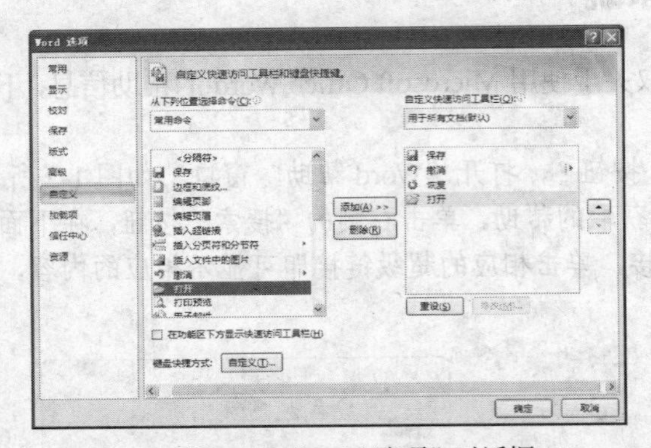

图 1-4　“Word 选项”对话框

图 1-5　显示新添加的命令

提示　单击“Office”按钮，在弹出的下拉菜单中选择“Word 选项”，可对 Word 2007 进行高级设置，单击左侧的“自定义”选项卡，也可以在右侧自定义快速访问工具栏。

任务二　Word 文档的基本操作

◆ 任务目标

本任务的目标是掌握 Word 文档的基本操作，包括文档的新建、保存、打开、关闭和打印文档，以及为文档加密等。

素材位置：模块一\素材\2010 年度春节放假通知.docx、保密协议.docx。

本任务的具体目标要求如下：

（1）掌握新建、保存、打开和关闭 Word 文档的方法。

（2）掌握打印文档的方法。

（3）了解为文档加密的方法。

操作一 新建文档

在使用 Word 2007 编辑文档前，首先需要新建一个文档。启动 Word 2007 后，程序将自动新建一个名为"文档 1"的空白文档以供使用，也可以根据需要新建其他类型的文档，如根据模板新建带有格式和内容的文档，以提高工作效率。下面来分别介绍新建 Word 文档的方法。

1．新建空白文档

（1）启动 Word 2007，打开 Word 2007 窗口。

（2）单击"Office"按钮，在弹出的下拉菜单中选择"新建"选项，打开"新建文档"对话框，如图 1-6 所示。

（3）在"模板"栏中选择"空白文档和最近使用的文档"选项，在中间的列表中选择"空白文档"选项。

（4）单击"创建"按钮，创建一个名为"文档 2"的空白文档，如图 1-7 所示。

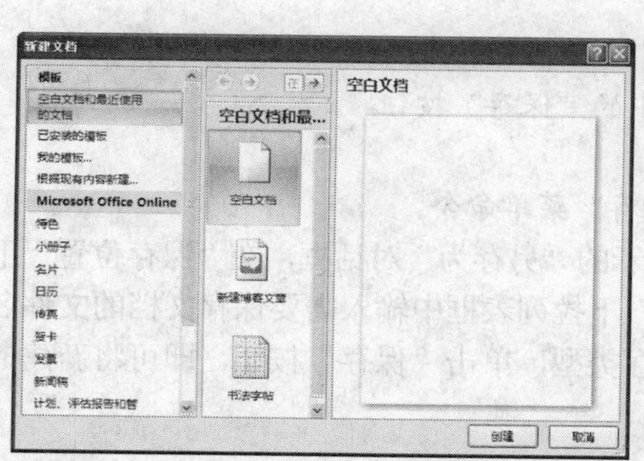

图 1-6 "新建文档"对话框

图 1-7 新建的空白文档

提示

在"新建文档"对话框的"Microsoft Office Online"栏目下有许多比较实用的文档模板，如果计算机连接了 Internet，可在其中选择任意选项，Word 将自动从 Internet 上搜索相应的模板，选择需要的模板后，再单击"下载"按钮即可将其下载到计算机中使用。

2．根据模板新建文档

（1）启动 Word 2007，执行"Office"→"新建"菜单命令，打开"新建文档"对话框。

（2）在"模板"栏中选择"已安装的模板"选项。

（3）在中间列表中选择一个模板选项，如选择"市内报告"选项，如图 1-8 所示。

（4）单击“创建”按钮，创建一个名为“文档 2”的带有模板的文档，如图 1-9 所示。

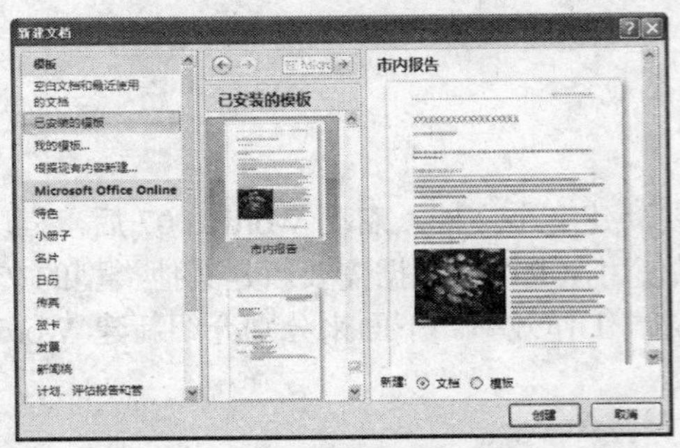

图 1-8　选择需新建的模板

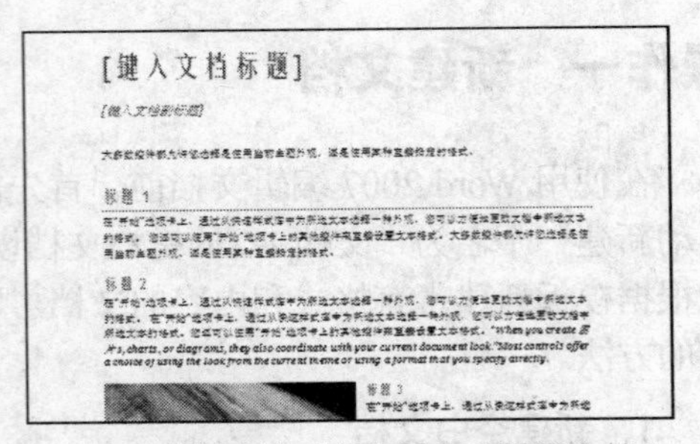

图 1-9　新建的“市内报告”模板文档

操作二　保存文档

对 Word 文档进行编辑后，需将其保存在计算机中，否则编辑的文档内容将会丢失。保存文档包括保存新建的文档、将现有的文档另存为其他文档和自动保存文档，下面分别介绍保存文档的方法。

1．保存新建的文档

保存新建的文档的方法有以下几种方法。

- 在当前文档中单击快速访问工具栏中的“保存”按钮。
- 在当前文档中按【Ctrl+S】组合键。
- 在当前文档中执行“Office”→“保存”菜单命令。

执行以上任意操作都将打开如图 1-10 所示的“另存为”对话框，在“保存位置”下拉列表框中选择文档的保存位置；在“文件名”下拉列表框中输入需要保存文档的文件名；在“保存类型”下拉列表框中选择文件的保存类型，单击“保存”按钮，即可将新建的文档保存到计算机中。

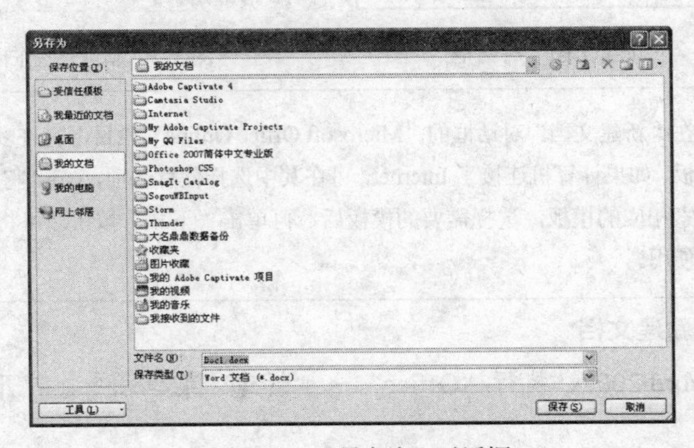

图 1-10　“另存为”对话框

2．将现有的文档另存为其他文档

下面讲解将现有的文档另存为其他文档的方法，其具体的操作步骤如下。

（1）执行“Office”→“另存为”→“Word 文档”菜单命令，打开“另存为”对话框。

（2）在该对话框中可以进行相应的设置，其中在“保存类型”下拉列表框中选择不同的选项，可以将现有的文档保存为不同类型的文档，各选项的作用如下。

- Word 97~2003 文档：Word 2007 生成的文档后缀名为“.docx”，早期的 Word 版本的后缀名为“.doc”，因此，低版本不支持由 Word 2007 生成的文档的某些功能。另存为低版本的 Word 文档能够与旧版本兼容。
- Word 模板：在需要新建具有现有文档内容的新文档时，在“新建文档”对话框中的“已安装的模板”或“我的模板”中选择即可。
- 网页：便于在 Internet 上发布 Word 文档。

（3）单击“保存”按钮，即可将现有文档保存在选择的位置。

3．设置自动保存文档

下面讲解自动保存文档的方法，其具体操作步骤如下。

（1）执行“Office”→“Word 选项”菜单命令，打开“Word 选项”对话框。

（2）在左侧的列表中选择“保存”选项。

（3）在右侧列表的“保存文档”栏中选中“保存自动恢复信息时间间隔”复选框，在其后的数值框中输入每次进行自动保存的时间间隔，这里输入“5”，如图 1-11 所示，单击“确定”按钮即可。

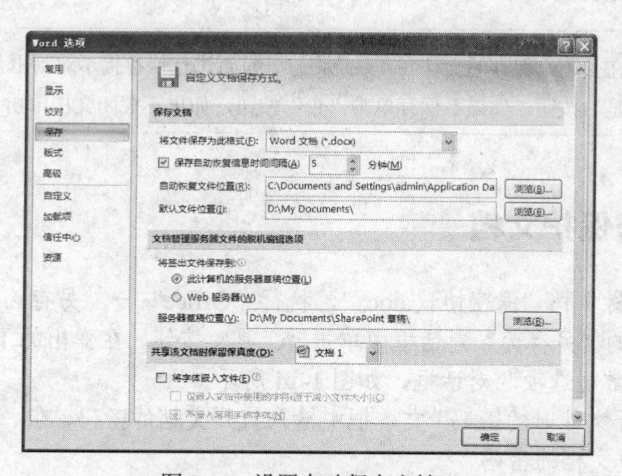

图 1-11　设置自动保存文档

操作三　打开和关闭文档

当要修改或查看计算机中已有的文档时，必须先将其打开，然后才能进行其他操作，对文档进行编辑并保存后也要将其关闭。下面打开保存在 F 盘工作文稿中的素材文档“2010 年度春节放假通知”，然后以关闭该文档为例讲解打开和关闭文档的方法。

（1）启动 Word 2007，执行“Office”→“打开”菜单命令。

（2）出现“打开”对话框，在“查找范围”下拉列表框中选择“本地磁盘（F:）”选项。

（3）在中间的列表框中双击打开“工作文稿”文件夹，并在其中选择“2010 年度春节放假通知.docx”文档，如图 1-12 所示。

（4）单击“打开”按钮，即可打开“2010 年度春节放假通知.docx”文档，如图 1-13 所示。

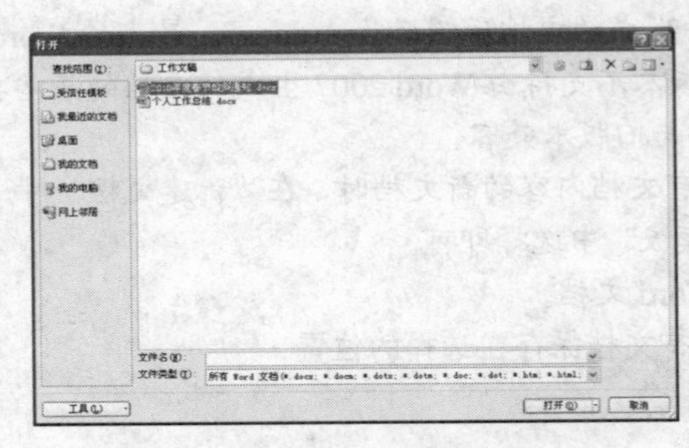

图 1-12　选择需打开的文档

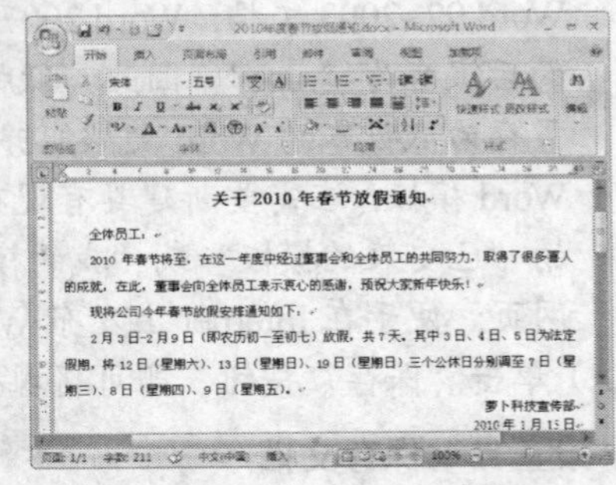

图 1-13　打开的文档

（5）执行以下任意一种操作，即可关闭打开的文档。

- 执行“Office”→“关闭”菜单命令。
- 按【Alt+F4】组合键。
- 单击标题栏右侧的“关闭”按钮×。
- 单击“Office”按钮，在弹出的下拉菜单中选择“退出 Word”选项。

提示　在关闭未保存的文档时，系统将打开是否进行保存提示对话框，如果要保存可单击“是”按钮，如果不保存单击“否”按钮，如果不关闭文档单击“取消”按钮。

操作四　加密保护文档

（1）打开素材文档“保密协议.docx”，执行“Office”→“另存为”菜单命令。

（2）在打开的“另存为”对话框中单击“工具”按钮，在弹出的下拉菜单中选择“常规选项”，打开“常规选项”对话框，如图 1-14 所示。

（3）在“打开文件时的密码”文本框中输入打开文档的密码，在“修改文件时的密码”文本框中输入修改文档的密码。

（4）单击“确定”按钮，打开“确认密码”对话框，在其中的文本框中再次输入打开文档时的密码，如图 1-15 所示。

（5）单击“确定”按钮，打开“确认密码”对话框，在其中的文本框中再次输入修改文档时的密码。

（6）单击“确定”按钮，返回“另存为”对话框，单击“保存”按钮，即可保存对文档的加密设置。

（7）当打开已设置密码的文档时，将打开“密码”对话框，在其中输入打开文档时的密码，如图 1-16 所示。单击“确定”按钮，在打开的“密码”对话框的文本框中输入修改文档时的密码，单击“确定”按钮即可打开加密保护文档。

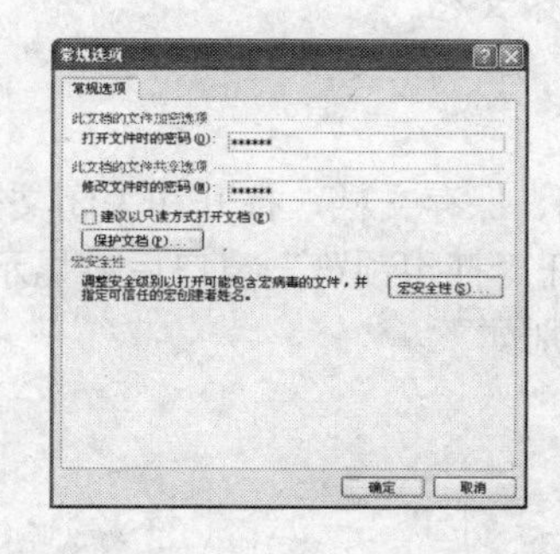

图 1-14 “常规选项”对话框

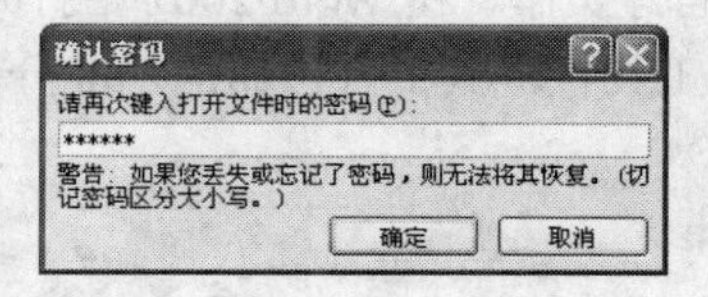

图 1-15 “确认密码”对话框

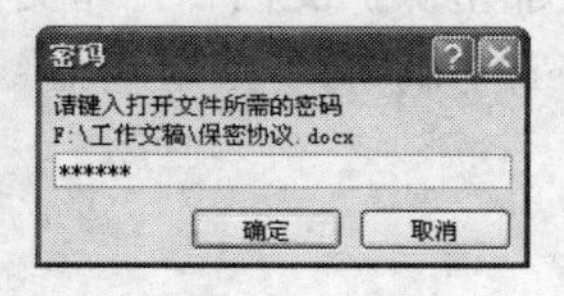

图 1-16 “密码”对话框

提示 在设置打开和修改文件的密码时，建议设置两个不同的密码以提高文档的保密性。在打开已加密的文档时，如果不知道修改密码，只能通过单击“只读”按钮来打开文档。

操作五 打印文档

（1）执行“Office”→“打印”→“打印预览”菜单命令。

（2）进入打印预览窗口，并打开“打印预览”工具栏，查看打印文档无误后，单击“关闭打印预览”按钮，退出打印预览。

（3）单击“Office”按钮，在弹出的下拉菜单中选择“打印”选项，打开如图 1-17 所示的“打印”对话框。

（4）在该对话框中可对打印机的类型、文档的打印范围、文档打印的份数、文档的缩放和打印的内容等进行设置。

（5）单击“属性”按钮，打开如图 1-18 所示打印机属性对话框，在其中选择相应的选项卡可进行相应的设置，如设置对打印机纸张的尺寸与类型、输出尺寸、送纸方向、纸盘、图像类型、水印、字体等。

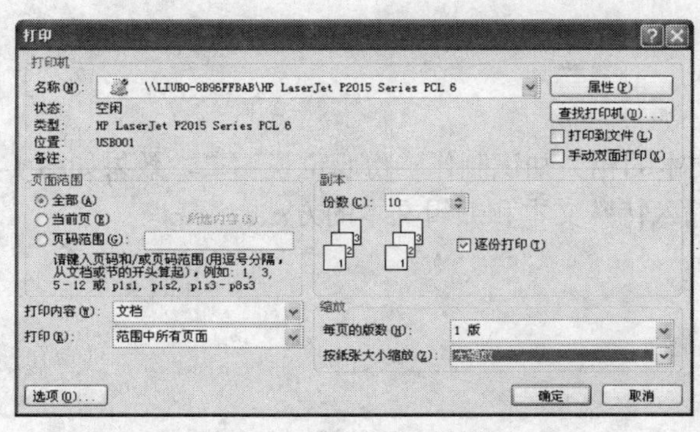

图 1-17 “打印”对话框

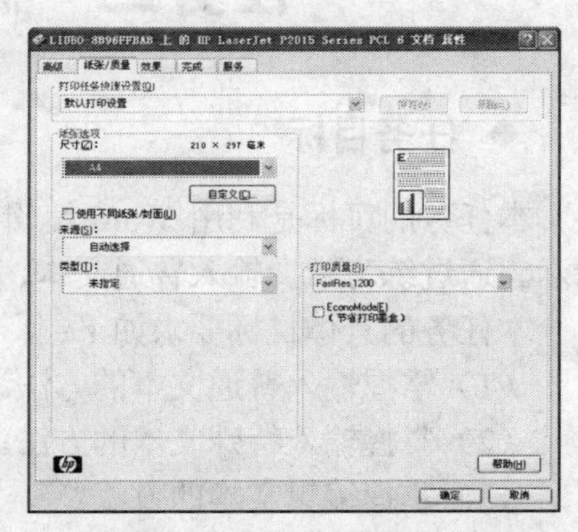

图 1-18 打印机属性对话框

（6）在“纸张/质量”选项卡中单击“自定义”按钮，打开“自定义纸张尺寸”对话框，在其中可自定义设置纸张大小。

（7）依次单击“确定”按钮，即可完成设置并开始打印文档。

◆ 学习与探究

本任务主要讲解 Word 文档的基本操作，包括新建文档、保存文档、打开和关闭文档，以及加密保护文档和打印文档等操作。在 Word 2007 中打开“打印预览”窗口后将显示如图 1-19 所示的“打印预览”工具栏，其中各按钮的功能分别如下。

图 1-19　“打印预览”工具栏

- “页边距”按钮：单击该按钮，在弹出的列表中可选择页边距的样式来确定文本在页面中放置的位置。
- “纸张方向”按钮：单击该按钮，在弹出的列表中可选择纸张横向或纵向放置。
- “纸张大小”按钮：单击该按钮，在弹出的列表中可选择纸张大小，如 A4、16 开、32 开等。
- “显示比例”按钮：单击该按钮，在打开的对话框中可选择页面的显示百分比。
- “单页”按钮和“双页”按钮：单击该按钮，可设置在打印预览窗口显示一页或两页文档。
- “页宽”按钮：单击该按钮可改变页面宽度，使页面宽度和窗口宽度保持一致。
- “放大镜”复选框：选中该复选框后鼠标指针将变为形状，单击鼠标可放大预览文档的显示效果，此时鼠标指针变为形状，单击鼠标可缩小预览文档的显示大小；取消对该复选框的选择可将插入点定位在文档中对文本进行修改。
- “关闭打印预览”按钮：单击该按钮将退出打印预览状态。

任务三　制作职位说明书文档

◆ 任务目标

本任务的目标是利用 Word 编辑文本的相关知识制作一份职位说明书，效果如图 1-20 所示。通过练习掌握输入普通文本、输入特殊文本和编辑文本的方法。

本任务的具体目标要求如下：

（1）掌握输入普通文本的方法。

（2）掌握输入特殊文本的方法。

（3）掌握编辑文本的方法。

（4）掌握查找和替换文本的方法。

效果图位置：模块一\源文件\职位说明书.docx。

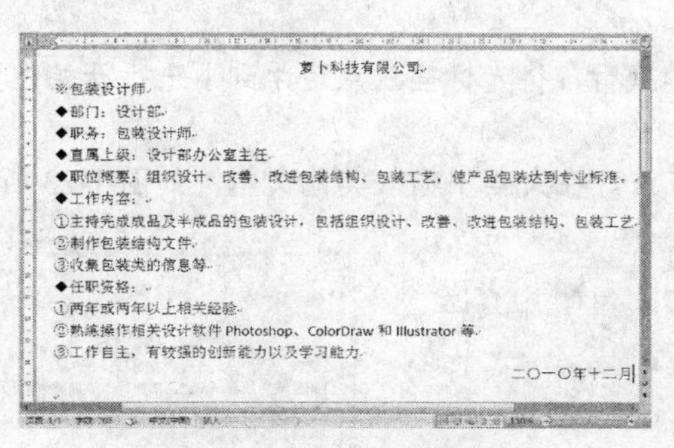

图 1-20　职位说明书的效果

◆ 专业背景

职位说明书是通过职位描述的工作把直接的实践经验上升为理论形式，成为指导性的管理文件。职位说明书主要是提供制订职位说明书的框架格式并提供建议，一般一式三份，一份由公司负责人保管，一份由员工保管，一份由人力资源部备份保管。

◆ 操作思路

本任务的操作思路如图 1-21 所示，涉及的知识点有输入普通文本、输入特殊文本、改写文本、删除文本、复制和移动文本、选择文本及查找和替换文本，具体思路及要求如下。

（1）在文档中输入普通文本。

（2）在相应位置添加特殊文本，以突出重点。

（3）修改文档中输入错误的文本。

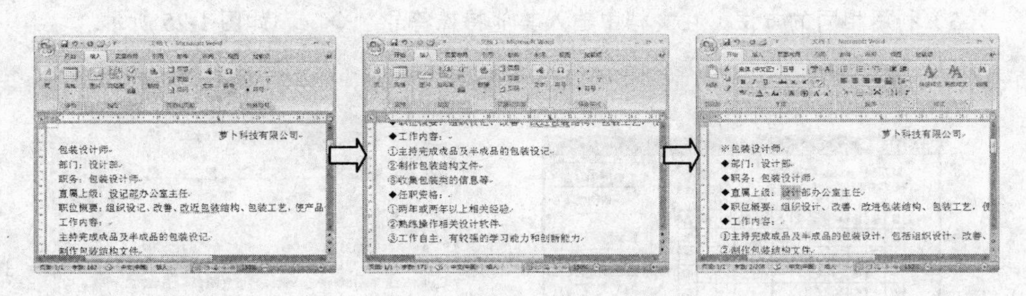

输入普通文本　　输入特殊文本　　修改文本

图 1-21　制作职位说明书文档的操作思路

操作一　输入文档内容

（1）启动 Word 2007，程序将新建文档并命名为“文档 1”。

（2）按【Space】键将光标定位在文档第一行的中间，或双击鼠标使用即点即输功能定位光标插入点，并输入公司名称“萝卜科技有限公司”，如图 1-22 所示。

（3）按【Enter】键换行，将光标插入点定为到下一行开始位置，输入职位名称“包装设计师”。

（4）按【Enter】键换行，将光标插入点定为到下一行开始位置，输入职位基本信息，如“部门：设计部”。

（5）利用相同的方法，在文档中输入其他文本，如图 1-23 所示。

图 1-22　输入公司名称

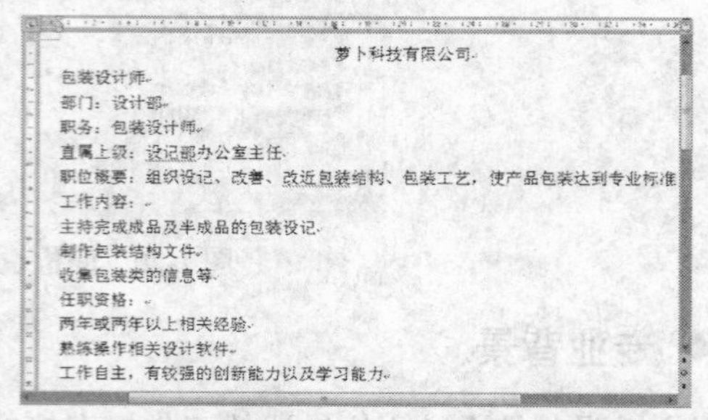

图 1-23　输入其他文本

操作二　输入特殊文本

（1）将光标插入点定位到“包装设计师”前，选择“插入”选项卡。

（2）在“特殊符号”功能区单击“符号”按钮，在弹出的下拉菜单中选择“更多”选项，打开“插入特殊符号”对话框。

（3）在该对话框中选择“特殊符号”选项卡，并在下面的列表中选择“※”特殊符号，如图 1-24 所示。

（4）单击“确定”按钮，即可将特殊符号插入文本中。

（5）利用相同的方法，在文档中输入其他特殊符号“◆”，如图 1-25 所示。

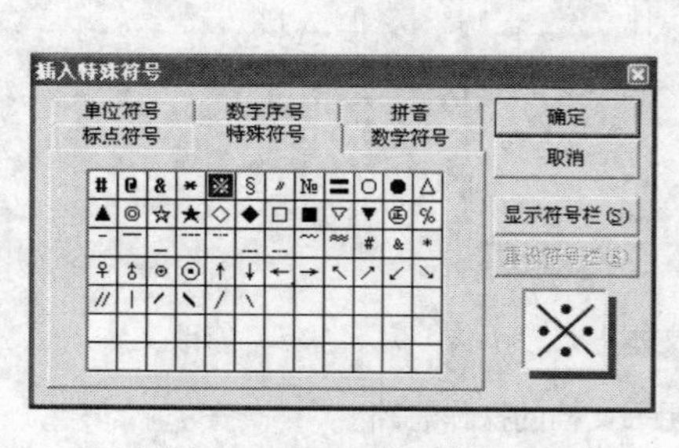

图 1-24　选择特殊符号

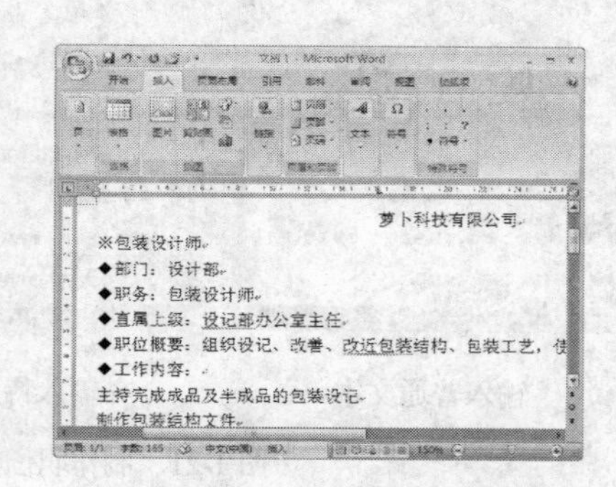

图 1-25　输入其他特殊符号

（6）将光标插入点定位到“主持完成成品……”文本前，在“特殊符号”功能区单击“符号”按钮 Ω，在弹出的下拉菜单中选择“编号”选项，打开“编号”对话框，如图 1-26 所示。

（7）在“编号”文本框中输入编号“1”，在“编号类型”下拉列表框中选择一种编号类型。

（8）单击“确定”按钮，即可将带编号的文本插入文档中。利用相同的方法在文档的相应位置插入带编号的文本，如图 1-27 所示。

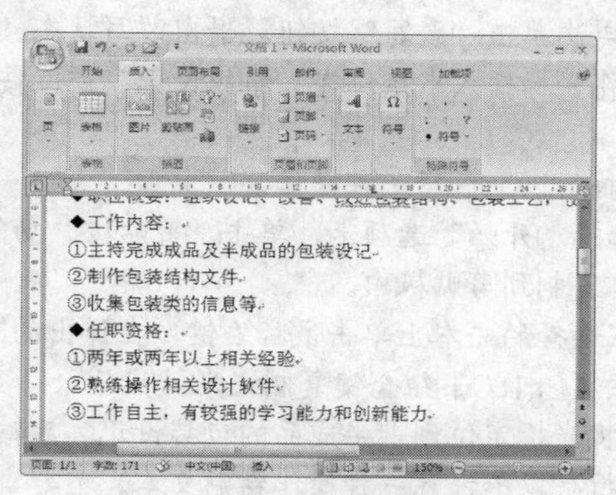

图 1-26　“编号”对话框　　　　图 1-27　插入带编号的文本

提示　在“插入特殊符号”对话框的列表框中，双击符号也可快速将符号插入文本中并关闭对话框，还可以通过软键盘来输入特殊符号。

（9）将文本插入点定位到文档的右下角。

（10）选择“插入”选项卡，在其中单击“文本”按钮展开“文本”功能区，再单击“日期和时间”按钮，打开“日期和时间”对话框，如图 1-28 所示。

（11）在“语言（国家/地区）”下拉列表框中选择“中文（中国）”选项，在“可用格式”列表框中选择“二〇一〇年十二月”选项。

（12）单击“确定”按钮，即可将日期插入文档中，如图 1-29 所示。

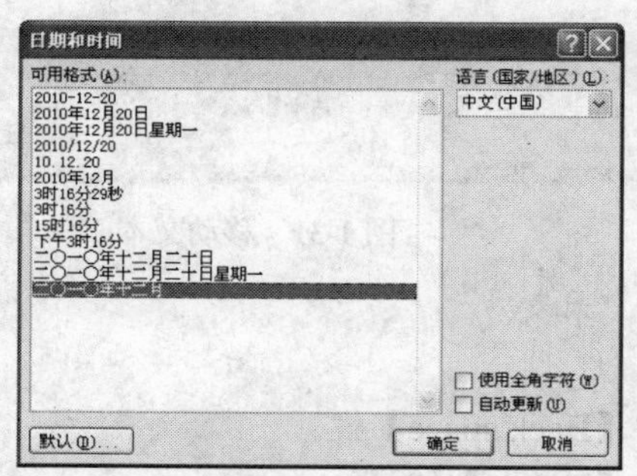

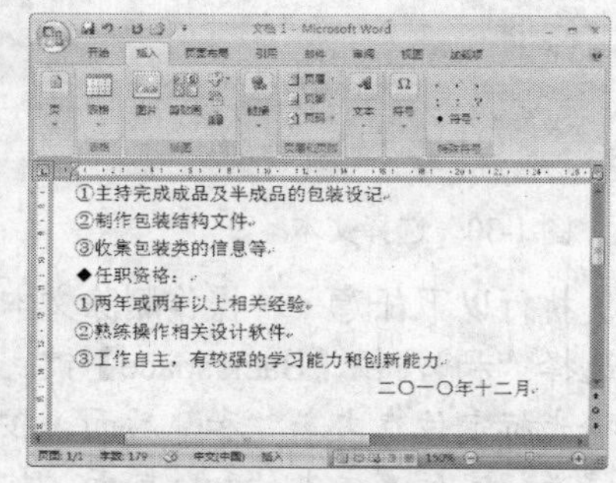

图 1-28　“日期和时间”对话框　　　　图 1-29　插入日期

操作三　修改不正确的文本

（1）将光标插入点定位到“熟练操作相关设计软件”后，切换到相应的汉字输入法并输入“Photoshop、CorelDRAW 和 Illustrator 等”文本。

（2）将光标定位在“改近”前，在文档窗口的状态栏中单击“插入”按钮，使其变为“改写”按钮进入改写状态。

（3）切换到相应的汉字输入法输入“改进”，即可改写文本。

（4）再次单击“改写”按钮，退出改写状态。

（5）将光标插入点定位在“组织设记”前，按住鼠标左键选择拖动如图 1-30 所示的文本。

（6）执行以下任意一种操作复制文本。

- 选择“开始”选项卡，单击“剪贴板”功能区中的“复制”按钮，将选择的文本复制到剪贴板中。
- 在选择的文本上单击鼠标右键，在弹出的下拉菜单中选择“复制”选项。
- 按【Ctrl+C】组合键复制文本。

（7）将光标定位到“半成品的包装设记”后输入“，包括”。

（8）执行以下任意一种操作粘贴文本。

- 单击“剪贴板”功能区中的“粘贴”按钮。
- 在选择的文本上单击鼠标右键，在弹出的下拉菜单中选择“粘贴”选项。
- 按【Ctrl+V】组合键粘贴文本。

（9）选择“创新能力”文本，按住鼠标左键不放并将其拖动到“学习能力”之前，如图 1-31 所示，释放鼠标左键，并输入“以及”文本。

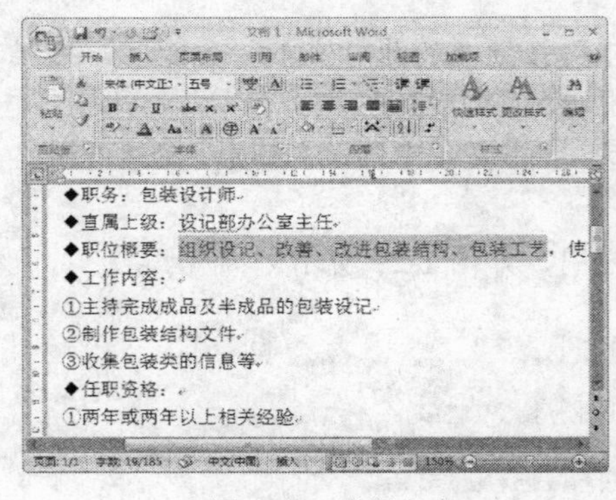

图 1-30　选择文本

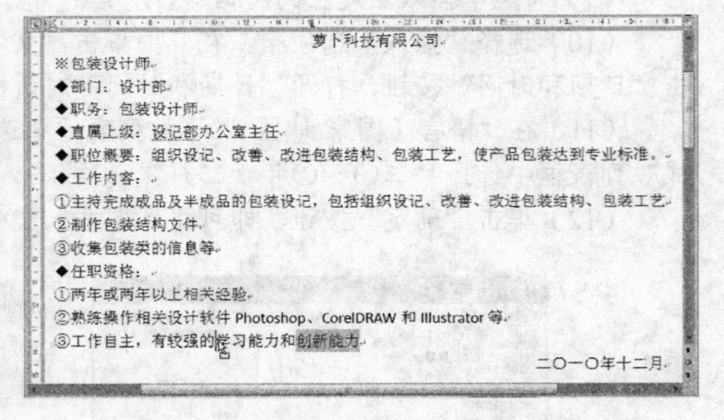

图 1-31　移动文本

（10）执行以下任意一种操作删除文本“和”。

- 选择“和”，按【Back space】键。
- 将光标定位在文本“和”后面，按【Back space】键。
- 将光标定位在文本“和”前面，按【Delete】键。

操作四　查找与替换文本

（1）将文本插入点定位在文档的开始位置，单击“开始”选项卡“编辑”功能区中的“查找”按钮。

（2）打开“查找和替换”对话框，选择“查找”选项卡，在“查找内容”下拉列表框中输入“设记”，单击“查找下一处”按钮或按【Enter】键，Word 将自动在文档中从插入点位置开始查找，找到的第一个内容以蓝底黑字形式显示，如图 1-32 所示。再次单击“查找下一处”按钮将继续查找。

（3）当查找完成以后将打开一个对话框，提示 Word 已完成对文档的查找，单击“确定”按钮关闭提示对话框，返回“查找和替换”对话框。

（4）选择“替换”选项卡，在“替换为”下拉列表框中输入“设计”，单击“查找下一处”按钮，Word 将查找结果以蓝底黑字形式显示。

（5）单击“替换”按钮，开始替换。如果全文中的结果都需替换，可以直接单击“全部替换”按钮，以提高工作效率。

（6）替换完成后将打开一个对话框，提示 Word 已完成对文档的搜索并替换 4 处，单击“确定”按钮，关闭该对话框。

（7）单击“关闭”按钮关闭“查找和替换”对话框，替换后的效果如图 1-33 所示。

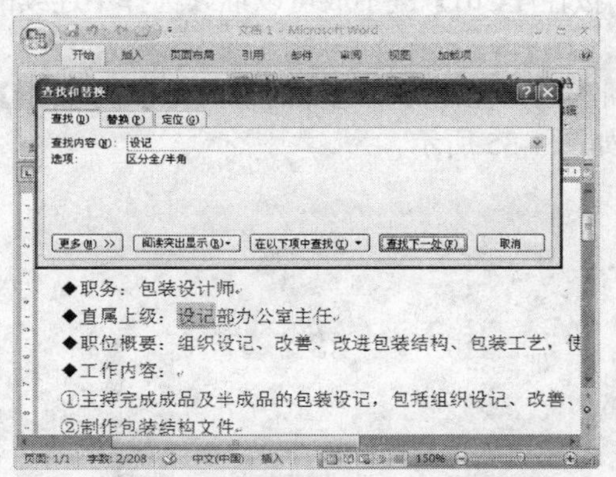

图 1-32　查找文本

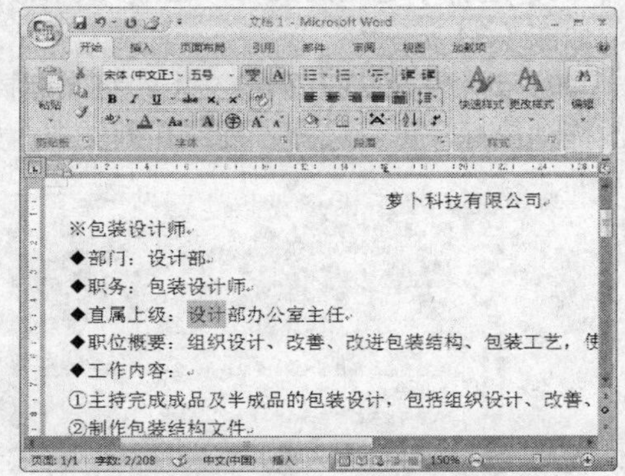

图 1-33　替换后的效果

◆ 学习与探究

本任务主要讲解了在 Word 文档中输入文本的方法，包括输入普通文本、输入特殊文本和修改文本，以及查找和替换文本。读者可利用本例的方法结合文本的编辑，制作出其他办公文档。

1. 选择文本的方法

在 Word 中输入文本后，若要对文本进行编辑，必须先选择文本，选择文本的方法有很多，下面介绍几种常用的方法。

（1）选择任意数量的文本。当需要选择的文本不多时，可以用拖动鼠标的方法来选择，也可以将光标定位在需要选择文本的开始位置，按住【Shift】键不放，然后单击需要选择的文本的结束位置来选择。另外，用鼠标在文本中双击可选择一个词语。

（2）选择一行文本。将鼠标移到需要选择文本行左侧的空白位置，当光标由I变为反箭头形状时单击鼠标，即可选择整行文本。

（3）选择多行文本。选择多行文本的方法是将光标移动到所选连续多行的首行左侧空白位置，当光标由I变为反箭头“↗”形状时按住鼠标左键不放拖动到所选连续多行的末行行首，释放鼠标即可。

（4）选择一段文本。在文档中选择一段文本的方法很简单，只需将光标移动到所需选择的段落左侧空白区域，当光标由I变为反箭头“↗”形状时，双击即可选择鼠标所指向的整个段落。另外，将鼠标光标定位在所选段落中，然后三击鼠标左键也可选中当前段落。

（5）选择整篇文本。执行以下任意一种操作都可以选中整篇文本。

- 将光标定位在文档中，按【Ctrl+A】组合键。
- 将光标移到文档左侧的空白位置，当光标由“I”变为反箭头“↗”形状时，三击鼠标左键。
- 按住【Ctrl】键不放，单击文本左侧的空白区域。
- 在文档窗口的“开始”选项卡的“编辑”功能区中单击“选择”按钮，在弹出的下拉菜单中选择“全选”选项。

（6）选择不连续的文本。选择文本后，按住【Ctrl】键不放可以继续选择不连续的文本，如图 1-34 所示。

（7）选择一列或几列的文本。将光标插入点定位在需要选择的列前，按住【Alt】键不放拖动鼠标，可以选择一列或几列文本，如图 1-35 所示。

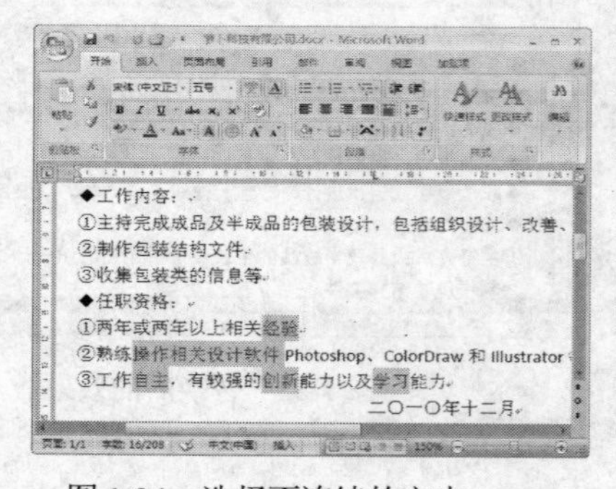

图 1-34　选择不连续的文本

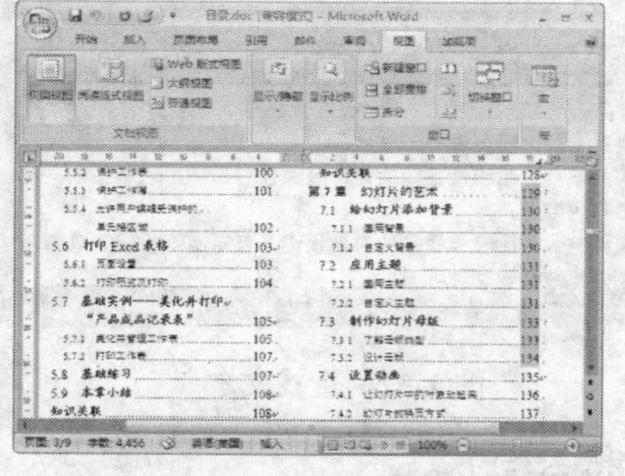

图 1-35　选择几列文本

2. 查找和替换对话框的设置

打开“查找和替换”对话框的方法除了可以单击“开始”选项卡“编辑”功能区中的“查找”按钮外，还可以按【Ctrl+F】组合键打开“查找和替换”对话框的“查找”选项卡，按【Ctrl+H】组合键打开“查找和替换”对话框的“替换”选项卡。“查找和替换”对话框中各按钮的作用如下。

- 单击“替换”按钮，Word 自动在文本中从插入点位置开始查找，找到第一个需要查找的内容，并以蓝底黑字显示在文档中。再次单击该按钮将替换该处文本内容，并将下一个查找到的文本以蓝底黑字显示。
- 单击“全部替换”按钮，将文档中所有符合条件的文本替换为设定的文本。
- 单击“更多”按钮，将展开如图 1-36 所示的“搜索选项”，在其中可设置查找方法，如查找时区分大小写、使用通配符及查找带有某种字体格式的文本等。

图 1-36　“搜索选项”

- 单击“查找下一处”按钮，跳过查找到的这一处文本，即不对该处文本进行替换。
- 单击“阅读突出显示”按钮，在弹出的下拉菜单中选择“全部突出显示”选项，在文档中当前被查找到的所有内容会呈黄底黑字显示。

实训一　制作感谢信文档

◆ 实训目标

本实训要求利用 Word 输入普通文本和编辑文档的相关知识制作一封感谢信，如图 1-37 所示。通过本实训掌握用 Word 编辑文本的基本操作。

效果图位置：模块一\源文件\感谢信.docx。

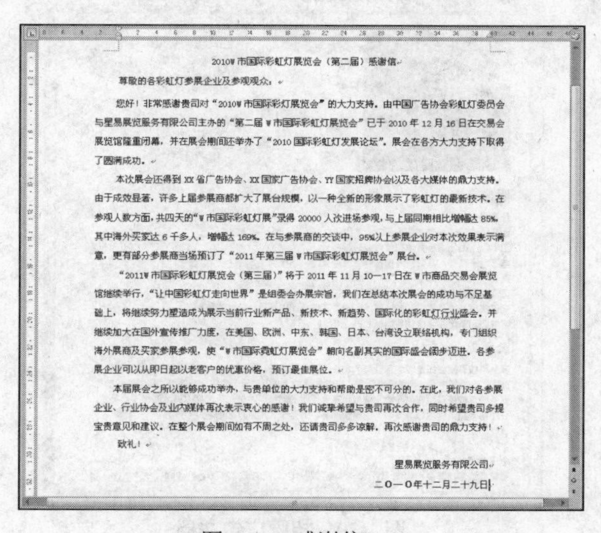

2010W 市国际彩虹灯展览会（第二届）感谢信

尊敬的各彩虹灯参展企业及参观观众：

您好！非常感谢贵司对“2010W 市国际彩灯展览会”的大力支持。由中国广告协会彩虹灯委员会与星易展览服务有限公司主办的“第二届 W 市国际彩虹灯展览会”已于 2010 年 12 月 16 日在交易会展览馆隆重闭幕，并在展会期间还举办了“2010 国际彩虹灯发展论坛”。展会在各方大力支持下取得了圆满成功。

本次展会还得到 XX 省广告协会、XX 国家广告协会、YY 国家招牌协会以及各大媒体的鼎力支持。由于成效显著，许多上届参展商都扩大了展台规模，以一种全新的形象展示了彩虹灯的最新技术。在参观人数方面，共四天的“W 市国际彩虹灯展”录得 20000 人次进场参观，与上届同期相比增幅达 85%，其中海外买家达 6 千多人，增幅达 169%。在与参展商的交谈中，95%以上参展企业对本次效果表示满意，更有部分参展商当场预订了“2011 年第三届 W 市国际彩虹灯展览会”展台。

“2011W 市国际彩虹灯展览会（第三届）”将于 2011 年 11 月 10—17 日在 W 市商品交易会展览馆继续举行，“让中国彩虹灯走向世界”是组委会办展宗旨，我们在总结本次展会的成功与不足基础上，将继续努力塑造成为展示当前行业新产品、新技术、新趋势、国际化的彩虹灯行业盛会。并继续加大在国外宣传推广力度，在美国、欧洲、中东、韩国、日本、台湾设立联络机构，专门组织海外展商及买家参展参观，使“W 市国际霓虹灯展览会”朝向名副其实的国际盛会阔步迈进。各参展企业可以从即日起以老客户的优惠价格，预订最佳展位。

本届展会之所以能够成功举办，与贵单位的大力支持和帮助是密不可分的。在此，我们对各参展企业、行业协会及业内媒体再次表示衷心的感谢！我们诚挚希望与贵司再次合作，同时希望贵司多提宝贵意见和建议。在整个展会期间如有不周之处，还请贵司多多谅解。再次感谢贵司的鼎力支持！

致礼！

星易展览服务有限公司

二〇一〇年十二月二十九日

图 1-37　感谢信

◆ 实训分析

本实训的操作思路如图 1-38 所示，具体分析及思路如下。

（1）新建文档后将文档保存为“感谢信.docx”文档。

（2）Word 提供了即点即输功能，因此可以在文档的相应位置直接双击鼠标输入文本。

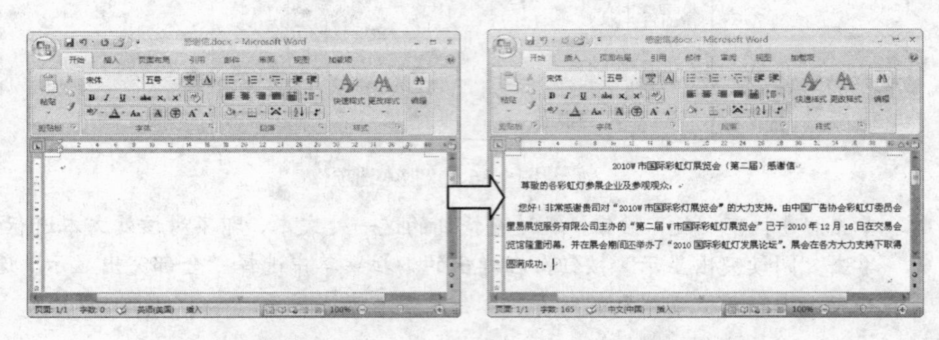

新建并保存文档　　　　输入普通文本

图 1-38　制作感谢信文档的操作思路

实训二　编辑和打印招聘广告文档

◆ 实训目标

本实训要求在已有的一篇招聘广告文档的基础上，利用输入特殊文本和修改文本等操作将其编辑成如图 1-39 所示的招聘广告文档，并将其打印输出。

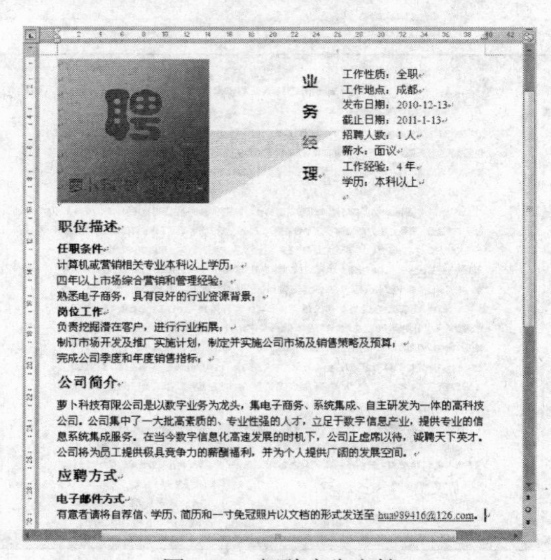

业务经理

工作性质：全职
工作地点：成都
发布日期：2010-12-13
截止日期：2011-1-13
招聘人数：1 人
薪水：面议
工作经验：4 年
学历：本科以上

职位描述

任职条件
计算机或营销相关专业本科以上学历；
四年以上市场综合营销和管理经验；
熟悉电子商务，具有良好的行业资源背景；
岗位工作
负责挖掘潜在客户，进行行业拓展；
制订市场开发及推广实施计划，制定并实施公司市场及销售策略及预算；
完成公司季度和年度销售指标；

公司简介

萝卜科技有限公司是以数字业务为龙头，集电子商务、系统集成、自主研发为一体的高科技公司。公司集中了一大批高素质的、专业性强的人才，立足于数字信息产业，提供专业的信息系统集成服务。在当今数字信息化高速发展的时机下，公司正虚席以待，诚聘天下英才。公司将为员工提供极具竞争力的薪酬福利，并为个人提供广阔的发展空间。

应聘方式

电子邮件方式
有意者请将自荐信、学历、简历和一寸免冠照片以文档的形式发送至 hua989416@126.com。

图 1-39　招聘广告文档

素材位置：模块一\素材\招聘广告.docx。

效果图位置：模块一\源文件\招聘广告.docx。

◆ 实训分析

本实训的操作思路如图 1-40 所示，具体分析及思路如下。

（1）打开素材文件，输入特殊文本，如特殊符号。

（2）利用改写和删除等操作修改文本。

（3）保存文档，在打印预览下查看文档无误后打印文档。

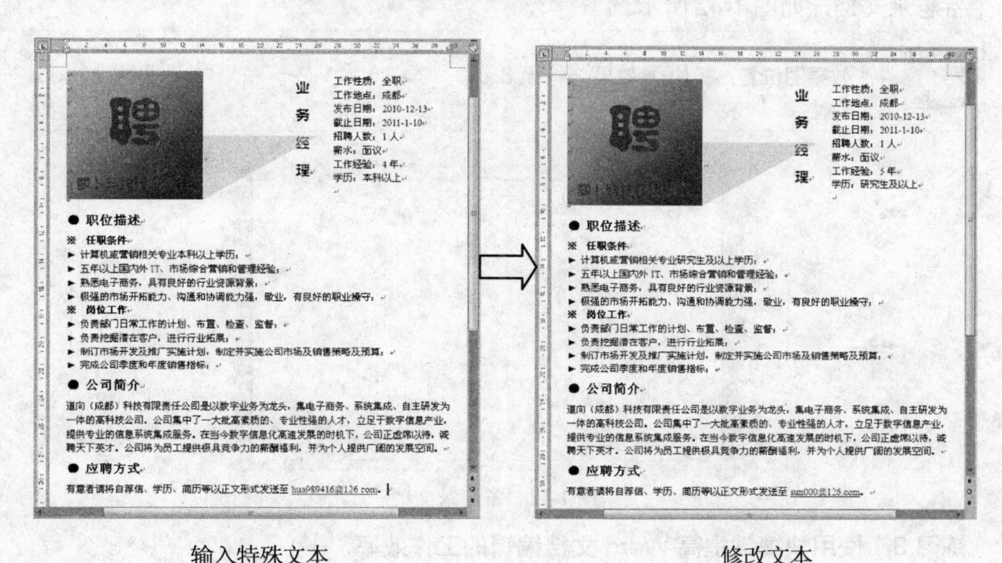

输入特殊文本　　　　修改文本

图 1-40　编辑和打印招聘广告文档的操作思路

实践与提高

根据本模块所学的内容，动手完成以下实践内容。

练习 1　制作请柬文档

本练习将使用 Word 的即点即输文字输入功能制作一个请柬文档，如图 1-41 所示。

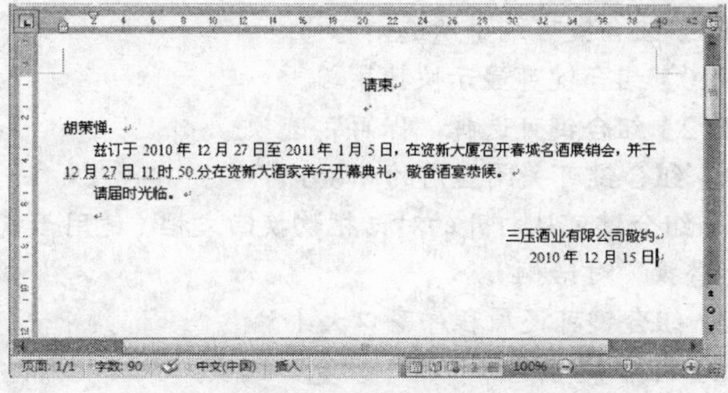

请柬

胡荣惸：

兹订于 2010 年 12 月 27 日至 2011 年 1 月 5 日，在资新大厦召开春城名酒展销会，并于 12 月 27 日 11 时 50 分在资新大酒家举行开幕典礼，敬备酒宴恭候。

请届时光临。

三压酒业有限公司敬约

2010 年 12 月 15 日

图 1-41　请柬文档

效果图位置：模块一\源文件\请柬.docx。

练习 2　制作备忘录文档

运用 Word 的文本输入方法输入特殊文本和普通文本，然后修改文档中的错误，制作一个备忘录文档，如图 1-42 所示。

效果图位置：模块一\效果\备忘录.docx。

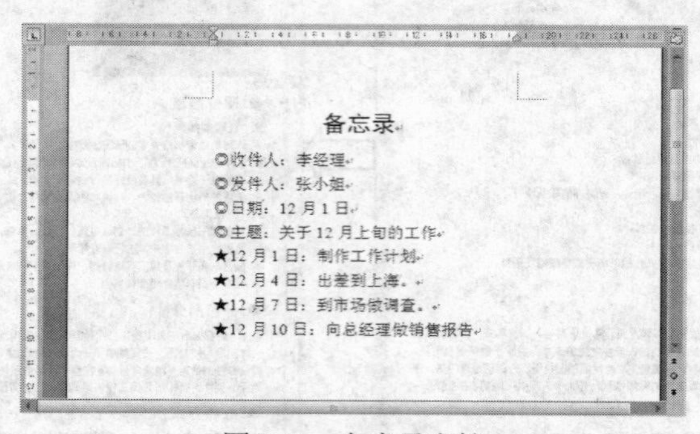

图 1-42　备忘录文档

练习 3　使用快捷键提高 Word 文档编辑的工作效率

在办公中利用 Word 编辑文档，除了本模块的学习内容外，还应该多查阅资料，反复练习文档的编辑，以提高工作效率。在这里补充以下快捷键的作用，供大家参考和探索。

- 按【F1】键可得到“帮助”或访问 Microsoft Office 的联机帮助。
- 按【F4】键可重复上一步操作。
- 按【F5】键可选择“开始”选项卡上的“定位”选项。
- 按【F8】键可扩展所选内容。
- 按【Shift+F3】组合键可更改字母大小写。
- 按【Shift+F4】组合键可重复“查找”或“定位”操作。
- 按【Shift+F5】组合键可移至最后一处更改。
- 按【Shift+F8】组合键可缩小所选内容。
- 按【Shift+F10】组合键可显示快捷菜单。
- 按【Shift+F12】组合键可选择“保存”选项。
- 按【Alt+F4】组合键可关闭当前的 Word 窗口。
- 按【Alt+F6】组合键可从打开的对话框切换回文档（适用于支持该操作的对话框，如“查找和替换”对话框）。
- 按【Alt+F5】组合键可还原程序窗口大小。
- 按【Ctrl+F2】组合键可选择“打印预览”选项。
- 按【Ctrl+F10】组合键可在文档窗口最大化和还原之间进行切换。

模块二

设置文档格式

在 Word 中输入文本后，默认情况下，文档中的所有文本为同一种格式，为了使文档更加美观，可以为文档设置各种格式，包括字体格式、段落格式、页面格式等，以达到体现主题和突出重点的目的。本模块将以 5 个操作实例介绍设置文档格式的方法。

学习目标

- 熟练掌握设置文本格式的方法
- 熟练掌握设置段落格式的方法
- 熟练掌握设置项目符号和编号的方法
- 掌握设置边框和底纹的方法
- 熟练掌握设置页面的方法

任务一　制作活动宣传文档

◆ 任务目标

本任务的目标是通过对文本格式的设置来制作一篇宣传文档，最终效果如图 2-1 所示。通过练习掌握设置文本格式的基本操作，包括设置字体、字号、颜色和文本效果及字符间距等。

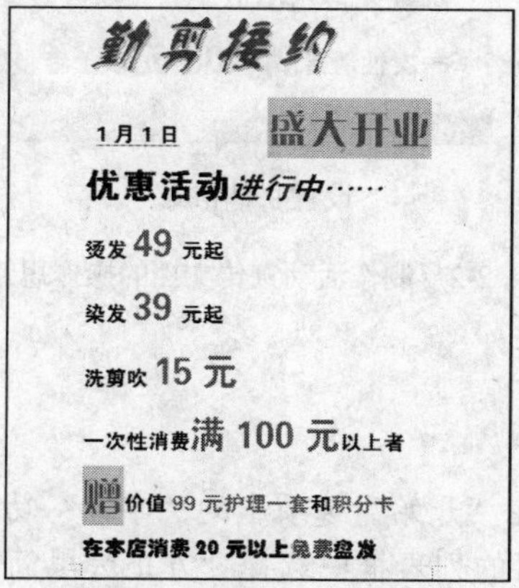

勤剪楼约

1月1日　盛大开业

优惠活动*进行中……*

烫发 49 元起

染发 39 元起

洗剪吹 15 元

一次性消费满 100 元以上者

赠价值 99 元护理一套和积分卡

在本店消费 20 元以上免费盘发

图 2-1　活动宣传文档的最终效果

效果图位置：模块二\源文件\勤剪接约.docx。

本任务的具体目标要求如下：

（1）掌握字体和字号的设置方法。

（2）掌握字体颜色和字符间距的设置方法。

（3）掌握文本效果的设置方法。

◆ 专业背景

活动宣传单就是将活动内容以文本的形式表现在纸张上，通过各种设置使文本醒目和直观。宣传单具有以下优点，即派发简单易行且传播速度快；宣传范围广、见效迅速；直观性强、说服力高、宣传效果强；多人传阅、宣传信息准确、反复性强；容量无限、持久保存。

◆ 操作思路

本任务的操作思路如图 2-2 所示，涉及的知识点有字体、字号、文本效果和字符间距等，具体思路及要求如下。

（1）新建文档，首先设置字体和字号，然后再输入文本。

（2）设置文本的字体格式。

（3）设置文本效果和字符间距，以突出重点。

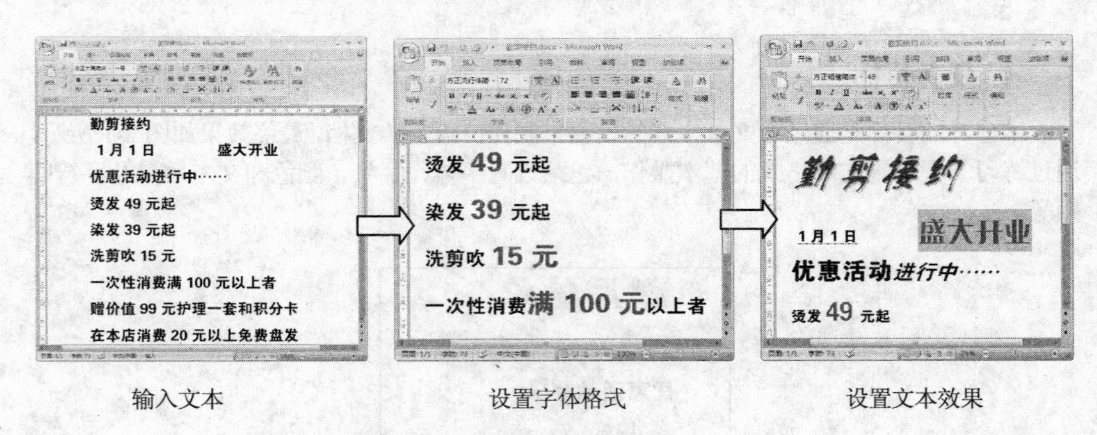

图 2-2　制作活动宣传文档的操作思路

操作一　输入文本

（1）启动 Word 2007，在“开始”选项卡的“字体”功能区中，单击“字体”下拉列表框右侧的下拉按钮，在弹出的列表框中选择“方正大黑简体”选项。

（2）单击“字号”下拉列表框右侧的下拉按钮，在弹出的列表框中选择“一号”选项。

（3）在文档中需要输入文本的位置双击鼠标，输入如图 2-3 所示的文本。

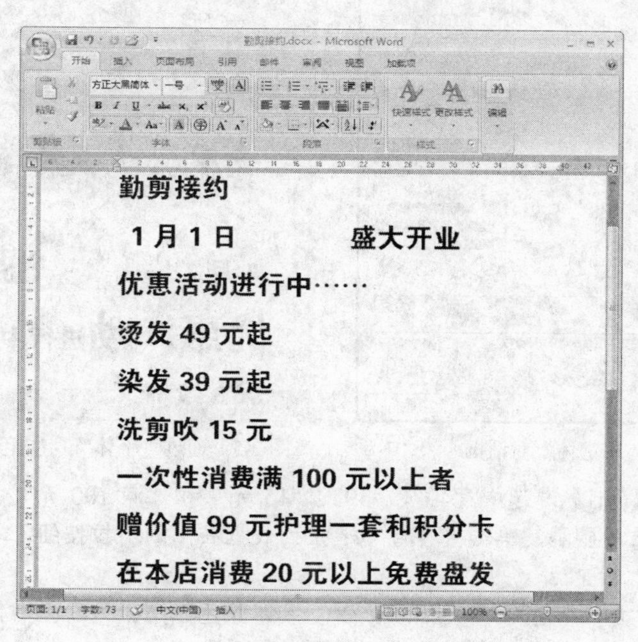

图 2-3　输入文本

提示　将光标定位在文档的空白处，然后打开“字体”对话框并进行设置后，在文档中输入的文本将全部应用所设置的格式，如果要取消设置可单击“字体”功能组中的按钮。

操作二　设置字体格式

（1）拖动鼠标选择“勤剪接约”文本，单击“字体”功能组中的“对话框启动器”按钮，选择“字体”对话框的“字体”选项卡。

（2）在“中文字体”下拉列表框中选择“方正流行体简体”选项。

（3）在“字号”下拉列表框中选择“72”选项。

（4）在“字形”下拉列表框中选择“倾斜”选项。

（5）在“所有文字”栏中单击“字体颜色”下拉列表框右侧的下拉按钮，在弹出的列表框中选择“深红”色。

（6）在“效果”栏中选中“阴影”复选框，如图 2-4 所示，单击“确定”按钮，关闭该对话框。

（7）按住【Shift】键选中“盛大开业”和“优惠活动”文本。

（8）单击“字体”功能组中“字号”按钮右侧的下拉按钮，在弹出的快捷菜单中选择“初号”选项，单击“加粗”按钮 **B**，如图 2-5 所示。

（9）选择“进行中……”文本，设置字号为“小初”，字形为“倾斜”。

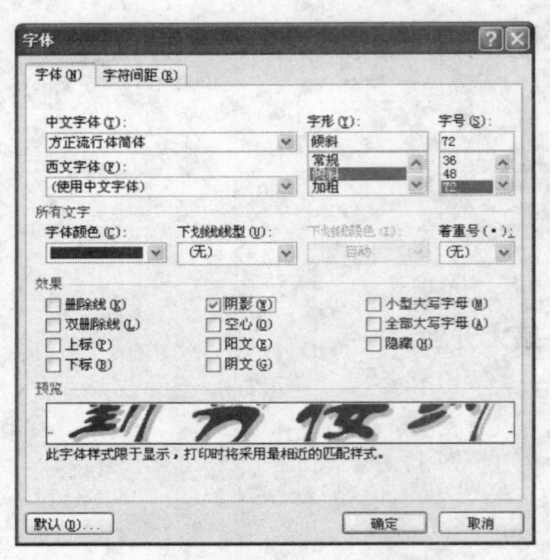

图 2-4　“字体”对话框

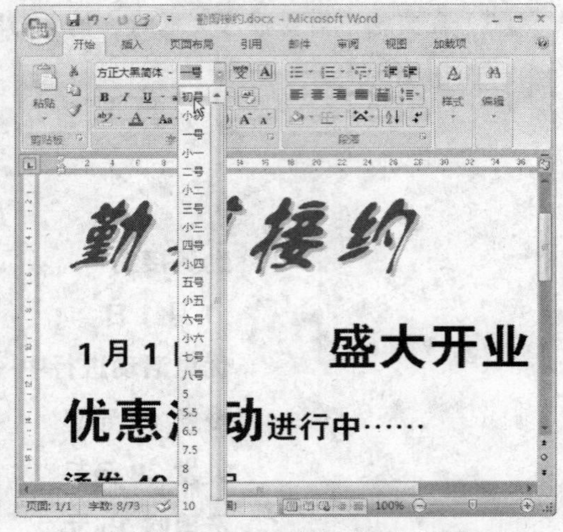

图 2-5　通过“字体”功能组设置字体格式

（10）按住【Ctrl】键选中“49”、“39”、“15 元”和“满 100 元”文本，将光标接近“浮动框”使其正常显示，单击“字号”下拉列表框右侧的下拉按钮，在弹出的下拉列表框中选择“小初”选项。

（11）单击“加粗”按钮 **B**，然后单击“字体颜色”下拉列表框右侧的下拉按钮，在弹出的下拉列表框中选择“红色”选项，如图 2-6 所示。

（12）选中“赠”、“99 元护理一套”、“积分卡”和“免费”文本，设置字体颜色为“红色”。

（13）选择最后一行文本，在“字体”功能组的“字体”下拉列表框中选择字体为“华文琥珀”，如图 2-7 所示。

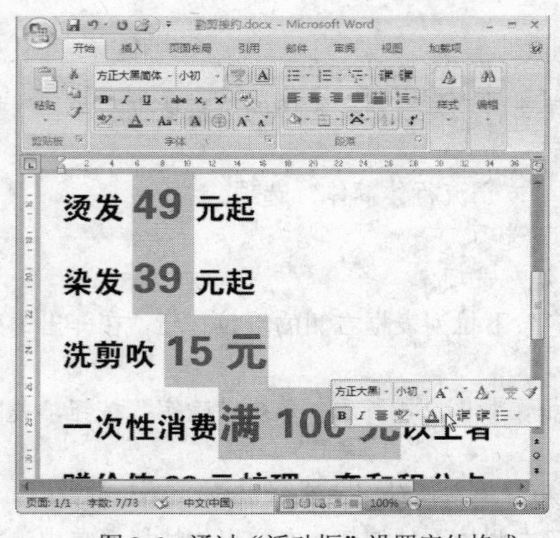

图 2-6　通过“浮动框”设置字体格式

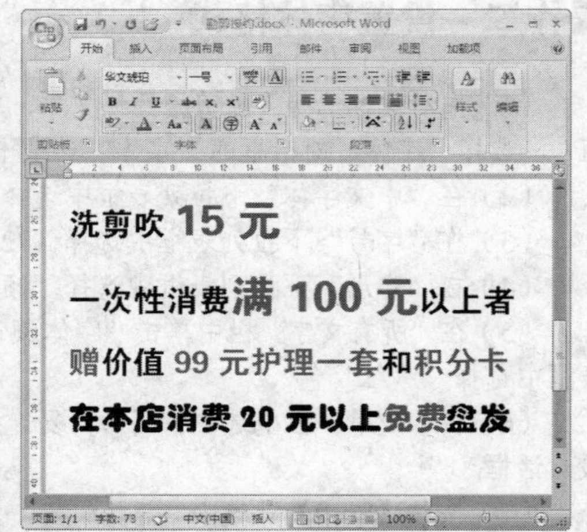

图 2-7　设置字体和颜色

提示　通过浮动工具栏设置字体格式后该工具栏将自动隐藏，当需要对文本的字体格式再进行设置时，则需重新选择文本才能将浮动工具栏调出。

操作三 设置文本效果

（1）选中“赠”文本，在“字体”下拉列表框中选择“方正粗倩简体”选项，在“字号”下拉列表框中选择“48”选项。

（2）保持文本的选中状态，在“浮动框”中单击“突出显示文本”按钮右侧的下拉按钮，在弹出的下拉菜单中选择“灰色-25%”选项，如图 2-8 所示。

（3）单击“浮动框”中的“格式刷”按钮，然后选择“盛大开业”文本，即可将“赠”文本中的格式应用到该处。

（4）选择“1 月 1 日”文本，单击“字体”功能组中的“下画线”按钮右侧的下拉按钮，在弹出的下拉菜单中选择“点-短线下画线”选项。

（5）按住【Ctrl】键选择“49”、“39”、“15 元”和“满 100 元”不连续的文本，单击“字体”功能组中的“对话框启动器”按钮，打开“字体”对话框。

（6）在打开的对话框中选择“字符间距”选项卡，在“缩放”下拉列表框中选择“90%”。

（7）在“间距”下拉列表框中选择“加宽”，在其后的“磅值”数值框中选择“2 磅”，在“位置”下拉列表框中选择“提升”，如图 2-9 所示，单击“确定”按钮完成本任务的设置。

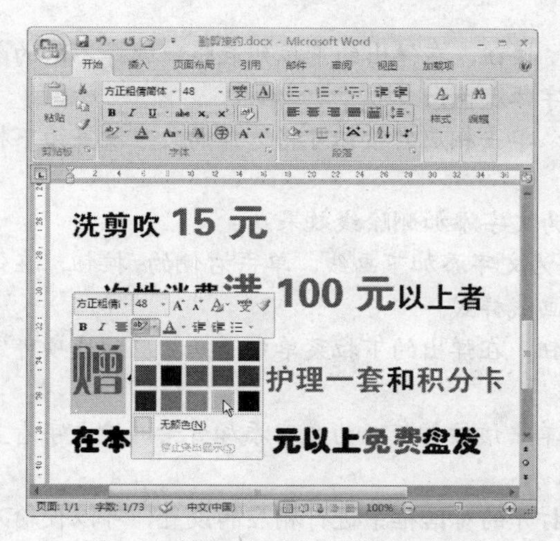

图 2-8 利用“浮动框”设置文本效果

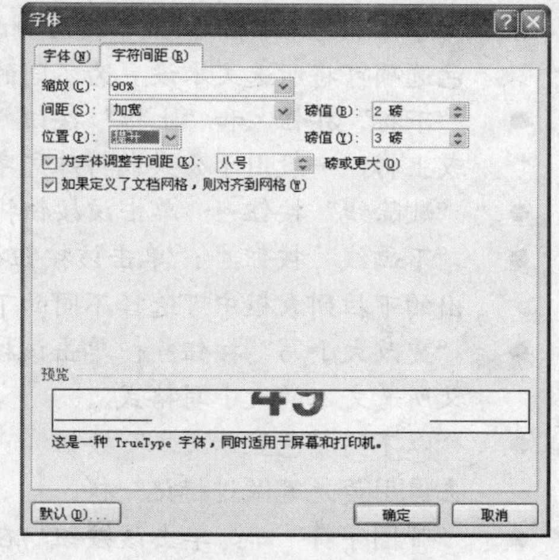

图 2-9 设置字符间距

◆ 学习与探究

本任务讲解了对文本字体格式的设置方法，设置过程中可以先设置好字体格式和文本效果后再输入文本，也可以先将文本输入到文档中再通过选择文本后设置字体的方式来设置字体格式和文本效果。

一般计算机中自带的字体并不能满足编辑时的需要，可以从 Internet 下载一些字体文件，如方正字库、汉仪字库等，将字体文件复制到系统盘下的 Windows\Fonts 目录中便可使用，以满足不同的需要。运用本任务的方法还可以制作各种产品说明书、海报等，其方法都比较类似。

另外，要制作出漂亮的文档效果，还可以在“字体”功能组中选择相应的按钮进一步设置文本效果。下面分别介绍“字体”功能组（如图 2-10 所示）各选项的作用。

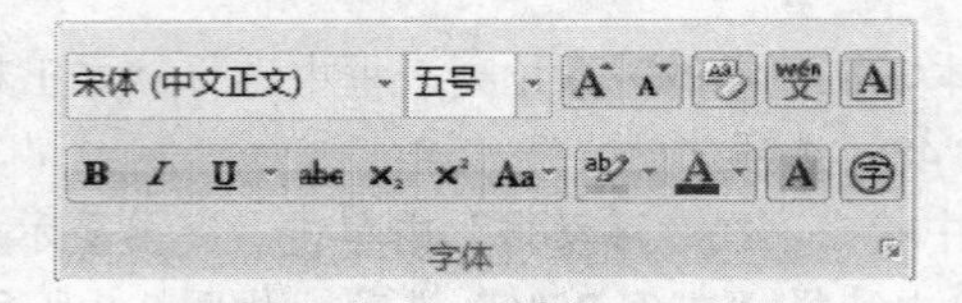

图 2-10　“字体”功能组

- “字体”下拉列表框：单击右侧的按钮，在弹出的下拉列表框中选择不同的字体选项可为文本设置不同的字体效果。
- “字号”下拉列表框：单击右侧的按钮，在弹出的下拉列表框中选择需要的字号。其中，中文标准用一号字和二号字等表示，数字越大，文字越小，最大是初号，最小是八号；西文标准用 5 和 8 等表示，数字越大，文字越大，最小的是 5。
- “增大字号”按钮和“减小字号”按钮：单击“增大字号”按钮可增大所选文本的字号；单击“减小字号”按钮可减小所选文本的字号。
- “加粗”按钮B和“倾斜”按钮I：单击相应的按钮可对文字进行加粗和倾斜效果处理。
- “字体颜色”按钮：单击右侧的按钮，在弹出的下拉列表框中选择不同的颜色选项可将所选文本设置为不同的字体颜色。
- “下标”按钮和“上标”按钮：单击相应的按钮可将选择的文字设置为下标或上标，一般用于公式或特殊文字。
- “删除线”按钮：单击该按钮将为文字添加删除线效果。
- “下画线”按钮：单击该按钮将为文字添加下画线，单击右侧的按钮，在弹出的下拉列表框中可选择不同的下画线样式。
- “更改大小写”按钮：单击该按钮，在弹出的下拉菜单中选择相应的选项可定义所选文本的大小写格式。
- “以不同颜色显示文本”按钮：单击该按钮可以为文字添加背景，使文字看上去像用荧光笔做过标记一样。
- “带圈字符”：单击该按钮，在打开的对话框中进行相应的设置，可以使输入的文本周围放置圆圈或边框，加以强调。
- “清除格式”按钮：单击该按钮将清除所选内容的格式，只保留纯文本格式。

任务二　制作楼盘简介文档

◆ 任务目标

本任务的目标是运用设置段落格式的相关知识，制作一个楼盘简介文档，最终效果如图 2-11 所示。通过练习掌握设置段落格式的方法。

楼盘全名:绿光繁花似锦壹号

楼盘简介:

繁花似锦壹号，傲踞城市中心的高层精品住宅。项目位于加州片区，占据海拔 360 米的北城制高点，处于江北和北部新区两大区域交界处的“核心之地”，凌驾城市中心之上，交通便利，畅享北城风光。

繁花似锦壹号以国际豪宅的通行标准，采用实景体验营销模式，为 XX 市第一次带来前所未见的奢华景象。走近繁花似锦壹号，细细品鉴百年锤炼而出的港式精品高层豪宅理念。

楼盘卖点展现:

总占地面积：22066 m²

总建筑面积: 104500 m²

绿地率：39.48%

总户数: 800 套

停车位: 550 个

核心之地 ，唯一的山顶豪宅:

加州片区位于江北和北部新区两大区域交界处的核心之地，城市原点。南北干道交汇、轻轨交汇、政务机关聚集，加州未来将成为 XX 市的中心。繁花似锦壹号是绿光地产加州片区建设中的一个项目，选取最好的地段，打造最精品的楼盘。

5 星级酒店品质:

双大堂设计，名贵全进口石材， 360 米高度无边泳池等；约 9000 万天价铸造的私家林荫大道，使人悄然大隐于繁华都市间；盛世繁华 360 米凌驾城市天际线 ；繁花似锦壹号，整体海拔超过 460 米，是江北主城的制高点，超越南山“一棵树”观景平台。来到繁花似锦壹号，就像置身香港维多利亚港的至高处，鸟瞰全城。800 户适宜规模 看不到的私密宁静 ；繁花似锦壹号仅 800 户，背靠政务机关，其特殊地理位置，特殊建筑高度，特殊建筑形态带来的种种优势不言而喻。

图 2-11　楼盘简介文档的最终效果

素材位置：模块二\素材\楼盘简介.docx。

效果图位置：模块二\源文件\楼盘简介.docx。

本任务的具体目标要求如下：

（1）掌握使用“段落”功能组设置段落格式的方法。

（2）掌握使用“段落”对话框设置段落格式的方法。

◆ 专业背景

本任务的操作中需要了解什么是楼盘，楼盘一般指正在建设或正在出售的商品房。楼盘的介绍内容主要包括建筑面积、装修、景观、层数、地点、价钱、会所设施和实用率等。在制作楼盘简介时一般将每个项目罗列设置为左对齐，正文首行缩进两个字符，段间距以美观为主。

◆ 操作思路

本任务的操作思路如图 2-12 所示，涉及的知识点有“段落”功能组和“段落”对话框的应用，以及通过标尺来设置格式等，具体思路及要求如下。

（1）利用“段落”功能组设置文档标题。

（2）利用标尺来设置段落格式。

（3）利用“段落”对话框设置其他段落格式。

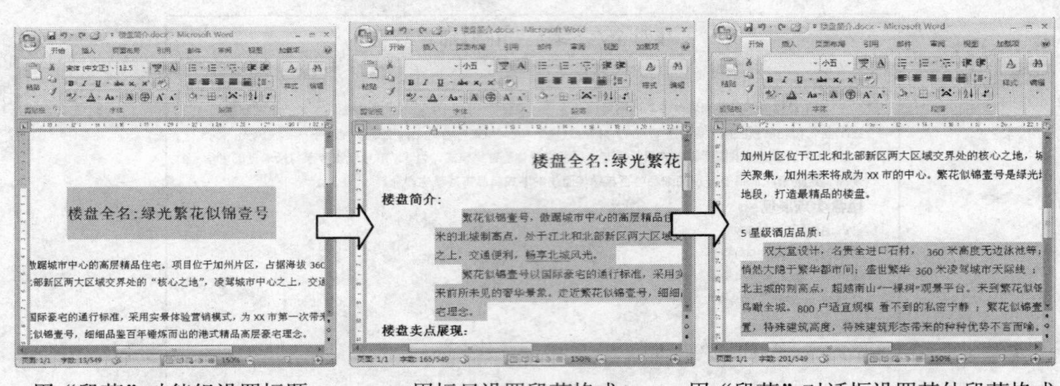

用“段落”功能组设置标题　　用标尺设置段落格式　　用“段落”对话框设置其他段落格式

图 2-12　制作楼盘简介的操作思路

操作一　使用标尺设置段落格式

（1）打开素材“楼盘简介.docx”，选择第一段文本“楼盘全名：绿光繁花似锦壹号”。

（2）在“段落”功能组中单击“居中”按钮，设置标题文本居中显示，如图 2-13 所示。

（3）选择“楼盘简介”下的段落文本，将鼠标移动到标尺栏中的“首行缩进”滑块上，按住鼠标左键不放拖动滑块，缩进两个字符。

（4）向左拖动“右缩进”滑块，使其缩进 4 个字符，向右拖动“左缩进”滑块，使其缩进 4 个字符，如图 2-14 所示。

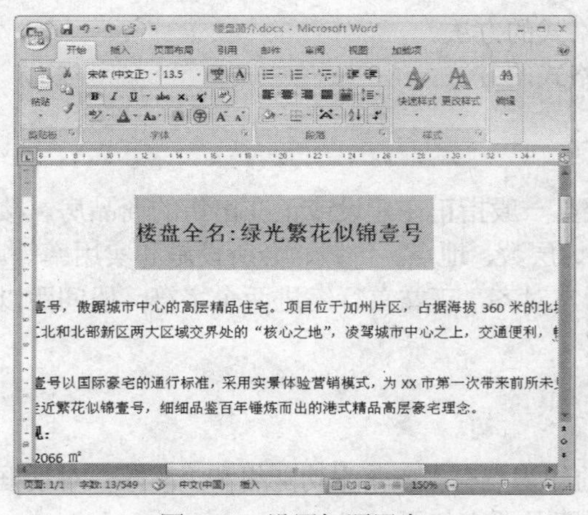

图 2-13　设置标题居中

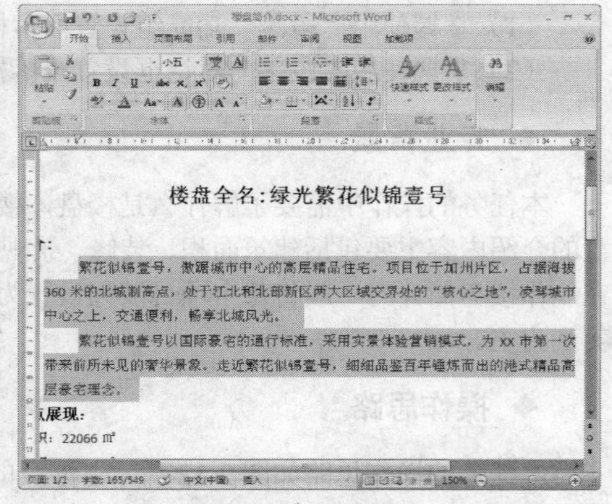

图 2-14　设置首行缩进

操作二　使用“段落”对话框设置段落格式

（1）选择“楼盘卖点”下的最后一段文本，单击“段落”工具栏中右下角的“对话框启动器”按钮，打开“段落”对话框。

（2）在“段落”对话框的“常规”栏中选择文本的对齐方式为“两端对齐”，在“间距”栏中设置段前、段后间距均为“1 行”，行距为“单倍行距”，如图 2-15 所示。

（3）单击“确定”按钮关闭对话框。

（4）选择最后一段文本，打开“段落”对话框，在“常规”栏中设置文本的对齐方式为“左对齐”，在“缩进”栏设置文本的特殊格式为“首行缩进”。

（5）选择“中文版式”选项卡，在“字符间距”栏中设置文本对齐方式为“顶端对齐”，如图 2-16 所示。

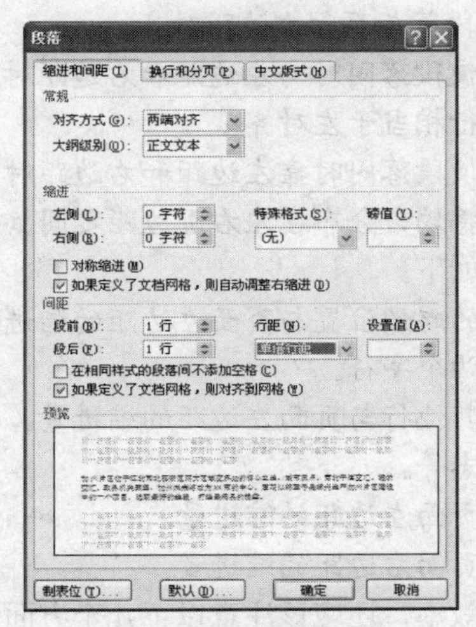

图 2-15　“段落”对话框

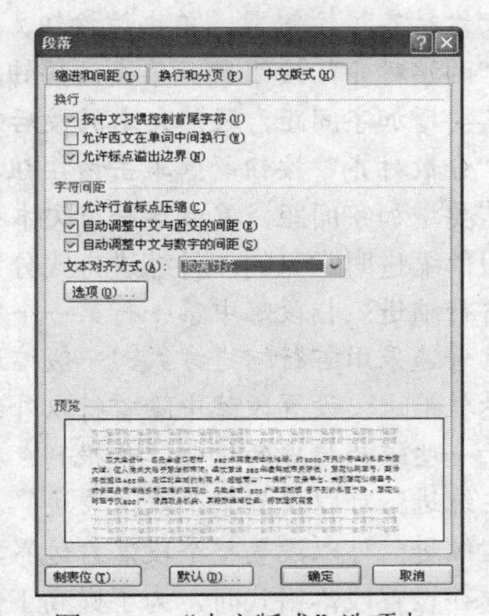

图 2-16　“中文版式”选项卡

（6）单击“确定”按钮关闭对话框，设置段落格式后的效果如图 2-17 所示，完成本任务的制作。

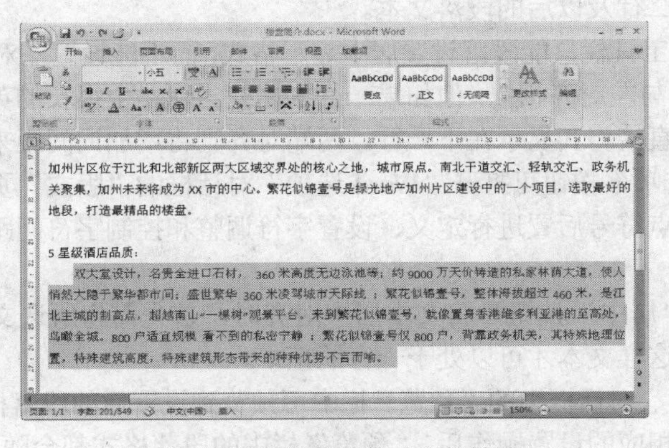

图 2-17　设置段落格式后的效果

◆ 学习与探究

本任务练习了段落格式的设置，除了可以通过“段落”功能组和“段落”功能对话框来设置段落格式外，也可以通过“浮动框”来进行设置。

段落设置中各按钮的作用分别如下。

- “居中”按钮：单击该按钮，使段落居中对齐。
- “增加缩进”按钮和“减少缩进”按钮：单击该按钮，可改变段落与左边界的距离。
- “行距”按钮：单击该按钮，在弹出的快捷菜单中可以选择段落中每一行的磅值，磅值越大，行与行之间的间隔距离越宽，还可增加段与段之间的距离。
- “左对齐”按钮：单击该按钮，使段落与页面左边距对齐。
- “右对齐”按钮：单击该按钮，使段落与页面右边距对齐。
- “两端对齐”按钮：单击该按钮，使段落同时与左边距和右边距对齐，并根据需要增加字间距，段落文本的最后一行相当于左对齐。
- “分散对齐”按钮：单击该按钮，使段落同时靠左边距和右边距对齐，并根据需要增加字间距，其最后一行文本也将均匀分布在左右页边距之间。

设置段落缩进时常见的4种缩进方式分别如下。

- 首行缩进：指段落中第一行第一个字的起始位置与页面左边距的缩进量。中文段落普遍采用首行缩进方式，一般缩进两个字符。
- 悬挂缩进：设置段落中除首行以外的其他行与页面左边距的缩进量。悬挂缩进用于一些较为特殊的场合，如报刊、杂志等。
- 左缩进：可以设置整个段落左边界与页面左边距的缩进量。
- 右缩进：可以设置整个段落右边界与页面右边距的缩进量。

另外，在设置段落格式时，为了提高工作效率，还应该注意以下几个方面。

（1）在“段落”对话框的“间距”栏中的“行距”下拉列表框中，可以设置文档中行与行之间的距离。

（2）通过“段落”对话框可以进行段落的首行缩进和悬挂缩进，这里的悬挂缩进就是针对整个段落的第二行及以后的段落文本。

（3）通过浮动工具栏只能段落设置居中显示格式，而不能设置左对齐、右对齐等格式。

（4）两端对齐与左对齐相似，但如果一行末尾处出现一个很长的英文单词无法在该行放置时，左对齐将直接将其显示在下一行，两端对齐则将增加词间距来填补出现的空隙。

（5）单击“选项”按钮可打开“Word 选项”对话框的“版式”页面，在其中可以对在中文输入时的标点符号后置进行定义、设置字符调整和控制字符间距，它是段落格式的高级设置。

（6）在使用“居中”按钮将文本居中对齐时，首先需将所选文本左对齐，然后单击“居中”按钮，这样文本才可以处于一行的正中。

（7）在“段落”对话框中的“预览”栏中可预览到设置后的段落格式，在“段落”对话框中每进行一次相应的设置操作后，“预览”栏中的段落格式都会随之改变。

任务三　制作旅行社景点介绍文档

◆ 任务目标

本任务的目标主要是利用设置项目符号和编号的相关知识来美化文档，以达到突出重点、醒目的作用，效果如图 2-18 所示。通过练习掌握为文档设置项目符号和编号的方法。

本任务的具体目标要求如下：

（1）熟练掌握为文档设置项目符号的方法。

（2）熟练掌握为文档设置编号的方法。

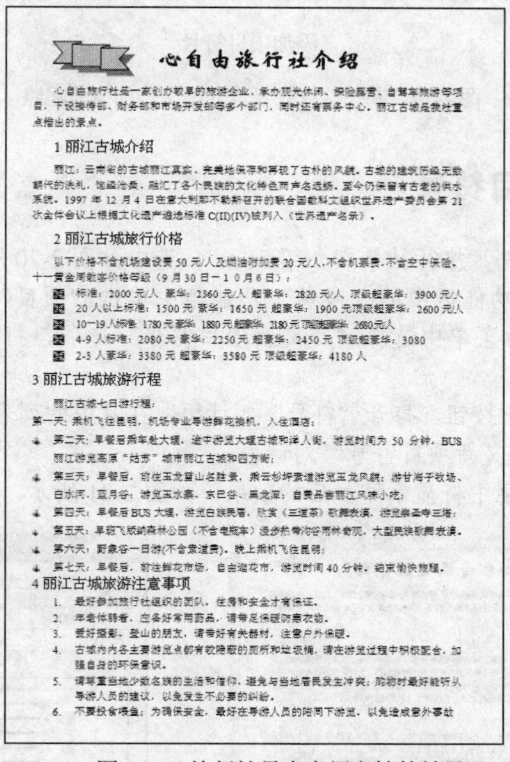

心自由旅行社介绍

心自由旅行社是一家创办较早的旅游企业，承办观光休闲、探险露营、自驾车旅游等项目，下设接待部、财务部和市场开发部等多个部门，同时还有票务中心。丽江古城是我社重点推出的景点。

1 丽江古城介绍

丽江：云南省的古城丽江真实、完美地保存和再现了古朴的风貌。古城的建筑历经无数朝代的洗礼，饱经沧桑，融汇了各个民族的文化特色而声名远扬。至今仍保留有古老的供水系统。1997 年 12 月 4 日在意大利那不勒斯召开的联合国教科文组织世界遗产委员会第 21 次全体会议上根据文化遗产遴选标准 C(II)(IV)被列入《世界遗产名录》。

2 丽江古城旅行价格

以下价格不含机场建设费 50 元/人及燃油附加费 20 元/人，不含机票费，不含空中保险。

十一黄金周散客价格等级（9 月 30 日－1 0 月 6 日）：

- 标准：2000 元/人 豪华：2360 元/人 超豪华：2820 元/人 顶级超豪华：3900 元/人
- 20 人以上标准：1500 元 豪华：1650 元 超豪华：1900 元顶级超豪华：2600 元/人
- 10—19 人标准：1780 元豪华：1880 元超豪华：2180 元顶级超豪华：2680 元/人
- 4-9 人标准：2080 元 豪华：2250 元 超豪华：2450 元 顶级超豪华：3080
- 2-3 人豪华：3380 元 超豪华：3580 元 顶级超豪华：4180 人

3 丽江古城旅游行程

丽江古城七日游行程：

第一天：乘机飞往昆明，机场专业导游鲜花接机，入住酒店；

- 第二天：早餐后乘车赴大理，途中游览大理古城和洋人街，游览时间为 50 分钟，BUS 丽江游览高原“姑苏”城市丽江古城和四方街；
- 第三天：早餐后，前往玉龙雪山名胜景，乘云杉坪索道游览玉龙风貌；游甘海子牧场、白水河、蓝月谷；游览玉水寨、东巴谷、黑龙潭；自费品尝丽江风味小吃；
- 第四天：早餐后 BUS 大理，游览白族民居，欣赏《三道茶》歌舞表演，游览崇圣寺三塔；
- 第五天：早班飞版纳森林公园（不含电瓶车）漫步热带沟谷雨林奇观，大型民族歌舞表演。
- 第六天：野象谷一日游(不含索道费)，晚上乘机飞往昆明；
- 第七天：早餐后，前往鲜花市场，自由逛花市，游览时间 40 分钟，结束愉快旅程。

4 丽江古城旅游注意事项

1. 最好参加旅行社组织的团队，住房和安全才有保证。
2. 年老体弱者，应备好常用药品，请带足保暖防寒衣物。
3. 爱好摄影、登山的朋友，请带好有关器材，注意户外保暖。
4. 古城内内各主要游览点都有较隐蔽的厕所和垃圾桶，请在游览过程中积极配合，加强自身的环保意识。
5. 请尊重当地少数名族的生活和信仰，避免与当地居民发生冲突；购物时最好能听从导游人员的建议，以免发生不必要的纠纷。
6. 不要投食喂鱼：为确保安全，最好在导游人员的陪同下游览，以免造成意外事故

图 2-18　旅行社景点介绍文档的效果

素材位置：模块二\素材\旅行社景点介绍.docx。

效果图位置：模块二\源文件\旅行社景点介绍.docx。

◆ 操作思路

本任务的操作思路如图 2-19 所示，涉及的知识点有项目符号的设置和编号的设置，具体思路及要求如下。

（1）选中要进行设置的文本。

（2）为文本设置项目符号。

（3）为文本添加编号。

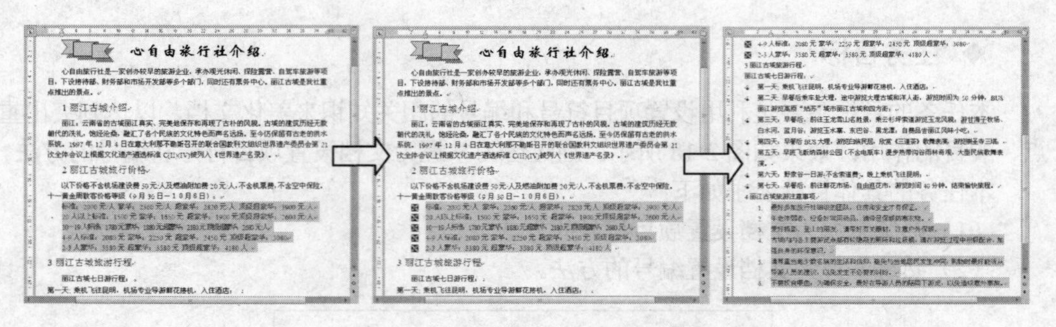

选中文本　　添加项目符号　　添加编号

图 2-19　制作旅行社景点介绍文档的操作思路

操作一　设置项目符号

（1）打开素材文档“旅行社景点介绍.docx”，选中如图 2-20 所示的段落文本。

（2）在“开始”功能区中的“段落”功能组中单击“项目符号”按钮右侧的下拉按钮，在弹出的下拉菜单中选择“定义新项目符号”选项，打开“定义新项目符号”对话框。

（3）单击“符号”按钮，打开“符号”对话框，在其中的列表框中选择符号，单击“确定”按钮返回“定义新项目符号”对话框。

（4）在“预览”栏中将显示添加后的效果，如图 2-21 所示，单击“确定”按钮。

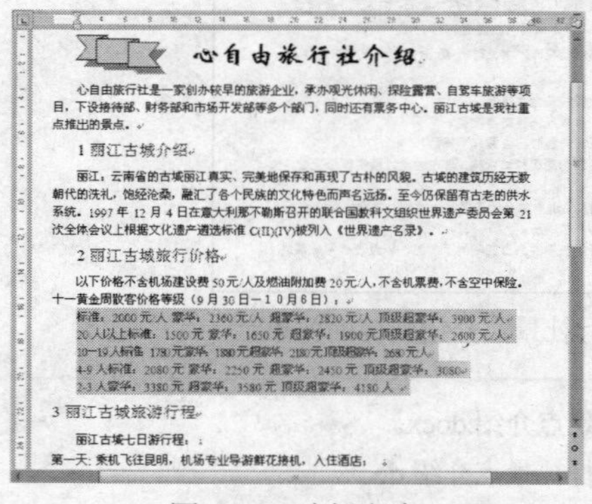

图 2-20　选择文本

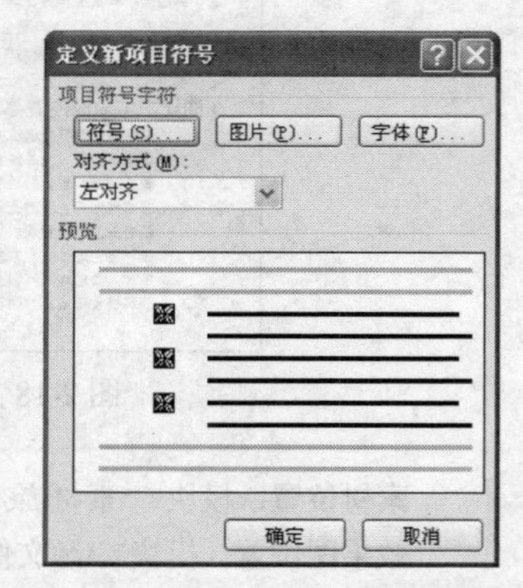

图 2-21　添加项目符号后的效果

提示　插入项目符号时，在弹出的菜单中显示了最近使用过的项目符号样式，直接单击即可为文档添加项目符号。当不需要项目符号时，直接单击按钮即可取消项目符号。

（5）选择“丽江古城七日游行程”下的文本，单击“项目符号”按钮右侧的下拉按钮，在弹出的下拉菜单中选择“定义新项目符号”选项，打开“定义新项目符号”对话框。

（6）在打开的对话框中单击“图片”按钮，打开“图片项目符号”对话框，在其中选择图片，单击“确定”按钮关闭该对话框。

（7）单击“确定”按钮，应用该项目符号样式。

操作二　设置编号

（1）选择“丽江古域旅游注意事项”下的文本，在“段落”功能组中单击“编号”按钮右侧的下拉按钮，在弹出的下拉菜单中选择“定义新编号格式”选项。

（2）在打开的“定义新编号格式”对话框中的“编号格式”下拉列表中选择“1,2,3, …”选项，在“预览”栏中可查看应用后的效果，如图 2-22 所示。

（3）单击“确定”按钮关闭对话框，设置编号后的效果如图 2-23 所示。

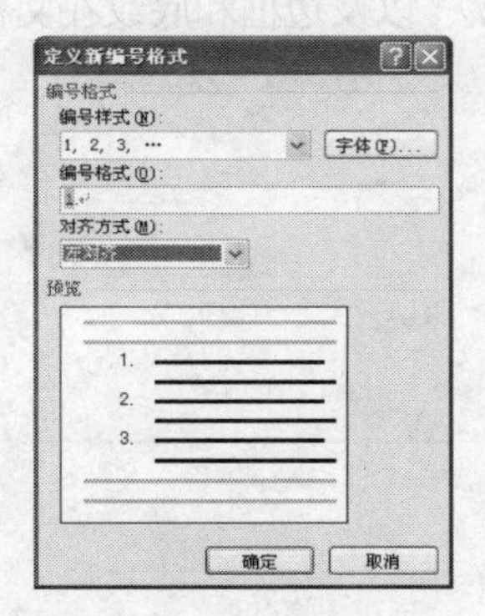

图 2-22　设置编号样式

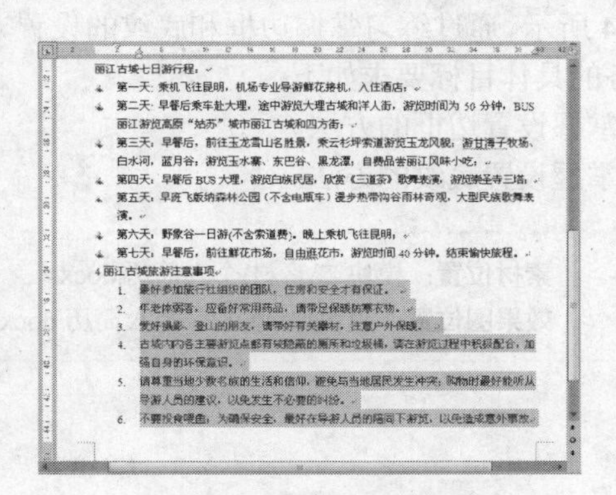

图 2-23　设置编号后的效果

提示　单击“编号”按钮右侧的下拉按钮时，在弹出的下拉菜单中显示了“最近使用过的编号”、“编号库”和“编号格式”等选项，可以直接选择应用。

◆ 学习与探究

本任务练习了设置项目符号和编号的方法，可以看出添加了项目符号和编号后的文档会更加有条不紊。在设置项目符号和编号时除了可以定义添加的项目符号和编号样式外，还可以添加 Word 中预设的项目符号和编号样式。下面分别介绍添加预设项目符号和编号的方法。

1．添加预设项目符号

添加预设项目符号的方法是将光标插入点定位在需要添加项目符号的位置，在“段落”功能组中单击“项目符号”按钮右侧的下拉按钮，在弹出的下拉菜单中选择要添加的项目符号即可。

2. 添加预设编号

添加预设编号的方法是将光标插入点定位到需要插入编号的位置，在“段落”功能组中单击“编号”按钮，在弹出的下拉菜单中的“编号库”栏中选择要添加的编号样式即可。

另外，在项目符号和编号的段落后按【Enter】键不能自动编号时，可执行“Office”→“Word 选项”菜单命令，在打开对话框中选择“校对”选项，然后在右侧单击“自动更正选项”按钮，并在打开的对话框中选择“键入时自动套用格式”选项卡，选中“自动项目符号列表”和“自动编号列表”复选框即可。

任务四　制作个人简历文档

◆ 任务目标

本任务的目标是制作一个个人简历文档，利用设置边框和底纹的方法来美化文档，效果如图 2-24 所示。通过练习掌握边框和底纹的设置方法，以及边框和底纹在文档中的作用。

本任务的具体目标要求如下：

（1）掌握设置边框的方法。

（2）掌握设置底纹的方法。

素材位置：模块二\素材\个人简历.docx。

效果图位置：模块二\源文件\个人简历.docx。

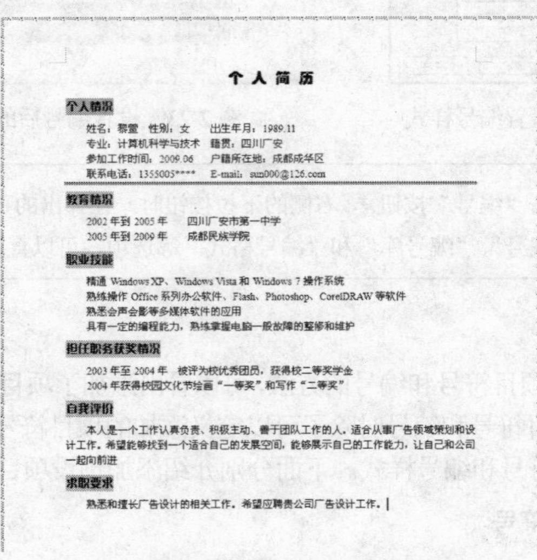

个 人 简 历

个人情况

姓名：黎萱　性别：女　出生年月：1989.11
专业：计算机科学与技术　籍贯：四川广安
参加工作时间：2009.06　户籍所在地：成都成华区
联系电话：1355005****　E-mail：sun000@126.com

教育情况

2002 年到 2005 年　四川广安市第一中学
2005 年到 2009 年　成都民族学院

职业技能

精通 Windows XP、Windows Vista 和 Windows 7 操作系统
熟练操作 Office 系列办公软件、Flash、Photoshop、CorelDRAW 等软件
熟悉会声会影等多媒体软件的应用
具有一定的编程能力，熟练掌握电脑一般故障的整修和维护

担任职务获奖情况

2003 年至 2004 年　被评为校优秀团员，获得校二等奖学金
2004 年获得校园文化节绘画“一等奖”和写作“二等奖”

自我评价

本人是一个工作认真负责、积极主动、善于团队工作的人，适合从事广告领域策划和设计工作。希望能够找到一个适合自己的发展空间，能够展示自己的工作能力，让自己和公司一起向前进

求职要求

熟悉和擅长广告设计的相关工作。希望应聘贵公司广告设计工作。

图 2-24　个人简历文档的效果

◆ 专业背景

本任务的操作中要了解什么是求职简历，求职简历又称求职资历、个人履历等，是求

职者将自己与所申请职位紧密相关的个人信息经过分析整理并清晰简要地表述出来的书面求职资料，是一种应用写作文体。求职简历是招聘者在阅读求职者求职申请后对其产生兴趣进而进一步决定是否给予面试机会的极重要的依据性材料，因此，在制作文档时求职者需用真实准确的事实向招聘者明示自己的经历、经验、技能、成果等内容。

◆ 操作思路

本任务的操作思路如图 2-25 所示，涉及的知识点有段落边框的设置，页面边框的设置和底纹的设置等，具体思路及要求如下。

（1）打开素材文档，选择文本，设置段落边框。

（2）为整个文档设置页面边框，以美化文档。

（3）选择文本，为其添加底纹以突出显示，完成制作。

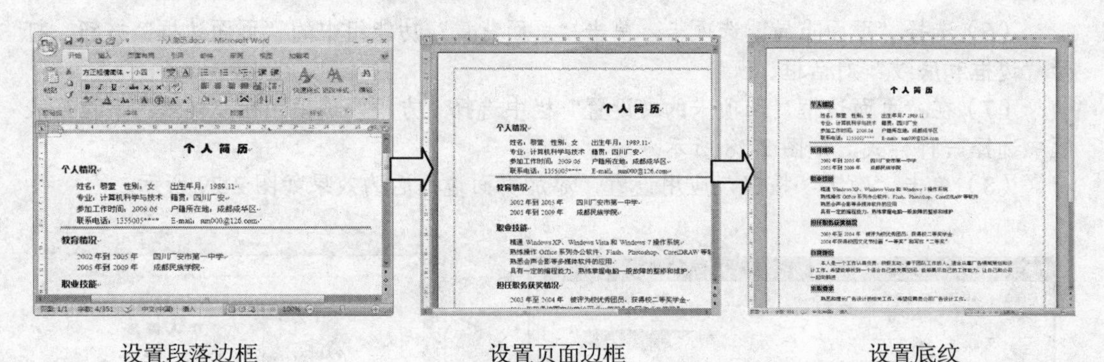

图 2-25　制作个人简历文档的操作思路

操作一　设置边框

（1）打开“个人简历.docx”素材文档，选择“个人情况”和下面的文本。

（2）单击“段落”功能组中的“添加边框”按钮右侧的下拉按钮，在弹出的下拉菜单选择“边框和底纹”选项，打开“边框和底纹”对话框。

（3）在其中的“设置”栏中选择“自定义”选项，在“样式”列表框中选择一种边框样式，在“颜色”下拉列表框中选择“黑色,文字 1,淡色 25%”选项。

（4）在“宽度”下拉列表框中选择“1.5 磅”选项，在“预览”栏中单击“下框线”按钮，如图 2-26 所示。

（5）单击“确定”按钮完成设置，添加边框后的效果如图 2-27 所示。

提示　在“边框和底纹”对话框中的“预览”栏中单击相应的按钮，可以设置添加的边框线位置，如单击按钮，可以在文档的中间添加边框线。

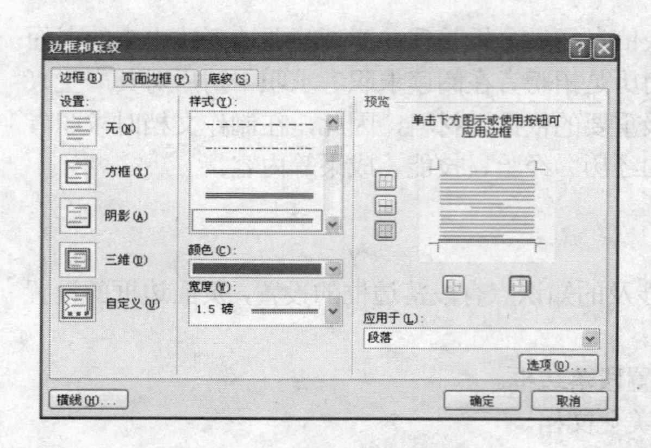

图 2-26　设置段落边框

图 2-27　添加边框后的效果

（6）选择“页面布局”选项卡，单击“页面背景”功能组中的“页面边框”按钮，打开“边框和底纹”对话框。

（7）在“页面边框”选项卡的“设置”栏中选择“方框”选项，在“样式”下拉列表框中选择一种样式，如图 2-28 所示。

（8）单击“确定”按钮，应用设置，添加页面边框后的效果如图 2-29 所示。

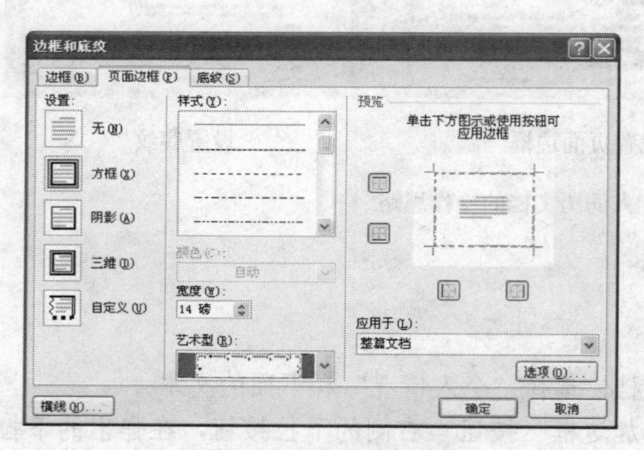

图 2-28　设置页面边框

图 2-29　添加页面边框后的效果

操作二　设置底纹

（1）选择“个人情况”文本，选择“开始”功能选项卡，在“段落”功能组中单击“边框”按钮右侧的下拉按钮，在弹出的下拉菜单中选择“边框和底纹”选项。

（2）在打开的“边框和底纹”对话框中选择“底纹”选项卡。

（3）在“填充”下拉列表框中选择“白色,背景 1,深色 25%”选项，在“预览”栏下面的“应用于”下拉列表框中选择“文字”选项，如图 2-30 所示。

（4）单击“确定”按钮，应用设置。

（5）运用相同的操作为文档中的其他文本添加底纹，添加底纹后的效果如图 2-31 所示。

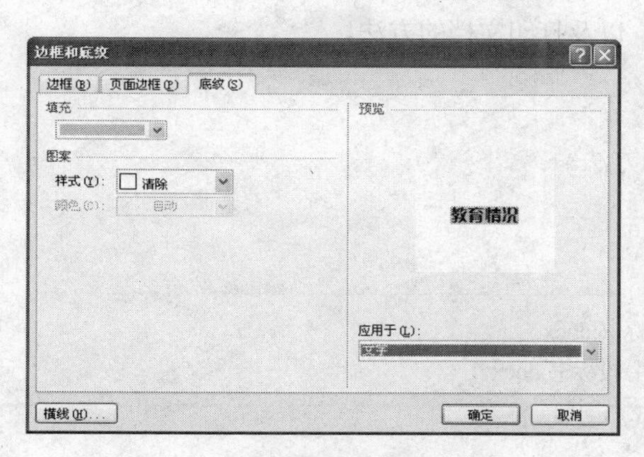

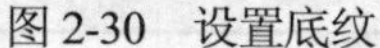
图 2-30　设置底纹

图 2-31　添加底纹后的效果

◆ 学习与探究

本任务练习了为文本设置边框和底纹的方法，除了可以在文档中添加边框和底纹外，还可以为文档设置水印背景来美化文档。下面介绍设置水印背景的方法。

（1）选择“页面布局”功能卡，在“页面背景”功能组中单击“水印”按钮，在弹出的下拉菜单中选择“自定义水印”选项。

（2）打开“水印”对话框，选中“文字水印”单选按钮可以激活下面的选项，设置其中各选项，如图 2-32 所示。

（3）单击“确定”按钮关闭对话框并应用设置，添加水印后的效果如图 2-33 所示。

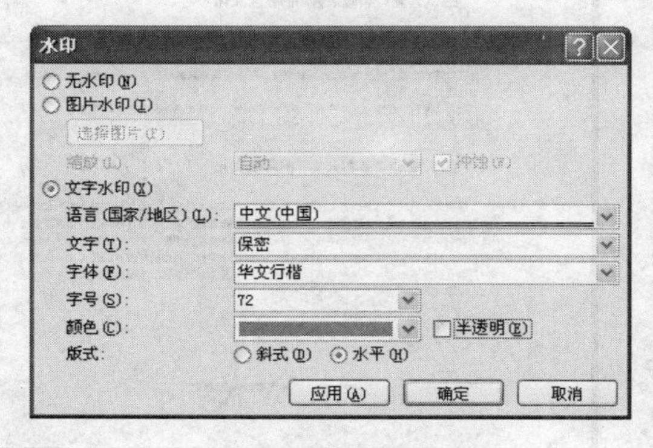

图 2-32　“水印”对话框

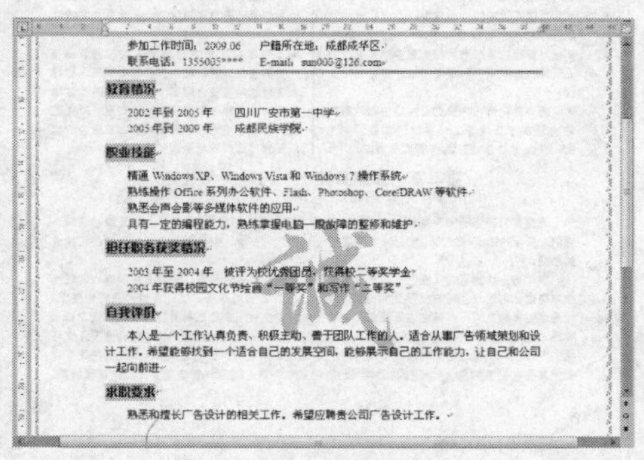

图 2-33　添加水印后的效果

任务五　设置并打印投标书文档

◆ 任务目标

本任务的目标是对一份投标书进行页面设置，使文档更加清楚，并富有条理。利用页面大小、页眉页脚和特殊版式等操作来进行设置，效果如图 2-34 所示，最后再将文档打印出来。通过练习掌握页面设置的操作，以及打印文档的方法。

本任务的具体目标要求如下：

（1）掌握设置页面大小的方法。

（2）熟练掌握设置页眉和页脚的方法。

（3）熟悉设置特殊版式的操作。

（4）熟练掌握打印文档的操作。

素材位置：模块二\素材\投标书.docx。

效果图位置：模块二\源文件\投标书.docx。

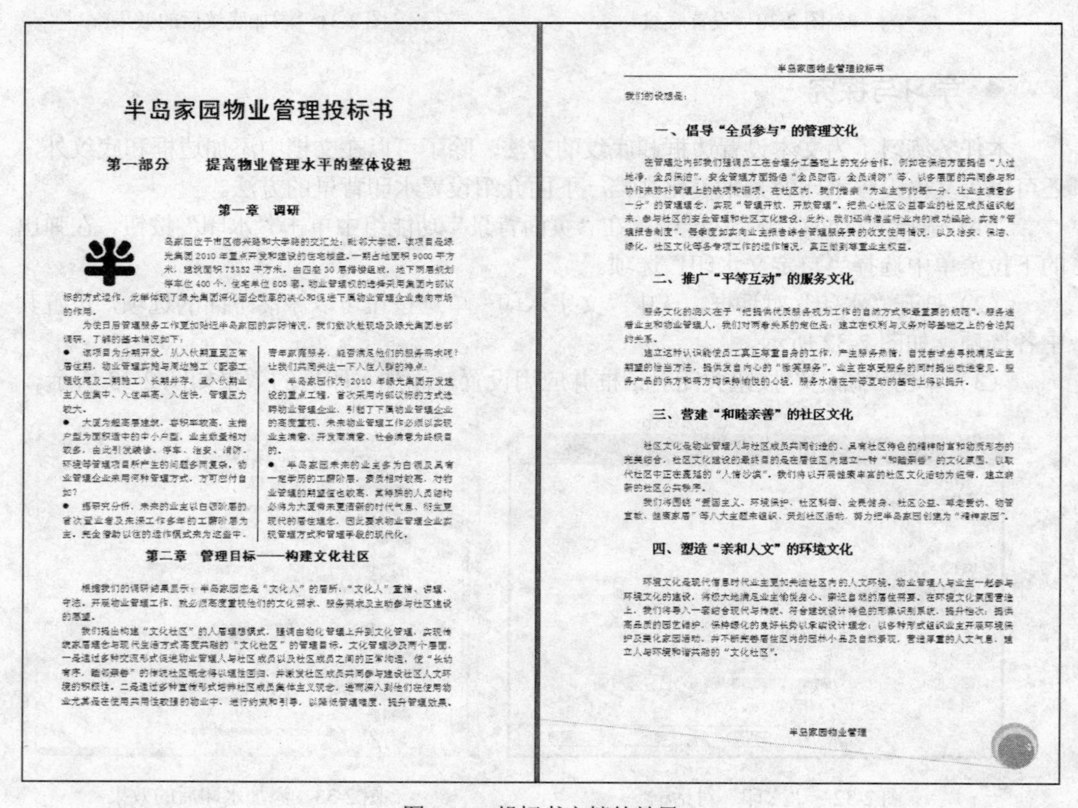

半岛家园物业管理投标书

第一部分　　提高物业管理水平的整体设想

第一章　调研

半岛家园位于市区德兴路和大学路的交汇处，毗邻大学城，该项目是绿光集团 2010 年重点开发和建设的住宅楼盘，一期占地面积 9000 平方米，建筑面积 75352 平方米，由四座 30 层楼组成，地下两层规划停车位 400 个，住宅单位 805 套。物业管理权的选择采用集团内部议标的方式运作，充分体现了绿光集团深化国企改革的决心和促进下属物业管理企业走向市场的作用。

为使日后管理服务工作更加贴近半岛家园的实际情况，我们数次赴现场及绿光集团总部调研，了解的基本情况如下：

- 该项目为分期开发，从入伙期直至正常居住期，物业管理实施与周边施工（配套工程收尾及二期施工）长期并存，且入伙期业主入住集中、入住率高、入住快，管理压力较大。
- 大厦为超高层建筑，容积率较高，主推户型为面积适中的中小户型，业主数量相对较多，由此引发装修、停车、治安、消防、环境等管理项目所产生的问题多而复杂，物业管理企业采用何种管理方式，方可应付自如？
- 据研究分析，未来的业主以白领阶层的首次置业者及未来工作多年的工薪阶层为主，完全借助以往的运作模式来为这些中、青年家庭服务，能否满足他们的服务需求呢？让我们共同关注一下入住人群的特点：
- 半岛家园作为 2010 年绿光集团开发建设的重点工程，首次采用内部议标的方式选聘物业管理企业，引起了下属物业管理企业的高度重视，未来物业管理工作必须以实现业主满意、开发商满意、社会满意为终极目的。
- 半岛家园未来的业主多为白领及具有一定学历的工薪阶层，素质相对较高，对物业管理的期望值也较高，其特殊的人员结构必将为大厦带来更清新的时代气息、衍生更现代的居住理念，因此要求物业管理企业实现管理方式和管理手段的现代化。

第二章　管理目标——构建文化社区

根据我们的调研结果显示：半岛家园应是“文化人”的居所，“文化人”重情、讲理、守法，开展物业管理工作，就必须高度重视他们的文化需求、服务需求及主动参与社区建设的愿望。

我们提出构建“文化社区”的人居理想模式，强调由物化管理上升到文化管理，实现传统家居理念与现代生活方式高度共融的“文化社区”的管理目标。文化管理涉及两个层面，一是通过多种交流形式促进物业管理人与社区成员以及社区成员之间的正常沟通，使“长幼有序，睦邻亲善”的传统社区概念得以理性回归，并激发社区成员共同参与建设社区人文环境的积极性。二是通过多种宣传形式培养社区成员集体主义观念，进而深入到他们在使用物业尤其是在使用共用性较强的物业中，进行约束和引导，以降低管理难度，提升管理效果。

半岛家园物业管理投标书

我们的设想是：

一、倡导“全员参与”的管理文化

在管理处内部我们强调员工在合理分工基础上的充分合作，例如在保洁方面提倡“人过地净，全员保洁”，安全管理方面提倡“全员防范，全员消防”等，以多层面的共同参与和协作来弥补管理上的缺项和漏项。在社区内，我们推崇“为业主节约每一分，让业主满意多一分”的管理理念，实现“管理开放，开放管理”，把热心社区公益事业的社区成员组织起来，参与社区的安全管理和社区文化建设。此外，我们还将借鉴行业内的成功经验，实施“管理报告制度”，每季度如实向业主报告综合管理服务费的收支使用情况，以及治安、保洁、绿化、社区文化等各专项工作的运作情况，真正做到尊重业主权益。

二、推广“平等互动”的服务文化

服务文化的涵义在于“把提供优质服务视为工作的自然方式和最重要的规范”。服务连着业主和物业管理人，我们对两者关系的定位是：建立在权利与义务对等基础之上的合法契约关系。

建立这种认识能使员工真正尊重自身的工作，产生服务热情，自觉尝试去寻找满足业主期望的恰当方法，提供发自内心的“微笑服务”。业主在享受服务的同时提出改进意见，服务产品的供方和需方均保持愉悦的心境，服务水准在平等互动的基础上得以提升。

三、营建“和睦亲善”的社区文化

社区文化是物业管理人与社区成员共同创造的、具有社区特色的精神财富和物质形态的完美结合，社区文化建设的最终目的是在居住区内建立一种“和睦亲善”的文化家园，以取代社区中正在蔓延的“人情沙漠”。我们将以开展健康丰富的社区文化活动为纽带，建立崭新的社区公共秩序。

我们将围绕“爱国主义、环境保护、社区科普、全民健身、社区公益、尊老爱幼、物管宣教、健康家居”等八大主题来组织、策划社区活动，努力把半岛家园创建为“精神家园”。

四、塑造“亲和人文”的环境文化

环境文化是现代信息时代业主更加关注社区内的人文环境，物业管理人与业主一起参与环境文化的建设，将极大地满足业主愉悦身心、亲近自然的居住需要。在环境文化氛围营造上，我们将导入一套结合现代与传统、符合建筑设计特色的形象识别系统，提升档次；提供高品质的园艺维护，保持绿化的良好长势以承续设计理念；以多种形式组织业主开展环境保护及美化家园活动，并不断完善居住区内的园林小品及自然景观，营造厚重的人文气息，建立人与环境和谐共融的“文化社区”。

半岛家园物业管理

图 2-34　投标书文档的效果

◆ 专业背景

本任务的操作中需要了解什么是投标书，投标书是指投标单位按照招标书的条件和要求，向招标单位提交的报价并填具标单的文书。它要求密封后邮寄或派专人送到招标单位，故又称标函。它是投标单位在充分领会招标文件，进行现场实地考察和调查的基础上所编制的投标文书，是对招标公告提出要求的响应和承诺，并同时提出具体的标价及有关事项来竞争中标。

◆ 操作思路

本任务的操作思路如图 2-35 所示，涉及的知识点有设置页面大小、设置页眉和页脚、复制格式，以及设置分栏、首字下沉和拼音等版式，具体思路及要求如下。

（1）打开素材文档，设置页面大小。

（2）为整个文档设置页眉和页脚。

（3）设置特殊格式，如首字下沉、拼音和分栏等版式。

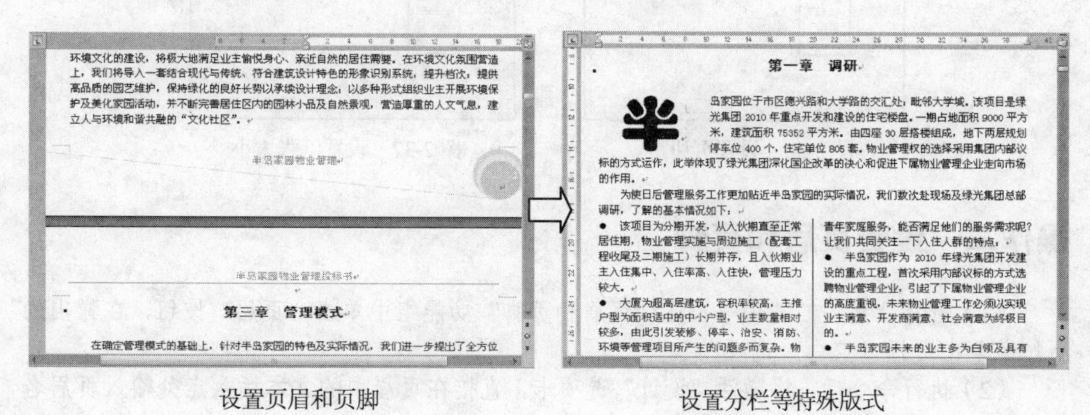

设置页眉和页脚　　　　设置分栏等特殊版式

图 2-35　设置并打印投标书文档的操作思路

操作一　设置页面大小

（1）打开“投标书.docx”素材文档，在“页面布局”功能区中的“页面设置”功能组中单击“对话框启动器”按钮，打开“页面设置”对话框。

（2）在“页边距”栏中的“上”、“下”、“左”和“右”数值框中分别输入相应的值，并设置“装订线”和“装订线位置”。

（3）在“纸张方向”栏中选择“纵向”选项，在“预览”栏中的“应用于”下拉列表框中选择“整篇文档”选项，如图 2-36 所示。

（4）选择“纸张”选项卡，在“纸张大小”栏中设置纸张的大小为“A4”，其他设置保持默认，如图 2-37 所示，单击“确定”按钮应用。

提示

利用标尺也可以调整页边距，选择“视图”功能选项卡，在“显示/隐藏”功能组中选中“标尺”复选框，此时 Word 文档将显示出标尺，然后按住【Alt】键拖动标尺上方的滑块，也可以调整页边距。另外，“页边距”功能选项卡的“多页”下拉列表框中的选项适用于有多页文档的情况。如果提供的纸型均不能满足要求，可在“宽度”和“高度”数值框中输入相应的数值，然后按【Enter】键进行设置。

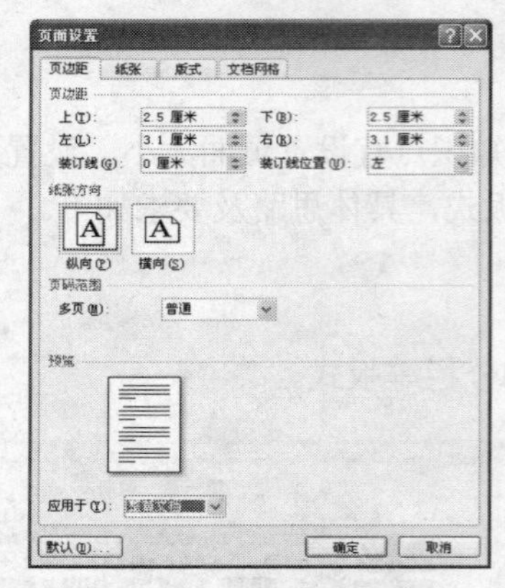

图 2-36　设置页边距

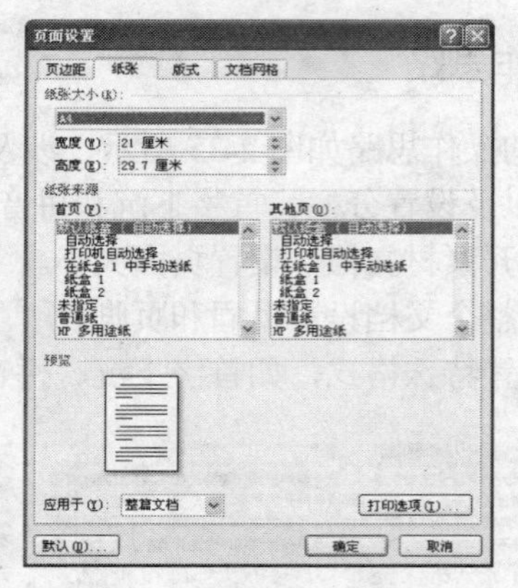

图 2-37　设置纸张大小

操作二　设置页眉和页脚

（1）选择“插入”选项卡，在“页眉和页脚”功能组中单击“页眉”按钮，在弹出的下拉菜单中选择“空白”选项。

（2）执行命令后，将激活“设计”选项卡，直接在页眉中的文本插入点处输入页眉名称 “半岛家园物业管理招标书”。

（3）选中输入的页眉，在浮动工具栏中设置页眉字体为“黑体”，字号为“五号”。

（4）在“选项”功能组中选中“首页不同”复选框，再单击“页脚”按钮，然后在弹出的下拉菜单中选择“现代型 奇数页”选项。

（5）将插入点定位到第 2 页的页面底端，在页脚编辑区中输入“半岛家园物业管理”。

（6）输入完成后，选中输入的文本，在浮动工具栏中将字体设为“黑体”，字号设置为“五号”，单击“居中”按钮。

（7）在“页眉和页脚”功能组中执行“页码”→“设置页码格式”菜单命令，打开“页码格式”对话框，在其中设置“编号格式”和“页码编号”，如图 2-38 所示。

（8）单击“确定”按钮应用设置，单击“关闭页眉和页脚”按钮，添加页眉和页脚后的效果如图 2-39 所示。

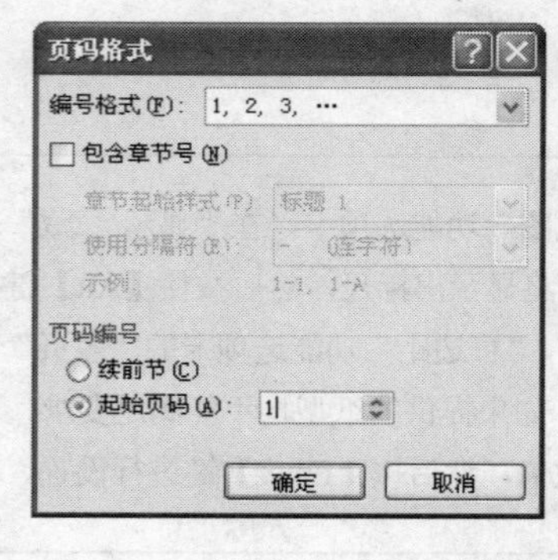

图 2-38　“页码格式”对话框

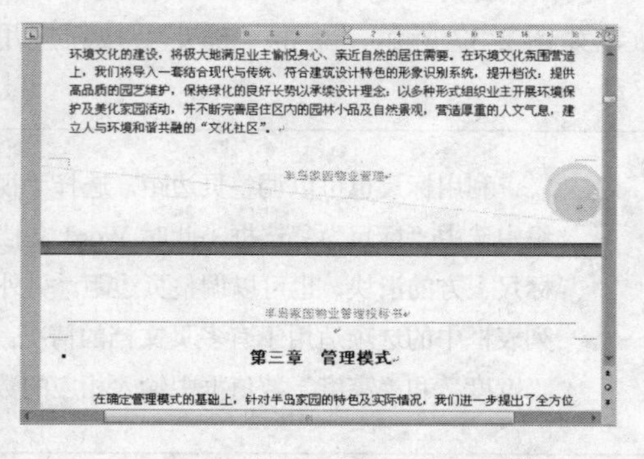

图 2-39　添加页眉和页脚后的效果

操作三　设置特殊版式

（1）将文本插入点定位到第一段文本中，选择“插入”功能选项卡。

（2）单击“文本”功能组中的“首字下沉”按钮，在弹出的快捷菜单中可选择首字下沉的样式，这里选择“首字下沉”选项。

（3）打开“首字下沉”对话框，在其中设置首字下沉的位置、字体和下沉行数等，如图 2-40 所示。

（4）单击“确定”按钮，设置首字下沉后的效果如图 2-41 所示。

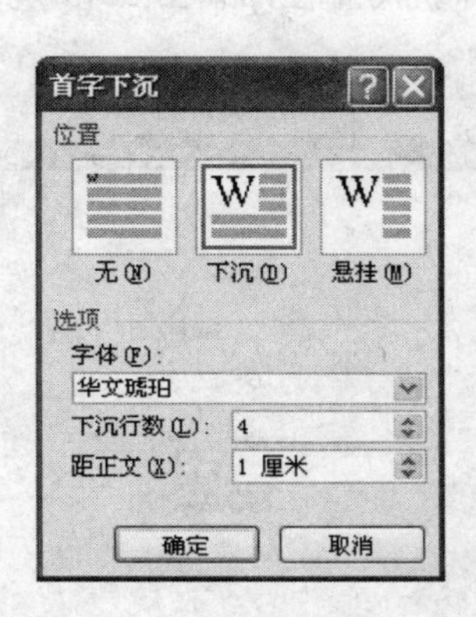

图 2-40　“首字下沉”对话框

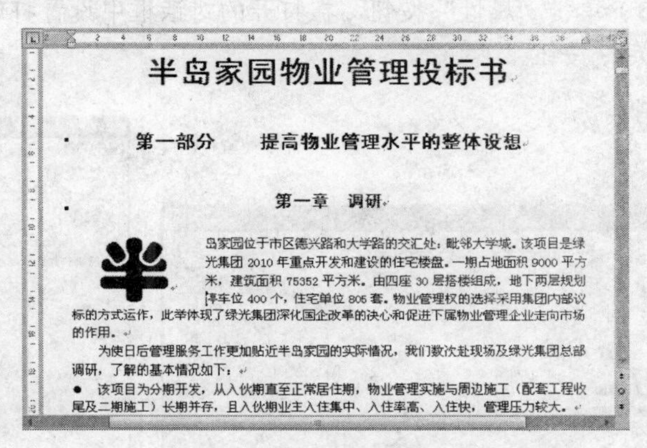

半岛家园物业管理投标书

第一部分　提高物业管理水平的整体设想

第一章　调研

半岛家园位于市区德兴路和大学路的交汇处，毗邻大学城。该项目是绿光集团 2010 年重点开发和建设的住宅楼盘。一期占地面积 9000 平方米，建筑面积 75352 平方米。由四座 30 层搭楼组成，地下两层规划停车位 400 个，住宅单位 805 套。物业管理权的选择采用集团内部议标的方式运作，此举体现了绿光集团深化国企改革的决心和促进下属物业管理企业走向市场的作用。

为使日后管理服务工作更加贴近半岛家园的实际情况，我们数次赴现场及绿光集团总部调研，了解的基本情况如下：

● 该项目为分期开发，从入伙期直至正常居住期，物业管理实施与周边施工（配套工程收尾及二期施工）长期并存，且入伙期业主入住集中、入住率高、入住快，管理压力较大。

图 2-41　设置首字下沉后的效果

（5）选择第一页中带有项目符号的文本，选择“页面布局”功能选项卡。

（6）在“页面设置”功能组中单击“分栏”按钮，在弹出的下拉菜单中选择“更多分栏”选项，打开“分栏”对话框。

（7）在对话框的“预设”栏中选择“两栏”选项，选中“分隔线”复选框，如图 2-42 所示。

（8）单击“确定”按钮应用设置，设置分栏后的效果如图 2-43 所示。

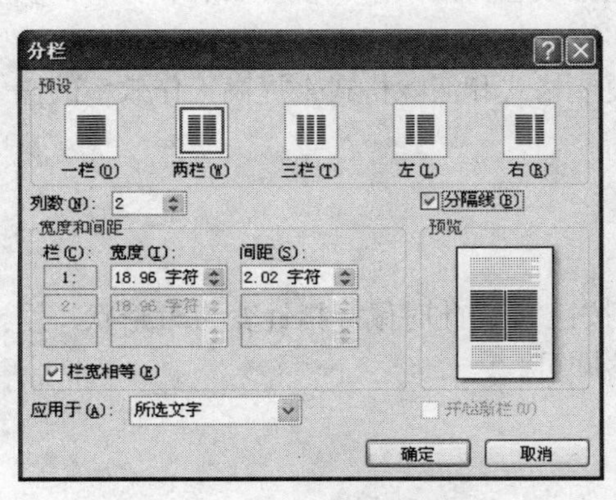

图 2-42　设置分栏版式

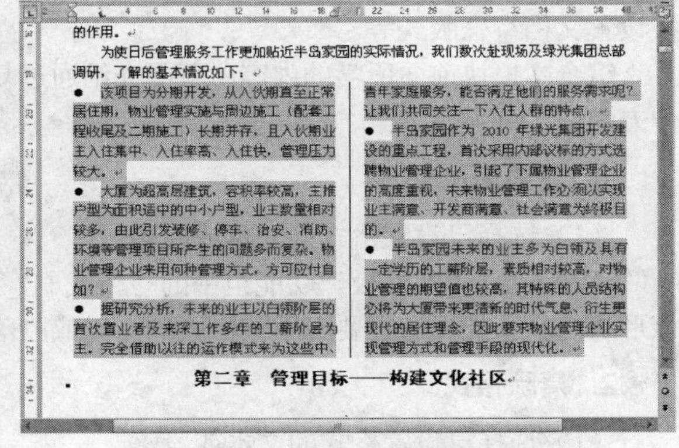

的作用。

为使日后管理服务工作更加贴近半岛家园的实际情况，我们数次赴现场及绿光集团总部调研，了解的基本情况如下：

● 该项目为分期开发，从入伙期直至正常居住期，物业管理实施与周边施工（配套工程收尾及二期施工）长期并存，且入伙期业主入住集中、入住率高、入住快，管理压力较大。

● 大厦为超高层建筑，容积率较高，主推户型为面积适中的中小户型，业主数量相对较多，由此引发装修、停车、治安、消防、环境等管理项目所产生的问题多而复杂。物业管理企业采用何种管理方式，方可应付自如？

● 据研究分析，未来的业主以白领阶层的首次置业者及来深工作多年的工薪阶层为主，完全借助以往的运作模式来为这些中、青年家庭服务，能否满足他们的服务需求呢？让我们共同关注一下入住人群的特点：

● 半岛家园作为 2010 年绿光集团开发建设的重点工程，首次采用内部议标的方式选聘物业管理企业，引起了下属物业管理企业的高度重视，未来物业管理工作必须以实现业主满意、开发商满意、社会满意为终极目的。

● 半岛家园未来的业主多为白领及具有一定学历的工薪阶层，素质相对较高，对物业管理的期望值也较高，其特殊的人员结构必将为大厦带来更清新的时代气息，衍生更现代的居住理念，因此要求物业管理企业实现管理方式和管理手段的现代化。

第二章　管理目标——构建文化社区

图 2-43　设置分栏后的效果

操作四　打印文档

（1）执行“Office”→“打印”→“打印预览”菜单命令，打开文档预览窗口，进行预览，若有不符合要求的格式，可在“页面设置”功能组中进行相应的设置。

（2）在打印预览视图下单击“打印”工具栏中的“打印”按钮，打开“打印”对话框，在“打印机”栏的“名称”下拉列表框中选择所需的打印机，在“缩放”栏的“每页的版数”下拉列表框中选择“1版”选项，在“按纸张大小缩放”下拉列表框中选择“A4”选项，如图2-44所示。

（3）单击“属性”按钮，在打开的对话框中设置打印机的属性，如图2-45所示，单击“确定”按钮。

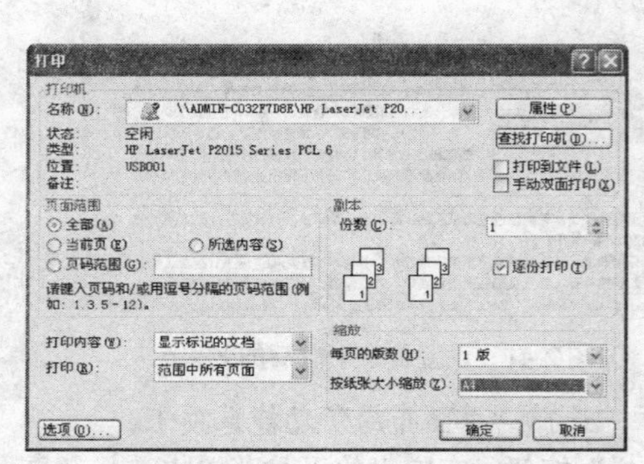

图2-44　“打印”对话框　　　　图2-45　设置打印机的属性

（4）在返回的“打印”对话框中，单击“确定”按钮即可进行打印。

◆ 学习与探究

本任务练习了为文档进行页面设置的操作，包括设置页面大小、设置页眉和页脚，以及设置文档特殊版式等。

综合本模块前面所学的内容，下面介绍通过复制格式和清除格式来提高工作效率的操作方法。

1．复制格式

（1）选择已设置格式的文本或段落。

（2）单击“剪贴板”功能组中的“格式刷”按钮，此时鼠标指针变为形状，用该形状的鼠标光标选择要应用该格式的文本或段落即可。

2．清除格式

（1）选择已设置格式的文本或段落。

（2）单击“字体”工具栏中的“清除格式”按钮，即可清除选择文本的格式。

实训一　制作城市介绍文档

◆ 实训目标

本实训要求利用设置字体格式、设置段落格式和设置边框与底纹的相关知识制作一个城市介绍文档，其最终效果如图 2-46 所示。通过本实训掌握字体格式、段落格式，以及边框与底纹的设置方法。

素材位置： 模块二\素材\城市介绍.docx。
效果图位置： 模块二\源文件\城市介绍.docx。

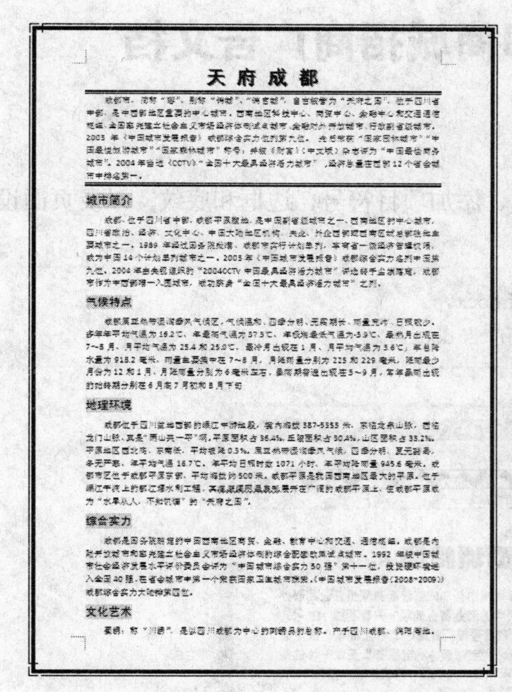

天 府 成 都

成都市，简称"蓉"，别称"锦城"、"锦官城"，自古被誉为"天府之国"，位于四川省中部，是中国西部地区重要的中心城市，西南地区科技中心、商贸中心、金融中心和交通通信枢纽，全国率先建立社会主义市场经济体制试点城市，全国对外开放城市，行政副省级城市。2005 年《中国城市发展报告》成都综合实力位列第九位。先后荣获"国家园林城市""中国最佳旅游城市""国家森林城市"称号，并被《财富》（中文版）杂志评为"中国最佳商务城市"。2004 年当选《CCTV》"全国十大最具经济活力城市"，经济总量在西部 12 个省会城市中排名第一。

城市简介

成都，位于四川省中部，成都平原腹地，是中国副省级城市之一、西南地区的中心城市，四川省政治、经济、文化中心，中国大陆地区机构、央企、外企西部或西南区域总部驻地主要城市之一。1989 年经过国务院批准，成都市实行计划单列，享有省一级经济管理权限，成为中国 14 个计划单列城市之一。2005 年《中国城市发展报告》成都综合实力名列中国第九位。2004 年由央视组织的"2004CCTV 中国最具经济活力城市"评选终于尘埃落定，成都市作为中西部唯一入围城市，成功跻身"全国十大最具经济活力城市"之列。

气候特点

成都属亚热带湿润季风气候区，气候温和、四季分明、无霜期长、雨量充沛、日照较少。多年年平均气温为 16.2℃，年最高气温为 37.3℃，年极端最低气温为-5.9℃，最热月出现在 7～8 月，月平均气温为 25.4 和 25.0℃，最冷月出现在 1 月，月平均气温为 5.6℃；年总降水量为 918.2 毫米，雨量主要集中在 7～8 月，月降雨量分别为 225 和 229 毫米，降雨最少月份为 12 和 1 月，月降雨量分别为 6 毫米左右，暴雨期普遍出现在 5～9 月，常年暴雨出现的始终期分别在 6 月底 7 月初和 8 月下旬

地理环境

成都位于四川盆地西部的岷江中游地段，境内海拔 387-5353 米，东临龙泉山脉，西靠龙门山脉，其是"两山夹一平"的，平原面积占 36.4%，丘陵面积占 30.4%，山区面积占 33.2%。平原地区西北高，东南低，平均坡降 0.3%。属亚热带湿润季风气候，四季分明，夏无酷暑，冬无严寒，年平均气温 16.7℃，年平均日照时数 1071 小时，年平均降雨量 945.6 毫米。成都市区位于成都平原东部，平均海拔约 500 米。成都平原是我国西南地区最大的平原。位于岷江中段上的都江堰水利工程，其纵横交错的渠系灌溉着广阔的成都平原，使成都平原成为"水旱从人，不知饥馑"的"天府之国"。

综合实力

成都是国务院确定的中国西南地区商贸、金融、教育中心和交通、通信枢纽。成都是内陆开放城市和率先建立社会主义市场经济体制的综合配套改革试点城市。1992 年被中国城市社会经济发展水平评价委员会评为"中国城市综合实力 50 强"第十一位，投资硬环境进入全国 40 强，在省会城市中第一个荣获国家卫生城市殊荣，《中国城市发展报告（2008~2009）》成都综合实力大陆排第四位。

文化艺术

蜀锦：称"川锦"，是以四川成都为中心的丝织品的总称，产于四川成都、绵阳等地。

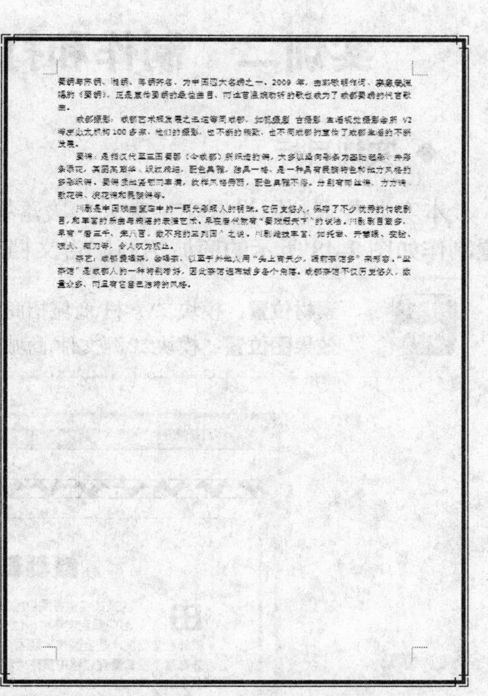

蜀锦与苏锦、宋锦、壮锦齐名，为中国四大名锦之一。2009 年，由郑敬栋作词、李泉飞演唱的《蜀锦》，正是宣传蜀锦的最佳曲目，而这首悠扬动听的歌也成为了成都蜀锦的代言歌曲。

成都摄影：成都艺术领发展之地往等同成都，如视摄影 古摄影 生活视觉摄影会所 V2 等众多大机构 100 多家，他们的摄影，也不断的铸就，也不同成都的宣传了成都生活的不断发展。

蜀锦：是指汉代至三国蜀郡（今成都）所织造的锦，大多以经向彩条为基础起彩，并彩条添花，其图案繁华、织纹精细，配色典雅，独具一格，是一种具有民族特色和地方风格的多彩织锦。蜀锦质地坚韧而丰满，纹样风格秀丽，配色典雅不俗。分别有雨丝锦、方方锦、散花锦、浣花锦和民族锦等。

川剧是中国戏曲宝库中的一颗光彩照人的明珠。它历史悠久，保存了不少优秀的传统剧目，和丰富的曲牌与精湛的表演艺术，早在唐代就有"蜀戏冠天下"的说法，川剧剧目繁多，早有"唐三千、宋八百，数不完的三列国"之说。川剧绝技丰富，如托举、开慧眼、变脸、吐火、藏刀等，令人叹为观止。

茶艺：成都爱喝茶，会喝茶，以至于外地人用"头上有天少，眼前茶馆多"来形容。"坐茶馆"是成都人的一种特别嗜好，因此茶馆遍布城乡各个角落。成都茶馆不仅历史悠久，数量众多，而且有它自己独特的风格。

图 2-46　城市介绍文档的最终效果

◆ 实训分析

本实训的操作思路如图 2-47 所示，具体分析及思路如下。

（1）利用字体格式的设置体现文本主题，通过设置字体、字号及文本效果来美化文档。

（2）通过设置段落格式来美化文档，使文档更加有层次感。

（3）为文档设置边框和底纹，使其中的主要内容更加醒目。

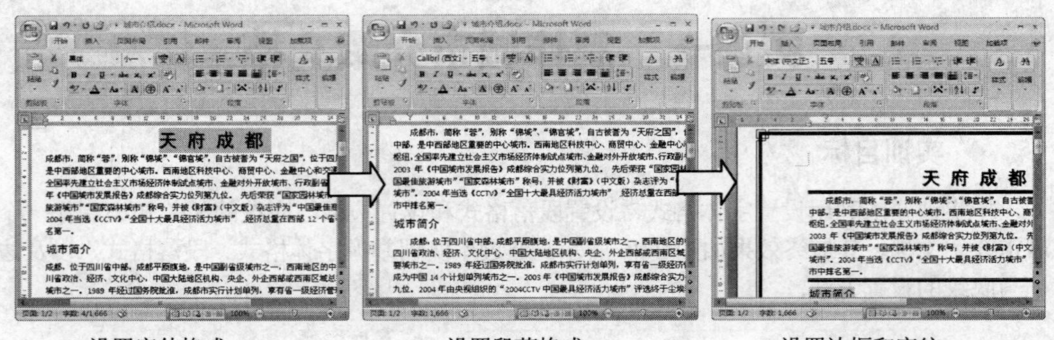

设置字体格式　　设置段落格式　　设置边框和底纹

图 2-47　制作城市介绍文档的操作思路

实训二　制作和打印商城招商广告文档

◆ 实训目标

本实训要求利用设置文字效果、段落格式、添加项目符号、边框和底纹，以及页面设置制作如图 2-48 所示的商城招商广告文档。

素材位置：模块二\素材\商城招商广告.docx。
效果图位置：模块二\源文件\商城招商广告.docx。

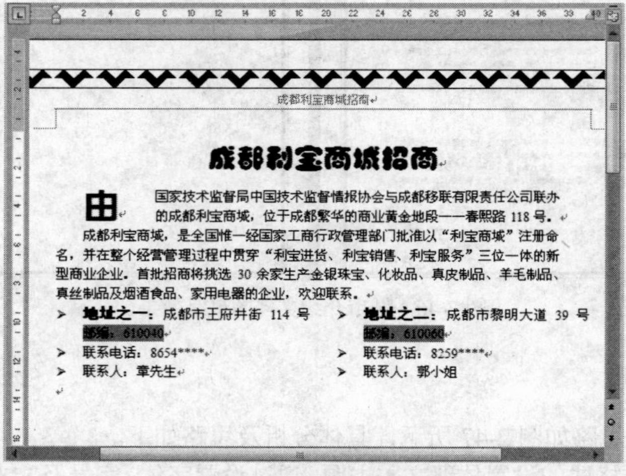

图 2-48　商城招商广告文档

◆ 实训分析

本实训的操作思路如图 2-49 所示，具体分析及思路如下。

（1）利用设置字体、字号、字符间距和缩进等方法设置文字效果与段落格式。

（2）通过添加项目符号并设置边框与底纹以突出文档主题。

（3）利用页面设置的操作来美化文档。

（4）打印文档。

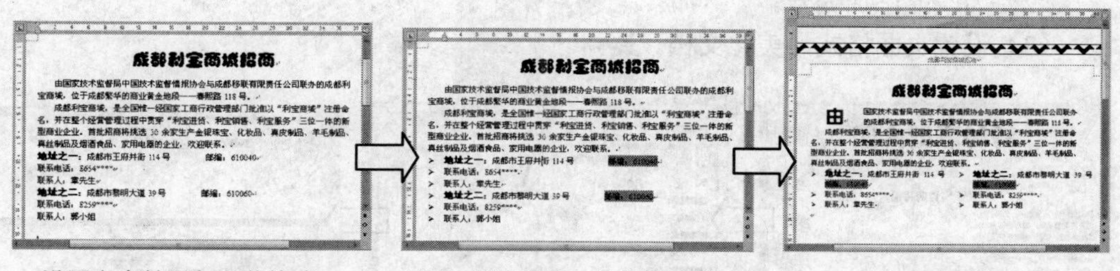

设置文字效果与段落格式　　添加项目符号、边框和底纹　　设置页面格式

图 2-49　制作和打印商城招商广告文档的操作思路

实训三　制作语文教学课件文档

◆ 实训目标

本实训要求设置文档基本格式的相关知识，根据提供的素材文档制作一个语文教学课件文档，如图 2-50 所示。

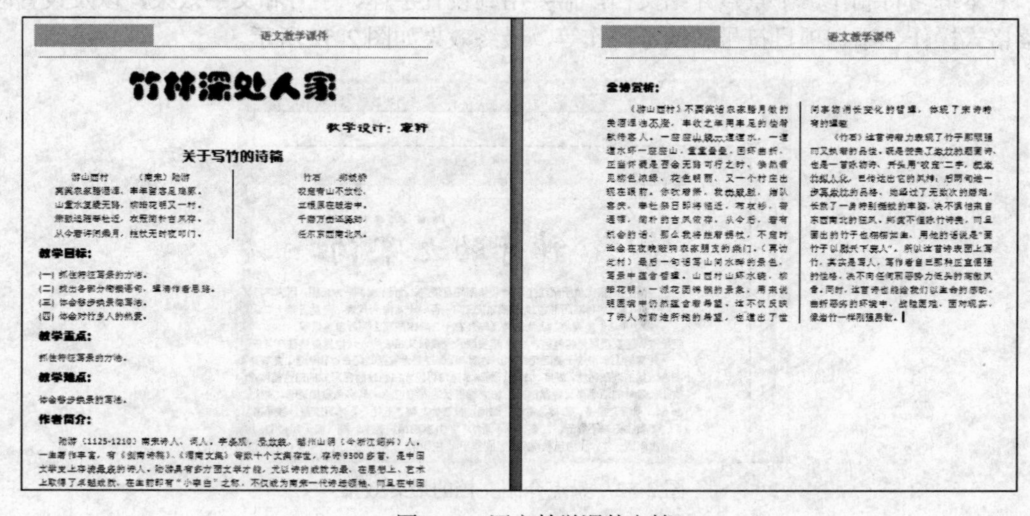
语文教学课件

竹林深处人家

教学设计：章轩

关于写竹的诗篇

游山西村　（南宋）陆游

莫笑农家腊酒浑，丰年留客足鸡豚。
山重水复疑无路，柳暗花明又一村。
箫鼓追随春社近，衣冠简朴古风存。
从今若许闲乘月，拄杖无时夜叩门。

竹石　郑板桥

咬定青山不放松，
立根原在破岩中。
千磨万击还坚劲，
任尔东西南北风。

教学目标：

（一）抓住特征写景的方法。
（二）找出各部分衔接语句，理清作者思路。
（三）体会移步换景的写法。
（四）体会对竹乡人的热爱。

教学重点：

教学难点：

作者简介：

语文教学课件

金诗赏析：

图 2-50　语文教学课件文档

素材位置：模块二\素材\语文教学课件.docx。

效果图位置：模块二\源文件\语文教学课件.docx。

◆ 实训分析

本实训的操作思路如图 2-51 所示，具体分析及思路如下。

（1）设置文本效果和段落格式。

（2）为段落添加编号。

（3）设置页面格式，美化文档。

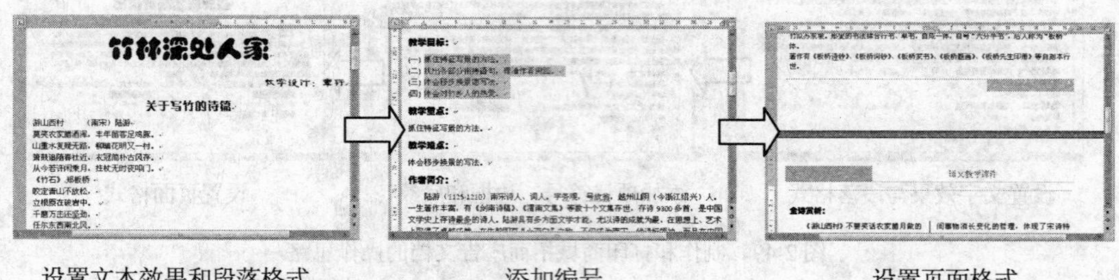

设置文本效果和段落格式　　添加编号　　设置页面格式

图 2-51　制作语文教学课件的操作思路

实践与提高

根据本模块所学内容，动手完成以下实践内容。

练习 1　制作景点介绍文档

本练习将制作一个景点介绍文档，需要用到设置字体、字号和文字效果，以及设置段落格式操作、添加项目符号和编号操作等，最终效果如图 2-52 所示。

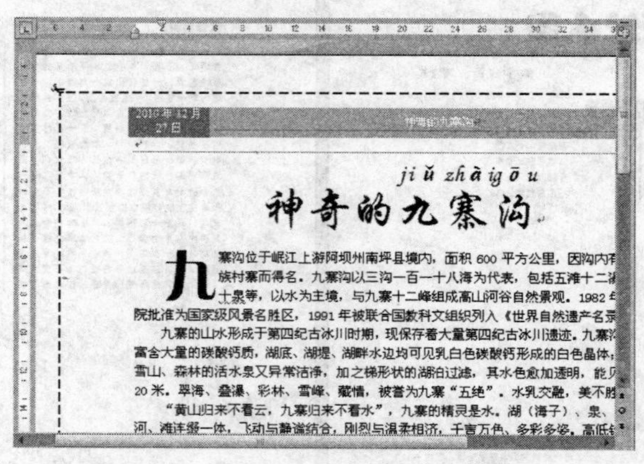

图 2-52　景点介绍文档的最终效果

素材位置：模块二\素材\神奇的九寨沟.docx。

效果图位置：模块二\源文件\神奇的九寨沟.docx。

练习 2　制作租房协议

运用文字的输入、设置字体和字号、设置段落格式、设置边框和底纹、设置页面格式等操作制作一个租房协议文档，最终效果如图 2-53 所示。

效果图位置：模块二\源文件\租房协议.docx。

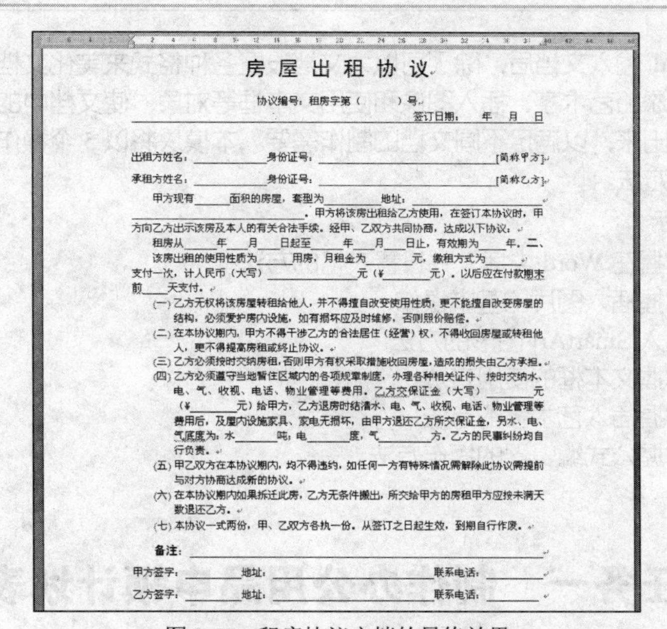

房 屋 出 租 协 议

协议编号：租房字第（　　　）号

签订日期：　　年　　月　　日

出租方姓名：________身份证号：________________[简称甲方]

承租方姓名：________身份证号：________________[简称乙方]

甲方现有______面积的房屋，套型为________地址：________________________________。甲方将该房出租给乙方使用，在签订本协议时，甲方向乙方出示该房及本人的有关合法手续。经甲、乙双方共同协商，达成以下协议：

租房从______年____月____日起至______年____月____日止，有效期为_____年。二、

该房出租的使用性质为_____用房，月租金为________元，缴租方式为______

支付一次，计人民币（大写）____________元（¥________元）。以后应在付款期末前_____天支付。

（一）乙方无权将该房屋转租给他人，并不得擅自改变使用性质，更不能擅自改变房屋的结构，必须爱护房内设施，如有损坏应及时维修，否则照价赔偿。

（二）在本协议期内，甲方不得干涉乙方的合法居住（经营）权，不得收回房屋或转租他人，更不得提高房租或终止协议。

（三）乙方必须按时交纳房租，否则甲方有权采取措施收回房屋，造成的损失由乙方承担。

（四）乙方必须遵守当地暂住区域内的各项规章制度，办理各种相关证件、按时交纳水、电、气、收视、电话、物业管理等费用。乙方交保证金（大写）________元（¥________元）给甲方，乙方退房时结清水、电、气、收视、电话、物业管理等费用后，及屋内设施家具、家电无损坏，由甲方退还乙方所交保证金，另水、电、气底度为：水________吨；电________度，气________方。乙方的民事纠纷均自行负责。

（五）甲乙双方在本协议期内，均不得违约，如任何一方有特殊情况需解除此协议需提前与对方协商达成新的协议。

（六）在本协议期内如果拆迁此房，乙方无条件搬出，所交给甲方的房租甲方应按未满天数退还乙方。

（七）本协议一式两份，甲、乙双方各执一份。从签订之日起生效，到期自行作废。

备注：________________________________

甲方签字：________地址：________________联系电话：________

乙方签字：________地址：________________联系电话：________

图 2-53　租房协议文档的最终效果

练习 3　总结不同类型文档格式设置的方法

本模块主要学习了文档格式的设置方法，在实际工作中会遇到各种不同类型的文档，因此，需要结合实际总结一些不同类型文档的格式设置要点及相关注意事项等，以下的几点总结，供大家参考。

- 行政与公文类文档：制作这类文档具有较规范的格式，制作前先查询，一般只需设置合理的字体和段落格式。
- 宣传介绍类文档：制作这类文档需要对文档中的字体和段落等进行设置，一般是设置一些特殊文本效果等，达到突出主题的目的，从而使人一目了然。
- 公司制度等长文档：制作这类文档时要注意文档的条理清晰，不花哨，需要设置段落格式和字体格式，以及添加页眉和页脚等。

模块三

插入和编辑文档对象

在利用 Word 输入文档后，除了可以为文档设置各种格式来美化文档外，还可以在文档中插入表格、添加艺术字、插入图像和使用文本框等对象，使文档中的各种数据或内容更加直观地表现出来，以满足不同文档的制作需要。本模块将以 5 个操作实例介绍插入和编辑文档对象的方法。

学习目标

- 熟练掌握在 Word 中插入并设置表格的方法
- 熟练掌握插入图片的基本操作
- 掌握插入 SmartArt 图形的方法
- 熟练掌握文本框的使用方法
- 熟练掌握插入艺术字的方法
- 熟练掌握公式编辑器的操作方法

任务一　制作办公用品申领计划表

◆ 任务目标

本任务的目标是通过插入并设置表格来制作一个办公用品申领计划表文档，最终效果如图 3-1 所示。通过练习掌握插入表格的基本操作和设置表格，包括插入和绘制单元格，合并与拆分单元格，以及设置表格的行高、列宽、边框和底纹等操作。

办 公 用 品 申 领 计 划 表

部门：　　　　　　　　　　　　　　　　　年　月　日

名称	编号	数量	单价	金额	名称	编号	数量	单价	金额
文具盒					直尺				
荧光笔					固体胶水				
白板笔					票夹				
签字笔					文件夹				
圆珠笔					文件袋				
铅笔					大透明胶				
胶带					大双面胶				
硬面抄					档案袋				
软面抄					资料袋				
说 明	1、按分配额度，各部门自行控制费用。 2、本表需电脑编辑打印，手写无效； 3、如领用的物品栏上没有，请在空格处加上。	经办人		部门负责人		部门意见		本次领用合计（元） 备　注	

图 3-1　办公用品申领计划表的最终效果

效果图位置：模块三\源文件\办公用品申领计划表.docx。

本任务的具体目标要求如下：

（1）熟练掌握插入表格的方法。

（2）熟练掌握绘制表格的操作。

（3）熟练掌握设置表格的基本操作。

◆ 专业背景

本任务在操作时需要了解办公用品申领表的作用，即确定办公用品的用处，以方便单位管理办公用品和及时补缺。制作表格时可以先在稿纸上画出大致的布局内容，若有样表则可对照样表进行绘制，表格中的数据可以视情况添加，一般是添加固定的数据内容，对于有变化的数据则在使用时再填写。

◆ 操作思路

本任务的操作思路如图 3-2 所示，涉及的知识点有表格的插入和绘制，以及设置表格的基本操作等，具体思路及要求如下。

（1）新建文档，输入正文文本，插入表格，然后在表格中输入文本。

（2）绘制并拆分单元格。

（3）设置表格的行高、列宽及边框和底纹。

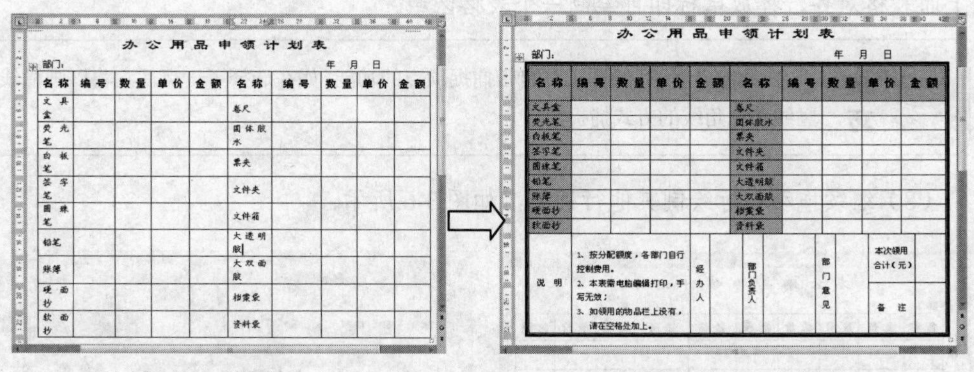

绘制和输入表格文本
设置表格样式和文本效果

图 3-2　制作办公用品申领计划表的操作思路

操作一　输入文本

（1）新建文档，在文档中输入表格名称“办公用品申领计划表”等文本，并设置字体为“方正隶书简体”，字号为“小二”，如图 3-3 所示。

（2）选择“插入”功能选项卡，在“表格”功能组中单击“表格”按钮，在弹出的下拉菜单中选择“插入表格”选项，打开“插入表格”对话框。

（3）在“列数”数值框中输入“10”，在“行数”数值框中输入“10”，如图 3-4 所示。

（4）单击“确定”按钮，即可在文档中插入表格。

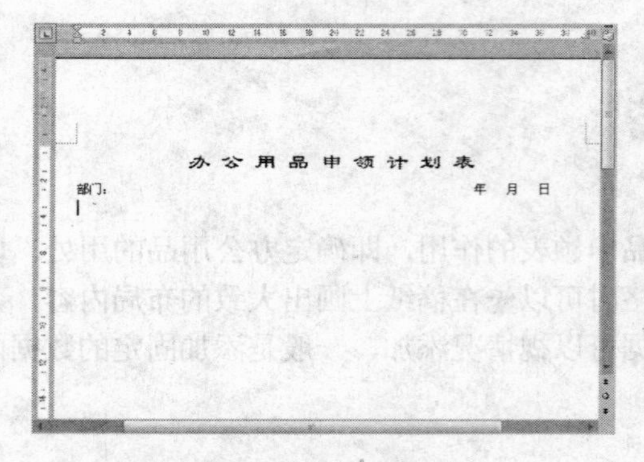

图 3-3　设置文本格式

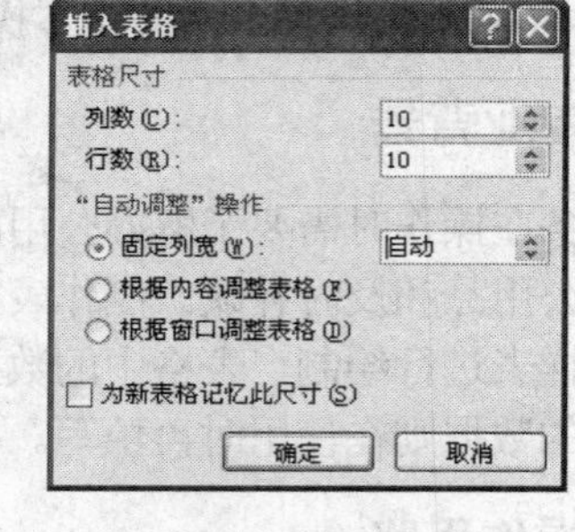

图 3-4　设置行列数

（5）在表格中输入如图 3-5 所示的文本，并设置列表头的字体格式为“黑体、小四”，行表头的字体格式为“楷体、五号”。

（6）在“表格”功能组中单击“表格”按钮，在弹出的下拉菜单中选择“绘制表格”选项。

（7）此时光标变为“✎”形状，按住鼠标左键不放，从表的左下角拖动鼠标到右侧与上面表格对齐，释放鼠标即可绘制一个表格区域。

技巧　在绘制表格时，绘图工具自带捕捉顶点的功能，如在选择了一点后它将以画横线、竖线和对角线的方式捕捉另一点。

（8）继续拖动鼠标绘制其他行列线，如图 3-6 所示。

图 3-5　输入表格文本

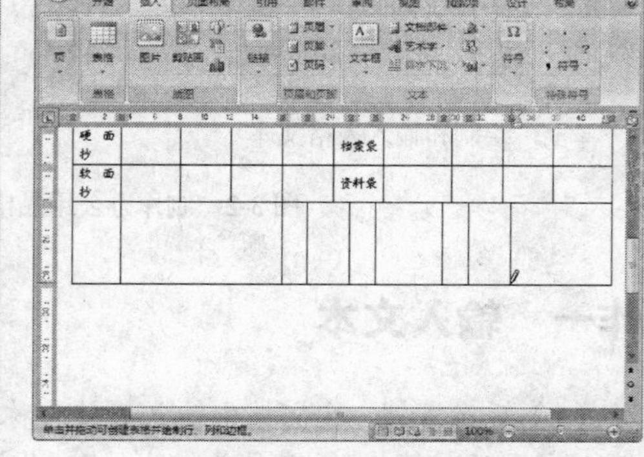

图 3-6　绘制其他行列线

（9）将光标定位在最后一个单元格中，单击鼠标右键，在弹出的快捷菜单中选择

“拆分单元格”选项，打开“拆分单元格”对话框。

（10）在“列数”数值框中输入“2”，在“行数”数值框中输入“2”，如图 3-7 所示。

（11）单击“确定”按钮，在单元格中输入文本，如图 3-8 所示。

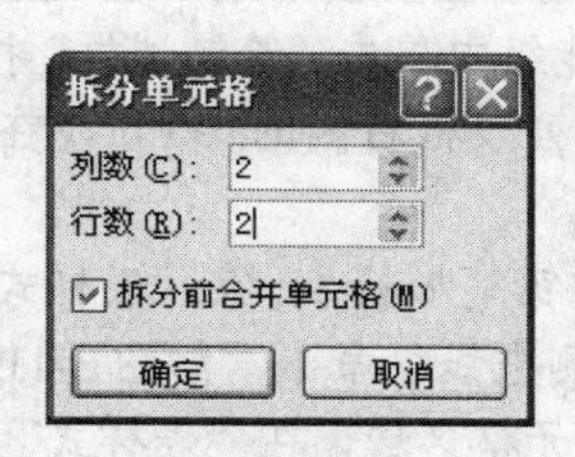

图 3-7　“拆分单元格”对话框

铅笔					大透明胶				
账簿					大双面胶				
硬面抄					档案袋				
软面抄					资料袋				
说　明	1、按分配额度，各部门自行控制费用。2、本表需电脑编辑打印，手写无效；3、如领用的物品栏上没有，请在空格处加上。	经办人		部门负责人		部门意见		本次领用合计（元） / 备　注	

图 3-8　在单元格中输入文字

提示　选择要合并的单元格，在“布局”功能选项卡的“合并”功能组中单击“合并单元格”按钮，或单击鼠标右键，在弹出的快捷菜单中选择“合并单元格”选项，可将单元格进行合并。另外，在“合并”功能组中单击“拆分单元格”按钮可将单元格拆分。

操作二　设置表格

（1）将鼠标移动到表头，单击图标⊞选择整个表格。

（2）选择“布局”功能选项卡，在“表”功能组中单击“属性”按钮，打开“表格属性”对话框。

（3）选择“行”选项卡，选中“指定高度”复选框，在后面的数值框中输入高度值，如图 3-9 所示。

（4）选择“列”选项卡，选中“指定宽度”复选框，在后面的数值框中输入宽度值，如图 3-10 所示，单击“确定”按钮。

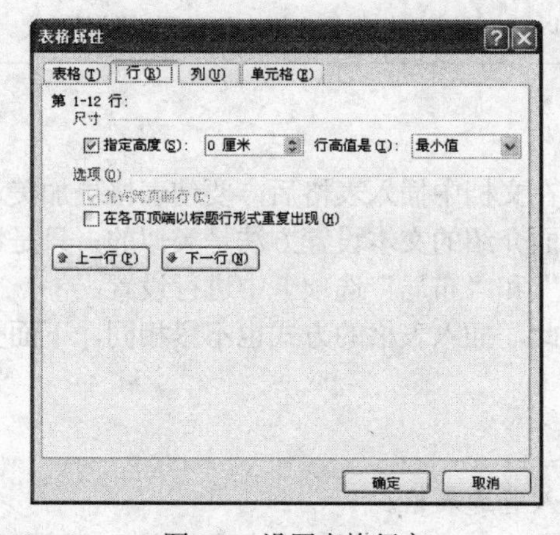

图 3-9　设置表格行高

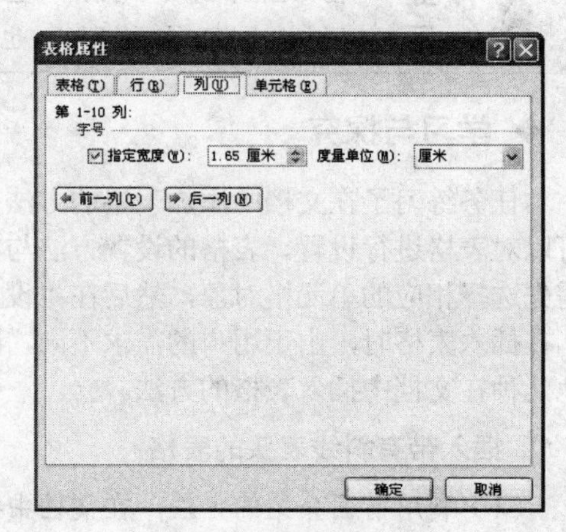

图 3-10　设置表格列宽

提示 将鼠标指针移动到任意相邻两行的分隔线上，当鼠标指针变为÷形状时，向上或向下拖动可改变行高；将鼠标指针移动到任意相邻两列的分隔线上，当鼠标指针变为+||+形状时，向左或向右拖动可改变列宽。

（5）选择“设计”功能选项卡，在“绘图边框”功能组中单击“绘制边框”按钮，在弹出的“绘图边框”列表框中，单击“笔样式”下拉列表框右侧的按钮，在弹出的下拉列表中选择“———”样式。

（6）此时将鼠标指针移到文档编辑区中，将显示为铅笔形状。在“表样式”功能组中单击“边框”按钮，在弹出的下拉列表中选择“外侧框线”命令，如图3-11所示。

（7）按住【Ctrl】键选择表格中如图3-12所示的单元格区域，在“表样式”功能组中单击“底纹”按钮，在弹出的下拉菜单中选择“深蓝、文字2、淡色60%”选项。

（8）至此，完成办公用品申领计划表的制作。

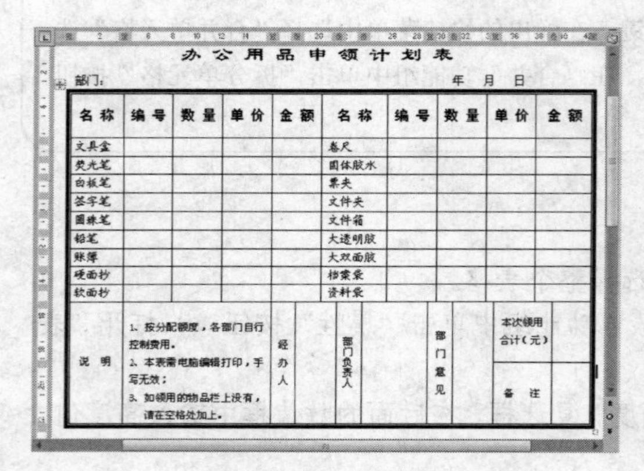

办公用品申领计划表

部门：　　　　年　月　日

名称	编号	数量	单价	金额	名称	编号	数量	单价	金额
文具盒					卷尺				
荧光笔					固体胶水				
白板笔					票夹				
签字笔					文件夹				
圆珠笔					文件箱				
铅笔					大透明胶				
账簿					大双面胶				
硬面抄					档案袋				
软面抄					资料袋				
说明	1、按分配额度，各部门自行控制费用。 2、本表需电脑编辑打印，手写无效； 3、如领用的物品栏上没有，请在空格处加上。	经办人		部门负责人		部门意见		本次领用合计（元） 备注	

图3-11　设置边框

办公用品申领计划表

部门：　　　　年　月　日

名称	编号	数量	单价	金额	名称	编号	数量	单价	金额
文具盒					卷尺				
荧光笔					固体胶水				
白板笔					票夹				
签字笔					文件夹				
圆珠笔					文件箱				
铅笔					大透明胶				
账簿					大双面胶				
硬面抄					档案袋				
软面抄					资料袋				
说明	1、按分配额度，各部门自行控制费用。 2、本表需电脑编辑打印，手写无效； 3、如领用的物品栏上没有，请在空格处加上。	经办人		部门负责人		部门意见		本次领用合计（元） 备注	

图3-12　设置底纹

提示 在“边框和底纹”对话框中也可以设置底纹，即在“底纹”选项卡的“填充”下拉列表框中选中相应的颜色即可，也可以在“图案”栏中将表格底纹设置为图案样式。

◆ 学习与探究

本任务练习了在文档中添加表格的方法，在文档中插入表格后，要使表格更加美观，还可以对表格进行设置，表格的设置方法与前面介绍的文本设置方法是类似的，只是设置前需先选择相应的单元格对象，然后在“设计”和“布局”选项卡中进行设置。

在插入表格时，由于用户的需求不同，因此，插入表格的方式也不尽相同，下面介绍其他几种在文档中插入表格的方法。

1．插入带有斜线表头的表格

（1）利用前面介绍的方法，在文档中插入普通表格。

（2）选择“布局”选项卡，在“表”功能组中单击“绘制斜线表头”按钮，打开“插入斜线表头”对话框。

（3）在其中设置“行标题”为“月份”，“列标题”为“部门”，如图 3-13 所示。

（4）单击“确定”按钮，即可插入斜线表头，插入斜线表头后的效果如图 3-14 所示。

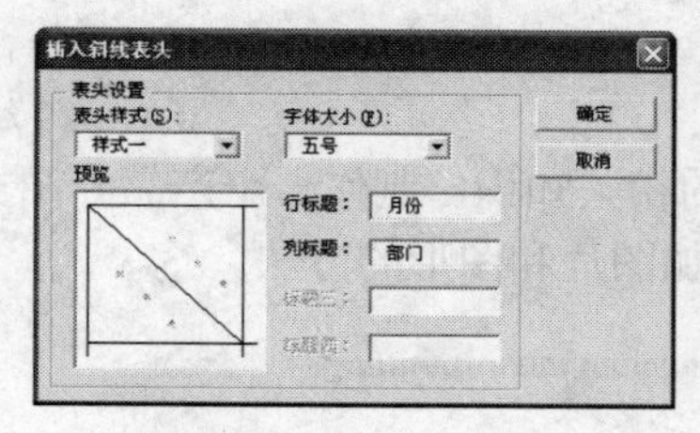

图 3-13　设置斜线表头

各部门财务报销一览表

月份 / 部门	7 月份	8 月份	9 月份	10 月份	11 月份	12 月份
外交部	800 元	760 元	840 元	790 元	880 元	900 元
设计部	760 元	790 元	780 元	800 元	830 元	890 元
宣传部	920 元	900 元	860 元	870 元	860 元	930 元
秘书部	700 元	810 元	820 元	850 元	760 元	900 元
财务部	820 元	800 元	810 元	850 元	840 元	870 元

图 3-14　插入斜线表头后的效果

2. 插入 Excel 表格

（1）将插入点定位到要创建表格的位置，单击“表格”工具栏中的“表格”按钮。

（2）在弹出的快捷菜单中选择“Excel 电子表格”选项，系统将自动调用 Excel 程序，生成一个 Excel 表格。

（3）将鼠标指针移动到虚线框的 8 个黑色控制点上，按住鼠标左键不放，向任意方向拖动，可通过改变表格大小的方法来确定表格显示的行列数，如图 3-15 所示。

（4）单击任意空白处，退出 Excel 表格编辑状态，Word 中的 Excel 表格如图 3-16 所示。

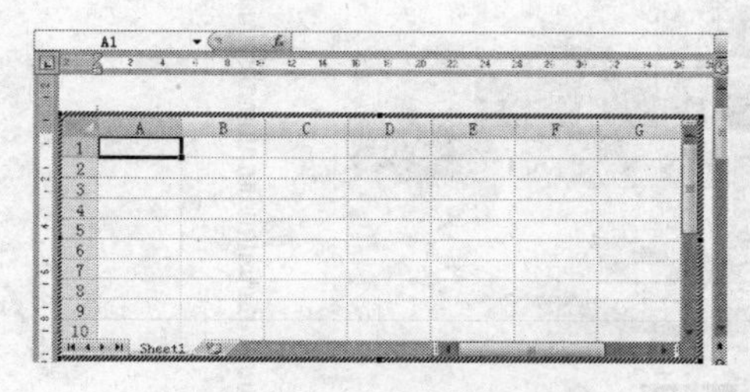

图 3-15　插入 Excel 电子表格

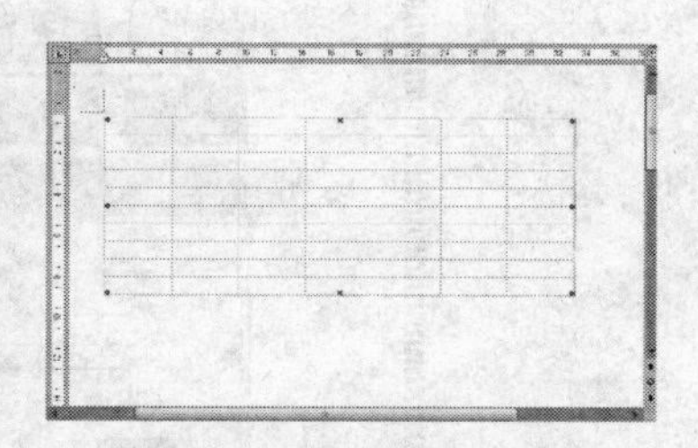

图 3-16　Word 中的 Excel 表格

3. 插入带有样式的表格

（1）将文本插入点定位在需要创建表格的位置，单击“表格”工具栏中的“表格”按钮。

（2）在弹出的快捷菜单中选择“快速表格”选项，然后在弹出的快捷菜单中选择需要的表格模板样式选项，如表格式列表、带小标题、矩阵和日期等。

（3）在 Word 中即可看到插入了带样式的表格，如图 3-17 所示。

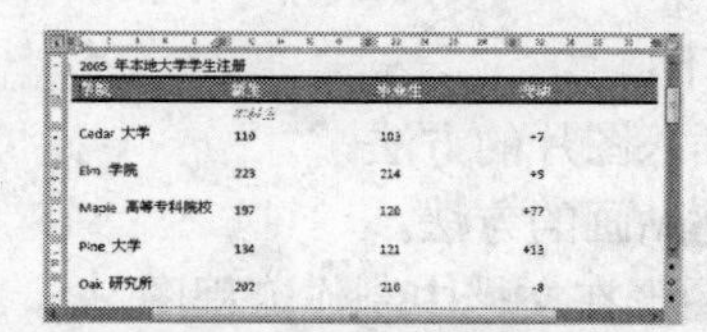

图 3-17　插入带样式的表格

任务二　制作产品介绍文档

◆ 任务目标

本任务的目标是运用在文档中插入图片和图形的相关知识，制作一个产品介绍文档，最终效果如图 3-18 所示。通过练习掌握在文档中添加图片和图形的方法。

公司产品简介

罗布．电子有限公司

不间断电源

简介

BJD-5100 型电源属于高效率、体积小、外形美观、性能先进可靠的 500VA 不停电 220V 交流电电源系统，是专门为微电脑系统和精密电子仪器用户而设计的优质电子产品。当交流电异常或发生突然停电时，或瞬间周波电压过高、过低、突波、噪声等，立即以 10ms 高速度转入逆变供电，确保微电脑或精密电子仪器的正常运行。

工作原理

当交流电正常无故障时，由本机输出一与输入同频同向的 220V 交流电，当发生停电或电压过低过高时，则在 10ms 内由电池供电，经逆变器发出 220V 交流电继续供负载使用，供电持续时间为 5 分钟左右。如在电池供电期间使用，市电恢复，本机内逆变器立即停止发电，自动转回市电供电，同时，充电器对电池充电，直到充满额定值为止。

不间断电源输入电源线的插头与市电接通并按下电源总开关 1，使不间断电源工作于市电状态，BJD 即可自动对电池充电。

BJD 版面视图

图 3-18　产品介绍文档的最终效果

素材位置：模块三\素材\产品介绍.docx、产品图.jpg。
效果图位置：模块三\源文件\产品介绍.docx。

本任务的具体目标要求如下：

（1）熟练掌握在文档中插入图片的方法。

（2）掌握在文档中插入剪贴画的方法。

（3）掌握使用 SmartArt 图形在文档中制作流程图。

（4）掌握使用自选图形添加图注的方法。

◆ 专业背景

本任务的操作中需要了解制作产品简介的作用与方法，产品简介是指介绍产品，让用户了解产品的功能和特点。产品介绍具有说明性和指导性，同时产品介绍是每个产品都必不可少的，所以产品介绍在各个行业的办公中是非常重要的。一般需要将产品的使用方法、产品的组成部分和产品的特点都介绍在文档中，制作时要注意条理清晰，内容明确。

◆ 操作思路

本任务的操作思路如图 3-19 所示，涉及的知识点有插入图片、使用 SmartArt 图形制作流程表和使用自选图形添加图注等操作，具体思路及要求如下。

（1）插入产品图片，并调整图片的大小和位置。

（2）插入剪贴画。

（3）使用 SmartArt 图形制作工作原理流程图。

（4）使用自选图形为图片添加图注。

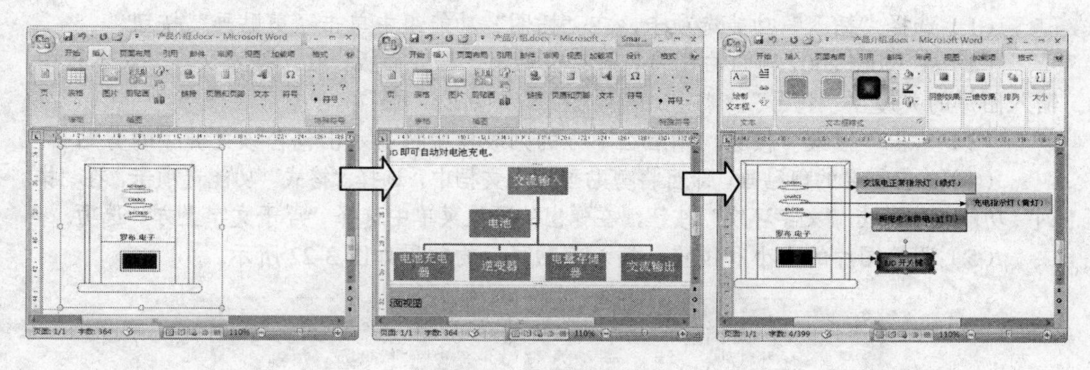

插入产品图片　　　　制作工作原理流程图　　　　添加标注

图 3-19　制作产品介绍文档的操作思路

操作一　插入产品图片

（1）打开“产品介绍.docx”文档，将光标插入点定位在文档末尾处，选择“插入”功能选项卡。

（2）在“插图”功能组中单击“图片”按钮，打开“插入图片”对话框。

（3）在“查找范围”下拉列表框中选择要插入图片所在的文件夹，然后在下面的列表框中选择要插入的图片，如图 3-20 所示。

（4）单击“插入”按钮，将图片插入到文档中，拖动图片周围的 8 个控制点调整图片的大小，如图 3-21 所示。

技巧　插入图片后，可以利用“格式”功能区来调节图片的亮度和对比度、着色及调整大小等。

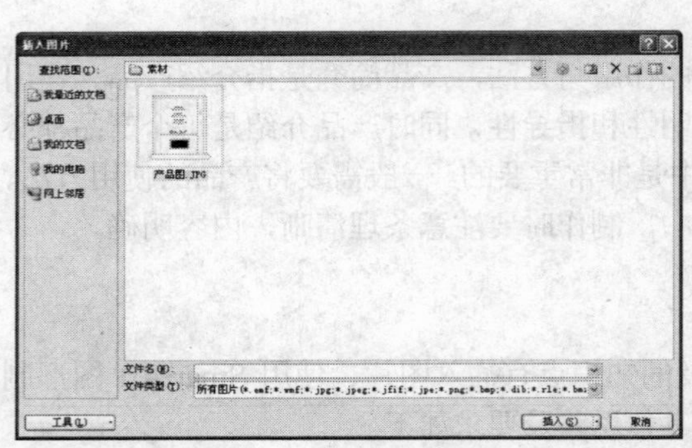
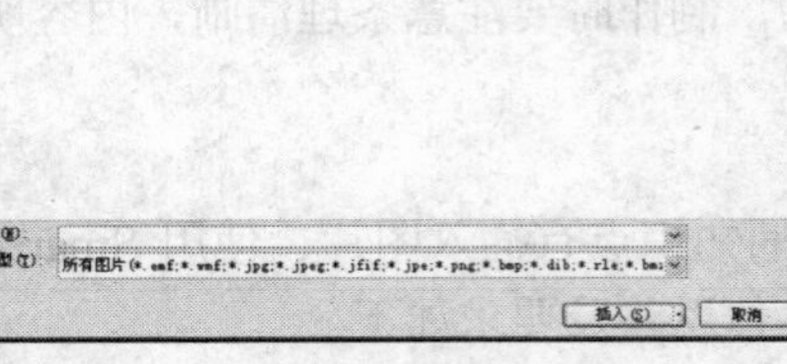

图 3-20　“插入图片”对话框

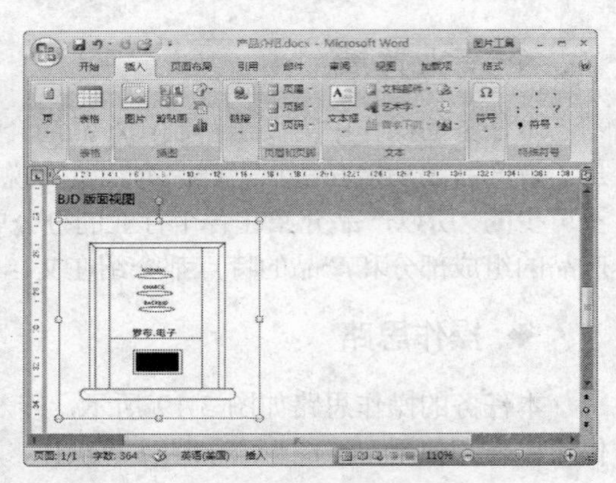

图 3-21　调整图片的大小

操作二　使用剪贴画美化文档

（1）选择“插入”功能选项卡，在“插图”功能组中单击“剪贴画”按钮。

（2）在 Word 2007 窗口右侧将打开“剪贴画”任务面板，在“搜索文字”文本框中输入图片的关键字“符号”。

（3）单击“搜索”按钮，稍后在下方的列表框中将显示出包含该关键字的剪贴画。

（4）单击需要的剪贴画，即可将剪贴画插入文档中，选择“格式”功能选项卡，在“排列”功能组中单击“文字环绕”按钮，在弹出的下拉菜单中选择“浮于文字上方”选项。

（5）调整图片的大小和位置，插入剪贴画后的效果如图 3-22 所示。

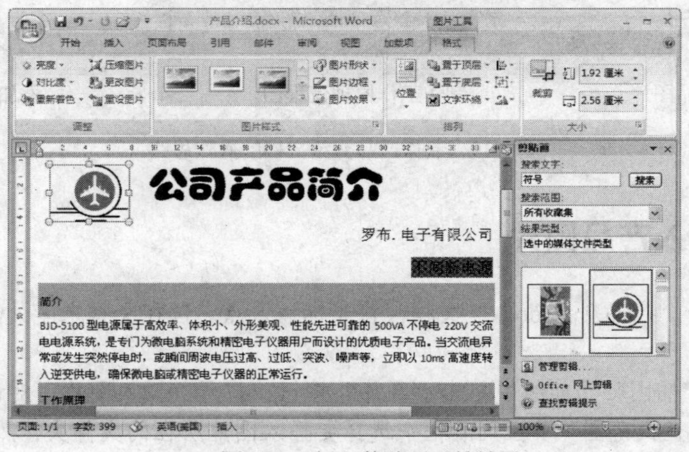

图 3-22　插入剪贴画后的效果

操作三　使用 SmartArt 图形制作工作原理流程图

（1）将插入点定位在“BJD 即可自动对电池充电”文本后面，按【Enter】键换行，

选择“插入”功能选项卡，在“插图”功能组中单击“SmartArt”按钮。

（2）打开“选择 SmartArt 图形”对话框，在左侧选择“层次结构”选项，在中间的列表中选择“组织结构图”选项，在右侧即可预览选择的图形，如图 3-23 所示。

（3）单击“确定”按钮，即可将 SmartArt 图形插入文档中。

（4）单击 SmartArt 图形中的一个图形可输入文本，也可单击“文本”窗格中的“文本”按钮输入文本，如图 3-24 所示。

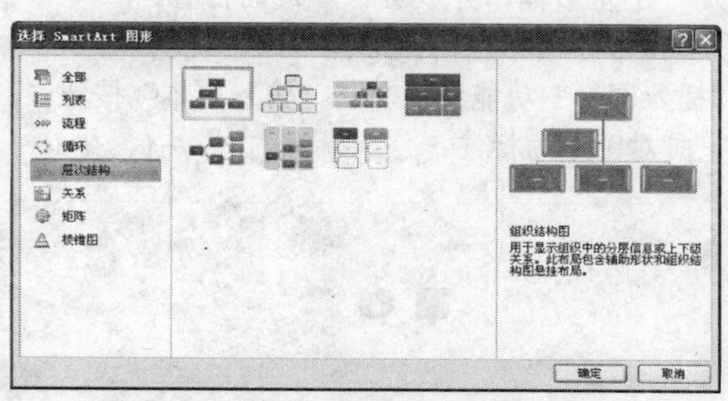

图 3-23　“选择 SmartArt 图形”对话框

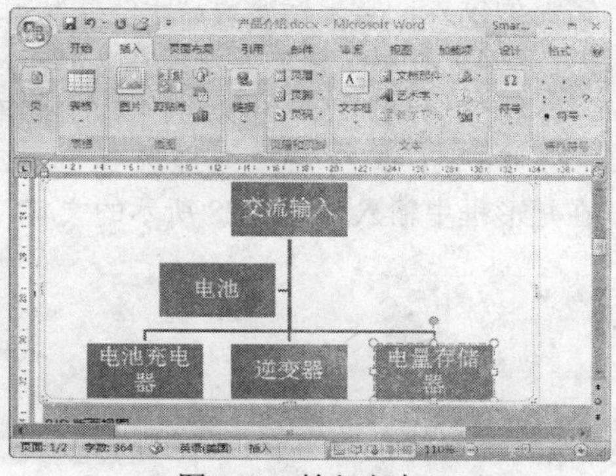

图 3-24　输入文本

（5）选择插入的 SmartArt 图形中的文本框，在激活的 SmartArt 工具“设计”功能选项卡的“创建图形”功能组中，单击“添加形状”按钮下方的 ▾ 按钮。

（6）在弹出的快捷菜单中选择“在后面添加形状”选项，如图 3-25 所示，然后在其中输入文本即可。

（7）选择一个图形，选择“格式”功能选项卡，在“形状样式”功能组中单击“其他”按钮，在弹出的下拉菜单中选择一种样式，即可为选择的图形添加样式。

（8）利用相同的方法为其他图形添加样式，如图 3-26 所示。

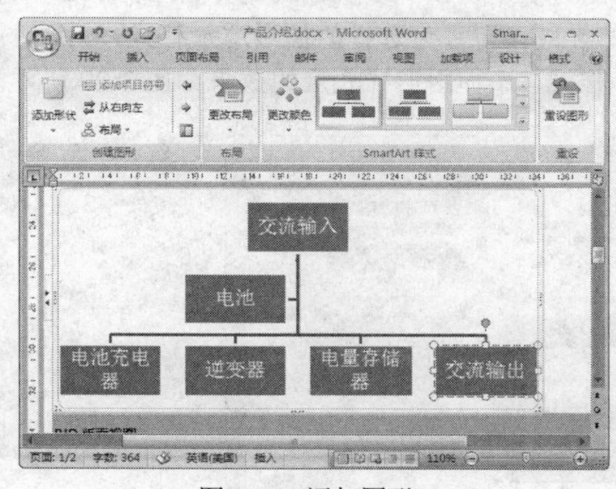

图 3-25　添加图形

图 3-26　为图形添加样式

技巧　插入 SmartArt 图形后，用户可以编辑单个 SmartArt 图形，也可以向图形中添加图片，还可以对图形进行旋转、移动、删除等操作。

操作四　使用自选图形添加图注

（1）选择“插入”功能选项卡，在“插图”功能组中单击“形状”按钮，在弹出的下拉菜单中选择要插入的自选图形，这里选择“箭头”，如图 3-27 所示。

（2）在文档中的任意位置单击定位两个点，即可生成“箭头”图形。

（3）将光标移动到“箭头”图形上，当光标形状变为形状时可以移动“箭头”到需要的位置，当光标变为“十”字状时可以调整箭头的长度。

（4）利用同样的方法，在文档中添加一个矩形框，并放置在合适的位置。

（5）利用步骤（1）~（4）的操作，在图中绘制相应的图形。

（6）选择“格式”功能选项卡，在“插入图形”功能组中单击“输入文本”按钮，在矩形框中输入如图 3-28 所示的文本，完成对图形的标注。

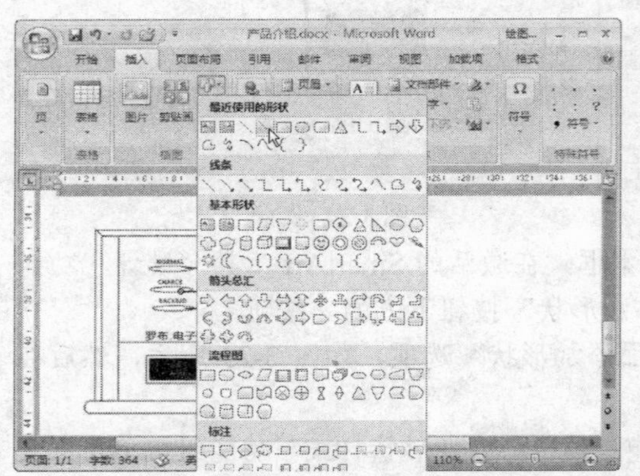

图 3-27　选择要插入的自选图形

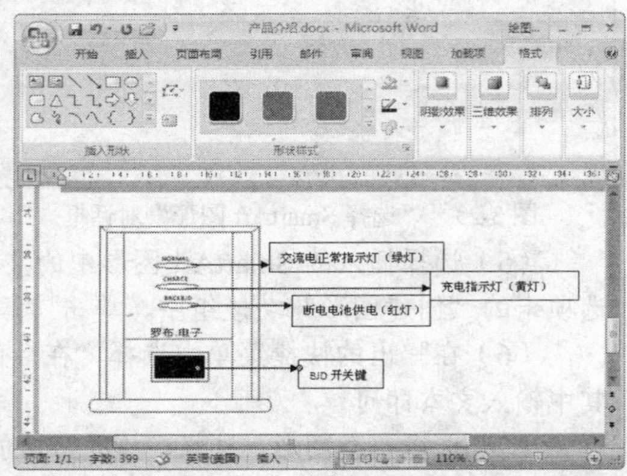

图 3-28　输入文本

（7）选择一个图形，选择“格式”功能选项卡，在“形状样式”功能组中单击“其他”按钮，在弹出的下拉菜单中选择一种样式，即可为选择的图形添加样式。

（8）利用相同的方法为其他图形添加样式，添加图形样式后的效果如图 3-29 所示。

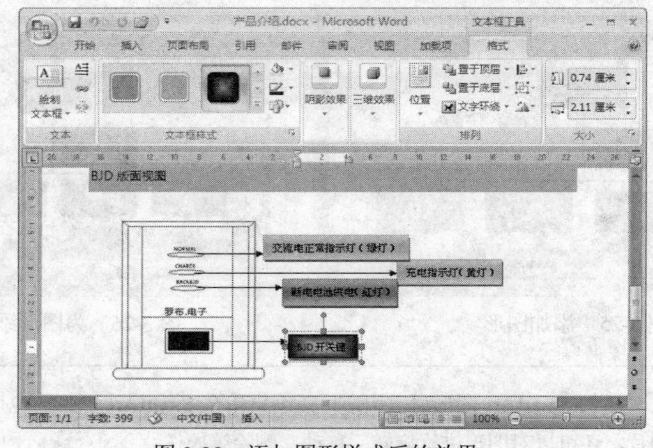

图 3-29　添加图形样式后的效果

◆ 学习与探究

本任务练习了在文档中插入图形和图像的相关操作。当添加了图形或图像后可以利用功能区中的按钮对它们进行编辑，下面分别介绍 SmartArt 图形的“设计”和“格式”功能区中各按钮的作用。

1. SmartArt 图形的“设计”功能区

SmartArt 图形的“设计”功能区如图 3-30 所示，其中各按钮的作用分别如下。

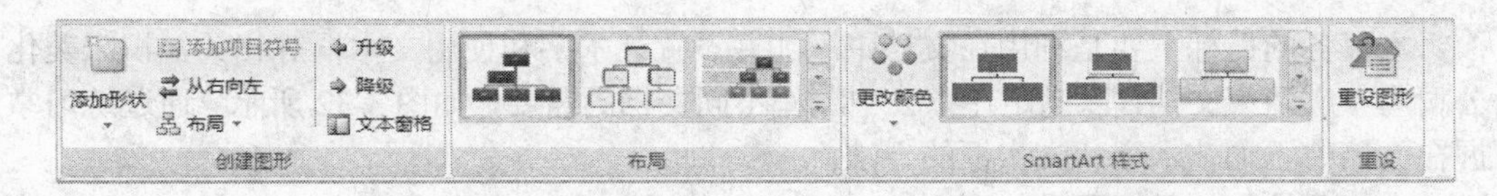

图 3-30 “设计”功能区

- “添加形状”按钮：单击该按钮下方的按钮，在弹出的下拉菜单中可选择 SmartArt 图形添加形状的位置。
- “添加项目符号”按钮：在 SmartArt 图形的文本中添加项目符号，仅当所选布局支持带项目符号文本时，才能使用该功能。
- “从右向左”按钮：单击该按钮可改变 SmartArt 图形的左右位置。
- “布局”列表框：在该列表框中可以为 SmartArt 图形重新定义布局样式。
- “更改颜色”按钮：单击该按钮，在弹出的下拉菜单中可为 SmartArt 图形设置颜色。
- “SmartArt 样式”列表框：在该列表框中可选择 SmartArt 图形样式。

2. SmartArt 图形的“格式”功能区

SmartArt 图形的“格式”功能区如图 3-31 所示，其中各按钮的作用分别如下。

图 3-31 “格式”功能区

- “在二维视图中编辑”按钮：单击该按钮，可将所选的三维 SmartArt 图形更改为二维视图，以便在 SmartArt 图形中调整形状大小和移动形状，仅用于三维样式。
- “增大”按钮/“减小”按钮：通过单击相应的按钮，来改变所选 SmartArt 图形中形状的大小。
- “形状样式”工具栏列表框：选择 SmartArt 图形中的形状，在该列表框中可为该形状设置样式。
- “艺术字样式”工具栏列表框：在该列表框中可为选择的文字应用样式。
- “文本填充”按钮：单击该按钮，在弹出的下拉菜单中可设置文本填充颜色。
- “文本轮廓”按钮：单击该按钮，在弹出的下拉菜单中可为选择的文字设置文本边框的样式及颜色。

- "文本效果"按钮：单击该按钮在弹出的下拉菜单中可为选择的文字设置特殊的文本效果，如发光、阴影等。

任务三　制作公司周年庆请柬

◆ 任务目标

本任务的目标主要是利用在文档中添加并设置艺术字和使用文本框等相关知识来美化公司周年庆请柬文档，以满足在办公中制作不同文档的需要，如图 3-32 所示。通过练习掌握在文档中添加艺术字和文本框的方法。

本任务的具体目标要求如下：

（1）掌握为文档添加艺术字和设置艺术字的方法。

（2）掌握文本框在文档中的使用方法。

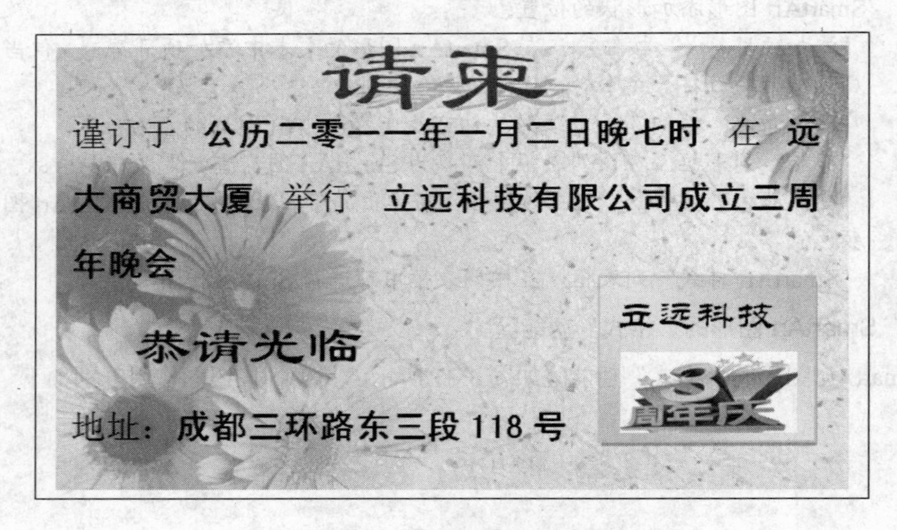

图 3-32　公司周年庆请柬

素材位置：模块三\素材\请柬.docx、周年庆.jpg、背景.jpg。
效果图位置：模块三\源文件\请柬.docx。

◆ 专业背景

在本任务中需要了解制作请柬的作用及注意事项，请柬又称请帖，是为了邀请客人参加某项活动而发送的礼仪性书信，其作用在于既可表示对被邀请者的尊重，又可表示邀请者对此事的郑重态度。在制作时应注意艺术性，用词谦恭、语言得体、庄重，在纸质、款式和装帧设计上应美观、大方、精致，充分表现出邀请者的热情与诚意。

◆ 操作思路

本任务的操作思路如图3-33所示，涉及的知识点有添加艺术字和添加文本框等，具体思路及要求如下。

（1）在文档中对请柬内容设置字体格式。

（2）在文档中添加并设置艺术字。

（3）使用文本框等操作来美化文档。

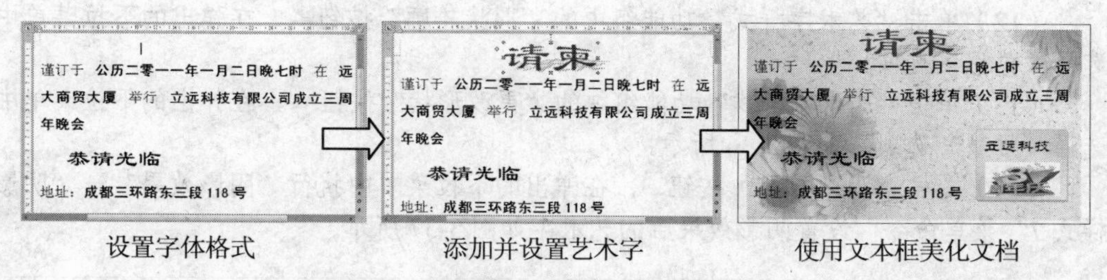

图3-33　制作公司周年庆请柬的操作思路

操作一　添加艺术字

（1）打开素材“请柬.docx”文档，选中“公历二零一一年一月二日晚七时”、“远大商贸大厦”、“立远科技有限公司成立三周年晚会”和“成都三环路东三段118号”文本。

（2）在“浮动框”中设置字体为“黑体”，字号为“三号”，如图3-34所示。

（3）选中“恭请光临”文本，设置字体为“隶书”，字号为“一号”。

（4）设置其他文本字体为“宋体”，字号为“三号”。

（5）将光标定位在第一行，选择“插入”功能选项卡，在“文本”功能组中单击“艺术字”按钮，在弹出的下拉列表框中选择“艺术字样式3”选项。

（6）打开“编辑艺术字文字”对话框，如图3-35所示。

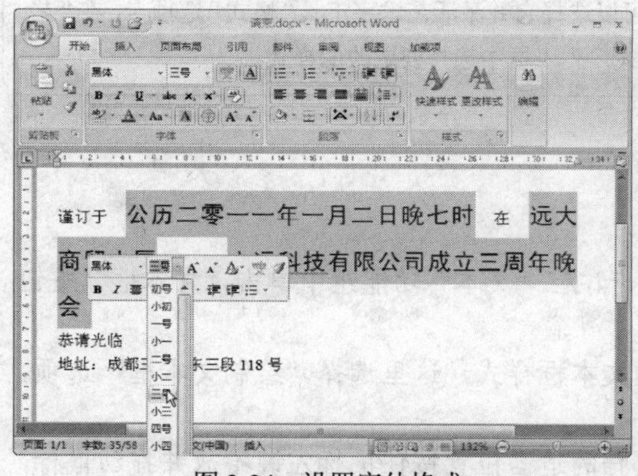

图3-34　设置字体格式

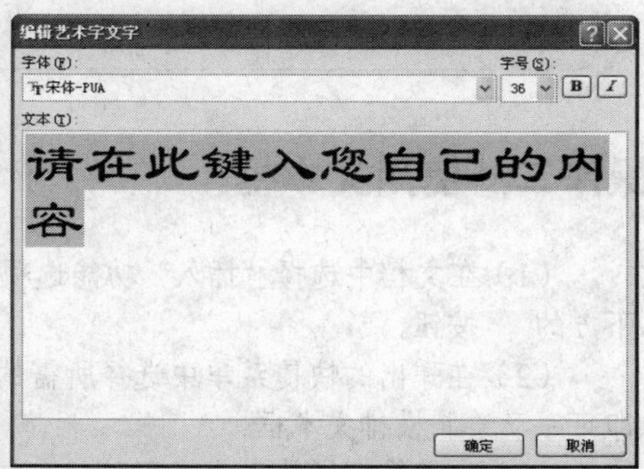

图3-35　“编辑艺术字文字”对话框

（7）设置字体为“隶书”，字号为“36”，在“文本”文本框中输入“请柬”。

（8）单击“确定”按钮即可将艺术字插入文档中。

（9）单击“排列”功能组中的“文字环绕”按钮，在弹出的下拉菜单中选择“浮于文字上方”选项。

（10）用鼠标按住艺术字四角的控制点拖动调整艺术字的大小。

（11）单击“艺术字样式”功能组中的“形状填充”按钮，在弹出的下拉菜单中选择“深红”选项。

（12）单击“艺术字样式”功能组中的“形状轮廓”按钮，在弹出的下拉菜单中选择“黄色”选项。

（13）单击“艺术字样式”功能组中的“更改形状”按钮，在弹出的下拉菜单中选择“腰鼓”选项，如图 3-36 所示。

（14）单击“阴影效果”按钮，在弹出的下拉菜单中执行“阴影效果”→“阴影样式 7”菜单命令，设置阴影效果后的艺术字如图 3-37 所示。

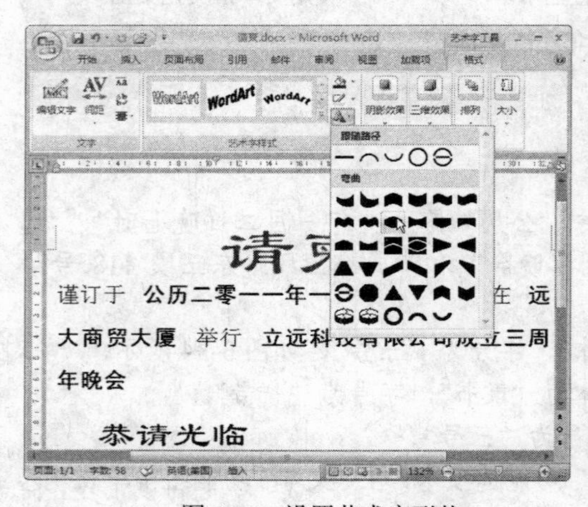

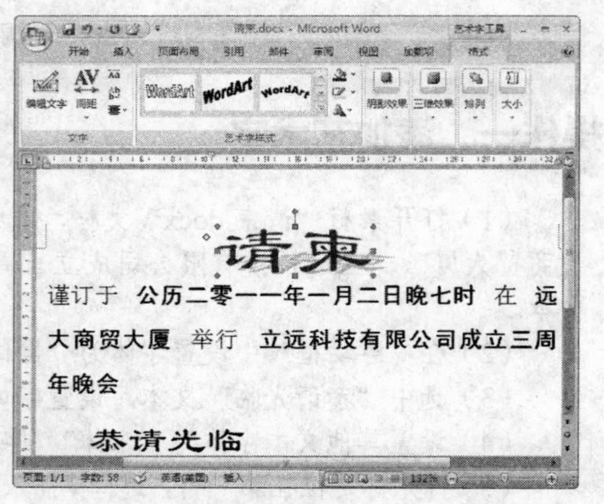

图 3-36 设置艺术字形状

图 3-37 设置阴影效果后的艺术字

提示 要改变已编辑好的艺术字，可以选择它并激活艺术字工具“格式”选项卡，在“艺术字样式”工具栏的“艺术字样式”列表框中选择要更改的样式。

操作二 使用文本框

（1）在文档中选择“插入”功能选项卡，在“文本”功能组中单击“文本框”按钮下方的按钮。

（2）在弹出的快捷菜单中选择所需的文本框样式，这里选择“绘制文本框”选项，即可手动绘制横排文本框。

（3）此时鼠标指针变为＋形状，在文档的适当位置按住鼠标左键不放并拖动鼠标，即可绘制出以拖动的起始位置和终止位置为对角顶点的文本框。

（4）将光标定位在文本框中，输入“立远科技”，设置字体为“华文隶书”，字号为“小二”，按【Enter】键换行，在“插入”功能选项卡的“插图”功能组中单击“图片”按钮，打开“插入图片”对话框，在其中选择“周年庆.jpg”图片，单击“插入”按钮，拖动图片的四个角点，调整其大小。

（5）在“文本框样式”功能组中单击“其他”按钮，在弹出的下拉菜单中选择“对角渐变”选项，如图 3-38 所示。

（6）在“文本”功能组中单击“文本框”按钮下方的按钮，在弹出的快捷菜单中选择所需的文本框样式，这里选择“绘制文本框”选项，绘制一个覆盖所有文本的文本框。

（7）选择“插入”功能选项卡，在“插图”功能组中单击“图片”按钮，在打开的对话框中插入“背景”素材。

（8）在“格式”功能区的“排列”功能组中单击“文字环绕”按钮，在弹出的下拉菜单中选择“衬于文字下方”选项。

（9）在“调整”功能组中单击“重新着色”按钮，在弹出的下拉菜单中选择“浅色变体”栏中的“强调文字颜色 4 浅色”选项，如图 3-39 所示。

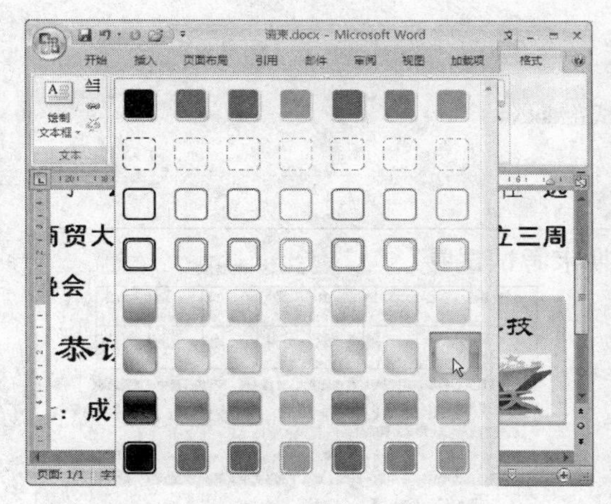

图 3-38　设置文本框的样式

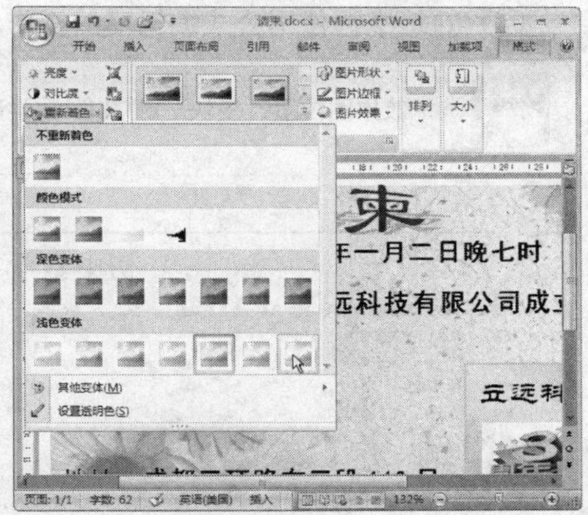

图 3-39　使图片位于文字下方

提示　将光标定位在文本框中，可以输入文字，还可以通过“格式”功能选项卡来设置文本框的样式等。

◆ 学习与探究

本任务练习了在文档中添加艺术字和文本框的相关操作。在制作卡片类文档时需要对文档的页面进行设置，一般将页边距的“上”和“下”设置为“2.5 厘米”，“内侧”和“外侧”设置为“3.2 厘米”，“纸张方向”设置为“横向”，也可根据需要进行相应的设置。

另外，除了本任务中介绍的通过在文本框中插入图片的方法来制作卡片背景的方法外，还可以直接为文档添加背景图片，从而使文档更加精美。直接为文档添加背景的方法如下。

（1）选择“页面布局”功能选项卡，在“页面背景”功能组中单击“页面颜色”按钮。

（2）在弹出的快捷菜单中选择“填充效果”选项，打开“填充效果”对话框。

（3）在该对话框中可以选择不同的选项卡进行设置，如选择“图片”选项卡，在其中单击“选择图片”按钮，在打开的对话框中选择需要的图片，单击“插入”按钮，返回“填充效果”对话框，单击“确定”按钮即可将图片插入文档中。

任务四 制作数学试卷

◆ 任务目标

本任务的目标是利用输入特殊字符和字母，以及使用公式编辑器，制作一个数学试卷文档，如图 3-40 所示。通过练习掌握公式编辑器的使用方法。

本任务的具体目标要求如下：

（1）掌握特殊字符和字母的输入方法。

（2）掌握上下标的输入方法。

（3）熟练掌握使用公式编辑器的操作。

效果图位置：模块三\源文件\数学试卷.docx。

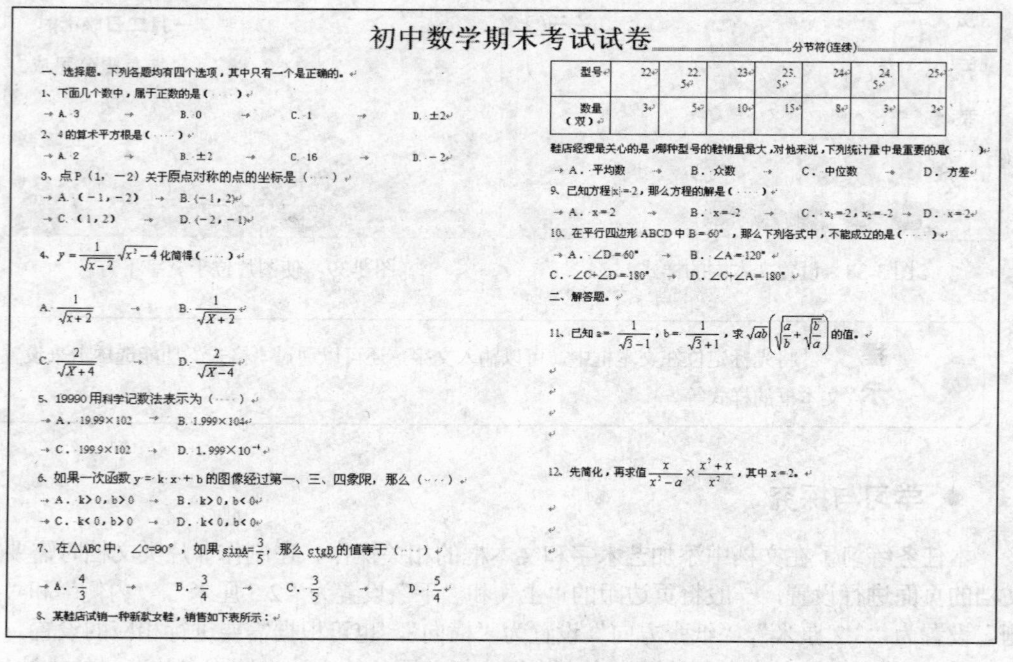

初中数学期末考试试卷

分节符(连续)

一、选择题。下列各题均有四个选项，其中只有一个是正确的。

1、下面几个数中，属于正数的是（ ）

A. 3　B. 0　C. 1　D. ±2

2、4的算术平方根是（ ）

A. 2　B. ±2　C. 16　D. －2

3、点 P（1，－2）关于原点对称的点的坐标是（ ）

A.（－1，－2）　B.（－1，2）

C.（1，2）　D.（－2，－1）

4、$y=\frac{1}{\sqrt{x-2}}\sqrt{x^2-4}$ 化简得（ ）

A. $\frac{1}{\sqrt{x+2}}$　B. $\frac{1}{\sqrt{X+2}}$

C. $\frac{2}{\sqrt{X+4}}$　D. $\frac{2}{\sqrt{X-4}}$

5、19990 用科学记数法表示为（ ）

A．19.99×102　B. 1.999×104

C．199.9×102　D. 1.999×10^{-4}

6、如果一次函数 y = k x + b 的图像经过第一、三、四象限，那么（ ）

A．k>0，b>0　B．k>0，b<0

C．k<0，b>0　D．k<0，b<0

7、在△ABC 中，∠C=90°，如果 $\sin A=\frac{3}{5}$，那么 ctgB 的值等于（ ）

A．$\frac{4}{3}$　B．$\frac{3}{4}$　C．$\frac{3}{5}$　D．$\frac{5}{4}$

8、某鞋店试销一种新款女鞋，销售如下表所示：

型号	22	22.5	23	23.5	24	24.5	25
数量（双）	3	5	10	15	8	3	2

鞋店经理最关心的是，哪种型号的鞋销量最大，对他来说，下列统计量中最重要的是（ ）

A．平均数　B．众数　C．中位数　D．方差

9、已知方程|x|=2，那么方程的解是（ ）

A．x=2　B．x=-2　C．$x_1=2$，$x_2=-2$　D．x=2

10、在平行四边形 ABCD 中 B=60°，那么下列各式中，不能成立的是（ ）

A．∠D=60°　B．∠A=120°

C．∠C+∠D=180°　D．∠C+∠A=180°

二、解答题。

11、已知 $a=\frac{1}{\sqrt{3}-1}$，$b=\frac{1}{\sqrt{3}+1}$，求 $\sqrt{ab}\left(\sqrt{\frac{a}{b}}+\sqrt{\frac{b}{a}}\right)$ 的值。

12、先简化，再求值 $\frac{x}{x^2-a}\times\frac{x^2+x}{x^2}$，其中 x=2。

图 3-40　数学试卷文档

◆ 操作思路

本任务的操作思路如图 3-41 所示，涉及的知识点有输入特殊字符和字母，以及公式编辑器的使用等，具体思路及要求如下。

（1）设置文档格式。

（2）使用制表位输入文本。

（3）使用公式编辑器输入特殊试题。

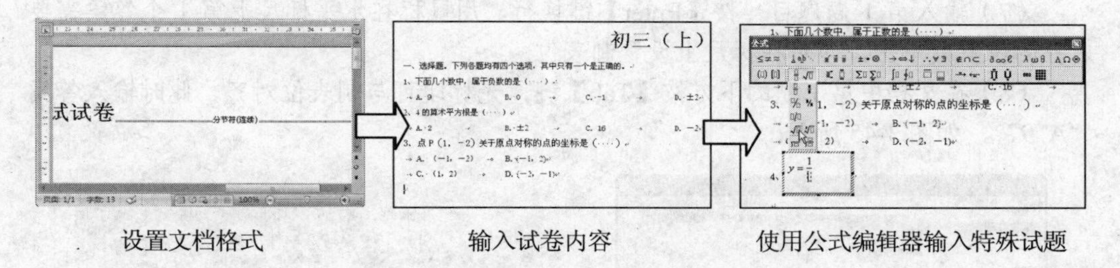

图 3-41　制作数学试卷的操作思路

操作一　输入试卷内容

（1）新建一个空白文档，选择“页面布局”功能选项卡，在“页面设置”功能组中单击“对话框启动器”按钮，打开“页面设置”对话框，选择“页边距”选项卡，将“上”、“下”页边距设置为“2 厘米”，“内侧”、“外侧”页边距设置为“1.75 厘米”，并在“方向”列表框中设置“纸张方向”为“纵向”。

（2）选择“纸张”选项卡，在“纸张大小”列表框中选择“自定义大小”选项，然后在其下方设置“宽度”为“36.8 厘米”，“高度”为“26 厘米”，如图 3-42 所示，设置完成后单击“确定”按钮，完成页面的设置。

（3）在文档中输入“初三（上）数学期末考试试卷”文本，设置字体为“宋体”，字号为“一号”，并居中对齐，将光标定位在标题的后面，选择“页面布局”功能选项卡，在“页面设置”功能组中单击“分隔符”按钮，在弹出的下拉菜单中选择“分节符”栏中的“连续”选项，如图 3-43 所示。

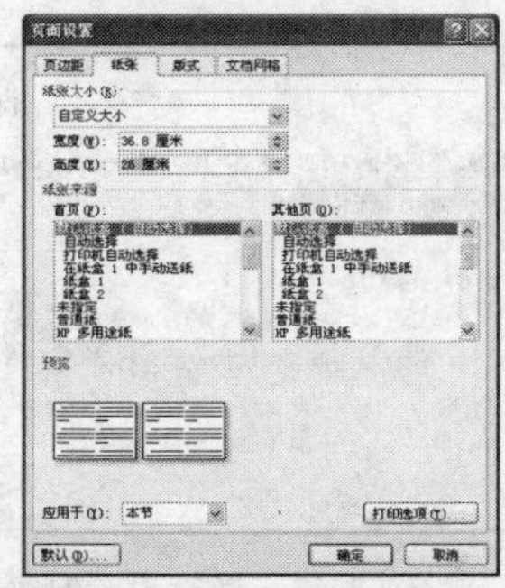

图 3-42　“页面设置”对话框

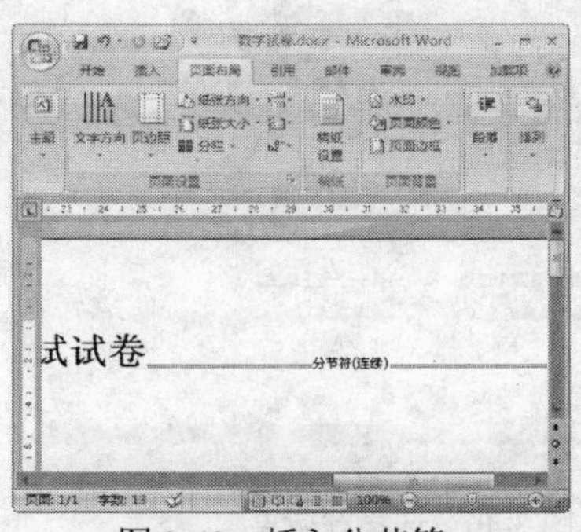

图 3-43　插入分节符

（4）将光标定位在分节符后面，按【Enter】键换行，在“页面设置”功能组中单击“分栏”按钮，在弹出的下拉菜单中选择“两栏”选项。

（5）输入“一、选择题。下列各题均有四个选项，其中只有一个是正确的。”文本，按【Enter】键换行。

（6）执行“Office”→“Word 选项”菜单命令，打开“Word 选项”对话框，选择“显示”选项卡，在“始终在屏幕上显示这些格式标记”栏中选中“制表符”复选框，单击“确定”按钮，如图 3-44 所示。

（7）输入第 1 题题目，按【Enter】键换行，用鼠标在水平标尺上第 1 个答案需要对齐的位置处单击，即可在标尺上设置制表位。

（8）在文档中第 1 题的下方按【Tab】键，光标即可与制表位对齐，此时输入答案“A. 9”，如图 3-45 所示。

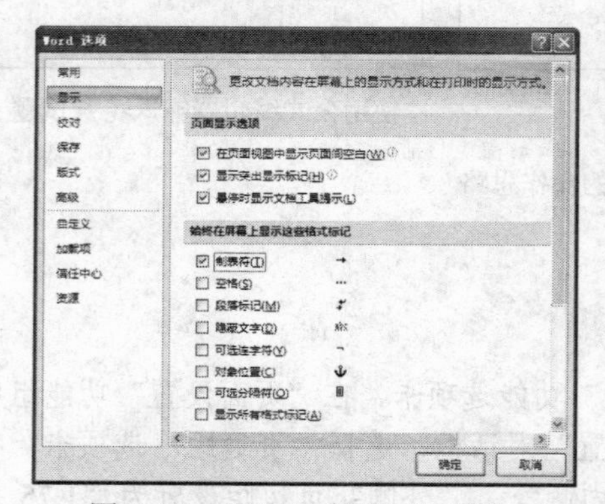

图 3-44　“Word 选项”对话框

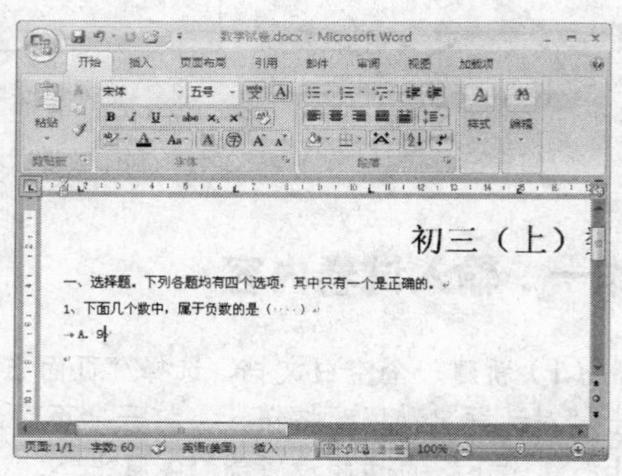

图 3-45　输入答案

（9）用同样的方法在标尺上设置其余 3 个答案的制表位的位置，在输入完选择题的一个答案后按【Tab】键，光标将自动移动制表位的位置，此时再输入下一个答案，以此类推，即可制作完成一道选择题，选择题效果如图 3-46 所示。

（10）用相同的方法输入下一题，当选择题的答案较长时，可以在使用制表位输入完一个或两个答案后按【Enter】键，将光标移到下一行后再使用制表位输入其他答案，如图 3-47 所示。

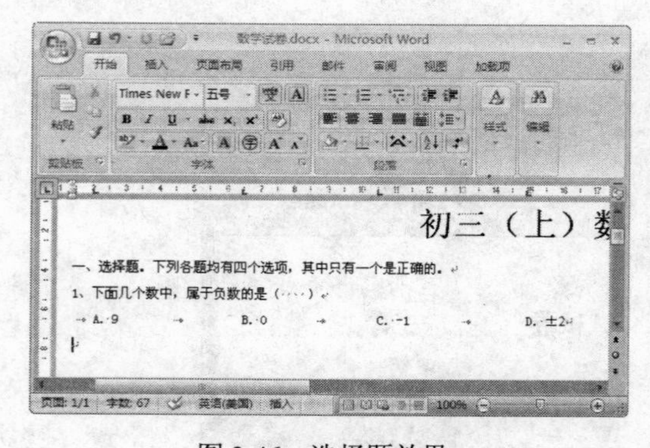

图 3-46　选择题效果

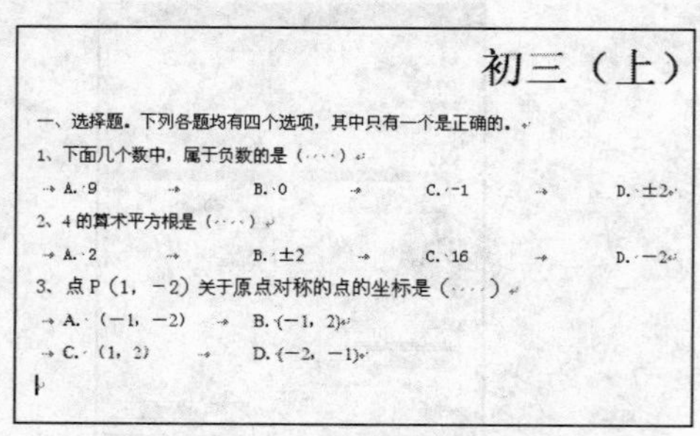

图 3-47　换行设置制表位

操作二 使用公式编辑器

（1）选择“插入”功能选项卡，在“文本”功能组中单击“对象”按钮，打开“对象”对话框。

（2）选择“新建”选项卡，在“对象类型”列表框中选择“Microsoft 公式 3.0”选项，如图 3-48 所示，单击“确定”按钮，打开公式编辑器。

（3）光标闪动处为输入框，在输入框中输入“*y*”，然后输入“=”，如图 3-49 所示。

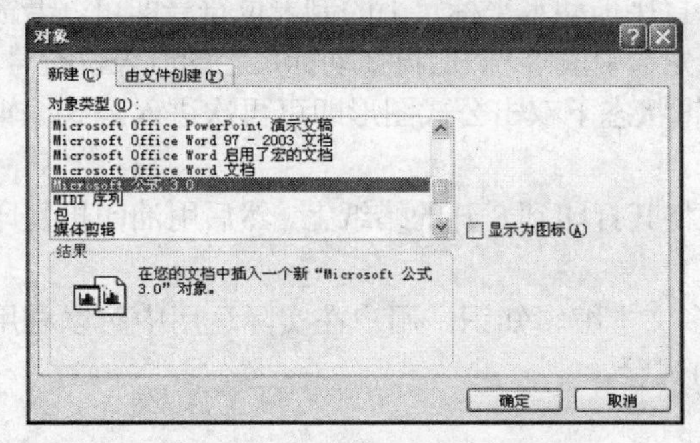

图 3-48 “对象”对话框

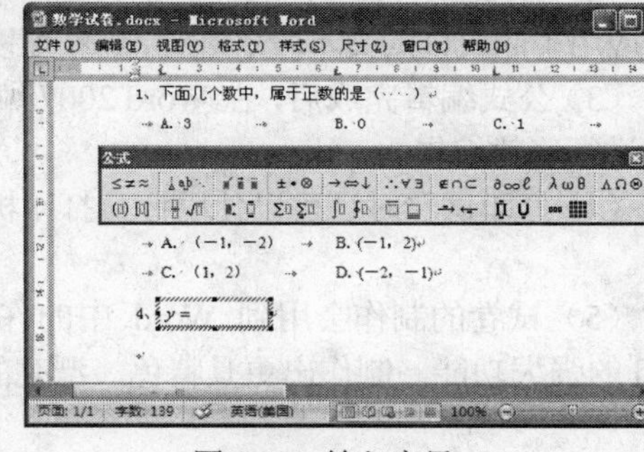

图 3-49 输入字母

（4）单击“公式”工具栏中的“分式和根式模板”按钮，在弹出的下拉列表框中选择带虚框的分式，然后在公式编辑框的分子框中输入“1”。

（5）将光标移动到分母编辑框中，单击“公式”工具栏中的“分式和根式模板”按钮，在弹出的下拉列表框中选择样式，如图 3-50 所示。

（6）在根号内的虚框中输入“*x*−2”，在输入框中的任意位置单击，然后单击“分式和根式模板”按钮，在其下拉列表框中选择样式，再在根号内的虚框中输入“*x*”。

（7）单击“下标和上标模板”按钮，在弹出下拉列表框中选择上标样式，然后在公式编辑框的上标框中输入“2”，在输入框中的任意位置单击，然后输入“−4”。

（8）单击公式编辑器外的任意位置，即可退出公式编辑环境，回到文档编辑中，输入好的公式将以图形的形式显示在文档中，输入好的公式如图 3-51 所示。

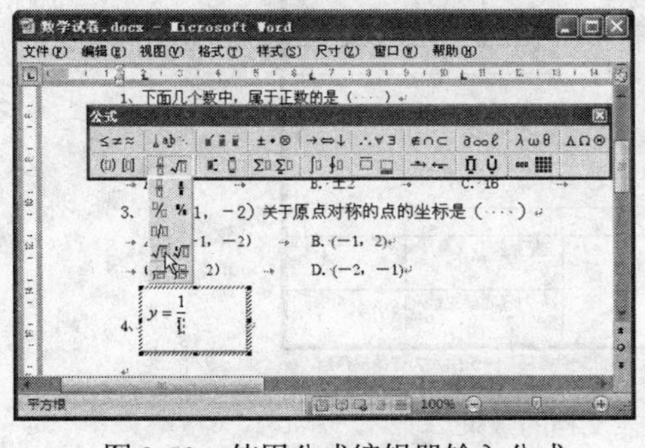

图 3-50 使用公式编辑器输入公式

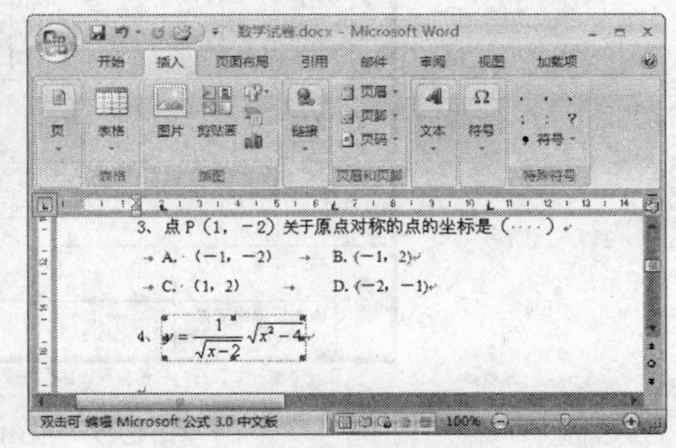

图 3-51 输入好的公式

（9）利用相同的方法，输入试卷的其他内容。

◆ 学习与探究

本任务练习了制作试卷的相关操作，主要使用了页面设置、分隔符、制表位和公式编辑器等操作。其中，在制作过程中需要注意以下几点。

（1）试卷的大小一般为 8 开，即 16 开纸张大小的两倍，因此，用户可以将版面纸张的大小设置为 16 开，分两页编辑一张试卷，然后打印时在“打印”对话框中的“每页的版数”列表框中选择“两版”，即可将其打印在一张 8 开的打印纸张上。

（2）制表位生成后，若需调整其距离，直接拖动水平标尺上的制表位符号即可，若需对已应用了制表位的文本段落进行调整，可以先选中段落，然后再拖动标尺上的制表位符号。

（3）公式编辑完成后，在 Word 2007 编辑状态下双击公式图形即可再次进入公式编辑状态进行修改编辑。

（4）打印试卷时还可以使用针式打印机将其打印到 8 开的蜡纸上，然后用油印机复印试卷。

（5）试卷的制作会用到 Word 中的许多文本编辑知识，用户在实际运用中可以利用 Word 的强大功能，制作出更具特色、漂亮的试卷。

实训一　制作申报表文档

◆ 实训目标

本实训要求利用插入表格和设置表格的相关知识，来制作一个公司员工调动晋升申报表，其效果如图 3-52 所示。通过本实训掌握表格的插入和设置方法。

立远科技有限公司职员调动、晋升申报表

填表日期：　　年　　月　　日

姓名		性别		年龄	
学历		专业		到岗日期	
申报类别	□岗位调动　□晋升工资　□职务晋升				
原位	部门		调位	部门	
	职务			职务	
	职位			职位	
	工资级别			工资级别	
调动晋升原因					
备注					
晋升调动生效日期					
原位	部门主管		现任	部门经理	
	人力资源部主管			人力资源部主管	

注：本表一式三份，一份交现任部门主管，一份交财务部，一份由人力资源部存档。

图 3-52　申报表文档的效果

效果图位置：模块三\源文件\申报表.docx。

◆ 实训分析

本实训的操作思路如图 3-53 所示，具体分析及思路如下。

（1）在文档中输入标题文本并设置格式。

（2）通过功能区插入表格。

（3）对表格进行设置，使其更加合理美观。

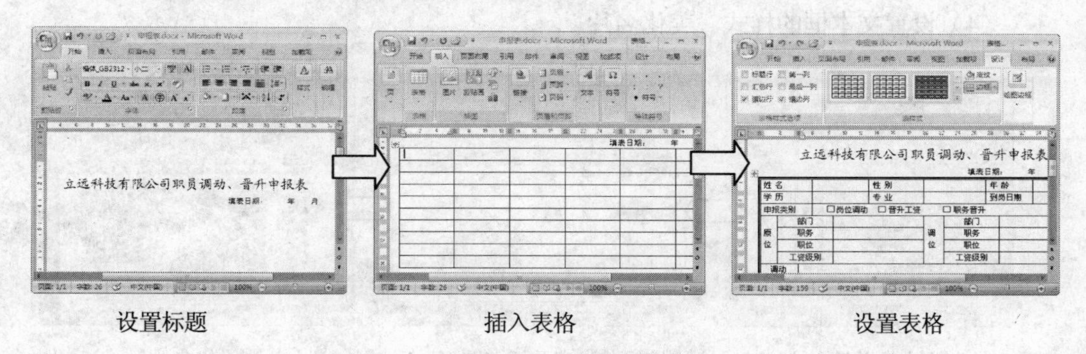

图 3-53　制作申报表文档的操作思路

实训二　制作名片

◆ 实训目标

本实训要求利用添加艺术字和文本框，以及在文档中插入图形和图像等操作制作如图 3-54 所示的名片文档。

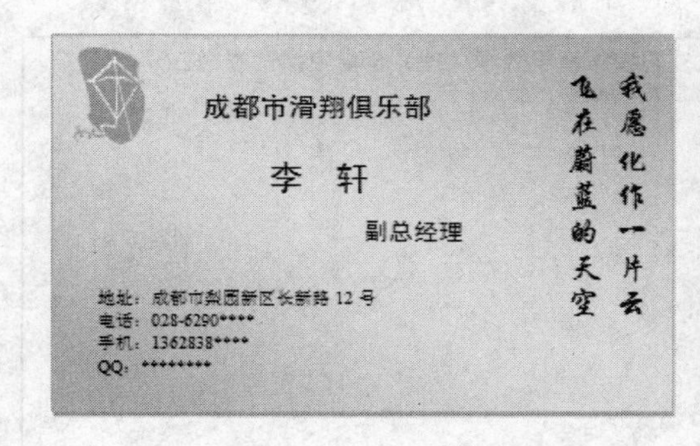

图 3-54　名片文档

效果图位置：模块三\源文件\名片.docx。

◆ 实训分析

本实训的操作思路如图 3-55 所示，具体分析及思路如下。

（1）在文档中绘制文本框，并输入文本。

（2）在适当位置添加艺术字，并对其进行编辑。

（3）在文本框中插入图片、SmartArt 图形。

（4）设置文本框的样式，美化名片。

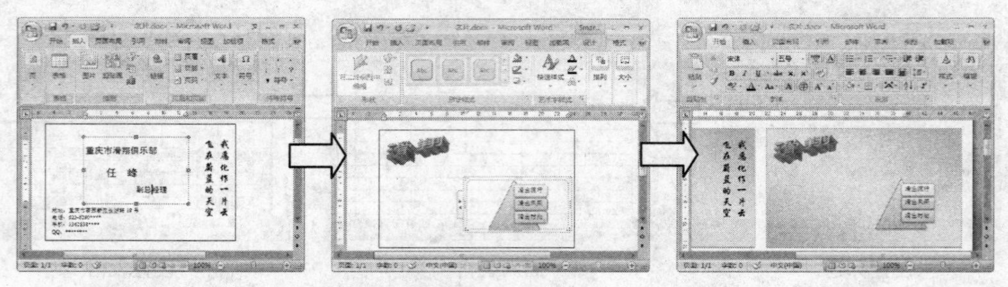

绘制文本框并输入文字　　编辑艺术字并插入图形　　美化名片

图 3-55　制作名片的操作思路

实训三　制作数学真题试卷文档

◆ 实训目标

本实训要求利用公式编辑器的相关知识，制作数学真题试卷文档，如图 3-56 所示。

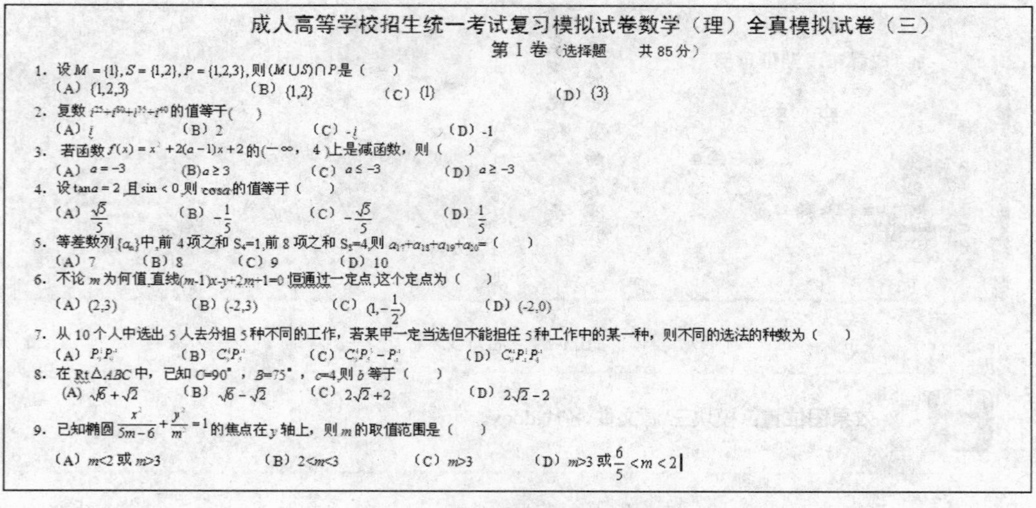

成人高等学校招生统一考试复习模拟试卷数学（理）全真模拟试卷（三）

第Ⅰ卷（选择题　　共 85 分）

1. 设 $M=\{1\}, S=\{1,2\}, P=\{1,2,3\}$，则 $(M\cup S)\cap P$ 是（　）
（A）$\{1,2,3\}$　（B）$\{1,2\}$　（C）$\{1\}$　（D）$\{3\}$

2. 复数 $i^{25}+i^{50}+i^{35}+i^{40}$ 的值等于（　）
（A）i　（B）2　（C）$-i$　（D）-1

3. 若函数 $f(x)=x^2+2(a-1)x+2$ 的 $(-\infty, 4)$ 上是减函数，则（　）
（A）$a=-3$　（B）$a\geq 3$　（C）$a\leq -3$　（D）$a\geq -3$

4. 设 $\tan\alpha=2$ 且 $\sin<0$，则 $\cos\alpha$ 的值等于（　）
（A）$\frac{\sqrt{5}}{5}$　（B）$-\frac{1}{5}$　（C）$-\frac{\sqrt{5}}{5}$　（D）$\frac{1}{5}$

5. 等差数列 $\{a_n\}$ 中，前 4 项之和 $S_4=1$，前 8 项之和 $S_8=4$，则 $a_{17}+a_{18}+a_{19}+a_{20}=$（　）
（A）7　（B）8　（C）9　（D）10

6. 不论 m 为何值，直线 $(m-1)x-y+2m+1=0$ 恒通过一定点，这个定点为（　）
（A）$(2,3)$　（B）$(-2,3)$　（C）$(1,-\frac{1}{2})$　（D）$(-2,0)$

7. 从 10 个人中选出 5 人去分担 5 种不同的工作，若某甲一定当选但不能担任 5 种工作中的某一种，则不同的选法的种数为（　）
（A）$P_9^1P_9^4$　（B）$C_9^4P_5^5$　（C）$C_9^4P_5^5-P_4^4$　（D）$C_9^4P_4^1P_4^4$

8. 在 $Rt\triangle ABC$ 中，已知 $C=90°$，$B=75°$，$c=4$，则 b 等于（　）
（A）$\sqrt{6}+\sqrt{2}$　（B）$\sqrt{6}-\sqrt{2}$　（C）$2\sqrt{2}+2$　（D）$2\sqrt{2}-2$

9. 已知椭圆 $\frac{x^2}{5m-6}+\frac{y^2}{m^2}=1$ 的焦点在 y 轴上，则 m 的取值范围是（　）
（A）$m<2$ 或 $m>3$　（B）$2<m<3$　（C）$m>3$　（D）$m>3$ 或 $\frac{6}{5}<m<2$

图 3-56　数学真题试卷文档

效果图位置：模块三\源文件\数学真题试卷.docx。

◆ 实训分析

本实训的操作思路如图 3-57 所示，具体分析及思路如下。

（1）输入试卷内容。

（2）使用公式编辑器输入公式。

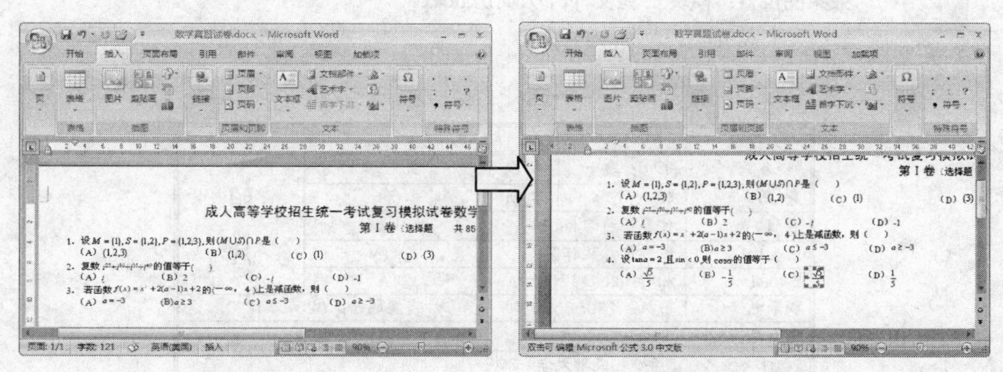

输入试卷内容　　　　输入公式

图 3-57　制作数学真题试卷文档的操作思路

实践与提高

根据本模块所学内容，动手完成以下实践内容。

练习 1　制作感谢卡

运用文本格式的设置、添加文本框及编辑艺术字等操作制作一个贺卡文档，最终效果如图 3-58 所示。

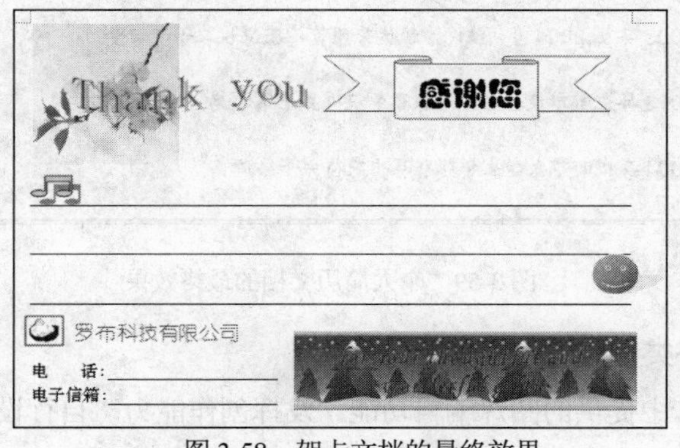

图 3-58　贺卡文档的最终效果

效果图位置：模块三\源文件\感谢卡.docx。

练习 2　制作个人简历文档

本练习将制作一个个人简历文档，需要用到表格的相关操作，先插入表格，然后对表格进行编辑，最终效果如图 3-59 所示。

效果图位置：模块三\源文件\个人简历.docx。

个 人 简 历

个人情况				
姓 名	张 小 鑫	性 别	男	照片
身 高	180cm	学 历	本 科	
专 业	计算机科学与技术			
出生地	成都市龙泉驿区			
E-mail	xingshao@126.com			
联系电话	手机：1305855****		寝室电话：028-6547****	
教育情况				
2001 年至 2005 年　成都大学 1998 年至 2001 年　广安市第一中学				
技能				
精通 Windows xp、Windows Vista、Windows 7 操作系统 熟练操作 Office 系列办公软件、Flash、Photoshop、CorelDRAW 等软件 具有一定的编程能力，熟练掌握电脑一般故障的整修和维护				
特长				
国家排球 3 级运动员，大学 4 年皆为校排球队主力成员 高中时为校队队长，并参加过市级比赛，多次在市级比赛中获奖				
担任职务获奖情况				
2001 年至 2002 年　校排球协会会长　班体育委员及宣传委员 2003 年至 2004 年　被评为校优秀团员，获得校二等奖学金 2003 年成都市大学生排球联赛中获得男子第 3 名 2004 年成都市大学生排球联赛中获得男子第 1 名				

图 3-59　个人简历文档的最终效果

练习 3　制作各类卡片

利用 Word 2007 中提供的图片编辑功能，发挥创作能力，自行设计各种精美的卡片。

模块四

文档排版的高级操作

利用 Word 强大的文字编排功能，不仅可以制作在日常办公中的各类简短文档，还可以满足特殊文档的制作，如编排长文档、运用样式快速排版各类文档等，从而快速制作出实用且条理清晰的文档。本模块将以两个操作实例来介绍 Word 文档排版的高级操作。

学习目标

- 熟悉新建样式的操作
- 熟练掌握利用样式编排文档的方法
- 熟练掌握长文档的排版技巧
- 掌握目录的制作方法
- 掌握修改和批注文档的方法

任务一　排版公司员工手册文档

◆ 任务目标

本任务的目标是通过使用样式来编排一个公司员工手册文档，排版后的部分文档效果如图 4-1 所示。通过练习掌握样式在排版文档时的操作，包括新建样式、使用内置样式排版、修改样式等操作。

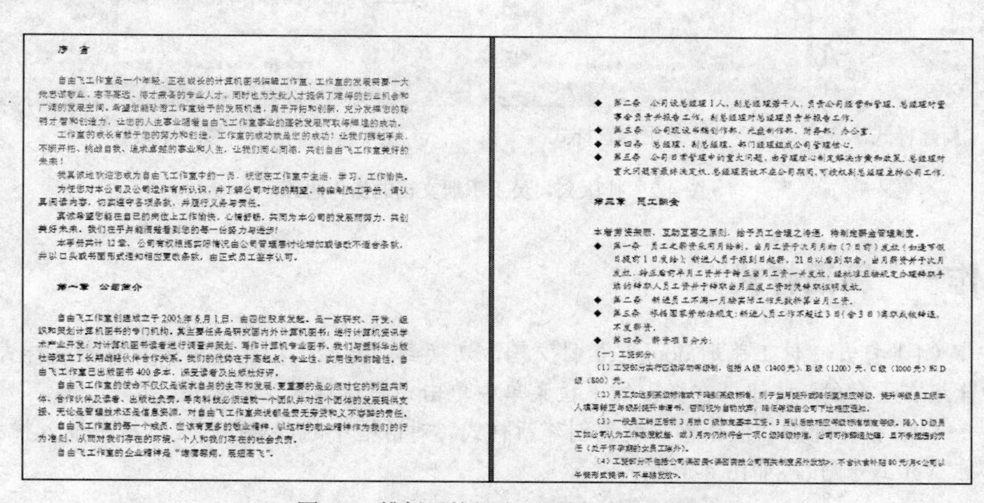

序　言

自由飞工作室是一个年轻、正在成长的计算机图书编辑工作室。工作室的发展将要一大批忠诚敬业、志存高远、德才兼备的专业人才，同时也为大批人才提供了难得的创业机会和广阔的发展空间。希望您能珍惜工作室给予的发展机遇，勇于开拓和创新，充分发挥您的聪明才智和创造力，让您的人生事业随着自由飞工作室事业的蓬勃发展而取得辉煌的成功。

工作室的成长有赖于您的努力和创造，工作室的成功就是您的成功！让我们携起手来，不断开拓、挑战自我、追求卓越的事业和人生，让我们同心同德，共创自由飞工作室美好的未来！

我真诚地欢迎您成为自由飞工作室中的一员，祝您在工作室中生活、学习、工作愉快。

为使您对本公司及公司运作有所认识，并了解公司对您的期望，特编制员工手册，请认真阅读内容，切实遵守各项条款，并履行义务与责任。

真诚希望您能在自己的岗位上工作愉快，心情舒畅，共同为本公司的发展而努力，共创美好未来。我们在乎并能清楚看到您的每一份努力与进步！

本手册共计 12 章，公司有权根据实际情况由公司管理层讨论增加或修改不适合条款，并以口头或书面形式通知相应更改条款，由正式员工签字认可。

第一章　公司简介

自由飞工作室创建成立于 2005 年 6 月 1 日，由四位股东发起，是一家研究、开发、组织和策划计算机图书的专门机构。其主要任务是研究国内外计算机图书；进行计算机资讯学术产业开发；对计算机图书读者进行调查并策划、写作计算机专业图书。我们与蓝科华出版社等建立了长期战略伙伴合作关系。我们的优势在于高起点、专业性、实用性和前瞻性。自由飞工作室已出版图书 400 多本，深受读者及出版社好评。

自由飞工作室的使命不仅仅是谋求自身的生存和发展，更重要的是必须对它的利益共同体、合作伙伴及读者、出版社负责，导向科技必须造就一个团队并对这个团体的发展提供支援，无论是管理技术还是信息资源，对自由飞工作室来说都是责无旁贷和义不容辞的责任。

自由飞工作室的每一个成员，应该有更多的敬业精神，以这样的敬业精神作为我们的行为准则，从而对我们存在的环境、个人和我们存在的社会负责。

自由飞工作室的企业精神是"诚信笃行，乘翅高飞"。

◆ 第二条　公司设总经理 1 人，副总经理若干人，负责公司经营和管理。总经理对董事会负责并报告工作，副总经理对总经理负责并报告工作。

◆ 第三条　公司现设书稿创作部、光盘制作部、财务部、办公室。

◆ 第四条　总经理、副总经理、部门经理组成公司管理核心。

◆ 第五条　公司日常管理中的重大问题，由管理核心制定解决方案和政策，总经理对重大问题有最终决定权，总经理因故不在公司期间，可授权副总经理主持公司工作。

第三章　员工薪金

本着劳资兼顾、互助互惠之原则，给予员工合理之待遇，特制定薪金管理制度。

◆ 第一条　员工之薪资采用月给制，当月工资于次月月初（7 日前）发放（如遇节假日提前 1 日发给）。新进人员于报到日起薪，21 日以后到职者，当月薪资并于次月发放。辞退者前半月工资并于辞退当月工资一并发放。经批准且按规定办理辞职手续的辞职人员工资并于辞职当月应发工资时凭辞职证明发放。

◆ 第二条　新进员工不满一月按实际工作天数计算当月工资。

◆ 第三条　根据国家劳动法规定：新进人员工作不超过 3 日（含 3 日）离职或被辞退，不发薪资。

◆ 第四条　薪资项目分为：

（一）工资部分：

（1）工资部分实行四级浮动等级制，包括 A 级（1400 元）、B 级（1200）元、C 级（1000 元）和 D 级（800）元。

（2）员工如达到高级标准或下降到低级标准，则于当月提升或降低至相应等级，提升等级员工须本人填写转正与级别提升申请书，否则视为自动放弃，降低等级由公司下达相应通知。

（3）一般员工转正后前 3 月按 C 级标准基本工资，3 月以后按相应等级标准核定等级。降入 D 级员工如公司认为工作态度较差，或 3 月内仍然符合一项 C 级降级标准，公司可作辞退处理，且不承担违约责任（处于怀孕期的女员工除外）。

（4）工资部分不包括公司保密费<保密费按公司有关制度另外发放>，不含伙食补贴 80 元/月<公司以午餐形式提供，不单独发放>。

图 4-1　排版后的部分公司员工手册文档效果

素材位置：模块四\素材\员工手册.docx。
效果图位置：模块四\源文件\员工手册.docx。

本任务的具体目标要求如下：

（1）掌握新建样式的方法。

（2）掌握运用内置样式排版的操作。

（3）掌握修改样式的方法。

◆ 专业背景

本任务在操作时需要先了解排版的意义，因为员工手册主要是企业内部的人事制度管理规范，同时又涵盖企业的各个方面，承载传播企业形象、企业文化的功能，是有效的管理工具及员工的行动指南。因此，在排版时应尽量做到版面整洁，不花哨，排版有条理，使人一目了然。

◆ 操作思路

本任务的操作思路如图 4-2 所示，涉及的知识点有样式的新建、应用、修改等操作，具体思路及要求如下。

（1）打开素材文档，新建样式。

（2）使用 Word 内置的样式进行排版。

（3）修改样式后继续排版。

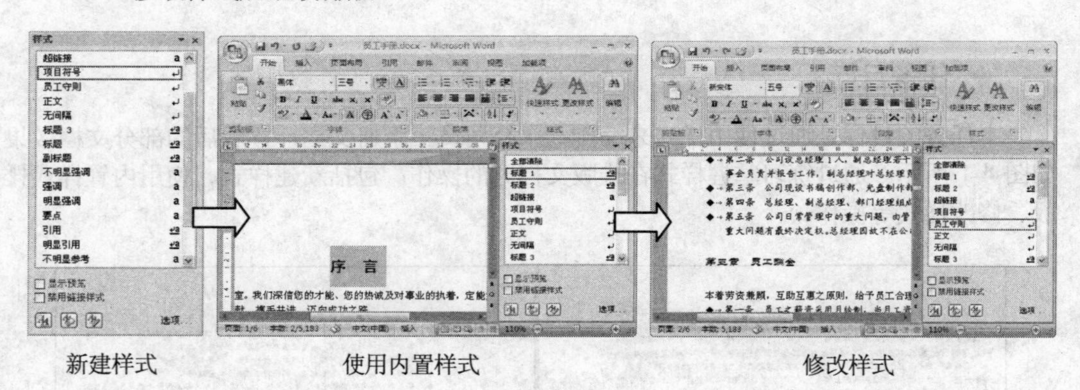

图 4-2　排版公司员工手册文档的操作思路

操作一　新建样式

（1）打开“员工手册.docx”素材文档，切换到“开始”功能选项卡，单击“样式”功能组右下角的按钮，在弹出的下拉菜单中单击“新建样式”按钮。

（2）在打开的“根据格式设置创建新样式”对话框中的“名称”文本框中输入样式名称“员工守则”，如图 4-3 所示。

（3）在“样式类型”下拉列表框中可以通过选择不同的选项来定义所选样式的类型。

（4）在“样式基准”下拉列表框中选择样式所基于的选择，设置基于现有的样式而创建的一种新样式。

（5）在“后续段落样式”下拉列表框中选择应用该样式段落的后续段落的样式。

（6）在“格式”栏下设置字体为“新宋体”，字号为“五号”，单击“格式”按钮，在弹出的下拉菜单中选择“段落”选项，如图4-4所示。

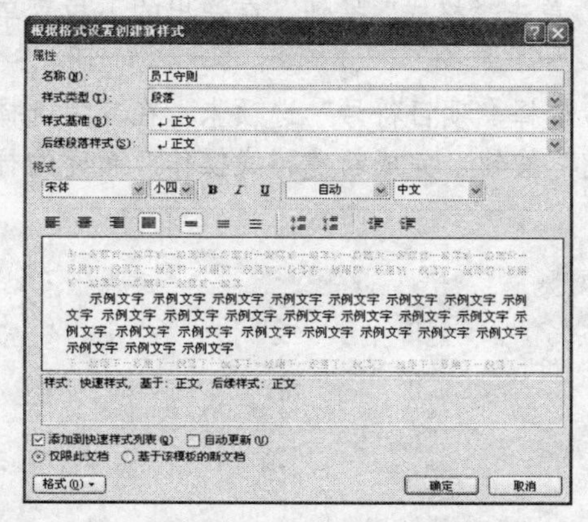

图4-3　“根据格式设置创建新样式”对话框

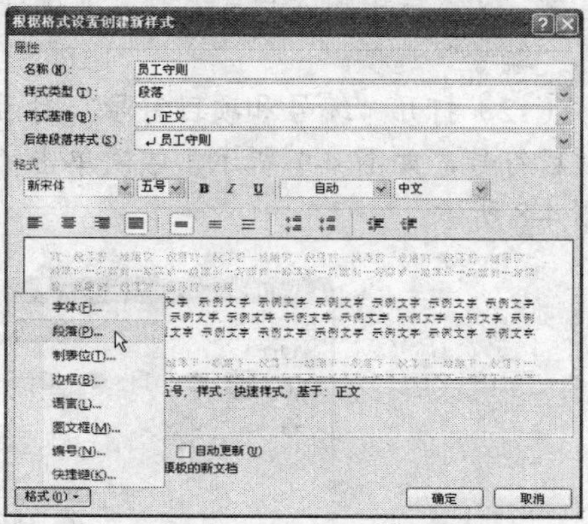

图4-4　自定义样式格式

（7）打开“段落”对话框，在“缩进”栏下设置特殊格式为“首行缩进”，磅值为“0.75厘米”，如图4-5所示，单击“确定”按钮，返回“根据格式设置创建新样式”对话框。

（8）单击“格式”按钮，在弹出的下拉菜单中选择“快捷键”选项，打开“自定义键盘”对话框，在“指定键盘顺序”栏中将光标插入到“请按新快捷键”文本框中，然后输入“Ctrl+D”。

（9）在“将更改保存在”列表框中选择“员工手册.docx”选项，单击“指定”按钮，如图4-6所示。

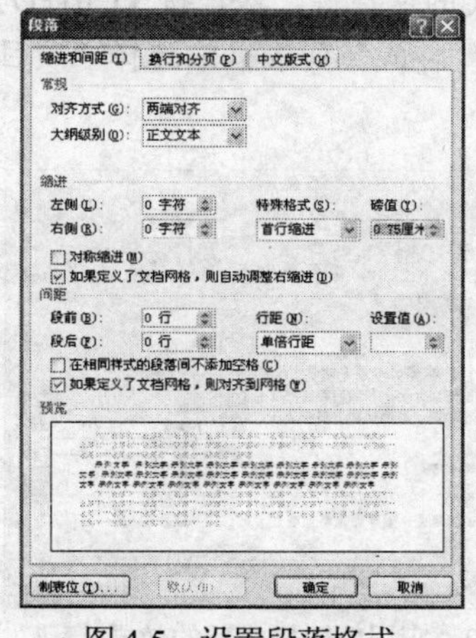

图4-5　设置段落格式

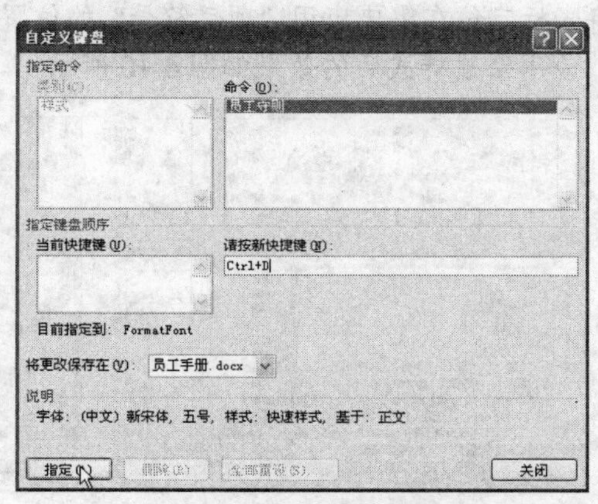

图4-6　“自定义键盘”对话框

提示 单击“样式检查器”按钮，可打开“样式检查器”对话框，可以在其中设置段落格式和文字级别格式，单击“管理样式”按钮可详细设置样式。

（10）单击“关闭”按钮，返回“根据格式设置创建新样式”对话框，单击“确定”按钮即可。

（11）再次单击“新建样式”按钮，打开“根据格式设置创建新样式”对话框，在“名称”文本框中输入样式名称“项目符号”，单击“格式”按钮，在弹出的下拉菜单中选择“编号”选项。

（12）打开“编号和项目符号”对话框，选择“项目符号”选项卡，在其中选择一种项目符号，如图 4-7 所示，依次单击“确定”按钮，完成新建样式操作，新建的样式如图 4-8 所示。

图 4-7 设置项目符号

图 4-8 新建的样式

操作二 使用样式排版

（1）选择要套用样式的“序言”文本，在“样式”功能组中的“样式”列表框中选择“标题 2”选项，即可为选择的文本应用内置样式，如图 4-9 所示。

（2）将光标定位在需要应用样式的段落，按定义的快捷键，这里按【Ctrl+D】组合键，将光标定位在需要应用“项目符号”的位置，在“样式”列表框中选择“项目符号”选项，应用新建样式后的效果如图 4-10 所示。

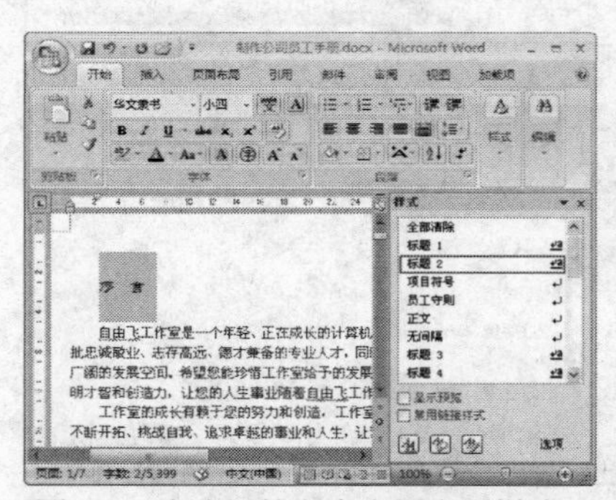

图 4-9 为选择的文本应用内置样式

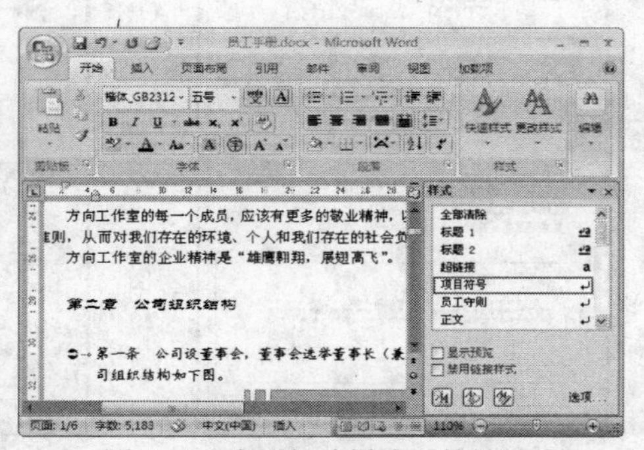

图 4-10 应用新建样式后的效果

（3）在“快速样式”列表框中选择“标题 2”选项，单击“对话框启动器”按钮，打开“样式”对话框。

（4）单击“管理样式”按钮，打开“管理样式”对话框。

（5）在打开的“管理样式”对话框中单击“修改”按钮，打开“修改样式”对话框。

（6）单击“格式”按钮，在弹出的下拉菜单中选择“字体”选项，打开“字体”对话框。

（7）设置中文字体为“华文隶书”，字形为“常规”，字号为“小四”，如图 4-11 所示。

（8）依次单击“确定”按钮，返回文档中，将光标定位在需要应用样式的位置，在“样式”列表框中选择“标题 2”选项，使用修改后的内置样式如图 4-12 所示。

图 4-11　“字体”对话框

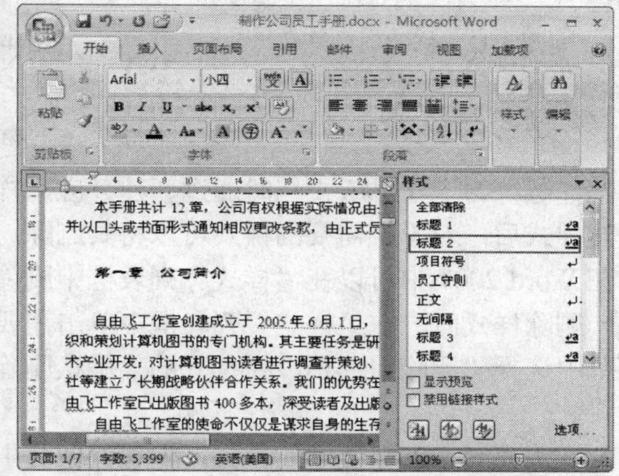

图 4-12　使用修改后的内置样式

（9）选择“项目符号”样式，单击鼠标右键，在弹出的快捷菜单中选择“修改”选项。

（10）打开“修改样式”对话框，在其中设置字体为“楷体”，字号为“五号”。

（11）单击“格式”按钮，在弹出的下拉菜单中选择“编号”选项，在打开的“编号和项目符号”对话框中选择一种项目符号，这里选择“◆”，单击“确定”按钮，如图 4-13 所示。

（12）指定快捷键为【Ctrl+B】，并保存在“员工守则.docx”文档中，依次单击“确定”按钮，完成修改。

（13）返回 Word 文档中，即可看到修改后的项目符号样式，如图 4-14 所示。

提示

用户可根据需要为已有样式重命名，在“样式”列表框中需更改样式名称的选项上单击鼠标右键，在弹出的快捷菜单中选择“重命名”选项，在打开的对话框中输入新的名称，单击“确定”按钮即可。

图 4-13　修改项目符号

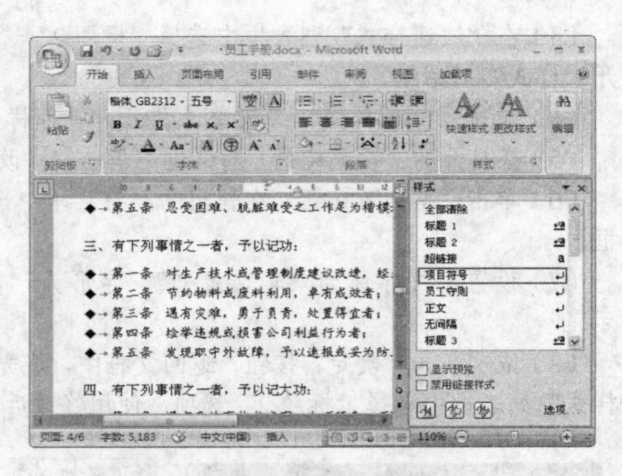

图 4-14　修改后的项目符号样式

◆ 学习与探究

本任务练习了在排版文档时通过新建并应用样式来提高排版速度的相关知识，在文档中新建样式后，对于不需要的样式可以将其删除。

在 Word 2007 中可以在“样式”列表框中删除自定义的样式，但无法删除模板内置的样式。删除样式时，在“样式”列表框中单击需要删除的样式右侧的按钮，在弹出的下拉菜单中选择“删除”选项，在打开的“确认删除”对话框中单击“是”按钮，即可删除该样式。

若不需要某一部分文本的样式，但要保留其中的内容时，可选择有格式的文本，在展开的“样式”列表框中选择“清除格式”选项将其格式清除即可。

另外，通过使用模板也可以提高排版速度，在 Word 2007 中提供了许多预先设计好的模板，用户可以利用这些模板来快速制作长文档；若模板库中没有合适的模板，也可以自行创建需要的模板。创建模板可以利用打开一个与需要创建模板类似的文档，然后将文档编辑或修改为需要的样式后另存为一个模板文件，或在现有模板的基础上进行修改来创建一个新的模板。模板创建好后，即可根据创建好的模板文件来排版新的 Word 文档。

任务二　查看和修订公司员工手册

◆ 任务目标

本任务的目标是运用 Word 高级排版的相关知识，对公司员工手册文档进行查看、快速定位、制作目录、添加批注等操作，最终效果如图 4-15 所示。通过练习掌握利用 Word 排版文档时应用到的各种相关知识。

素材位置：模块四\素材\制作公司员工手册.docx。
效果图位置：模块四\源文件\制作公司员工手册.docx。

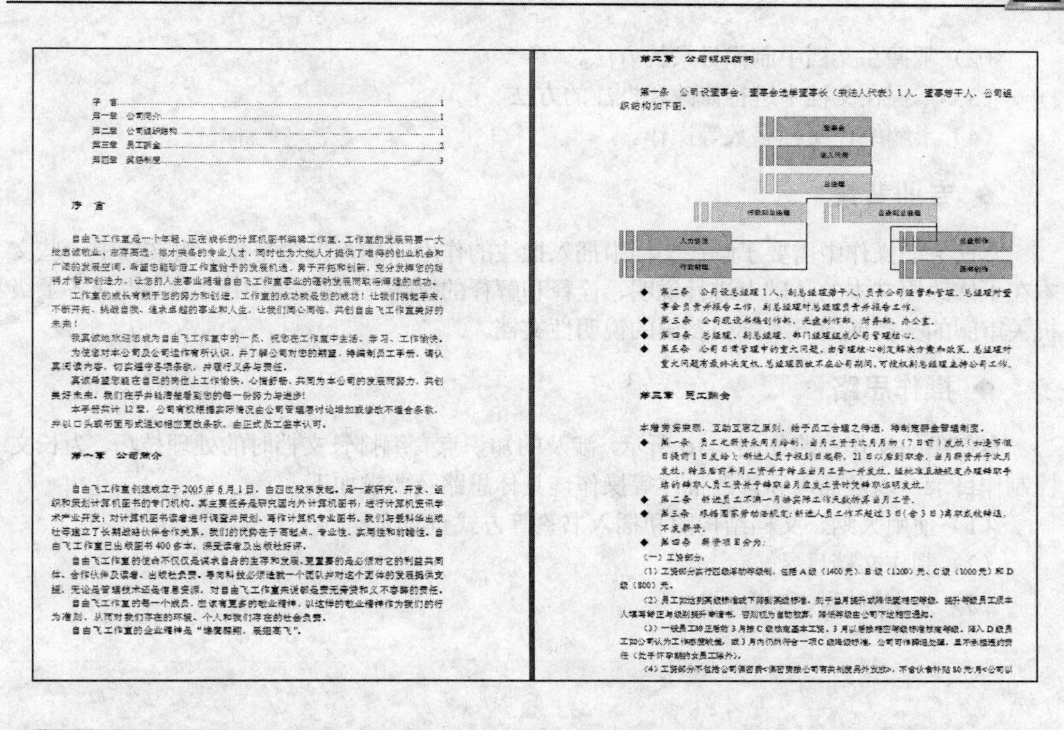

序　言

自由飞工作室是一个年轻、正在成长的计算机图书编辑工作室，工作室的发展需要一大批忠诚敬业、海纳百川、德才兼备的专业人才，同时也为大批人才提供了难得的创业机会和广阔的发展空间。希望您能珍惜工作室给予的发展机遇，勇于开拓和创新，充分发挥您的聪明才智和创造力，让您的人生事业随着自由飞工作室事业的蓬勃发展而取得辉煌的成功。

工作室的成长有赖于您的努力和创造，工作室的成功就是您的成功！让我们携起手来，不断开拓、挑战自我、追求卓越的事业和人生，让我们同心同德、共创自由飞工作室美好的未来！

我真诚地欢迎您成为自由飞工作室中的一员，祝您在工作室中生活、学习、工作愉快。

为使您对本公司及公司运作有所认识，并了解公司对您的期望，特编制员工手册，请认真阅读内容，切实遵守各项条款，并履行义务与责任。

真诚希望您能在自己的岗位上工作愉快，心情舒畅，共同为本公司的发展而努力，共创美好未来。我们在乎并能清楚看到您的每一份努力与进步！

本手册共计 12 章，公司有权根据实际情况由公司管理层讨论增加或修改不适合条款，并以口头或书面形式通知相应更改条款，由正式员工签字认可。

第一章　公司简介

自由飞工作室创建成立于 2005 年 6 月 1 日，由四位股东发起，是一家研究、开发、组织和策划计算机图书的专门机构。其主要任务是研究国内外计算机图书；进行计算机资讯学术产业开发；对计算机图书读者进行调查并策划、写作计算机专业图书。我们与多家科学出版社等建立了长期战略伙伴合作关系。我们的优势在于高起点、专业性、实用性和前瞻性。自由飞工作室已出版图书 400 多本，深受读者及出版社好评。

自由飞工作室的使命不仅仅是谋求自身的生存和发展，更重要的是必须对它的利益共同体、合作伙伴及读者、出版社负责。高科技企业必须造就一个团队并对这个团体的发展提供支援，无论是管理技术还是信息资源，对自由飞工作室来说都是责无旁贷和义不容辞的责任。

自由飞工作室的每一个成员，应该有更多的敬业精神，以这样的敬业精神作为我们的行为准则，从而对我们存在的环境、个人和我们存在的社会负责。

自由飞工作室的企业精神是“雄鹰展翅，展翅高飞”。

第二章　公司组织结构

第一条　公司设董事会，董事会选举董事长（兼法人代表）1 人，董事若干人，公司组织结构如下图。

◆　第二条　公司设总经理 1 人，副总经理若干人，负责公司经营和管理。总经理对董事会负责并报告工作，副总经理对总经理负责并报告工作。

◆　第三条　公司现设书籍创作部、光盘制作部、财务部、办公室。

◆　第四条　总经理、副总经理、部门经理组成公司管理核心。

◆　第五条　公司日常管理中的重大问题，由管理核心制定解决方案和政策，总经理对重大问题有最终决定权。总经理因故不在公司期间，可授权副总经理主持公司工作。

第三章　员工薪金

本着劳资兼顾、互助互惠之原则，给予员工合理之待遇，特制定薪金管理制度。

◆　第一条　员工之薪资采用月给制，当月工资于次月月初（7 日前）发放（如逢节假日提前 1 日发给）；新进人员于报到日起薪，21 日以后到职者，当月薪资并于次月发放，转正后前半月工资并于转正当月工资一并发放。经批准且按规定办理辞职手续的辞职人员工资并于辞职当月应发工资时凭辞职证明发放。

◆　第二条　新进员工不满一月按实际工作天数折算当月工资。

◆　第三条　根据国家劳动法规定：新进人员工作不超过 3 日（含 3 日）离职或被辞退，不发薪资。

◆　第四条　薪资项目分为：

（一）工资部分：

（1）工资部分实行四级浮动等级制，包括 A 级（1400 元）、B 级（1200）元、C 级（1000 元）和 D 级（800）元。

（2）员工如达到某级标准或下降到某级标准，则于当月提升或降低至相应等级，提升等级员工须本人填写转正与级别提升审请书，否则视为自动放弃。降低等级由公司下达相应通知。

（3）一般员工转正后前 3 月按 C 级核定基本工资，3 月以后按相应等级标准核定等级，降入 D 级员工如公司认为工作态度较差，或 3 月内仍然符合一项 C 级降级标准，公司可作辞退处理，且不承担违约责任（处于怀孕期的女员工除外）。

（4）工资部分不包括公司保密费<保密费按公司有关制度另外发放>，不含伙食补贴 80 元/月<公司以午餐形式提供，不单独发放>。

（二）年资

员工第一合同期满后，如 A 级、B 级员工续签合同，续签第一年每月发放 50 元年薪，续签第二年每月发放 100 元年薪，以此类推。

（三）业务奖励

按业务能力及公司《书稿创作奖励制度》、《光盘制作奖励制度》执行。

（四）其他津贴

节假日津贴，根据公司业绩或员工工作年限发放（试用员工不享受）。兼职岗位津贴，硬件或网站维护 100 元/月，网上答疑 50 元/月，其他兼职岗位津贴由公司统一决定。

（五）奖励

1．重印奖励

按公司《书稿创作奖励制度》执行。

2．年终奖励：

（1）发放时间：每年农历春节放假前。计算依据为本人当年年度综合考评成绩。

（2）发放标准：由总经理核定发放金额。服务年资不满 1 年者，依年资比例计算，不满半个月以半个月计算，满半个月但不满 1 个月者，以 1 个月计算。

（3）管理人员根据公司年度收益情况，原则上由总经理按本年度纯利润的 3~4%核发年终奖励。普通员工年度奖励由总经理核发并实行保密制度，泄露本人年终奖励将受到开除处分。

3．特别奖励

（1）部门经理每月可以动用 200 元以内（每年不超过 1500 元）的特别奖励用于部门员工加班及特殊津贴，此特别奖励需履行必须的审批程序后核发。

（2）总（副总）经理可以动用一定的特别奖金用于奖励有突出贡献的管理人员及优秀员工。

◆　第五条　员工试用工资一般为 400-800 元/月，依据其工作能力及成绩具体决定。试用人员公司提供午餐补贴（以午餐形式提供），但不享受公司正式员工的其他各种待遇，试用不满一月解除试用合同工资为 400－500元/月，按实际工作天数结算。

◆　第六条　薪资调整：

（1）公司可根据业务情况、财务状况、行业发展及成都市相关生活标准对以上等级工资标准作适当调整。

（2）公司营业状况不佳时，可酌情降低调薪额度，或暂不调整。

（3）调整金额人数比例：A 等：20%，B、C 等：70%，D 等：10%。

（4）职务发生变更时由总经理核定相应薪资。

（5）工资达到薪级上限时，即不再调整。

◆　第七条　发生下列情况之一者，公司有权扣发当月工资。

（1）未经公司批准离职或未按规定办理辞职手续离职者。

（2）公司予以开除处分者。

◆　第八条　若公司工作量不足（半月以上经本人要求公司仍无工作安排），保证正式员工当月最低工资为 400 元，奖励为 100 元。试用人员公司根据情况核发工资。

◆　第九条　美工 3D 人员可聘用为兼职作者，兼职作者可不到公司上班，不享受公司正式员工的福利待遇。兼职作者确定基本工资后，每增加半年，基本工资增加 100 元，每月必须完成额定工作量，每月按 30 天计算，3D 每天 5 页，以后每增加半年每月增加 10 页，当月未完成工作量，按相应工作量计算工资，若连续三月完不成工作量，则降低 20%基本工资，直到补齐为止恢复，一年内累计 5 个月未完成工作量，公司可单方面解除合同，并视为兼职作者违约。美工 3D 人员所做书稿排版校对应达到公司正稿标准，同时，书稿质量评定标准适合美工 3D 人员，高于 105 或低于 95 分则按相应比例计发工资，书稿质量评定占最终评定比例的 50%，效果图质量评定占最终评定比例的 50%。若发生一次书稿质量评定低于 90 分或连续两月工作量低于 90%，则公司有权要求其回公司连续上 3 个月班。

第四章　奖惩制度

本规定适用于本公司所有员工，财务人员除遵守本奖惩制度外，还应遵守相关财务制度。

一、员工奖励分下列四种：

◆　第一条　嘉奖：每次加发 3 天奖励，并于年终奖励时一并发放；

◆　第二条　记功：每次加发 10 天奖励，并于年终奖励时一并发放；

◆　第三条　大功：每次加发 1 个月奖励，并于年终奖励时一并发放；

◆　第四条　奖励：一次给予若干元奖励。

二、有下列事情之一者，予以嘉奖：

◆　第一条　品行端正，工作努力，能适时完成重大或特殊交办任务者[a1]；

◆　第二条　拾金不昧（如价值 300 元以上）者；

◆　第三条　热心服务，有具体事实者；

◆　第四条　有显著的善行佳话，足为公司荣誉者；

◆　第五条　忍受困难，执行艰苦之工作足为楷模者。

三、有下列事情之一者，予以记功：

◆　第一条　对生产技术或管理制度建议改进，经采纳施行，卓有成效者；

◆　第二条　节约物料或废料利用，卓有成效者；

◆　第三条　遇有灾难，勇于负责，处置得宜者；

◆　第四条　检举违规或损害公司利益行为者；

◆　第五条　发现职守外故障，予以速报或妥为防止损害足以嘉许者。

四、有下列事情之一者，予以记大功：

◆　第一条　遇有意外事件或灾害，奋不顾身，不避危难，因而减少公司损害者；

◆　第二条　维护员工安全，冒险执行任务，确有功绩者；

◆　第三条　维护公司重大利益，避免重大损失者；

◆　第四条　有其他重大功绩者。

五、有下列事情之一者，予以奖励或晋级：

◆　第一条　研究发明，对公司确有贡献，并使成本降低，利润增加者；

◆　第二条　对公司有特殊贡献，足为全公司同仁表率者；

◆　第三条　1 年内记大功二次者；

◆　第四条　服务每满 5 年，考绩优良，未曾旷工或受记过以上处分者。

六、员工惩罚分为五种：

◆　第一条　警告：记录，并于年终奖励时一并减发 3 天奖励；

图 4-15　公司员工手册文档的最终效果

本任务的具体目标要求如下：

（1）掌握在编排长文档时常用的技巧。

（2）掌握在文档中制作目录的方法。

（3）掌握在文档中进行修改和批注的方法。

（4）了解统计文档字数等操作。

◆ 专业背景

本任务的操作中需要了解在文档中插入批注的作用，插入批注是为了对文档中一些文本在不修改原文本的基础上进行说明、诠释和解释的操作，批注一般用于需要提交各上级机关审阅的文档或向下属部门发出的说明性文档。

◆ 操作思路

本任务的操作思路如图 4-16 所示，涉及的知识点有编排长文档时的处理技巧、为长文档制作目录，以及插入和修改批注等操作，具体思路及要求如下。

（1）使用大纲、文档结构图和插入书签等方式查看文档。

（2）制作文档目录。

（3）为文档插入和修改批注。

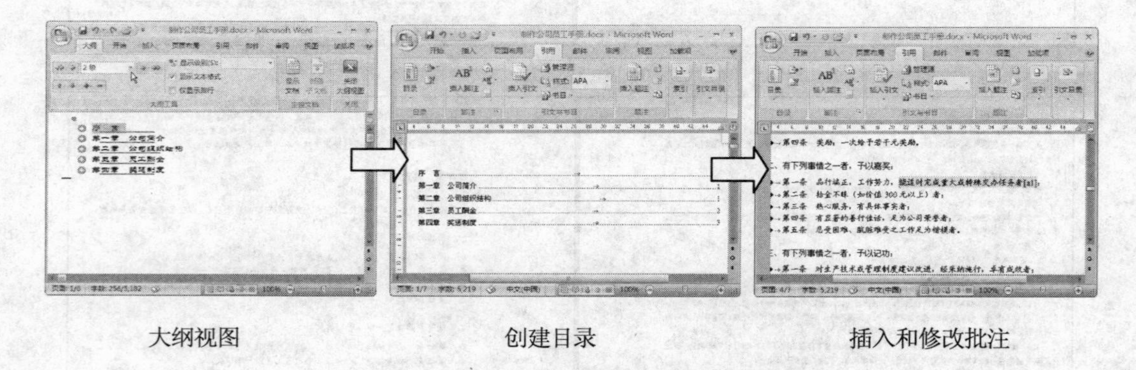

图 4-16　查看和修订公司员工手册的操作思路

操作一　快速查看文档

（1）打开“制作公司员工手册.docx”素材文档，选择“视图”功能选项卡。

（2）在“显示/隐藏”功能组中选中“文档结构图”复选框，将在 Word 文档窗口左侧显示“文档结构图”窗格。

（3）单击左侧的“文档结构图”中的内容后，文档中将显示相应的内容，如图 4-17 所示。

（4）单击“文档视图”功能组中的“大纲视图”按钮，在打开的窗格中的“显示级别”下拉列表框中选择显示的级别，如“2 级”选项，如图 4-18 所示。

（5）选择需更改的项目，单击“大纲工具”功能组中相应的按钮即可调整内容在文档中的位置或提升和降低项目级别。

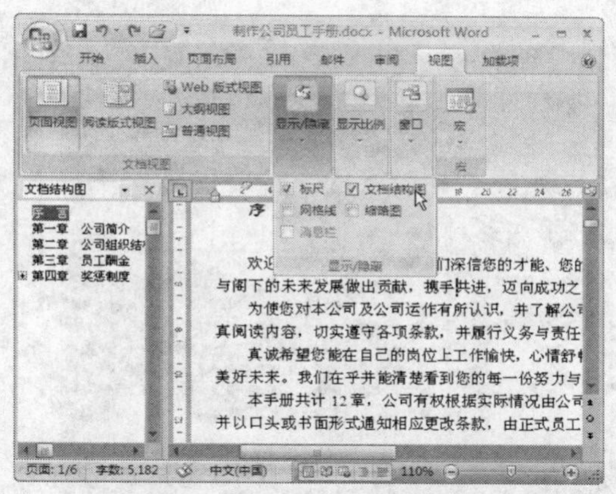

图 4-17　“文档结构图”窗格

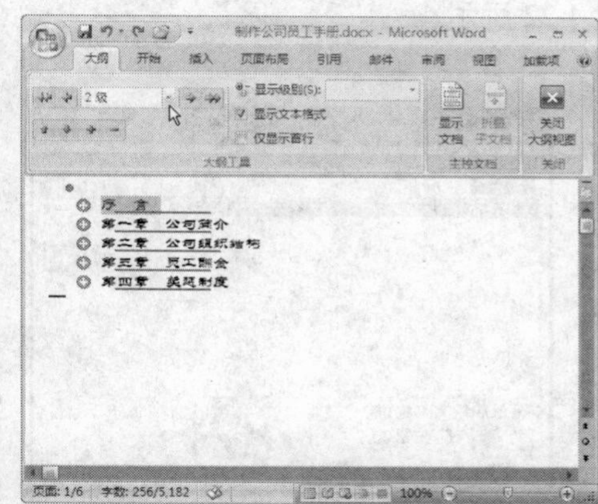

图 4-18　选择显示的级别

技巧　使用文档结构图不但可以方便地了解文档的层次结构，还可以快速定位文档，减少文档中内容的查找时间。

（6）选择如图 4-19 所示的文本，选择“插入”功能选项卡，在“链接”功能组中单击“书签”按钮。

（7）打开“书签”对话框，在“书签名”文本框中输入自定义的书签名称，如“待遇方面”，如图 4-20 所示。

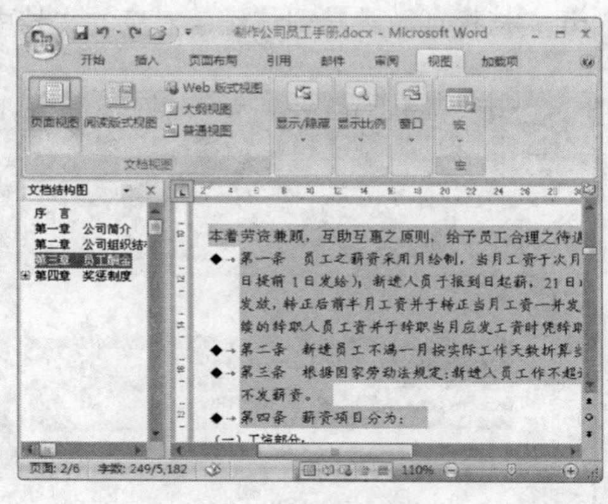

图 4-19　选择文本

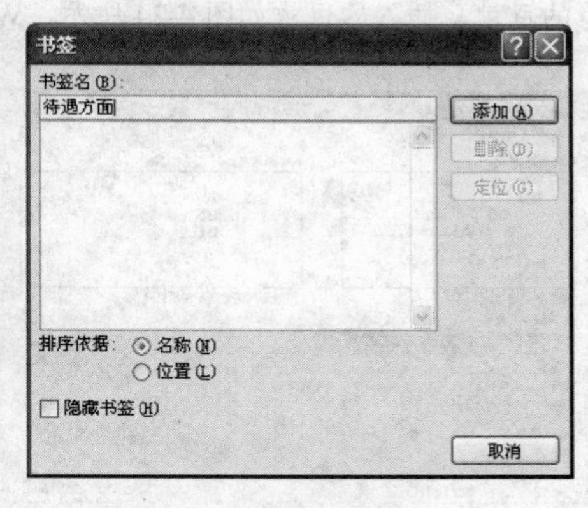

图 4-20　“书签”对话框

（8）单击“添加”按钮，即可将书签添加到文档中。

（9）将文本插入点定位在添加了书签的文档中的任意位置，单击“链接”功能组中的“书签”按钮，打开“书签”对话框。

（10）在“书签名”文本框下方的列表框中选择需要定位的书签名称，如“待遇方面”，如图 4-21 所示。

（11）单击“定位”按钮，文档将快速定位到“待遇方面”书签所在的位置，如

图 4-22 所示。

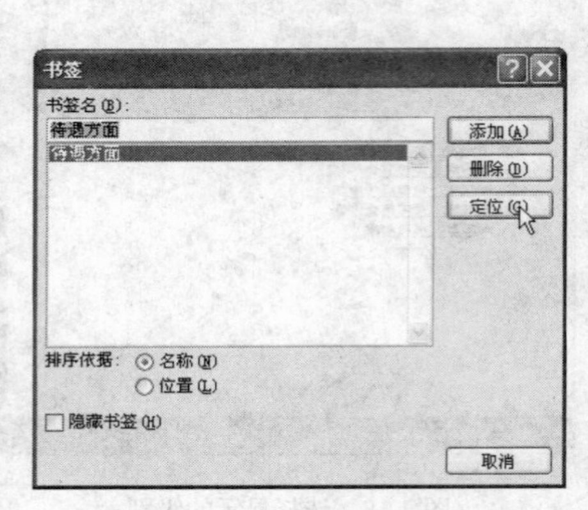

图 4-21　选择书签

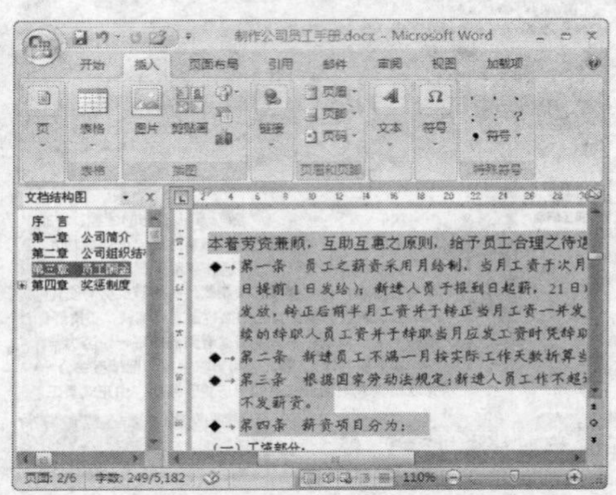

图 4-22　定位书签所在的位置

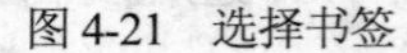

操作二　制作目录

（1）将文本插入点定位在文档最前面需要插入目录的位置，选择“引用”功能选项卡，在“目录”功能组中单击“目录”按钮，在弹出的下拉菜单中选择“插入目录”选项。

（2）在打开的“目录”对话框中可对目录的页码、制表符前导符、目录格式和显示级别进行设置，如图 4-23 所示，单击“确定”按钮。

（3）返回到 Word 中，即可查看到添加目录后的效果，按住【Ctrl】键的同时单击要查看的目录，插入的目录如图 4-24 所示，Word 文档将自动跳转到该目录对应的文档中。

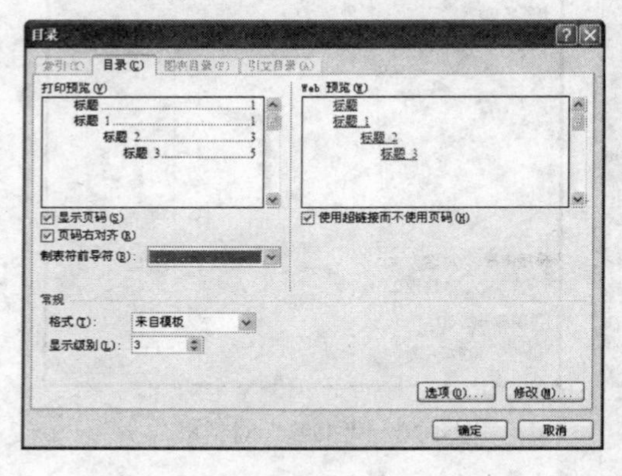

图 4-23　“目录”对话框

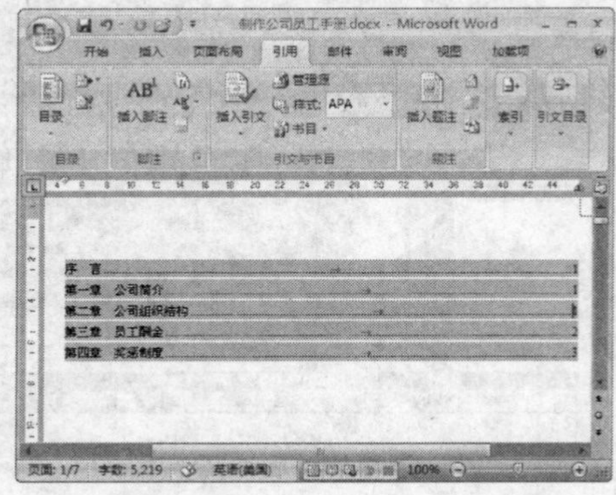

图 4-24　插入的目录

操作三　插入和修改批注文档

（1）选择要进行批注的文本，如“能适时完成重大或特殊交办任务者”。

（2）选择“审阅”功能选项卡，在“批注”功能组中单击“批注”按钮，在弹出的下拉菜单中选择“新建批注”选项，如图 4-25 所示。

（3）在文档的右侧会出现一个批注框，在批注框中直接输入需要进行批注的内容即可，如图 4-26 所示。

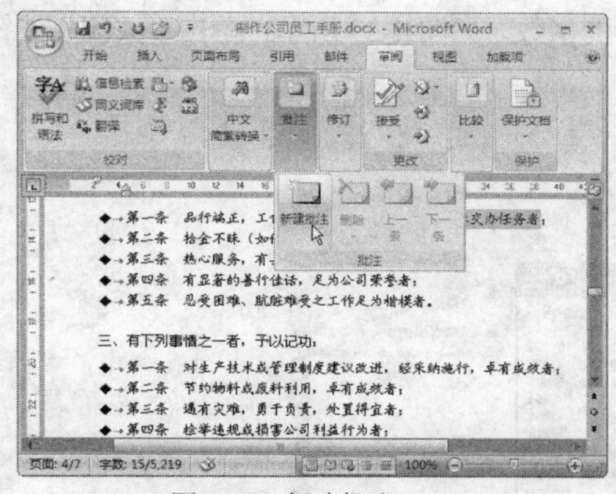

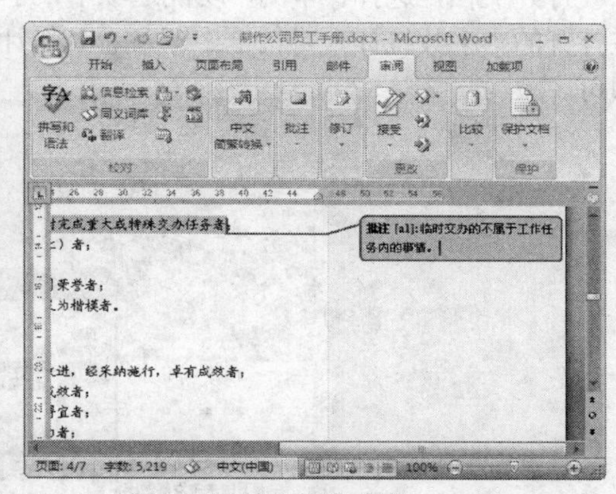

图 4-25　新建批注　　　　图 4-26　输入批注内容

（4）将光标定位在批注框中文本内容的末尾处，按【Backspace】键删除句号，然后补充输入“，且责任较为重大。”文本。

（5）在“修订”功能组中单击“修订”按钮，在弹出的下拉菜单中执行“批注框”→“以嵌入方式显示所有修订”菜单命令，将添加的批注以嵌入方式显示，如图 4-27 所示。

（6）设置嵌入方式后，在文档中只能看见添加批注的文本的底纹呈红色显示，当鼠标指针移至批注文本处时，系统会自动显示添加的批注文本内容，修改后的效果如图 4-28 所示。

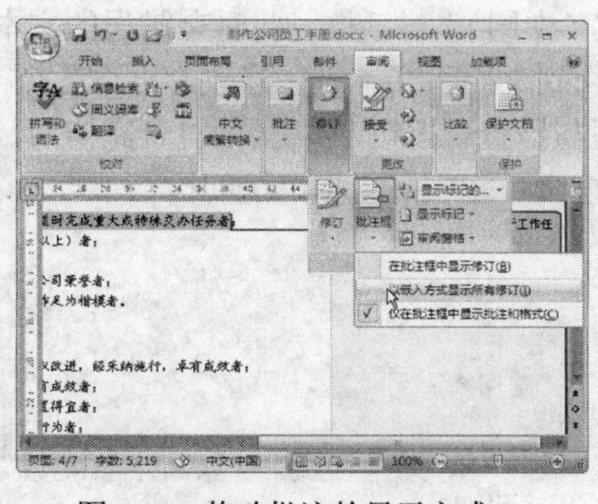

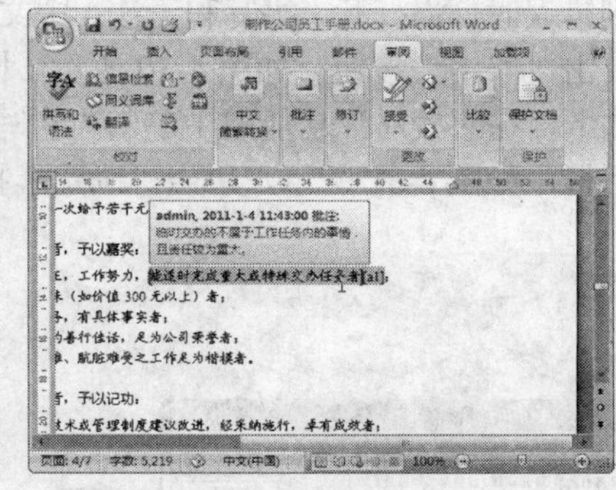

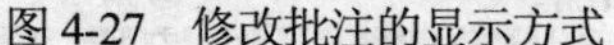
图 4-27　修改批注的显示方式　　　　图 4-28　修改后的效果

技巧　可将批注插入到文档的页边距处，也可从视图中隐藏批注；若不希望在审阅文档时显示批注，必须通过删除文档中的批注来清除；若要了解文档中是否有批注，可在“修订”功能组中单击“显示标记”按钮，在弹出的下拉菜单中选择“批注”选项。

◆ 学习与探究

本任务练习了查看和修订长文档的相关操作。在制作好长文档后，有时还要对长文档进行字数统计或检查拼写、语法等操作，下面分别进行介绍。

1．统计文档字数

打开文档，选择“审阅”功能选项卡，单击“校对”功能组中的“字数统计”按钮，在打开的“字数统计”对话框中即可看到统计的字数，如图 4-29 所示，单击“关闭”按钮即可。

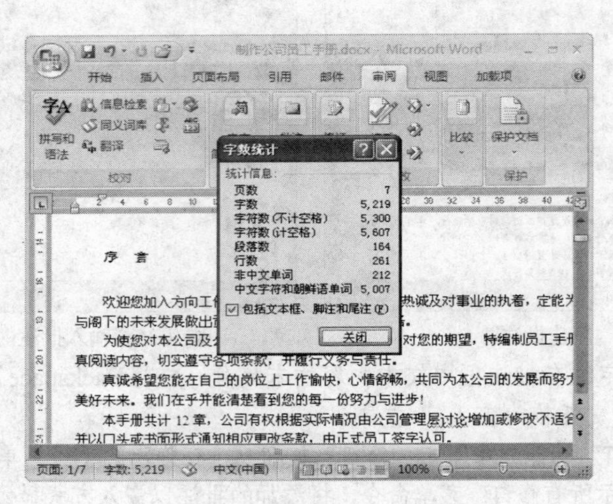

图 4-29　“字数统计”对话框

2．检查拼写和语法

打开文档，选择“审阅”功能选项卡，在“校对”功能组中单击“拼写与检查”按钮，当检查到错误时，将打开“拼写和语法：中文（中国）”对话框，此时有错误的文本也将被选中，单击“取消”按钮，如图 4-30 所示。回到文档将文本进行修改，再次选择“审阅”功能选项卡，在“校对”功能组中单击“拼写与检查”按钮，文档检查完毕后，将打开提示对话框，如图 4-31 所示，单击“确定”按钮，完成拼写和语法的检查。

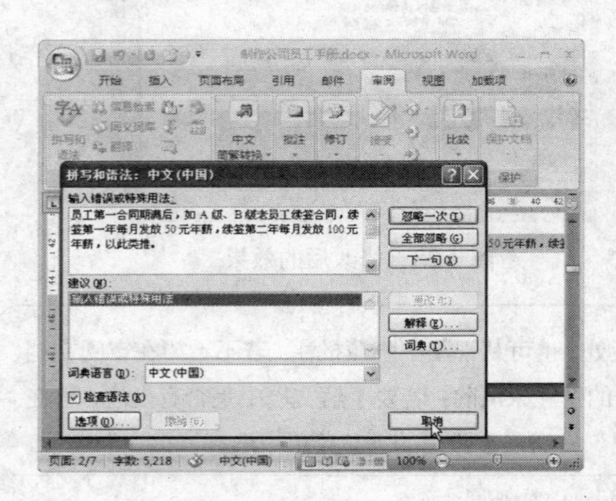

图 4-30　“拼写和语法：中文（中国）”对话框

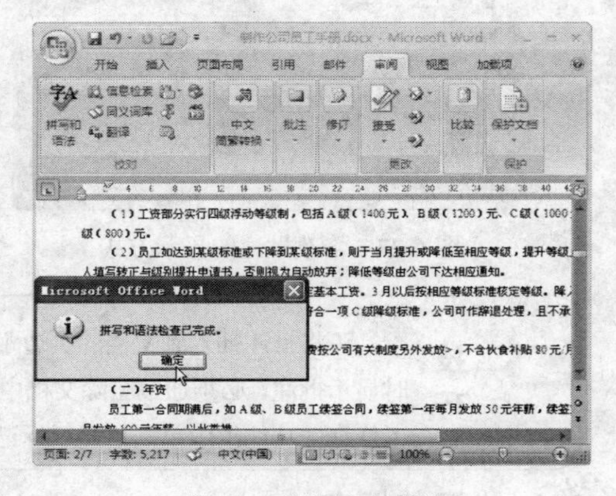

图 4-31　提示对话框

另外，当文档中不需要添加批注进行说明时，可以将批注删除，删除批注的方法如下。

（1）将光标定位在要删除的批注中，单击鼠标右键，在弹出的快捷菜单中选择“删除批注”选项，即可将插入的批注删除，如图 4-32 所示。

（2）选择要删除的批注，选择“审阅”功能选项卡，在“批注”功能组中单击“删除”按钮，在弹出的下拉菜单中选择“删除”选项，即可删除批注，如图 4-33 所示。

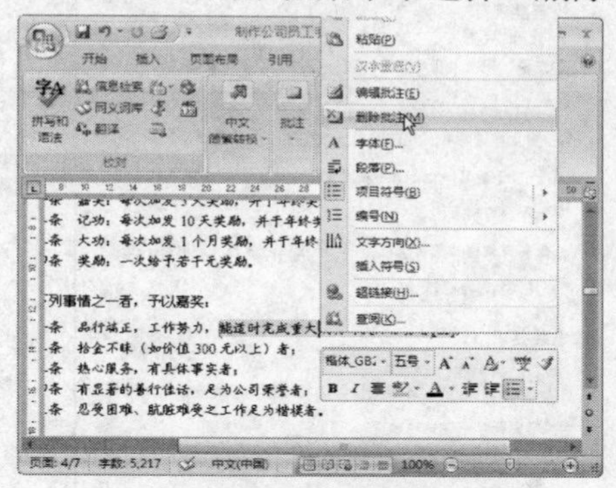

图 4-32　通过快捷菜单删除批注

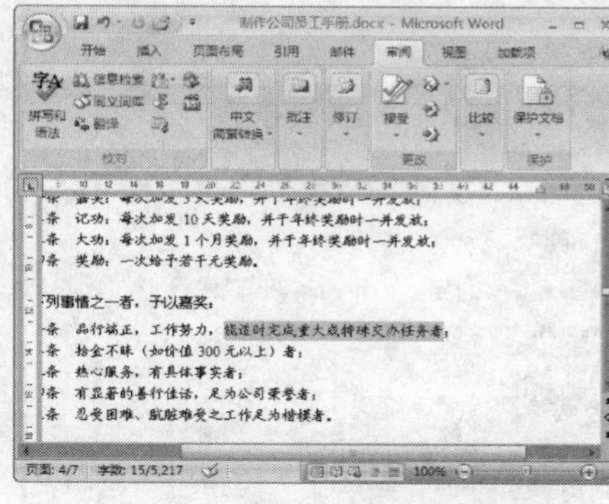

图 4-33　通过功能区删除批注

实训一　排版员工行为规范手册

◆ 实训目标

本实训要求利用排版长文档的相关知识，排版员工行为规范手册，其部分文档的效果如图 4-34 所示。通过本实训掌握排版长文档的常用技巧。

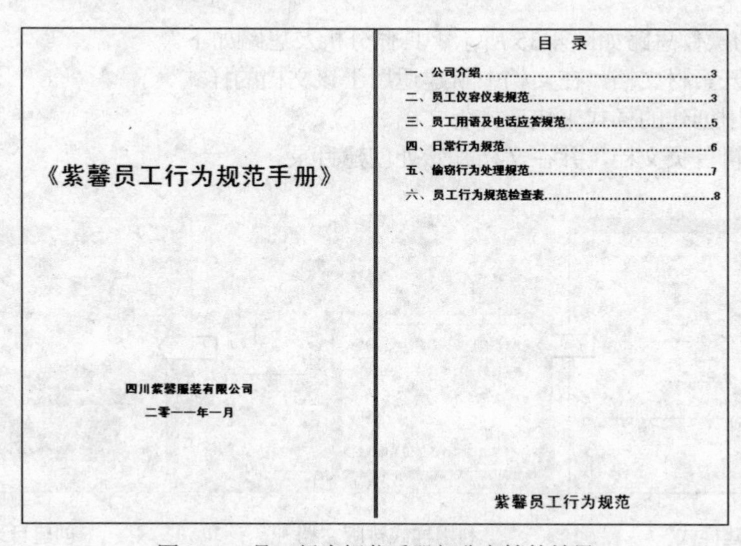

《紫馨员工行为规范手册》

四川紫馨服装有限公司

二零一一年一月

目　录

紫馨员工行为规范

图 4-34　员工行为规范手册部分文档的效果

前 言

常言道：没有规矩，不成方圆。每一个公司都有一些行为准则来指导员工的日常工作与行动，这是使事业顺利进行的必要保障。因此为了更有效地开展工作，请每一位员工仔细阅读本手册，以便时常检查自己是否全面、正确地遵守了公司所要求的行为准则。

一、公司介绍

二、员工仪容仪表规范

1、品德：

- 原则：诚实、责任感、协作、集体荣誉感
- 目的：对专卖店、对社会作一个有责任感的人
  - 合法经营
  - 诚实待人
  - 谦虚谨慎，提倡团结协作的团队精神
  - 与同事之间和谐相处，互相帮助
  - 时刻维护专卖店的形象

3

2、仪表形象：

- 原则：端庄、整洁、大方
- 目的：创造良好的专卖店氛围，体现员工的良好风貌，使专卖店的员工成为顾客心中亲切的咨询顾问。

3、仪容要求：

- 勤洗澡、理发，指甲应修剪整齐（男士指甲不宜超过指尖），保持清洁。
- 头发要求梳理整齐、利落，男士发型要求前不遮眼眉，后不压衣领，两侧不盖耳。女士发型要求文雅大方，不得进行彩色染发。
- 男士不得留胡须。
- 女士可佩戴得体的首饰或服饰，不准佩带悬挂式大耳环，在岗时可以化淡妆，不准浓妆艳抹。

4、着装要求：

- 员工（培训员除外）在岗期间上装必须按照要求统一穿工作服装，在左胸前端正地佩带胸牌。
- 服装必须保持清洁、整齐，不能有明显的污渍和灰尘（特别是衣领和袖口），袖口不能卷起，服装不能出现开线或纽扣脱落。
- 在岗期间，不得穿拖鞋、短西裤，女士不得穿超短裙（不得在膝盖上7公分）和紧身裤。
- 男士要求着正式深色（黑色、深蓝、深灰）西裤，穿深色袜子。

图 4-34 员工行为规范手册部分文档的效果（续）

素材位置：模块四\素材\行为规范手册.docx。
效果图位置：模块四\源文件\行为规范手册.docx。

◆ 实训分析

本实训的操作思路如图 4-35 所示，具体分析及思路如下。

（1）打开素材文档，在文档中新建适用于该文档的样式。

（2）利用创建的样式来快速排版文档。

（3）编辑首页文档，并在文档开始处创建目录。

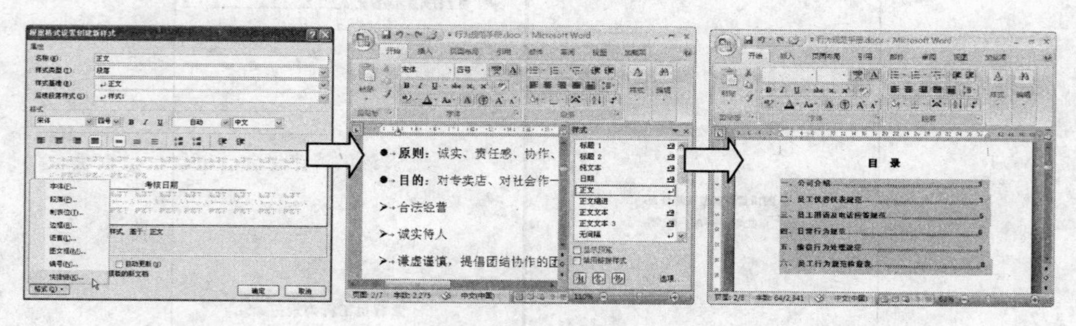

图 4-35 排版员工行为规范手册的操作思路

实训二　制作会议通知文档

◆ 实训目标

本实训要求利用排版文档的相关操作制作如图 4-36 所示的会议通知文档。

效果图位置：模块四\源文件\会议通知.docx。

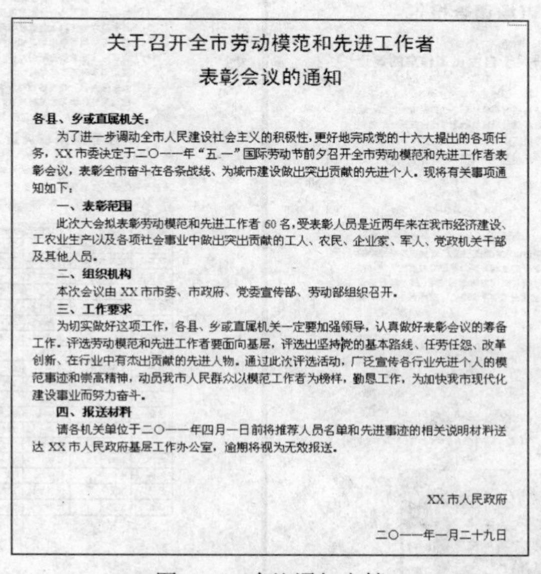

关于召开全市劳动模范和先进工作者

表彰会议的通知

各县、乡或直属机关：

为了进一步调动全市人民建设社会主义的积极性，更好地完成党的十六大提出的各项任务，XX 市委决定于二〇一一年“五.一”国际劳动节前夕召开全市劳动模范和先进工作者表彰会议，表彰全市奋斗在各条战线、为城市建设做出突出贡献的先进个人。现将有关事项通知如下：

一、表彰范围

此次大会拟表彰劳动模范和先进工作者 60 名，受表彰人员是近两年来在我市经济建设、工农业生产以及各项社会事业中做出突出贡献的工人、农民、企业家、军人、党政机关干部及其他人员。

二、组织机构

本次会议由 XX 市市委、市政府、党委宣传部、劳动部组织召开。

三、工作要求

为切实做好这项工作，各县、乡或直属机关一定要加强领导，认真做好表彰会议的筹备工作。评选劳动模范和先进工作者要面向基层，评选出坚持党的基本路线、任劳任怨、改革创新、在行业中有杰出贡献的先进人物。通过此次评选活动，广泛宣传各行业先进个人的模范事迹和崇高精神，动员我市人民群众以模范工作者为榜样，勤恳工作，为加快我市现代化建设事业而努力奋斗。

四、报送材料

请各机关单位于二〇一一年四月一日前将推荐人员名单和先进事迹的相关说明材料送达 XX 市人民政府基层工作办公室，逾期将视为无效报送。

XX 市人民政府

二〇一一年一月二十九日

图 4-36　会议通知文档

◆ 实训分析

本实训的操作思路如图 4-37 所示，具体分析及思路如下。

（1）新建文档，在文档中输入通知内容，并为文档进行批注。

（2）设置文档格式，并进行排版，然后统计文档字数。

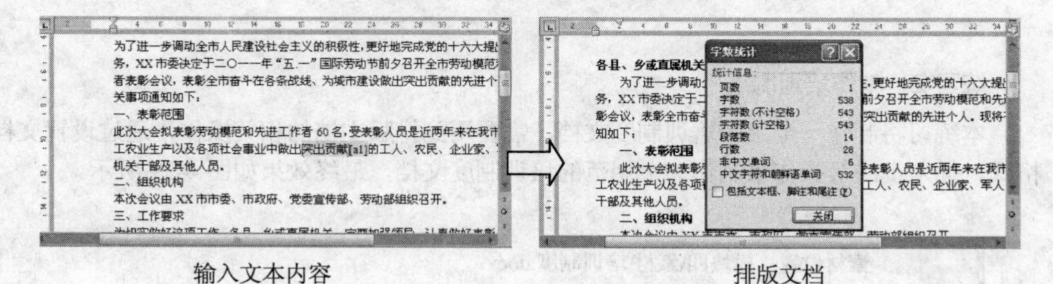

输入文本内容　　　　排版文档

图 4-37　制作会议通知文档的操作思路

实践与提高

根据本模块所学内容，动手完成以下实践内容。

练习 1　修改原有样式排版长文档

运用修改标题样式、列表样式、图形样式等来快速排版文档的相关知识排版调查报告文档，最终效果如图 4-38 所示。

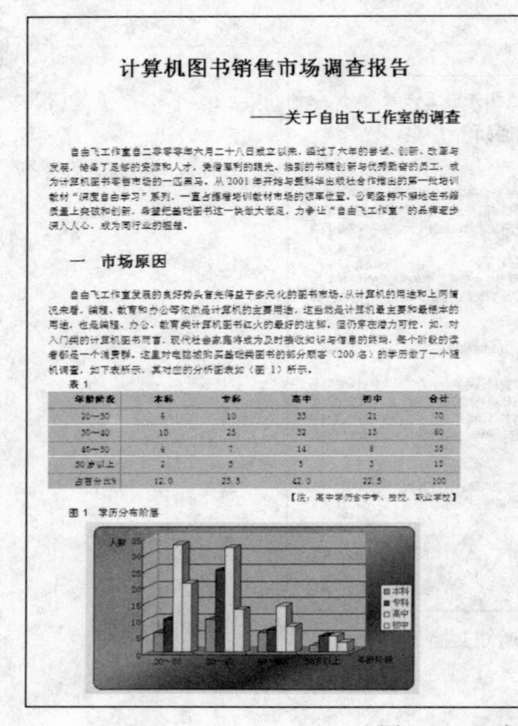

计算机图书销售市场调查报告

——关于自由飞工作室的调查

自由飞工作室自二零零零年六月二十八日成立以来，经过了六年的尝试、创新、改革与发展，储备了足够的资源和人才，凭借犀利的眼光、独到的书籍创新与优秀勤奋的员工，成为计算机图书零售市场的一匹黑马。从 2001 年开始与要科华出版社合作推出的第一批培训教材“深度自由学习”系列，一直占据着培训教材市场的领军位置。公司坚持不懈地在书籍质量上突破和创新，希望把基础图书这一块做大做足，力争让“自由飞工作室”的品牌逐步深入人心，成为同行业的楷模。

一　市场原因

自由飞工作室发展的良好势头首先得益于多元化的图书市场。从计算机的用途和上网情况来看，编程、教育和办公等依然是计算机的主要用途，这当然是计算机最主要和最根本的用途，也是编程、办公、教育类计算机图书红火的最好的注脚。但仍存在潜力可挖，如，对入门类的计算机图书而言，现代社会家庭将成为及时接收知识与信息的终端，每个阶段的读者都是一个消费群。这里对电脑城购买基础类图书的部分顾客（200 名）的学历做了一个随机调查，如下表所示，其对应的分析图表如（图 1）所示。

表 1

年龄阶段	本科	专科	高中	初中	合计
20—30	6	10	33	21	70
30—40	10	25	32	13	80
40—50	6	7	14	8	35
50 岁以上	2	5	5	3	15
占百分比%	12.0	23.5	42.0	22.5	100

【注：高中学历含中专、技校、职业学校】

图 1　学历分布阶层

从访问结果与表中数据可以得到以下结论：

1) 很多人（或家庭）都已购买电脑，另外的大部分人也陆续准备购买电脑，而且也认为以后如果不具备一定的电脑知识将不适合发展。
2) 具有高中学历以上的读者都希望自己成为电脑应用能手，可以轻松解决电脑常见问题，可以利用电脑学习知识并轻松遨游于网络，因此愿意在电脑这一块投资。
3) 大部分人愿意接受新的知识，尤其是电脑。年龄大的读者支持孩子学习电脑，也希望他们掌握更多的电脑技能。
4) 大部分人认为电脑基础知识很重要，因为打牢了基础才能够对上网、办公的技巧掌握地更快，学习才更有成效。

二　读者购买群调查

市面上基础类计算机图书多如牛毛，汗牛充栋，那么读者平时购买图书的种类有哪些？是出于兴趣还是工作所需，抑或是为了提高自身素质？下面就书城购买计算机图书的顾客随机进行了抽取调查，如下表所示，其对应的分析图表如（图 2）所示。

表 2

姓名	职业	教育背景	购书花费	每月收入	购买书籍	购买原因
张凯	工人	高中	50 元左右	1000 元左右	AutoCAD 建筑设计	工作需要
李高明	在校大学生	大学专科	30 元以下	500 元左右	Windows XP 系统	充电
王丽	医生	大学本科	50~100 元	3000 元左右	Office 办公软件	提高素质
郭小姐	警察	高中	30 元以下	2500 元左右	PhotoShop图形图像	兴趣
梁江	商人	大学专科	100~150 元	8000 元左右	电脑入门	工作需要
陈封勤	教师	大学专科	50~80 元	1500 元左右	Office 办公组合	充电
李婷婷	文秘	大学专科	50 元左右	1300 元左右	五笔打字	工作需要
胡慧远	作家	大学本科	100 元左右	2000 元左右	常用软件介绍	兴趣
贺周	政府官员	高中	50~200 元	5000 元左右	五笔打字	提高素质
孙艳娟	保姆	初中	100 元左右	5000 元左右	电脑基础	充电
王刚	个体户	大学本科	50~100 元	3000 元左右	Office 办公软件	提高素质
王林	画家	高中	30 元以下	2500 元左右	PhotoShop图形图像	兴趣
张长运	工人	高中	50 元左右	1000 元左右	AutoCAD 建筑设计	工作需要
李得明	职高学生	大学专科	30 元以下	300 元左右	Windows 操作系统	充电
何环	秘书	高中	50~200 元	5000 元左右	五笔打字	提高素质
赵伟	个体户	初中	100 元左右	5000 元左右	电脑基础	充电
罗明	商人	大学专科	100~150 元	8000 元左右	电脑入门	工作需要
李勇	教师	大学专科	50~80 元	1500 元左右	Office 办公组合	充电

图 4-38　调查报告文档的最终效果

素材位置：模块四\素材\调查报告.docx。

效果图位置：模块四\源文件\调查报告.docx。

练习 2　制作培训制度

本练习将制作一个集团培训制度文档，需要用到排版文档的相关操作，通过设置文档格式、插入批注等操作来制作一个规范的培训制度文档，最终效果如图 4-39 所示。

素材位置：模块四\素材\培训制度.docx。

效果图位置：模块四\源文件\培训制度.docx。

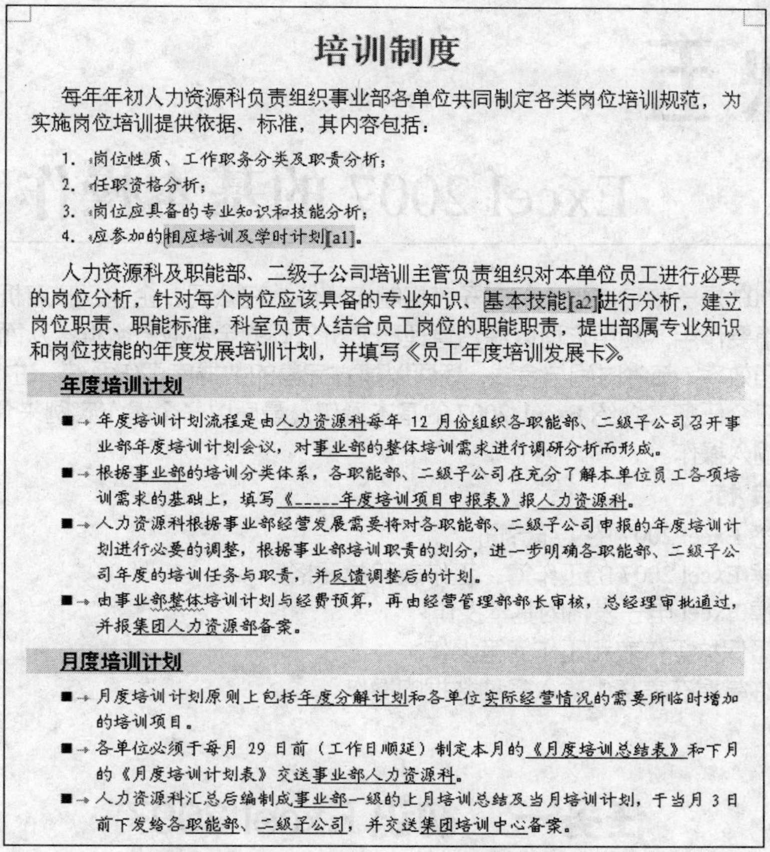

培训制度

每年年初人力资源科负责组织事业部各单位共同制定各类岗位培训规范，为实施岗位培训提供依据、标准，其内容包括：

1. 岗位性质、工作职务分类及职责分析；
2. 任职资格分析；
3. 岗位应具备的专业知识和技能分析；
4. 应参加的相应培训及学时计划[a1]。

人力资源科及职能部、二级子公司培训主管负责组织对本单位员工进行必要的岗位分析，针对每个岗位应该具备的专业知识、基本技能[a2]进行分析，建立岗位职责、职能标准，科室负责人结合员工岗位的职能职责，提出部属专业知识和岗位技能的年度发展培训计划，并填写《员工年度培训发展卡》。

年度培训计划

- 年度培训计划流程是由人力资源科每年 12 月份组织各职能部、二级子公司召开事业部年度培训计划会议，对事业部的整体培训需求进行调研分析而形成。
- 根据事业部的培训分类体系，各职能部、二级子公司在充分了解本单位员工各项培训需求的基础上，填写《_____年度培训项目申报表》报人力资源科。
- 人力资源科根据事业部经营发展需要将对各职能部、二级子公司申报的年度培训计划进行必要的调整，根据事业部培训职责的划分，进一步明确各职能部、二级子公司年度的培训任务与职责，并反馈调整后的计划。
- 由事业部整体培训计划与经费预算，再由经营管理部部长审核，总经理审批通过，并报集团人力资源部备案。

月度培训计划

- 月度培训计划原则上包括年度分解计划和各单位实际经营情况的需要所临时增加的培训项目。
- 各单位必须于每月 29 日前（工作日顺延）制定本月的《月度培训总结表》和下月的《月度培训计划表》交送事业部人力资源科。
- 人力资源科汇总后编制成事业部一级的上月培训总结及当月培训计划，于当月 3 日前下发给各职能部、二级子公司，并交送集团培训中心备案。

图 4-39　培训制度文档的最终效果

练习 3　总结文档排版的技巧

利用 Word 2007 的编排功能可以制作各种类型的文档，本模块介绍的编排功能不仅适合用于长文档的编排，还适合带有各种固定格式文档的编排，如可以创建固定格式的样式，在后期编排该类型的文档时可直接应用样式来快速编排文档。在实际工作中，不同类型的文档的编排需求是不一样的，因此，应综合应用 Word 的相关知识来制作并排版，并不断总结经验，学习排版技巧，才能提高 Word 的综合应用能力。

模块五

Excel 2007 的基本操作

Excel 2007 是一款功能强大的电子表格制作软件，在公司、企业、政府机关等行业应用中发挥着重要作用，利用它可以综合管理和分析公司的全部业务数据，从而提高企业内部的信息沟通效率，节省时间与金钱，还可以建立完善的数据库工作系统，进行统筹运用。本模块将用三个任务来介绍 Excel 2007 的基本操作，最后以一个操作实例来介绍 Excel 中各种数据的输入操作。

学习目标

- 熟悉 Excel 2007 的工作界面
- 了解 Excel 2007 的工作簿、工作表和单元格
- 掌握 Excel 电子表格的基本操作
- 熟悉保护工作表和工作簿等操作
- 熟练掌握在表格中输入各种数据的操作

任务一　初识 Excel 2007

◆ 任务目标

本任务的目标是对 Excel 2007 的操作环境进行初步认识。通过练习对 Excel 2007 有一定的了解，包括认识 Excel 2007 的工作界面和 Excel 2007 的基本概念等。

本任务的具体目标要求如下：

（1）掌握 Excel 2007 的工作界面组成。

（2）了解 Excel 2007 的工作簿、工作表和单元格。

操作一　认识 Excel 2007 的工作界面

Excel 2007 的工作界面与 Word 2007 的操作界面一样，同样有“Office”按钮、快速访问工具栏、标题栏、功能选项卡和功能区、编辑区、“帮助”按钮、状态栏和视图栏等部分。除此之外，Excel 还增加了其特有的切换工作条、列标、行号和数据编辑栏，并且 Excel 工作界面的编辑区由单元格组成，视图栏中的视图按钮组也发生了相应的变化，Excel 2007 的工作界面如图 5-1 所示。

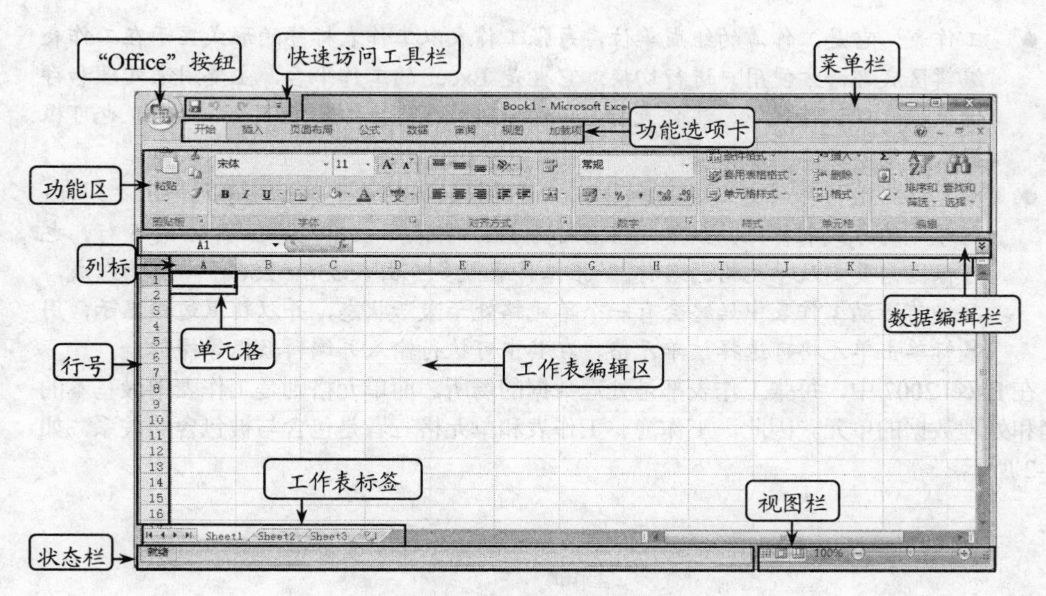

图 5-1　Excel 2007 的工作界面

Excel 工作界面中新增各组成部分的作用介绍如下。

- 行号和列标：分别位于编辑区的左侧和上侧，行号和列标组合起来可表示一个单元格的地址，即起坐标作用。
- 单元格：位于编辑区中，是组成 Excel 表格的基本单位，也是存储数据的最小单元。表格中数据的操作都是在单元格中进行的。在制作表格时，无数的单元格组合在一起就是一个工作表。
- 数据编辑栏：位于功能区的下方，由名称框、工具框和编辑框 3 部分组成。名称框显示当前选中单元格的名称；单击工具框中的按钮或按钮可取消或确定编辑，单击按钮则可在打开的"插入函数"对话框中选择要输入的函数；编辑框用来显示单元格中输入或编辑的内容。
- 工作表标签：位于编辑区的下方，包括"工作表标签滚动显示"按钮、工作表标签和"插入工作表"按钮。单击"工作表标签滚动显示"按钮可选择需要显示的工作表；单击工作表标签可以切换到对应的工作表；单击"插入工作表"按钮可为工作簿添加新的工作表。

操作二　认识工作簿、工作表和单元格

工作簿、工作表和单元格是构成 Excel 电子表格的基本元素，也是对数据进行操作的主要对象，下面分别进行介绍。

- 工作簿：指 Excel 文件，新建工作簿在默认情况下命名为"Book1"，在标题栏文件名处显示，之后新建工作簿将以"Book2"、"Book3"依次命名；默认情况下，一个工作簿由 3 张工作表组成，分别以"Sheet1"、"Sheet2"和"Sheet3"进行命名。

- 工作表：它是工作簿的组成单位，每张工作表以工作表标签的形式显示在工作表编辑区底部，方便用户进行切换；它也是 Excel 的工作平台，主要用来处理和存储数据；默认情况下，工作表标签以“Sheet + 阿拉伯数字序号”命名，也可根据需要重命名工作表标签。
- 单元格：由行和列交叉组成，是 Excel 编辑数据的最小单位。单元格用“列标+行号”的方式来标记，如单元格名称为 B5，即表示该单元格位于 B 列 5 行，也可根据需要更改单元格的名称。一张工作表最多可由 65536 × 256 个单元格组成，且当前活动工作表中始终会有一个单元格处于激活状态，并以粗黑边框显示，用鼠标单击单元格可选择该单元格，在其中可执行输入并编辑数据等操作。

在 Excel 2007 中，每张工作表都是处理数据的场所，而单元格则是工作表中最基本的存储和处理数据的单元。因此，工作簿、工作表和单元格三者是包含与被包含的关系，如图 5-2 所示。

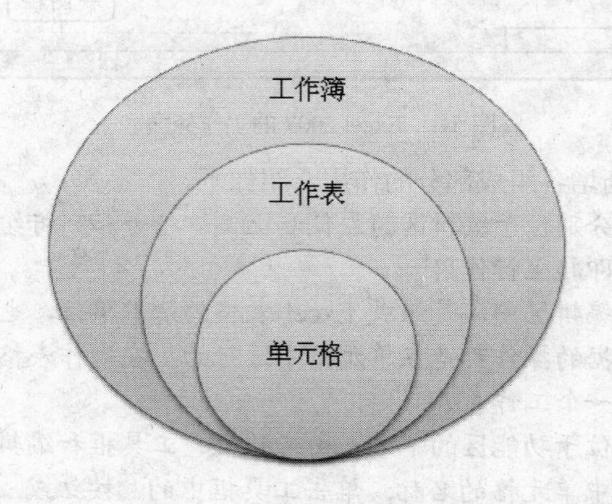

图 5-2　工作簿、工作表和单元格三者之间的关系

◆ 学习与探究

本任务介绍了关于 Excel 2007 的基础知识，包括 Excel 2007 的工作界面和工作簿、工作表、单元格及三者之间的关系。

另外，对 Excel 2007 工作界面还可以进行以下设置，以提高工作效率。

1. 设置启动时自动打开日程安排表和备忘记录表

为了方便在使用 Excel 2007 时的查阅需要，可以设置在每次启动 Excel 2007 的同时自动打开日程安排表和备忘记录表等，其方法如下。

（1）启动 Excel 2007，单击“Office”按钮，在弹出的下拉菜单中选择“Excel 选项”，打开“Excel 选项”对话框。

（2）选择“高级”选项卡，在“常规”栏中的“启动时打开此目录中的所有文件”文本框中输入需要打开文件的路径，如图 5-3 所示。

（3）单击“确定”按钮，退出 Excel 2007 后，每次启动 Excel 2007 时，都将自动打开输入路径下的所有表格。

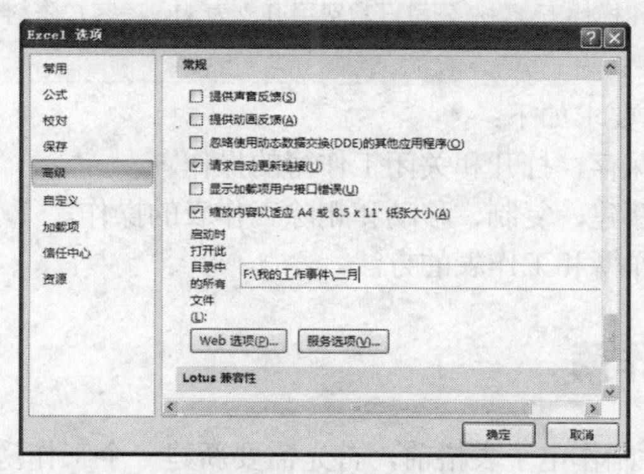

图 5-3　设置启动时自动打开表格

2．快速缩放工作表

结合鼠标与键盘在 Excel 窗口中缩放工作表可以提高工作效率，其方法分别如下。

（1）按住【Ctrl】键的同时，滚动鼠标中间的滚轮即可缩放工作表。

（2）在“Excel 选项”对话框中，选择“高级”选项卡，在“编辑选项”栏中选中“用智能鼠标缩放”复选框，如图 5-4 所示，单击“确定”按钮，即可通过直接滚动鼠标的滚轮来缩放工作表。

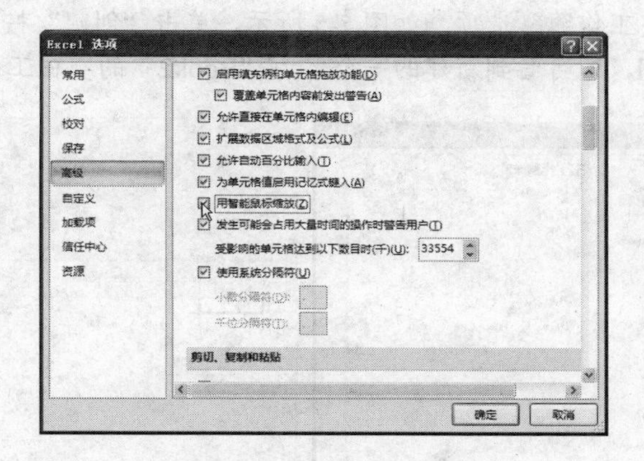

图 5-4　设置快速缩放工作表

任务二　工作簿与工作表的基本操作

◆ 任务目标

本任务的目标是了解工作簿与工作表的基本操作。通过练习掌握对工作簿和工作表的基本操作方法，包括工作簿的新建、保存、打开和关闭，以及选择、新建、复制、移动和删除工作表等。

素材位置：模块五\素材\公司日常费用开支表.xlsx、客户资料管理表.xlsx。

本任务的具体目标要求如下：

（1）掌握新建、保存、打开和关闭工作簿的操作。

（2）掌握选择、新建、复制、移动和删除工作表的操作。

（3）了解保护工作簿和工作表的方法。

操作一 新建工作簿

在使用 Excel 2007 制作电子表格前，首先需要新建一个工作簿。启动 Excel 2007 后，系统将自动新建一个名为“Book1”的空白工作簿以供使用，也可以根据需要新建其他类型的工作簿，如根据模板新建带有格式和内容的工作簿，以提高工作效率，下面分别进行介绍。

1. 新建空白工作簿

（1）启动 Excel 2007，单击“Office”按钮，在弹出的下拉菜单中选择“新建”选项，打开“新建工作簿”对话框。

（2）在对话框左侧的“模板”列表中选择“空白文档和最近使用的文档”选项，在中间的列表中选择“空工作簿”选项，如图 5-5 所示，单击“创建”按钮关闭该对话框。

（3）返回 Excel，即可看到新建的一个名为“Book2”的空白工作簿，如图 5-6 所示。

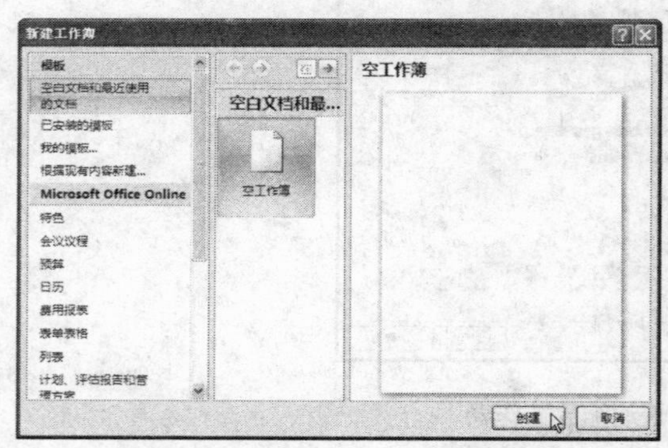

图 5-5 “新建工作簿”对话框

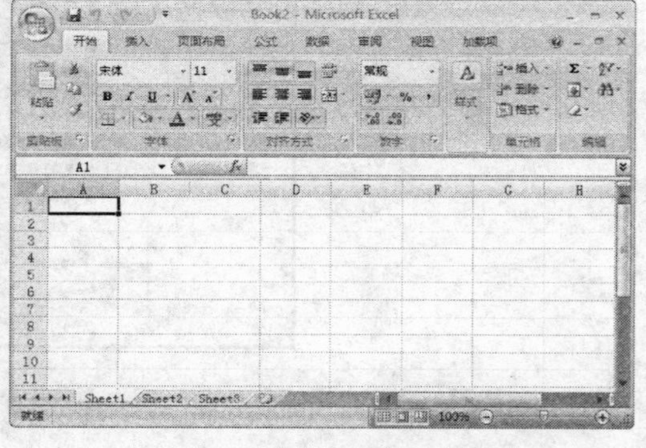

图 5-6 新建的空白工作簿

提示 按【Ctrl+N】组合键可快速新建空白工作簿，或在空白位置单击鼠标右键，在弹出的快捷菜单中执行“新建”→“Microsoft Office Excel 2007 工作表”菜单命令也可新建空白工作簿。

2. 根据模板新建工作簿

（1）启动 Excel 2007，执行“Office”→“新建”菜单命令，打开“新建工作簿”对话框。

（2）在“新建工作簿”对话框左侧的“模板”列表中选择“已安装的模板”选项，在中间的列表中选择“个人月预算”选项，如图 5-7 所示，单击“创建”按钮关闭该对话框。

（3）Excel 中即可新建一个名为“PersonalMonthlyBudget1”的工作簿，在工作表中已经设置好单元格的各种格式，用户直接在相应的单元格中输入相应的数据即可新建需要的工作簿，如图 5-8 所示。

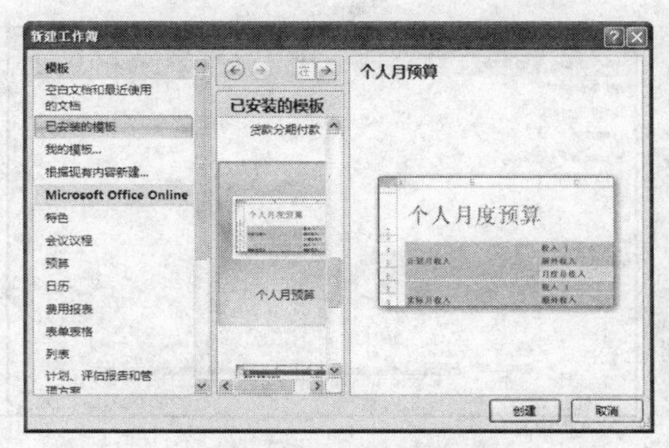

图 5-7　选择模板

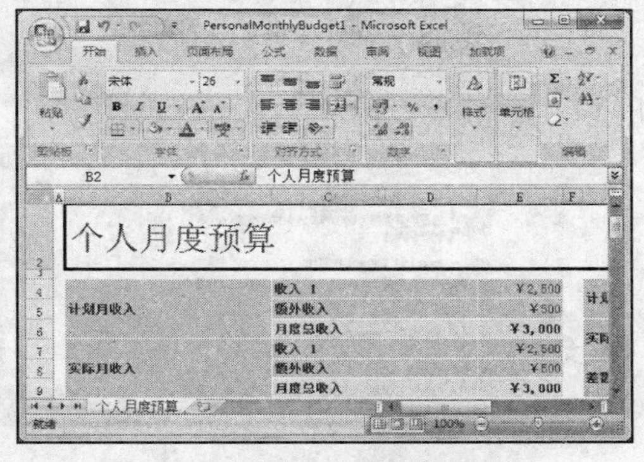

图 5-8　个人月度预算模板工作簿

提示　如果计算机连接了 Internet，在“新建工作簿”对话框的“Microsoft Office Online”选项下有许多比较实用的文档模板，如选择“预算”选项，将自动从 Internet 上搜索预算模板，选择需要的模板后，再单击“下载”按钮即可。

操作二　保存工作簿

对 Excel 工作簿进行编辑后，需将其保存在计算机中，否则工作簿中的内容将会丢失。保存工作簿有 3 种方式，即保存新建的工作簿、将现有的工作簿另存为其他工作簿和设置自动保存，下面分别进行介绍。

1. 保存新建的工作簿

保存新建的工作簿有以下几种方法：

- 在当前工作簿中单击快速访问工具栏中的“保存”按钮。
- 在当前工作簿中按【Ctrl+S】组合键。
- 在当前工作簿中执行“Office”→“保存”菜单命令。

执行以上任意操作都将打开“另存为”对话框，在“保存位置”下拉列表框中选择工作簿的保存位置，在“文件名”下拉列表框中输入需要保存工作簿的名称，在“保存类型”下拉列表框中选择文件的保存类型，单击“保存”按钮，即可将新建的工作簿保存在计算机中。

2. 将现有的工作簿另存为其他工作簿

（1）打开现有的工作簿，单击“Office”按钮，在弹出的下拉菜单中单击“另存为”选项后的 按钮。

（2）在弹出的下拉菜单中每项命令下都显示了该命令的作用，如图 5-9 所示，根据需要选择相应的命令。

（3）在打开的“另存为”对话框中设置保存位置和文件名，如图 5-10 所示，单击“保存”按钮即可。

图 5-9 “另存为”菜单命令

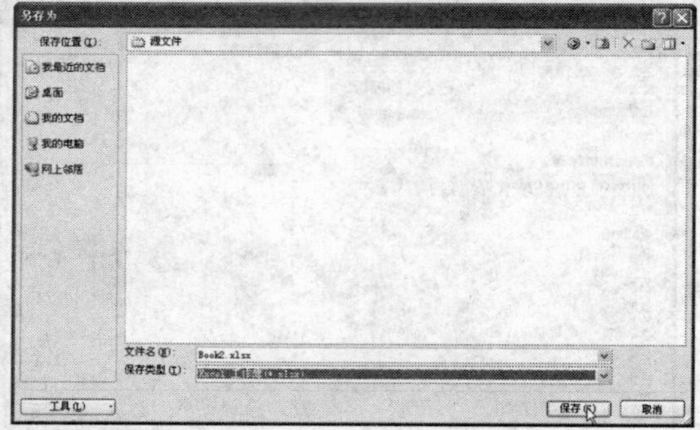

图 5-10 “另存为”对话框

3．设置自动保存

（1）执行“Office”→“Excel 选项”菜单命令，打开“Excel 选项”对话框。

（2）在左侧的列表框中选择“保存”选项。

（3）在右侧列表的“保存工作簿”栏中选中“保存自动恢复信息时间间隔”复选框，在其后的数值框中输入每次进行自动保存的时间间隔，这里输入“5”，如图 5-11 所示，单击“确定”按钮即可。

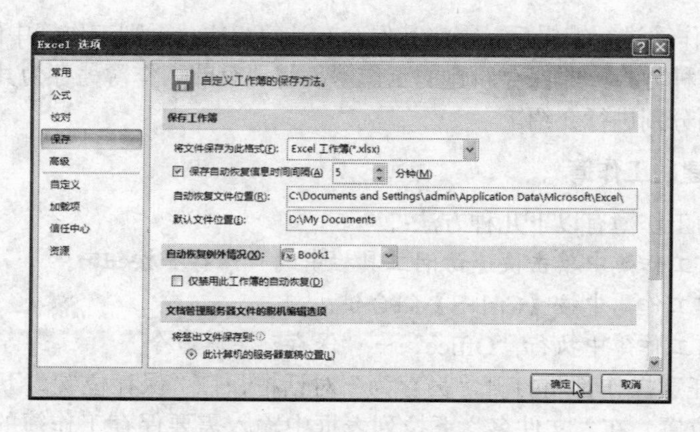

图 5-11 “Excel 选项”对话框

操作三 打开和关闭工作簿

若要对计算机中已有的工作簿进行修改或编辑，必须先将其打开，然后才能进行其他操作，操作完成后也需要将工作簿进行保存并关闭。下面打开保存在 F 盘工作文稿中的“公

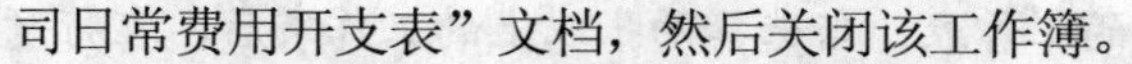

司日常费用开支表”文档，然后关闭该工作簿。

（1）启动 Excel 2007，执行“Office”→“打开”菜单命令。

（2）打开“打开”对话框，在“查找范围”下拉列表框中选择“本地磁盘（F: ）”选项。

（3）在中间的列表框中双击打开“工作文稿”文件夹，并在其中选择“公司日常费用开支表.xlsx”工作簿，如图 5-12 所示。

（4）单击“打开”按钮，即可打开该工作簿，如图 5-13 所示。

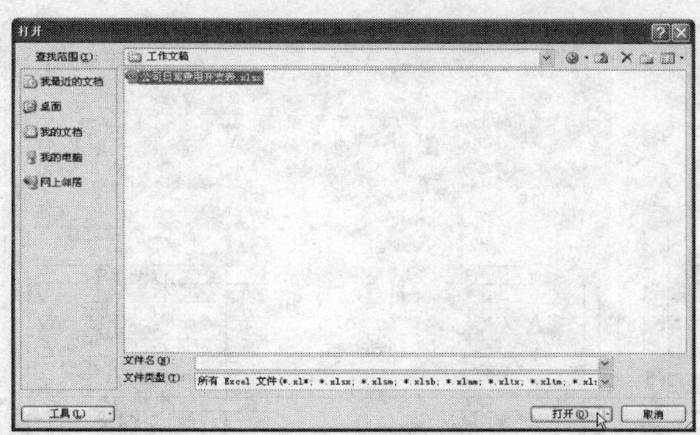

图 5-12 “打开”对话框

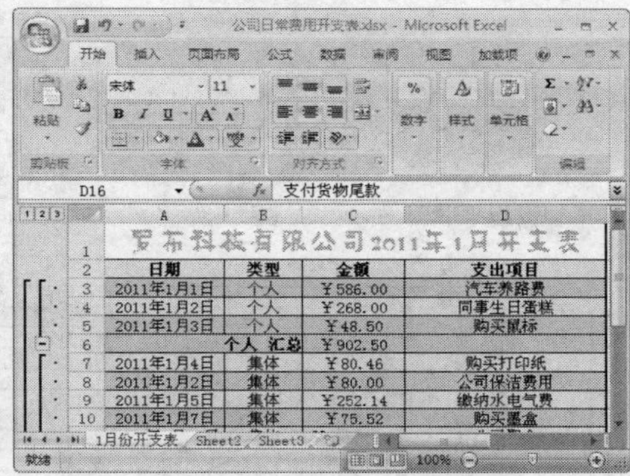

图 5-13 打开的工作簿

（5）执行以下任意一种操作，即可关闭打开的工作簿。

- 执行“Office”→“关闭”菜单命令。
- 按【Alt+F4】组合键。
- 单击标题栏右侧的“关闭”按钮 。
- 单击“Office”按钮 ，在弹出的下拉菜单中选择“退出 Word”选项。
- 单击选项卡右侧的“关闭”按钮 。

提示 在关闭未保存的工作簿时，系统将打开是否进行保存提示对话框，如果要保存可单击“是”按钮，不保存单击“否”按钮，不关闭工作簿单击“取消”按钮。

操作四 选择、新建与重命名工作表

1. 选择工作表

在 Excel 中，无论对工作表做何种操作，都必须先选择工作表，选择工作表主要有以下几种情况。

- 选择单张工作表：在“工作表标签”上单击需要的工作表标签，即可选择该工作表，被选择的工作表标签呈白底蓝字显示。若工作簿中的工作表没有完全显示，可单击“工作表标签”中的 按钮或 按钮滚动显示工作表标签，将需要选择的工作表标签显示出来再进行选择即可。
- 选择连续的工作表：选择一张工作表后，按住【Shift】键的同时，再选择另一张工作表，即可同时选择多张连续的工作表。当选择两张以上的工作表后，在标题名称后会出现“工作组”字样，表示选择了两张或两张以上的工作表，如图 5-14 所示。

- 选择不连续的工作表：选择一张工作表后，按住【Ctrl】键的同时，依次单击其他工作表标签，即可选择多张不连续的工作表，被选择的工作表标签呈高亮度显示。
- 选择全部工作表：在任意一张工作表的标签上单击鼠标右键，在弹出的快捷菜单中选择“选定全部工作表”选项即可，如图 5-15 所示。

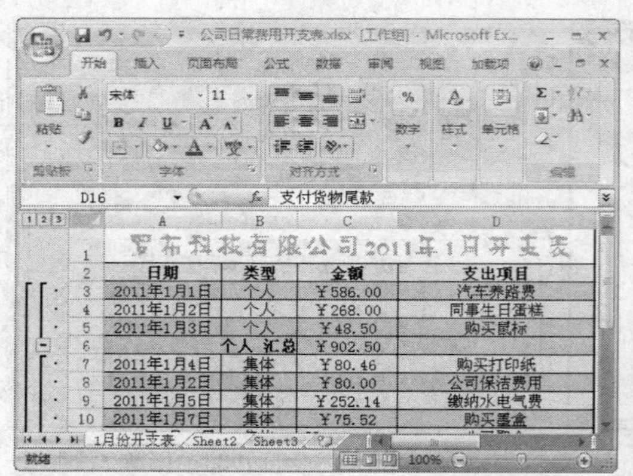

图 5-14　选择连续的工作表

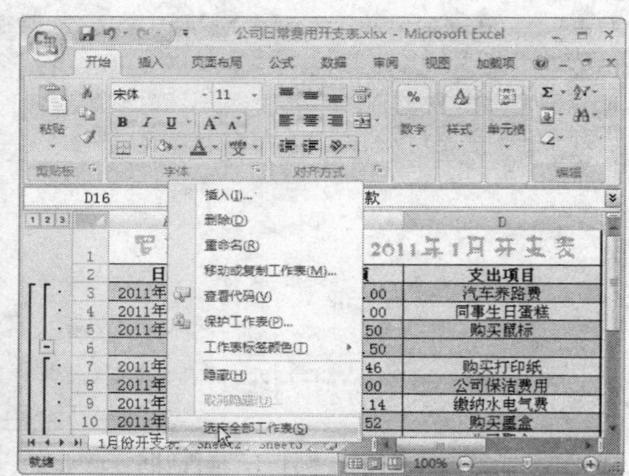

图 5-15　选择全部工作表

提示　取消“工作组”状态的方法有两种，一种是只选择了工作簿中的一部分工作表时，只须单击任意一张没有被选中的工作表的标签；另一种是所有的工作表都处于选中状态时，单击除当前工作表以外的任意一张工作表标签即可。

2．新建工作表

（1）启动 Excel 2007，新建一个空白工作簿，单击工作表标签后的“插入工作表”按钮，即可在工作表的末尾插入“Sheet4”工作表。

（2）在“Sheet1”工作表标签上单击鼠标右键，在弹出的快捷菜单中选择“插入”选项，打开“插入”对话框。

（3）在“常用”选项卡的列表框中选择“工作表”选项，单击“确定”按钮，如图 5-16 所示，即可在“Sheet1”工作表前插入一个名为“Sheet5”的新工作表。

（4）选择“Sheet3”工作表，在“开始”功能选项卡的“单元格”功能组中单击“插入”按钮右侧的按钮，在弹出的下拉菜单中选择“插入工作表”选项，如图 5-17 所示，即可在“Sheet3”工作表前插入名为“Sheet6”的新工作表。

（5）在“Sheet6”工作表标签上单击鼠标右键，在弹出的快捷菜单中选择“插入”选项。

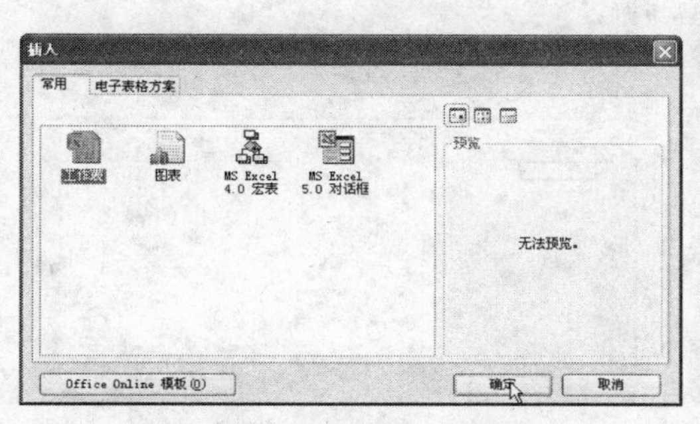

图 5-16　插入空白工作表

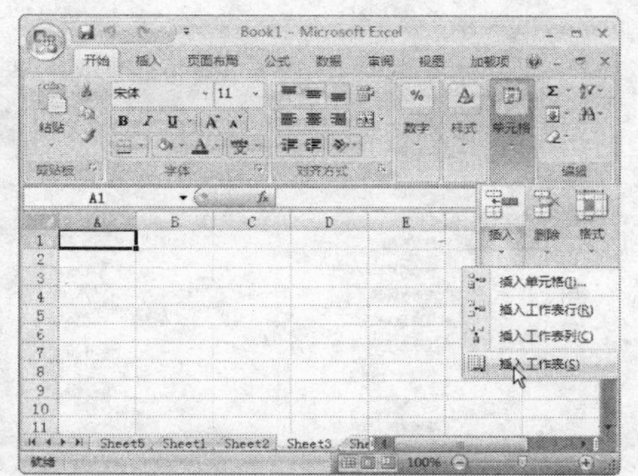

图 5-17　选择“插入工作表”选项

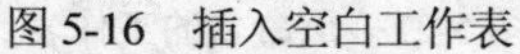

（6）在打开的“插入”对话框中选择“电子表格方案”选项卡，在其下的列表框中选择“考勤卡”选项，如图 5-18 所示，单击“确定”按钮。

（7）即可在“Sheet6”工作表前插入“考勤卡”的电子表格方案，如图 5-19 所示。

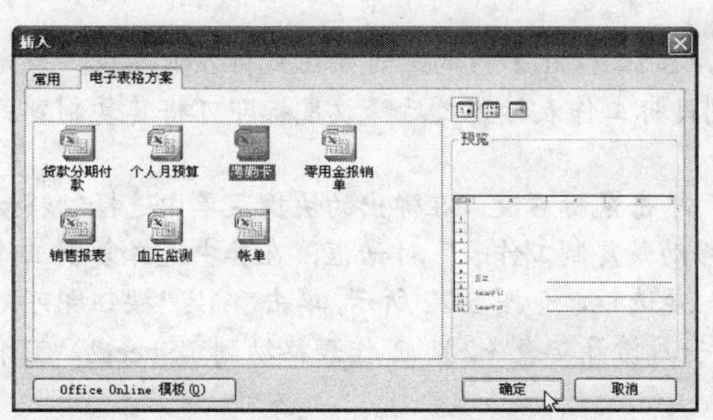

图 5-18　“电子表格方案”选项卡

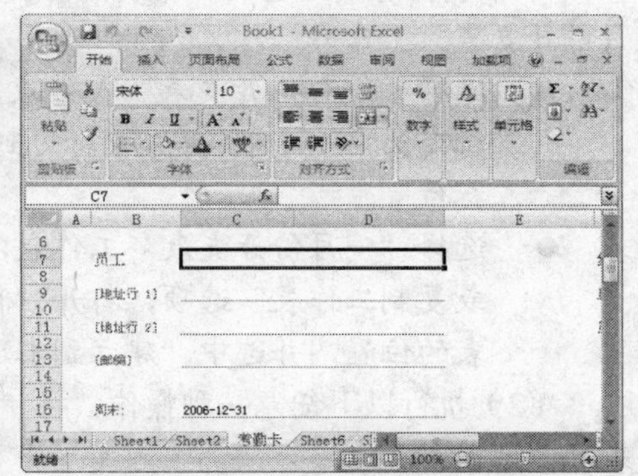

图 5-19　插入的电子表格

提示　电子表格方案即已做好的表格模板，如常用的专业办公和账务工作表等，表格的样式、表头内容和必要的表格数据都已做好，插入该模板后，只需要在相应的位置输入或修改相应的数据，即可快速制作出所需的表格，从而提高工作效率。

3. 重命名工作表

（1）启动 Excel 2007，新建一个空白工作簿，在“Sheet1”工作表标签上单击鼠标右键，在弹出的快捷菜单中选择“重命名”选项，如图 5-20 所示。

（2）此时，“Sheet1”工作表标签呈可编辑状态，直接输入“一月销售表”，然后按【Enter】键即可完成重命名操作。

（3）用同样的方法将“Sheet2”和“Sheet3”工作表重命名为“二月销售表”和“三月销售表”，重命名的工作表如图 5-21 所示。

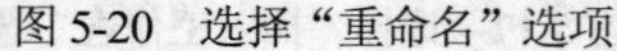

图 5-20 选择“重命名”选项

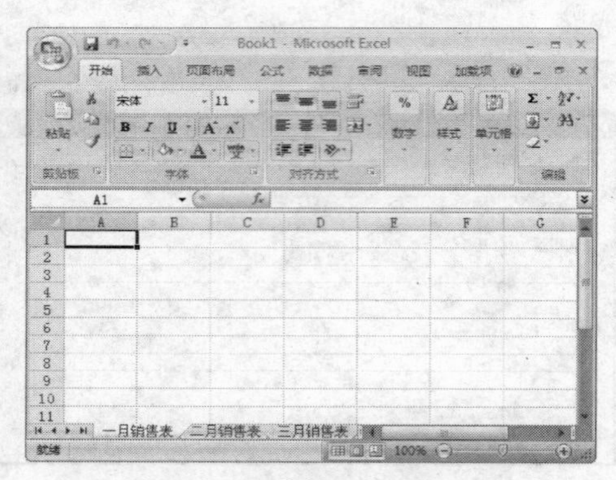

图 5-21 重命名的工作表

操作五 复制、移动和删除工作表

（1）打开素材“公司日常费用开支表.xlsx”工作簿，执行以下任意一种操作复制“一月份开支表”工作表。

- 选择“一月份开支表”工作表，按住【Ctrl】键的同时按住鼠标左键不放，当光标变为形状时，拖动标记到目标工作表标签之后释放鼠标即可将其复制到目标位置。
- 选择“一月份开支表”工作表，单击鼠标右键，在弹出的快捷菜单中选择“移动或复制工作表”选项，打开“移动或复制工作表”对话框，在其中选择复制工作表的位置，并选中“建立副本”复选框，如图 5-22 所示，单击“确定”按钮即可。

（2）执行以下任意一种操作，将“一月份开支表（2）”工作表移动到“Sheet2”工作表标签后面。

- 选择“一月份开支表（2）”工作表，按住鼠标左键不放，当鼠标光标变为形状时，在工作表标签上将出现一个标记，将标记拖动至“Sheet2”工作表标签之后释放鼠标即可。
- 选择“一月份开支表（2）”工作表，单击鼠标右键，在弹出的快捷菜单中选择“移动或复制工作表”选项，打开“移动或复制工作表”对话框，在其中选择移动工作表的位置，单击“确定”按钮即可，移动工作表后的效果如图 5-23 所示。

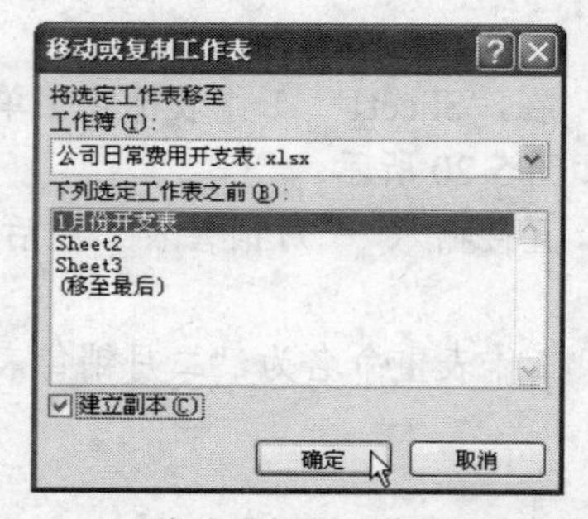

图 5-22 “移动或复制工作表”对话框

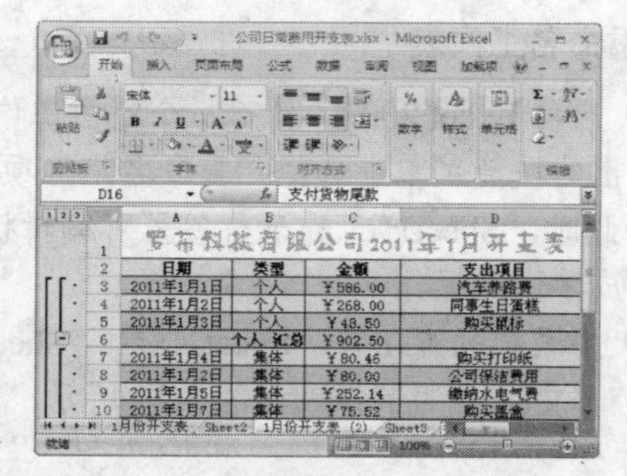

图 5-23 移动工作表后的效果

（3）选择“Sheet2”工作表，在“开始”选项卡中的“单元格”功能组中单击“删除”按钮旁的按钮，在弹出的下拉菜单中选择“删除工作表”选项即可。

（4）在“Sheet3”工作表标签上单击鼠标右键，在弹出的快捷菜单中选择“删除”选项即可删除“Sheet3”工作表。

提示　若需要删除的工作表已经编辑过数据，那么在删除该工作表时将打开提示对话框，单击“确定”按钮，确认删除即可。

操作六　保护工作表与工作簿

1. 保护工作表

（1）打开素材“客户资料管理.xlsx”工作簿，在“客户资料”工作表标签上单击鼠标右键，在弹出的快捷菜单中选择“保护工作表”选项，打开“保护工作表”对话框。

（2）在“取消工作表保护时使用的密码”文本框中输入取消保护时的密码，如这里输入“zxc”，如图 5-24 所示。

（3）单击“确定”按钮，在打开的“确认密码”对话框的“重新输入密码”文本框中输入设置的“zxc”密码，如图 5-25 所示，单击“确定”按钮即可完成保护工作表的设置。

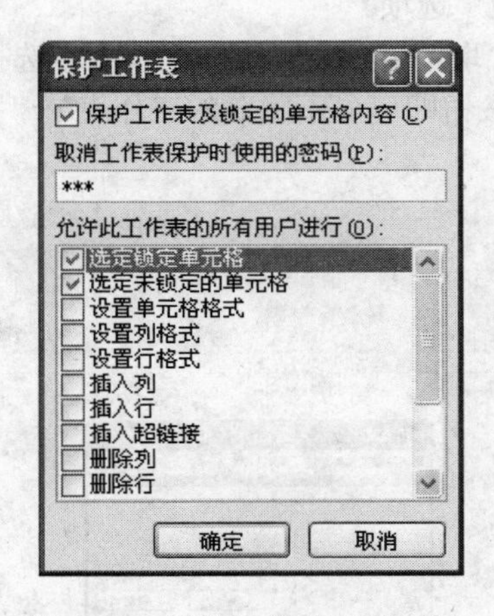

图 5-24　“保护工作表”对话框

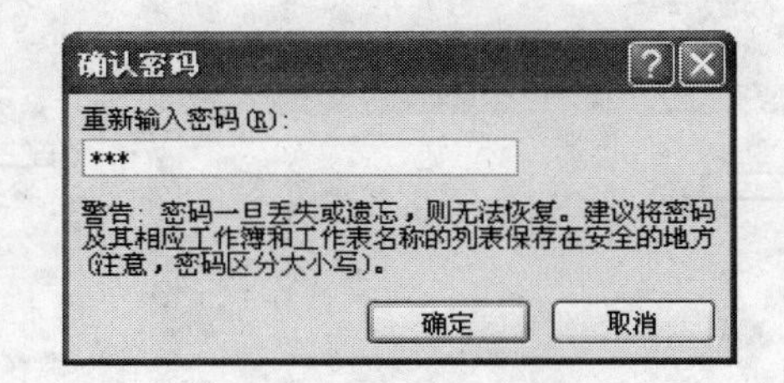

图 5-25　“确认密码”对话框

2. 保护工作簿

（1）打开素材“客户资料管理.xlsx”工作簿，选择“审阅”功能选项卡，在“更改”功能组中单击“保护工作簿”按钮旁的按钮，在弹出的下拉菜单的“限制编辑”栏中选择“保护结构和窗口”选项。

（2）在打开的“保护结构和窗口”对话框的“保护工作簿”栏中选中“结构”和“窗口”复选框，在“密码（可选）”文本框中输入密码，如图 5-26 所示，单击“确定”按钮。

（3）在打开的“确认密码”对话框的“重新输入密码”文本框中再次输入与前面相同

的密码，如图 5-27 所示，单击“确定”按钮即可完成对工作簿的保护操作。

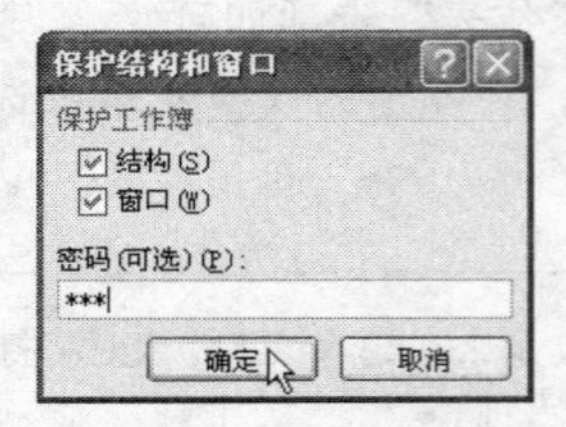

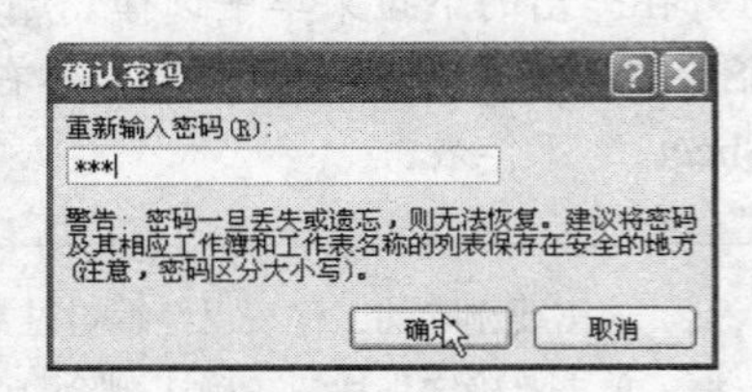

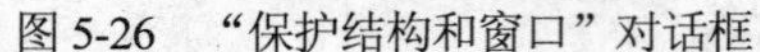

图 5-26　“保护结构和窗口”对话框　　　　图 5-27　重新输入密码

◆ 学习与探究

本任务练习了对 Excel 电子表格的基本操作，包括新建、保存、打开和关闭工作簿，选择、新建、重命名、复制、移动和删除工作表，以及保护工作簿与工作表等。

在保护工作表时，还可以使用隐藏工作表的方法将工作表隐藏。隐藏工作表后，不能对工作表进行操作，并且还可以避免他人查看。若需要查看被隐藏的工作簿，可将其显示出来，下面介绍其操作方法。

（1）打开素材“客户资料管理表.xlsx”电子表格，在“客户资料”工作表标签上单击鼠标右键，在弹出的快捷菜单中选择“隐藏”选项。

（2）隐藏后工作簿中将只显示两张工作表，如图 5-28 所示，在任意工作表标签上单击鼠标右键，在弹出的快捷菜单中选择“取消隐藏”选项。

（3）打开“取消隐藏”对话框，在对话框的“取消隐藏工作表”列表框中选择“客户资料”选项，如图 5-29 所示，然后单击“确定”按钮即可显示隐藏的工作表。

图 5-28　隐藏工作表

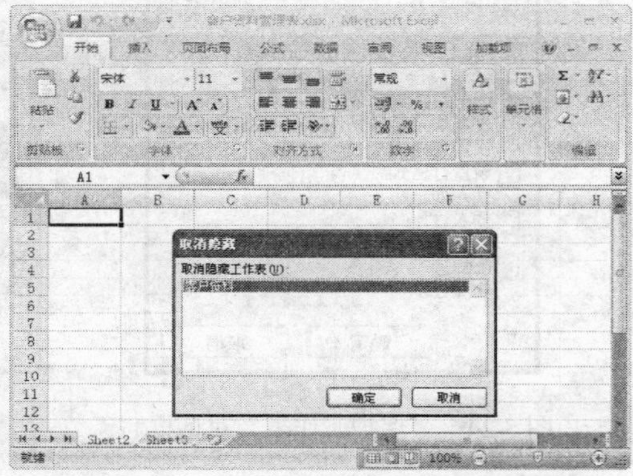

图 5-29　“取消隐藏”对话框

任务三　制作员工档案电子表格

◆ 任务目标

本任务的目标是利用 Excel 2007 制作电子表格的基本操作制作员工档案电子表格，如

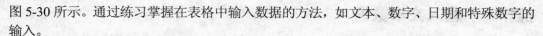

图 5-30 所示。通过练习掌握在表格中输入数据的方法，如文本、数字、日期和特殊数字的输入。

本任务的具体目标要求如下：

（1）掌握输入文本数据的方法。

（2）掌握输入数字和日期等数据的方法。

（3）掌握输入特殊数字数据的方法。

效果图位置：模块五\源文件\员工档案.xlsx。

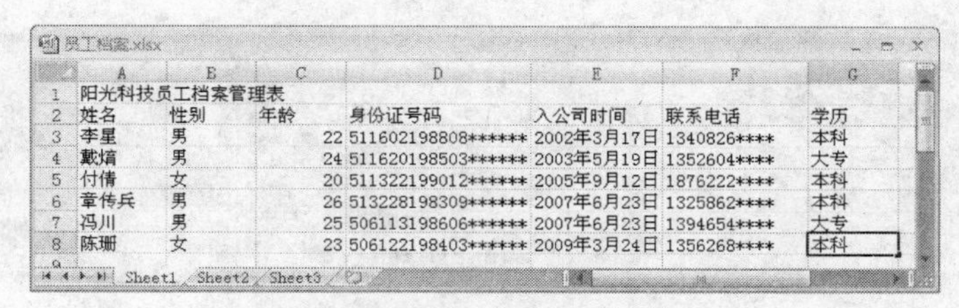

阳光科技员工档案管理表						
姓名	性别	年龄	身份证号码	入公司时间	联系电话	学历
李星	男	22	511602198808******	2002年3月17日	1340826****	本科
戴熇	男	24	511620198503******	2003年5月19日	1352604****	大专
付倩	女	20	511322199012******	2005年9月12日	1876222****	本科
章传兵	男	26	513228198309******	2007年6月23日	1325862****	本科
冯川	男	25	506113198606******	2007年6月23日	1394654****	大专
陈珊	女	23	506122198403******	2009年3月24日	1356268****	本科

图 5-30　员工档案电子表格

◆ 专业背景

本任务的操作中需要了解员工档案电子表格的作用和内容，员工档案电子表格一般是公司对员工的基本情况进行了解后所制作的表格，包括员工的基本信息、所属部门和职务、身份证号码和联系电话等部分，制作时对照相关资料进行填写。

◆ 操作思路

本任务的操作思路如图 5-31 所示，涉及的知识点有文本数据的输入、普通数字数据的输入和特殊数字数据的输入等，具体思路及要求如下。

（1）在表格中输入文本数据。

（2）在相应位置输入普通数字数据。

（3）在表格中输入特殊数字数据。

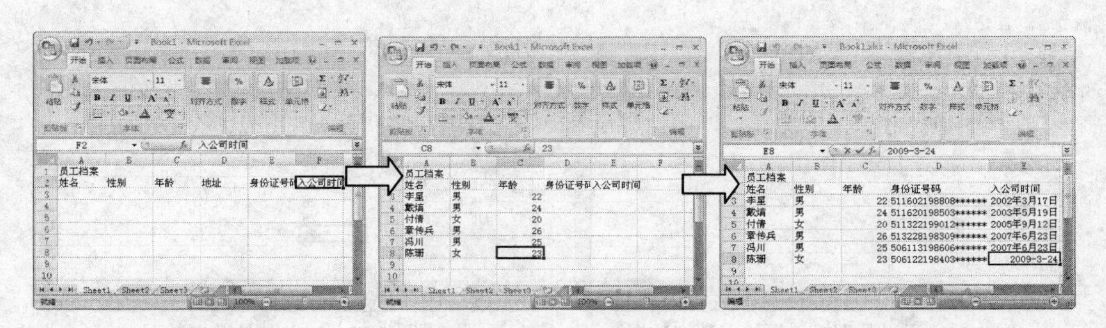

图 5-31　制作员工档案电子表格的操作思路

操作一　输入文本数据

（1）启动 Excel 2007，系统将自动新建工作簿，并命名为“Book1”。

（2）单击 A1 单元格，在数据输入框中输入“阳光科技员工档案管理表”，如图 5-32 所示。

（3）按【Enter】键确认输入的内容，同时自动向下激活 A2 单元格，直接输入文本“姓名”。

（4）按【Tab】键确认输入的内容，同时自动向右激活 B2 单元格，双击该单元格，输入“性别”，并调整单元格宽度到合适的位置。

（5）利用相同的方法，在表格中输入其他文本数据，如图 5-33 所示。

图 5-32　通过数据输入框输入文本数据

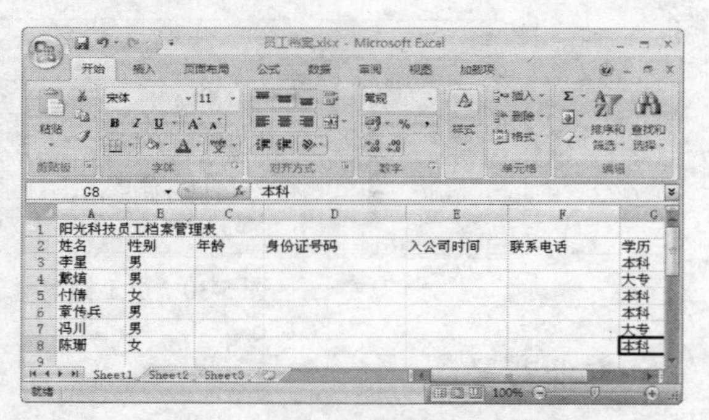

图 5-33　输入其他文本数据

操作二　输入数字数据

（1）选择 C3 单元格，将文本插入点定位在数据输入框中，输入数字“22”，如图 5-34 所示。

（2）按【Enter】键确认输入的内容，利用相同的方法在表格中输入其他数字数据，如图 5-35 所示。

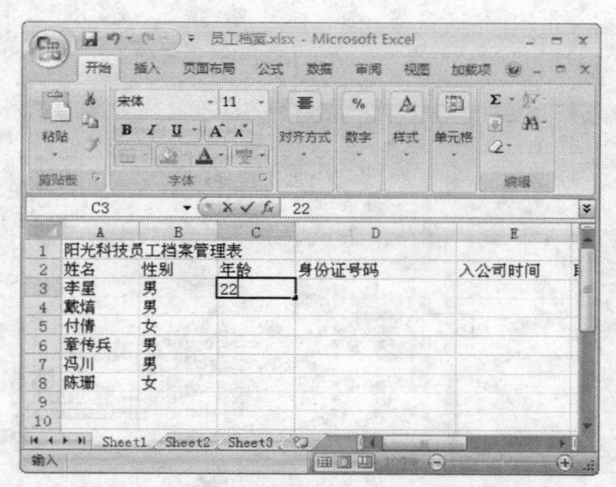

图 5-34　通过数据输入框输入数字数据

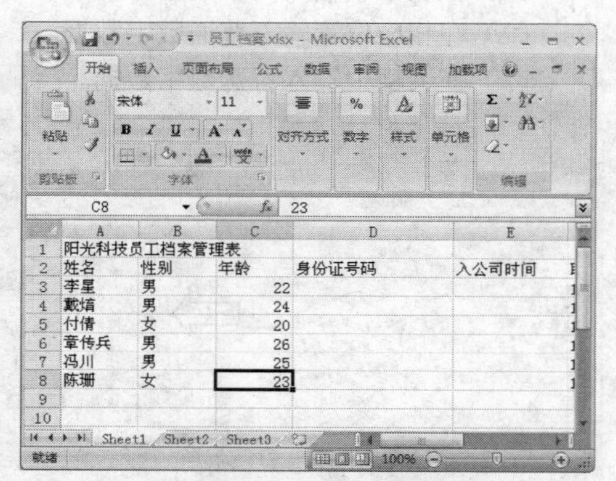

图 5-35　输入其他数字数据

操作三 输入特殊数字数据

（1）将鼠标移动到 D 列上方，当鼠标变为⬇形状时，单击鼠标选中“身份证号码”所在的 D 列单元格。

（2）在“单元格”功能组中单击“格式”按钮，在弹出的下拉菜单中选择“设置单元格格式”选项，打开“设置单元格格式”对话框，选择“数字”选项卡。

（3）在其中的“分类”列表框中选择“文本”选项，如图 5-36 所示。

（4）单击“确定”按钮返回，在其中输入员工的身份证号码即可，如图 5-37 所示。

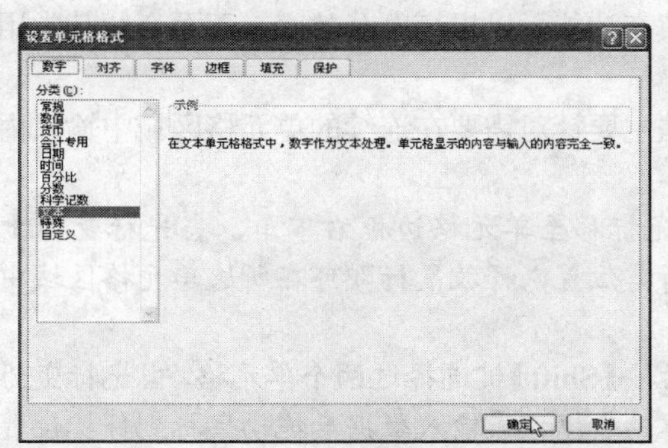

图 5-36 “设置单元格格式”对话框

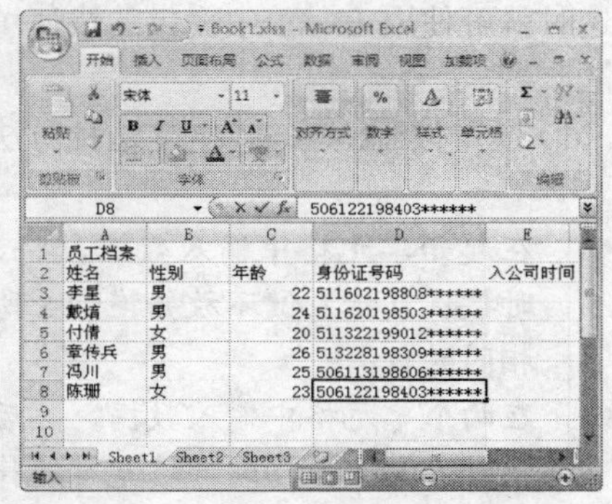

图 5-37 输入员工的身份证号码

提示 将鼠标移动到 D 列和 E 列中间，当光标变为✚形状时，按住鼠标左键向右拖动鼠标，调整单元格到合适大小的位置，释放鼠标，即可调整单元格的大小。

（5）选择“入公司时间”所在的 E 列单元格，单击鼠标右键，在弹出的快捷菜单中选择“设置单元格格式”选项，打开“设置单元格格式”对话框，选择“数字”选项卡。

（6）在其中的“分类”列表框中选择“日期”选项，在右侧的“类型”列表框中选择一种日期类型，如图 5-38 所示。

（7）单击“确定”按钮，返回 Excel 电子表格，在其中输入“2002-3-17”，单元格中即可显示为“2002 年 3 月 17 日”样式，用相同的方法输入其他日期，如图 5-39 所示。

（8）在“联系电话”栏下输入电话号码即可完成电子表格的制作。

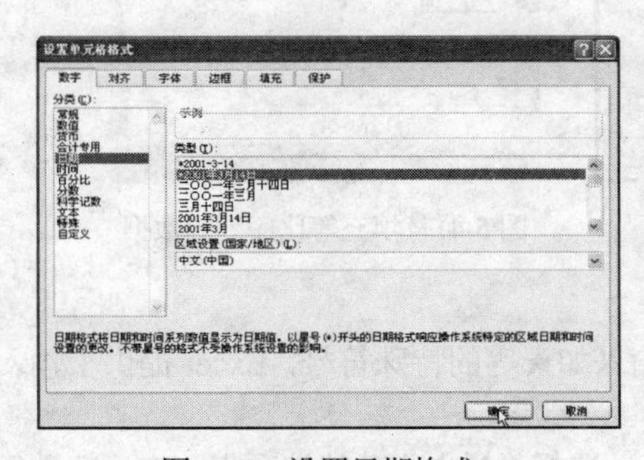

图 5-38 设置日期格式

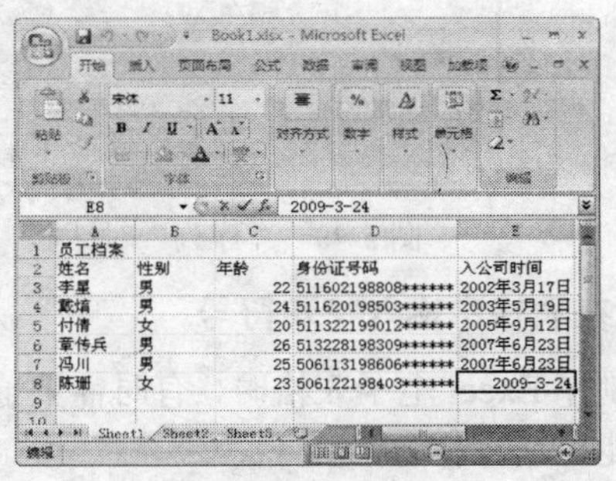

图 5-39 输入日期

（9）单击“Office”按钮，在弹出的下拉菜单中选择“另存为”选项将文件保存为“员工档案.xlsx”工作簿。

◆ 学习与探究

本任务练习了在 Excel 电子表格中输入各种数据的方法，包括输入文本数据、输入数字数据和输入特殊数字数据，用户可利用本任务的操作结合数据的输入，制作其他电子表格。

1．快速填充表格

在 Excel 中输入数据时，有时需要输入一些相同或有规律的数据，如公司名称或编号等，这时就可使用 Excel 中提供的快速填充功能，以提高办公效率，下面介绍其常用的两种方法。

（1）通过控制柄填充数据。这种方法主要针对需要在连续的单元格区域中输入内容的情况。

- 在起始单元格中输入数据，将光标移至单元格边框右下角，当光标变为✚形状时按住鼠标左键不放并拖动至所需位置，释放鼠标即可在所选单元格区域中填充相同的数据。
- 在两个单元格中输入数据，然后按【Shift】键选择这两个单元格，当光标变为✚形状时，向下拖动即可填充有规律的数据，或输入数据后拖动鼠标到目标位置，此时在单元格边框将出现“自动填充选项”按钮，单击右侧的下拉按钮，在弹出的下拉菜单中选择“填充序列”选项，即可在选择的区域中填充有规律的数据。

（2）通过“序列”对话框填充数据。这种方法一般用于快速填充等差、等比和日期等特殊的数据。在单元格中输入数据并选中该单元格，单击“编辑”功能组中的按钮，在弹出的下拉菜单中选择“序列”选项，打开“序列”对话框，在其中选中“列”和“等比序列”单选按钮，在数值框中分别输入“2”和“100”，如图 5-40 所示，单击“确定”按钮，即可在表格中填充等比序列的数据，如图 5-41 所示。

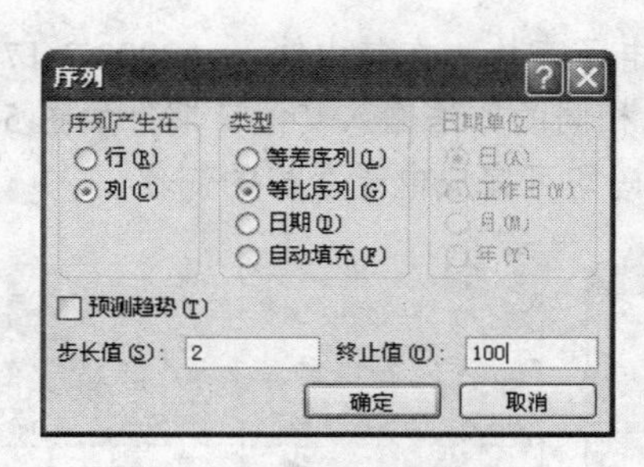

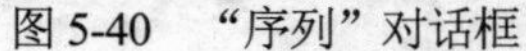

图 5-40 “序列”对话框　　图 5-41 填充等比序列的数据

2．在表格中输入特殊符号

在制作 Excel 电子表格时，有时需要输入如★等的特殊符号，Excel 提供了输入特殊符号的功能，其操作方法如下。

（1）选择需要输入特殊符号的单元格，选择“插入”功能选项卡，在“特殊符号”功能组中单击“符号”按钮，在弹出的下拉菜单中选择“更多”选项。

（2）在打开的“插入特殊符号”对话框中选择“特殊符号”选项卡，在其下的列表框中选择“★”符号，如图 5-42 所示，单击“确定”按钮，即可将特殊符号插入表格中，如图 5-43 所示。

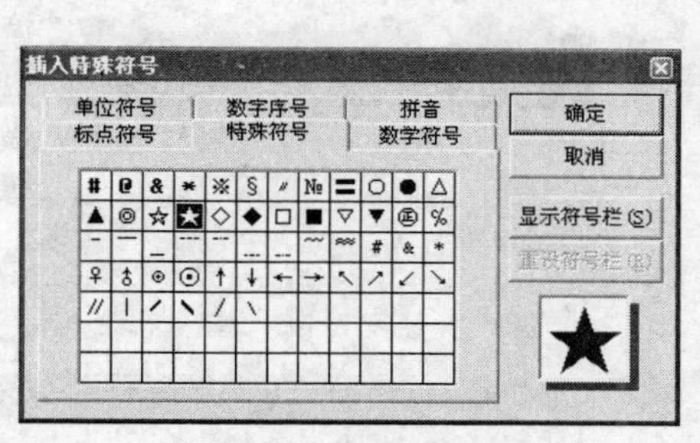

图 5-42　选择特殊符号

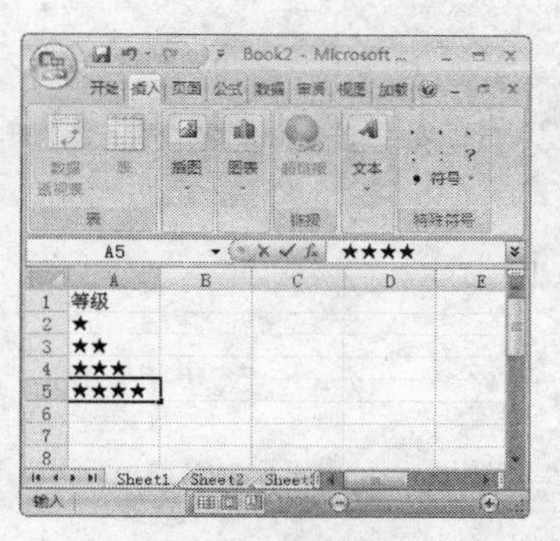

图 5-43　插入的特殊符号

实训一　创建员工工资工作簿

◆ 实训目标

本实训要求利用 Excel 工作表的相关知识制作一个员工工资工作簿，效果如图 5-44 所示。通过本实训掌握 Excel 工作表的基本操作。

效果图位置：模块五\源文件\工资工作簿.xlsx。

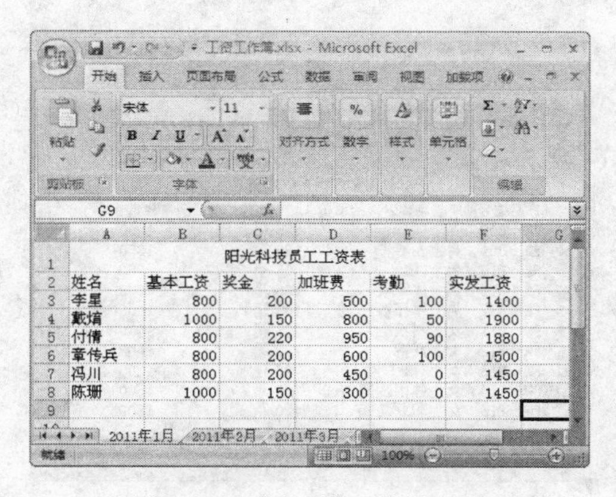

图 5-44　员工工资工作簿效果

◆ 实训分析

本实训的操作思路如图 5-45 所示，具体分析及思路如下。

（1）新建工作簿后将工作簿保存为“工资工作簿.xlsx”电子表格，并为工作表重命名。

（2）在表格中输入普通的文本和数字数据，制作电子表格。

（3）保存制作的工作表，最后退出 Excel 2007。

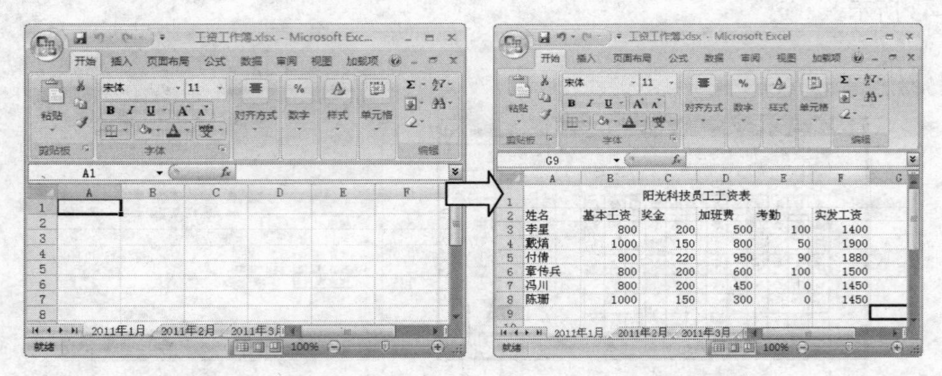

图 5-45　制作员工工资工作簿的操作思路

实训二　制作销售统计电子表格

◆ 实训目标

本实训要求利用在 Excel 电子表格中输入各种数据的方法制作如图 5-46 所示的销售统计表，并保护该工作表。

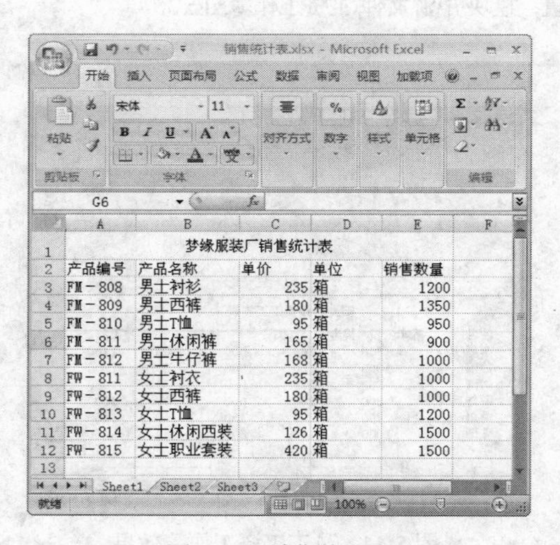

梦缘服装厂销售统计表				
产品编号	产品名称	单价	单位	销售数量
FM－808	男士衬衫	235	箱	1200
FM－809	男士西裤	180	箱	1350
FM－810	男士T恤	95	箱	950
FM－811	男士休闲裤	165	箱	900
FM－812	男士牛仔裤	168	箱	1000
FW－811	女士衬衣	235	箱	1000
FW－812	女士西裤	180	箱	1000
FW－813	女士T恤	95	箱	1200
FW－814	女士休闲西装	126	箱	1500
FW－815	女士职业套装	420	箱	1500

图 5-46　销售统计表

效果图位置：模块五\源文件\销售统计表.xlsx。

◆ 实训分析

本实训的操作思路如图 5-47 所示，具体分析及思路如下。

（1）新建工作簿，在工作表中输入文本数据。

（2）在单元格中快速填充有规律的数据。

（3）输入其他数据并保护工作表，保存并退出 Excel 2007。

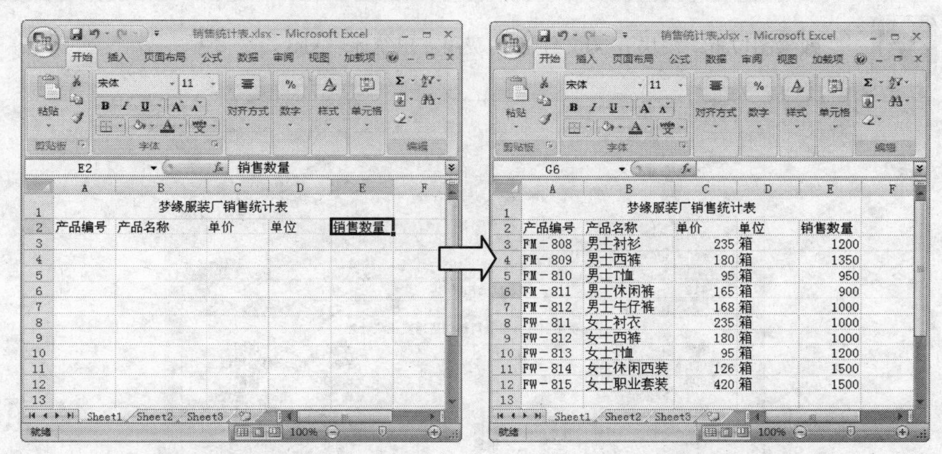

输入文本数据　　　　快速填充单元格

图 5-47　制作销售统计电子表格的操作思路

实践与提高

根据本模块所学内容，动手完成以下实践内容。

练习 1　制作车型报价表

运用 Excel 的相关知识制作一个车型报价表，其最终效果如图 5-48 所示。

	A	B	C	D	E
1	鹏程车业车型报价表				
2	品牌	型号	颜色	参考价（万元）	经销商
3	奥迪	1.8T手动公务版	黑、白	29.5	安杰
4	奥迪	奥迪A6豪华型	黑、白	18.2	远大
5	奥迪	奥迪2004舒适型	黑、棕、白	25.4	前程
6	本田	广本TJ7101舒适型	黑、白、红	4.15	前程
7	本田	TJ7100商务版	黑、白	23	东大
8	本田	BT14舒适型	黑、红、白	32.5	安杰
9	毕加索	1.6型	红、黑	16.9	东大
10	大众	帕萨特2002	黑、白	23.98	远大
11	大众	1.8L自动舒适型	黑、白	16.55	高峰
12	大众	桑塔纳2005公务型	黑、白	24	安杰
13	大众	KF12-01帕萨特	黑、白	18.7	远大
14	马自达	海马2005	多种	14	高峰
15	尼桑	雪铁龙NS08	黑、红、白	27	前程
16	奇瑞QQ	GL2.5	多种	4	成鹏
17	现代	2.4AT标准版	红	22.65	成鹏

图 5-48　车型报价表的最终效果

效果图位置：模块五\源文件\车型报价.xlsx。

练习 2　制作部门费用支出统计表

本练习将使用 Excel 制作一个部门费用支出统计表，其最终效果如图 5-49 所示。

效果图位置：模块五\源文件\部门费用支出统计表.xlsx。

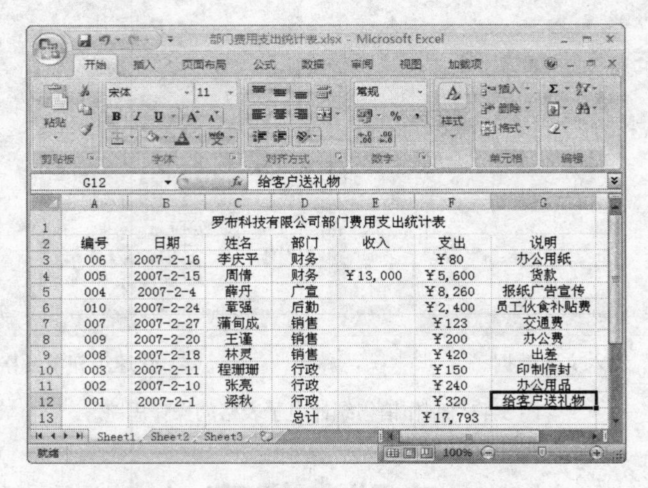

罗布科技有限公司部门费用支出统计表

编号	日期	姓名	部门	收入	支出	说明
006	2007-2-16	李庆平	财务		￥80	办公用纸
005	2007-2-15	周倩	财务	￥13,000	￥5,600	货款
004	2007-2-4	薛丹	广宣		￥8,260	报纸广告宣传
010	2007-2-24	章强	后勤		￥2,400	员工伙食补贴费
007	2007-2-27	蒲甸成	销售		￥123	交通费
009	2007-2-20	王谨	销售		￥200	办公费
008	2007-2-18	林灵	销售		￥420	出差
003	2007-2-11	程珊珊	行政		￥150	印制信封
002	2007-2-10	张亮	行政		￥240	办公用品
001	2007-2-1	梁秋	行政		￥320	给客户送礼物
			总计		￥17,793	

图 5-49　部门费用支出统计表的最终效果

练习 3　提高 Excel 电子表格的制作效率

在办公中利用 Excel 制作电子表格时，除了本模块的学习内容外，还应该多查阅相关资料，反复练习，从而提高数据输入的效率。下面将补充相关快捷键的使用，供大家参考和探索。

- 按【Alt+Enter】组合键可以在单元格中换行。
- 按【Ctrl+Enter】组合键可以用当前输入项填充选定的单元格区域。
- 按【Shift+Enter】组合键可以完成单元格输入并在选定区域中上移。
- 按【Tab】键可以完成单元格输入并在选定区域中右移。
- 按【Shift+Tab】组合键可以完成单元格输入并在选定区域中左移。
- 按【Ctrl+Delete】组合键可以删除插入点到行末的文本。
- 按【F4】键或【Ctrl+Y】组合键可以重复最后一次操作。
- 按【Shift+F2】组合键可以编辑单元格批注。
- 按【Shift+Ctrl+F3】组合键可以由行或列标志创建名称。
- 按【Ctrl+D】组合键可以向下填充。
- 按【Ctrl+R】组合键可以向右填充。
- 按【Ctrl+F3】组合键可以定义名称。

模 块 六

编辑和美化电子表格

在表格中输入数据后，可以通过调整表格、编辑表格中的数据和设置表格格式等操作来达到美化电子表格的目的，使制作的电子表格更便于查看。本模块将以三个操作实例来介绍编辑和美化电子表格的方法。

学习目标

- 熟练掌握制作电子表格的基本操作
- 熟练掌握编辑表格数据的方法
- 掌握删除和冻结表格的方法
- 掌握设置表格格式的方法
- 掌握自动套用表格格式的方法
- 熟练掌握在电子表格中插入图片和艺术字的方法

任务一　制作员工年度综合评估统计表

◆ 任务目标

本任务的目标是通过对单元格的基本操作来制作一个员工年度综合评估统计表，效果如图 6-1 所示。通过练习掌握选择、插入、合并与拆分单元格，以及调整单元格的行高与列宽等方法。

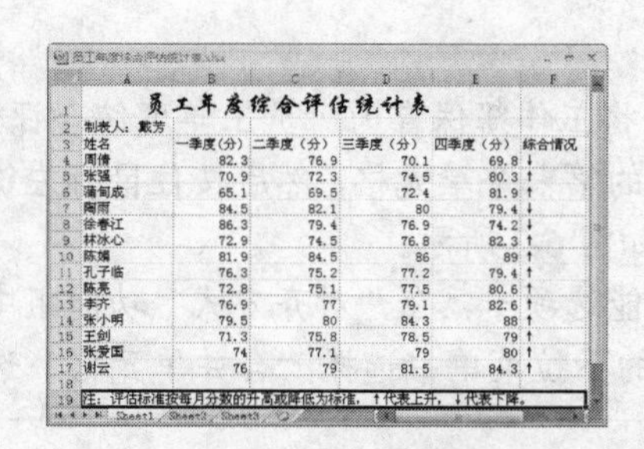

员工年度综合评估统计表

制表人：戴芳

姓名	一季度（分）	二季度（分）	三季度（分）	四季度（分）	综合情况
周倩	82.3	76.9	70.1	69.8	↓
张强	70.9	72.3	74.5	80.3	↑
蒲甸成	65.1	69.5	72.4	81.9	↑
陶雨	84.5	82.1	80	79.4	↓
徐春江	86.3	79.4	76.9	74.2	↓
林冰心	72.9	74.5	76.8	82.3	↑
陈娟	81.9	84.5	86	89	↑
孔子临	76.3	75.2	77.2	79.4	↑
陈亮	72.8	75.1	77.5	80.6	↑
李齐	76.9	77	79.1	82.6	↑
张小明	79.5	80	84.3	88	↑
王剑	71.3	75.8	78.5	79	↑
张爱国	74	77.1	79	80	↑
谢云	76	79	81.5	84.3	↑

注：评估标准按每月分数的升高或降低为标准，↑代表上升，↓代表下降。

图 6-1　员工年度综合评估统计表效果

效果图位置：模块六\源文件\员工年度综合评估统计表.xlsx。

（1）熟练掌握选择、合并单元格的基本操作。

（2）熟练掌握插入单元格和调整行高的方法。

（3）熟练掌握调整列宽和删除单元格的基本操作。

◆ 专业背景

员工年度综合评估统计表是为了统计员工在本年度中的所有工作贡献，评估统计具有统计性、针对性等特点，在机关、团体等事业单位的财务部门中都较为常用。在制作评估统计表时，应包含基本的用来评估的数据，如本例中的季度分值。另外，一些公司在制作时也会添加工作业绩、工作贡献、工作能力、工作考勤等项目。

◆ 操作思路

本任务的操作思路如图 6-2 所示，涉及的知识点有单元格的选择、插入、合并与拆分，以及调整单元格的行高和列宽等基本操作，具体思路及要求如下。

（1）新建工作簿，选择并合并单元格，输入表格数据并设置字体格式。

（2）插入单元格并调整行高。

（3）为单元格调整列宽并删除不需要的单元格。

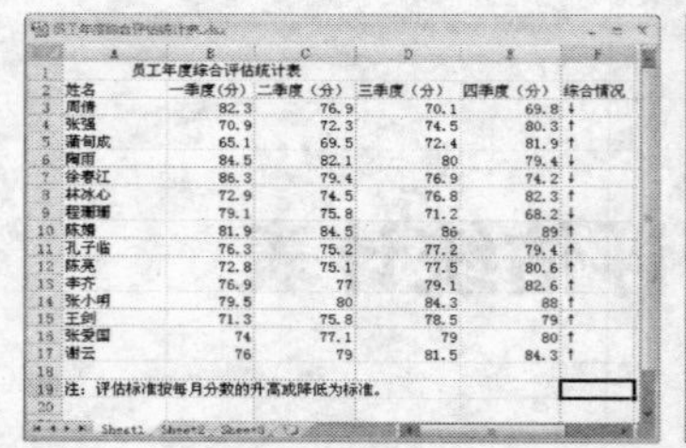

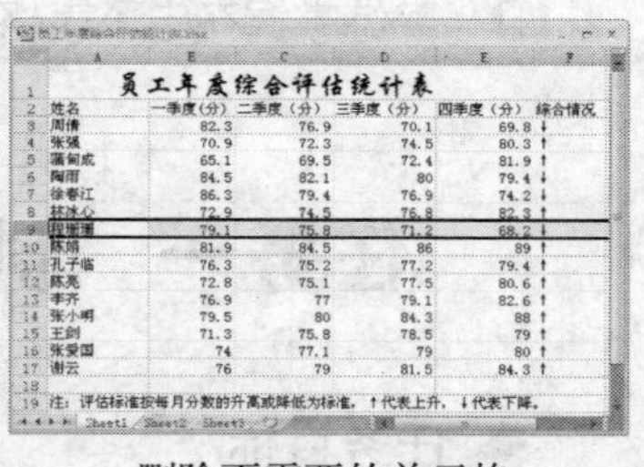

合并单元格　　调整单元格大小　　删除不需要的单元格

图 6-2　制作员工年度综合评估统计表的操作思路

操作一　制作表格

（1）新建工作簿，并将工作簿保存为“员工年度综合评估统计表.xlsx”电子表格。

（2）选择单元格区域的第一个单元格，然后按住鼠标左键向右拖动到目标位置，即可选择该区域的单元格，如图 6-3 所示。

（3）选择“开始”功能选项卡，在“对齐方式”功能组中单击“合并后居中”按钮右侧的按钮，在弹出的下拉菜单中选择“合并单元格”选项，如图 6-4 所示。

技巧　Excel 中的单元格是最基本的单位，不可以被拆分，只有执行过合并操作的单元格，才能够被拆分。其方法是选择合并后的单元格，在“开始”选项卡的“对齐方式”功能组中单击“合并后居中”按钮，在弹出的下拉菜单中选择“取消单元格合并”选项。

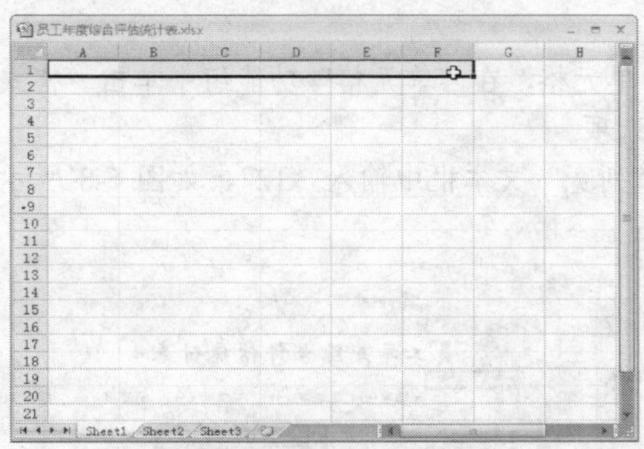

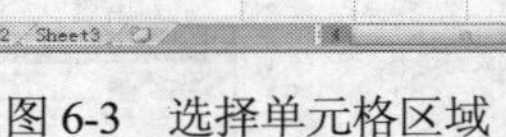

图 6-3　选择单元格区域

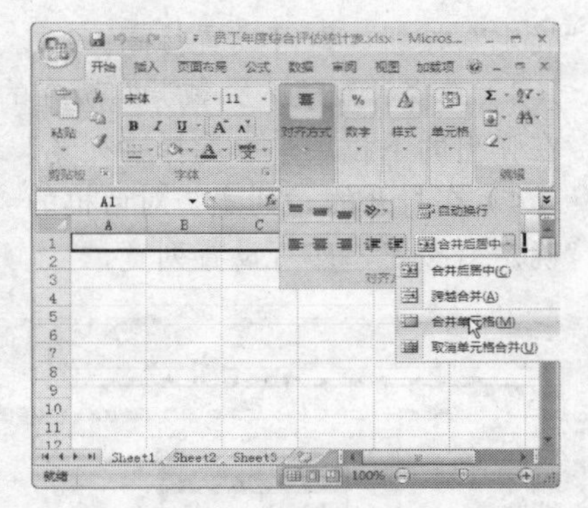

图 6-4　选择“合并单元格”选项

（4）在单元格中输入文本“员工年度综合评估统计表”。

（5）在其他单元格中输入如图 6-5 所示的数据并设置字体为“华文行楷”，字号为“22”。

（6）选择 A2 单元格，按住【Shift】键的同时单击 F2 单元格，即可选择 A2:F2 区域的单元格，选择“开始”功能选项卡，在“单元格”功能组中单击“单元格”按钮，在弹出的下拉菜单中执行“插入”→“插入单元格”命令。

（7）打开“插入”对话框，选中“活动单元格下移”单选按钮，如图 6-6 所示，单击“确定”按钮，即可在选择单元格的位置处插入一个单元格，并将单元格内容下移一个单元格，在单元格中输入文本“制表人：戴芳”数据。

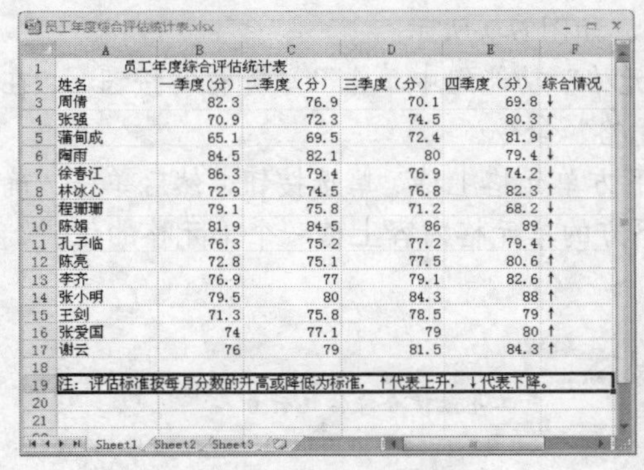

图 6-5　输入数据

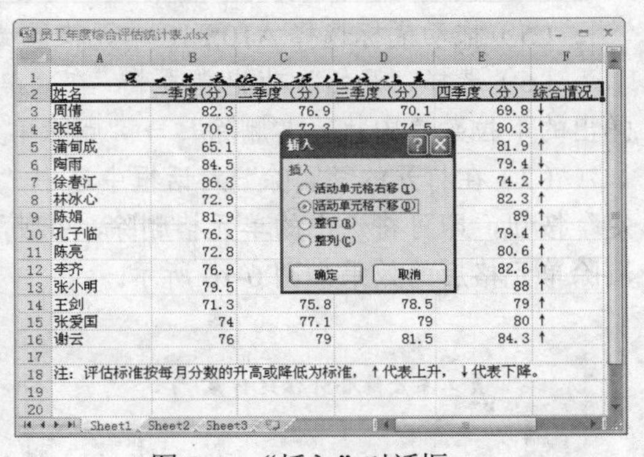

图 6-6　“插入”对话框

技巧　在选择单个单元格时用鼠标单击单元格即可；当选择多个不连续单元格或单元格区域时按住【Ctrl】键不放，然后选择需要的单元格或单元格区域即可；选择整行或整列单元格时只需将光标移动到行号或列标上，当光标变为箭头时单击即可。

操作二　调整表格

（1）选择“员工年度综合评估统计表”所在的单元格区域，选择“开始”功能选项卡，在“单元格”功能组中单击“格式”按钮，在弹出的下拉菜单中选择“行高”选项。

（2）在打开的“行高”对话框的“行高”文本框中输入“30”，如图 6-7 所示，单击“确定”按钮，即可设置行高。

（3）选择“制表人：戴芳”所在的单元格，在“单元格”功能组中单击“格式”按钮，在弹出的下拉菜单中选择“列宽”选项。

（4）在打开的“列宽”对话框的“列宽”文本框中输入“12”，如图 6-8 所示，单击“确定”按钮，即可设置列宽。

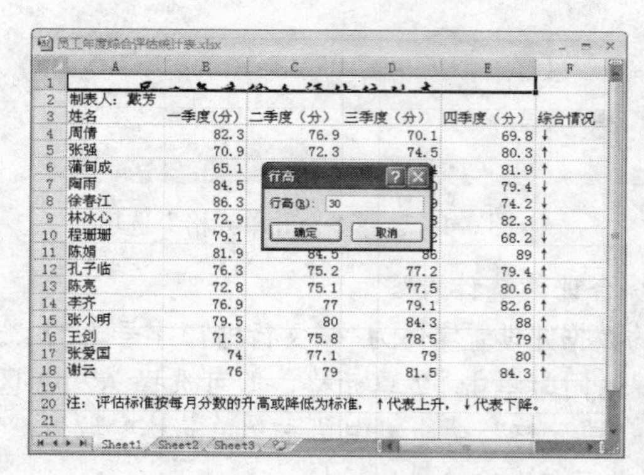

图 6-7 “行高”对话框

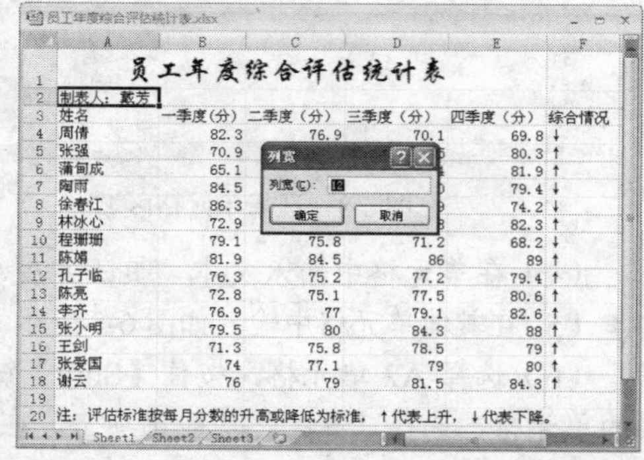

图 6-8 “列宽”对话框

提示 将鼠标指针移动到行号或列标上，当其变为÷或+形状时，向下或向右拖动也可改变行高或列宽。

（5）拖动鼠标选择 A10:F10 单元格区域，如图 6-9 所示。

（6）选择“开始”功能选项卡，在“单元格”功能组中单击“单元格”按钮，在弹出的下拉菜单中执行“删除”→“删除单元格”命令。

（7）在打开的“删除”对话框中选中“下方单元格上移”单选按钮，然后单击“确定”按钮，即可将选中的单元格删除，并使下方的单元格内容上移一个单元格的位置，删除单元格后的效果如图 6-10 所示。

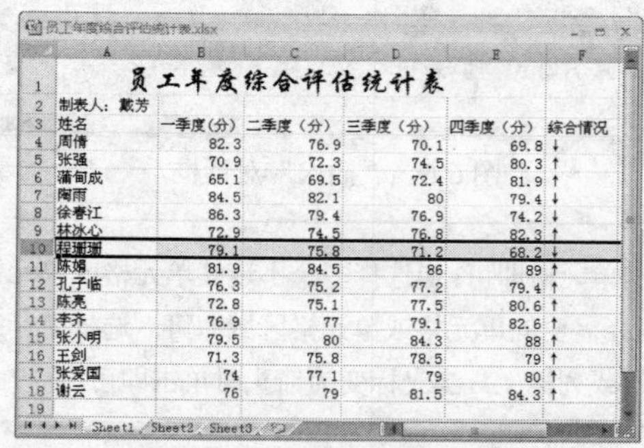

图 6-9 选择 A10：F10 单元格区域

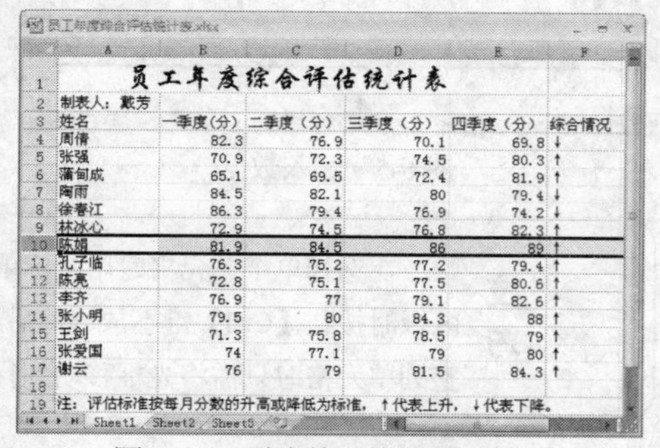

图 6-10 删除单元格后的效果

提示 选择单元格后可以单击鼠标右键，在弹出的快捷菜单中选择“删除”选项，也可以将单元格删除；若选择“清除内容”选项，则只删除单元格中的数据，而不删除单元格。

◆ 学习与探究

本任务练习了在 Excel 中对单元格的基本操作，包括选择单元格、插入单元格、合并与拆分单元格、调整单元格的行高和列宽等。在进行这些编辑操作时可以选择某一行、列或单个单元格进行操作，也可选择多行、多列或多个单元格进行操作。

另外，为了保护单元格中的数据，可将一些重要的单元格隐藏或锁定，达到保护单元格的目的。保护单元格是在保护工作表的基础上进行操作的，下面来进行介绍。

1. 隐藏和显示单元格

（1）选择需要隐藏的单元格，选择“开始”功能选项卡，在“单元格”功能组中单击“格式”按钮旁的按钮，在弹出的下拉菜单中选择“隐藏和取消隐藏”选项。

（2）在弹出的下拉菜单中选择相应的选项对单元格进行设置即可，如图 6-11 所示，各项命令的含义如下。

- “隐藏行”命令：选择该命令，将隐藏当前单元格所在的行。
- “隐藏列”命令：选择该命令，将隐藏当前单元格所在的列。
- “隐藏工作表”命令：选择该命令，将隐藏当前工作表。
- “取消隐藏行”命令：选择该命令，将显示出隐藏的行。
- “取消隐藏列”命令：选择该命令，将显示出隐藏的列。
- “取消隐藏工作表”命令：选择该命令，将显示出隐藏的工作表。

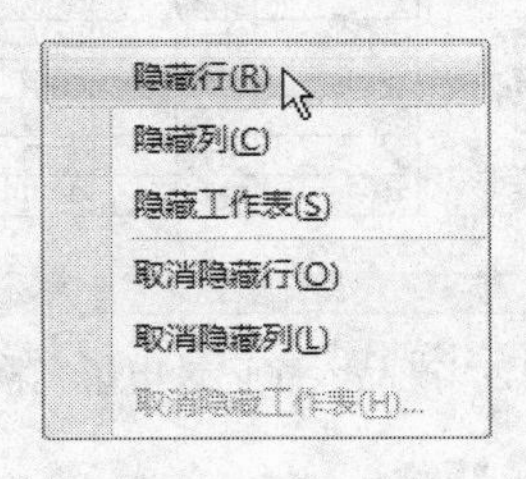

图 6-11　隐藏和取消隐藏命令

2. 锁定单元格

Excel 2007 在默认情况下单元格处于锁定状态，因此，在锁定某一些单元格时需要取消全部单元格的锁定状态，其方法如下。

（1）按【Ctrl+A】组合键全选工作表，在工作表编辑区单击鼠标右键，在弹出的快捷菜单中选择“设置单元格格式”选项。

（2）在打开的“设置单元格格式”对话框中选择“保护”选项卡，取消对“锁定”复选框的选择，单击“确定”按钮。

（3）返回工作表中，选择任意一个应用了公式的单元格，将光标移动到其左边出现的图标处即可看到系统提示信息：“此单元格包含公式，并且未被锁定以防止不经意的更改”。

（4）将光标停留在该图标上，单击按钮，在弹出的下拉菜单中选择“锁定单元格”选项，该单元格即可被锁定。

任务二　编辑产品入库记录电子表格

◆ 任务目标

本任务的目标是运用 Excel 编辑数据的相关知识，制作一个产品入库记录电子表格，效果如图 6-12 所示。通过练习掌握编辑数据的基本操作。

素材位置：模块六\素材\产品入库记录.xlsx。

效果图位置：模块六\源文件\产品入库记录.xlsx。

产品入库记录.xlsx

入库单号	入库日期	部门	业务员	仓库	供货单位	产品名称	计量单位	数量	单价
0001	2011年5月6日	供应1科室	周倩	1号仓	胜利厂	电视	台	40	￥ 2,100.00
0002	2011年5月7日	供应2科室	张强	2号仓	加鑫厂	电视	台	14	￥ 1,500.00
0003	2011年5月8日	供应1科室	蒲甸成	1号仓	梦缘厂	空调	台	70	￥ 2,100.00
0004	2011年5月9日	供应1科室	陶雨	2号仓	安利厂	空调	台	10	￥ 1,700.00
0005	2011年5月10日	供应1科室	徐春江	2号仓	胜利厂	插线板	箱	12	￥ 76.00
0006	2011年5月11日	供应1科室	林冰心	3号仓	胜利厂	插线板	箱	50	￥ 74.00
0007	2007年5月12日	供应3科室	陈娟	1号仓	加鑫厂	微波炉	台	20	￥ 840.00
0008	2011年5月13日	供应1科室	孔子临	1号仓	梦缘厂	冰箱	台	50	￥ 1,600.00
0009	2011年5月14日	供应1科室	陈亮	2号仓	梦缘厂	冰箱	台	50	￥ 1,700.00
0010	2011年5月15日	供应2科室	李齐	1号仓	安利厂	微波炉	台	10	￥ 350.00
0011	2011年5月16日	供应2科室	张小明	2号仓	安利厂	空调	台	60	￥ 1,400.00
0012	2011年5月17日	供应1科室	王剑	2号仓	加鑫厂	电视	台	20	￥ 1,200.00
0013	2011年5月18日	供应3科室	张爱国	3号仓	加鑫厂	电视	台	20	￥ 1,200.00
0014	2011年5月19日	供应1科室	谢云	3号仓	梦缘厂	微波炉	台	50	￥ 410.00
0015	2011年5月20日	供应2科室	江涛	3号仓	胜利厂	电视	台	10	￥ 1,210.00
0016	2011年5月21日	供应2科室	李密	1号仓	加鑫厂	冰箱	台	50	￥ 1,610.00
0017	2011年5月22日	供应3科室	张思	3号仓	加鑫厂	冰箱	台	40	￥ 1,400.00
0018	2011年5月23日	供应2科室	熊创	3号仓	加鑫厂	空调	台	20	￥ 1,500.00
0019	2011年5月24日	供应3科室	吴娟	3号仓	安利厂	电视	台	70	￥ 1,200.00

Sheet1　Sheet2　Sheet3

图 6-12　产品入库记录电子表格效果

本任务的具体目标要求如下：

（1）熟练掌握修改表格中数据的方法。

（2）熟练掌握移动和复制数据的操作。

（3）掌握在表格中使用查找和替换数据的功能。

（4）掌握删除和冻结表格的操作。

◆ 专业背景

产品入库记录电子表格主要用于仓库货物的管理，应详细记录产品的型号、名称、入库时间等信息，制作时要注意表格内容准确、条理清晰等，产品入库记录一般由管理人员制订，适用于各种类型货物的管理。

◆ 操作思路

本任务的操作思路如图 6-13 所示，涉及的知识点有修改和删除表格数据、移动和复制表格数据、冻结表格等，具体思路及要求如下。

（1）打开素材文件，修改表格中的数据。
（2）移动和复制表格中的数据。
（3）查找和替换表格中的数据。
（4）删除和冻结表格。

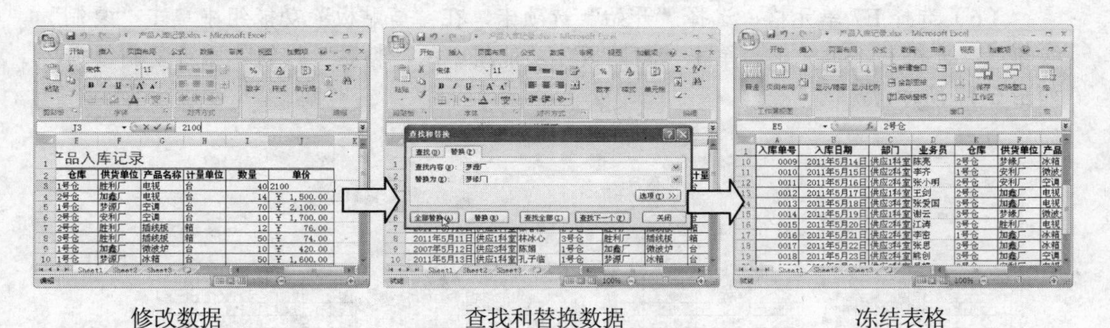

修改数据　　查找和替换数据　　冻结表格

图 6-13　编辑产品入库记录电子表格的操作思路

操作一　编辑表格数据

（1）打开素材“产品入库记录.xlsx”电子表格，选择需要修改数据的单元格，这里选择 J3 单元格。

（2）将光标定位在“数据编辑栏”中，拖动鼠标选择需要修改或删除的数据，或直接将插入点定位到需添加数据的位置，输入正确的数据，这里输入“2100”，按【Enter】键完成修改，如图 6-14 所示。

（3）双击 I9 单元格，在单元格中定位数据插入点并将数据修改为“20”，然后按【Enter】键完成修改。

（4）单击 J9 单元格，然后输入正确的数据“840”，如图 6-15 所示，按【Enter】键即可快速完成修改。

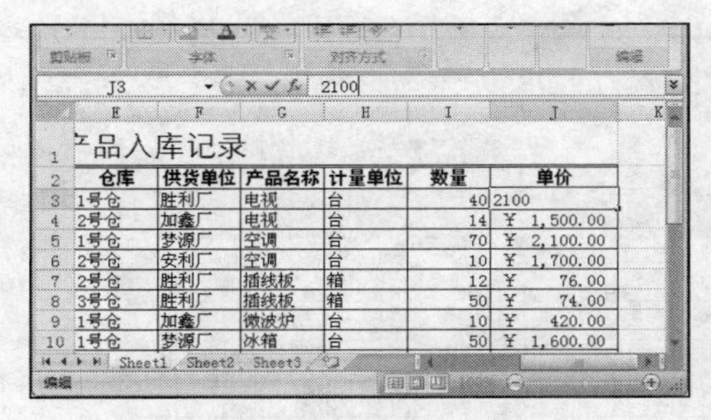

图 6-14　通过“数据编辑栏”修改数据

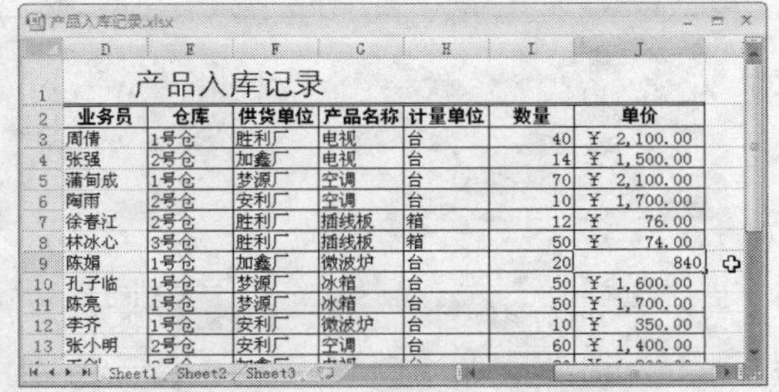

图 6-15　通过选择单元格修改数据

（5）选择 E11 单元格，选择“开始”功能选项卡，在“剪贴板”功能组中单击“剪切”按钮，然后选择 E18 单元格，单击“剪贴板”功能组中的“粘贴”按钮即可移动数据，如图 6-16 所示。

技巧 选择单元格后按【Ctrl+X】组合键，然后移动光标到目标单元格后，按【Ctrl+V】组合键也可移动数据；若需复制数据，则按【Ctrl+C】组合键，选择目标单元格后再按【Ctrl+V】组合键即可。

（6）选择 E7 单元格，选择“开始”选项卡，在“剪贴板”功能组中单击“复制”按钮，选择 E11 单元格，单击“剪贴板”功能组中的“粘贴”按钮即可复制数据，如图 6-17 所示。

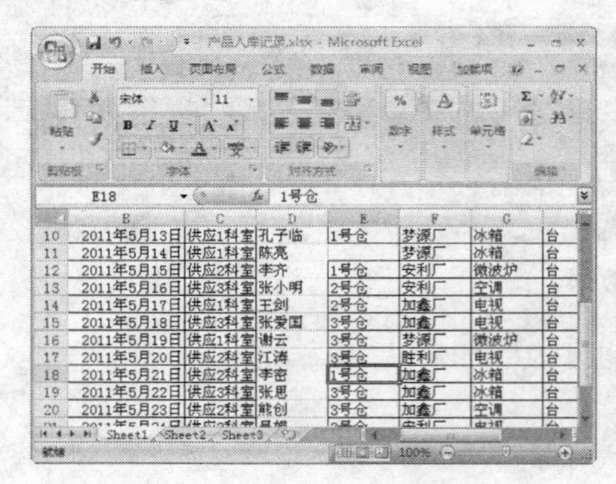

图 6-16 通过按钮移动数据

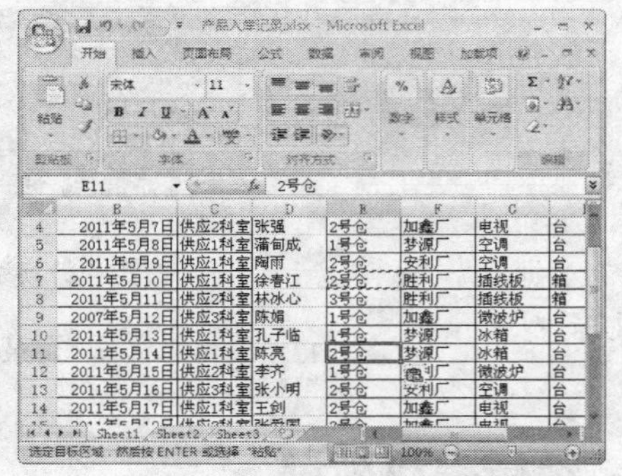

图 6-17 通过按钮复制数据

（7）选择 C8 单元格，将光标置于所选单元格边框上，当其由✥形状变为✥形状时，拖动鼠标至 C13 单元格释放，在弹出的提示框中单击“确定”按钮，即可替换目标单元格中的数据，如图 6-18 所示。

（8）选择 C5 单元格，将鼠标指针置于所选单元格的边框上，当其由✥形状变为✥形状时按住【Ctrl】键，此时光标变为形状，拖动鼠标至 C8 单元格后释放鼠标，即可复制单元格数据，如图 6-19 所示。

提示 在移动和复制数据时，一般在不同的工作表中可以使用组中的按钮进行移动或复制，在同一个工作表中使用鼠标拖动进行移动或复制，这样可在很大程度上提高表格的制作效率。

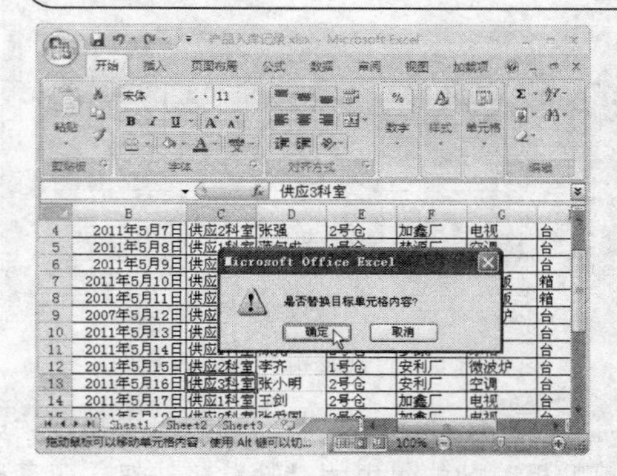

图 6-18 通过拖动移动数据

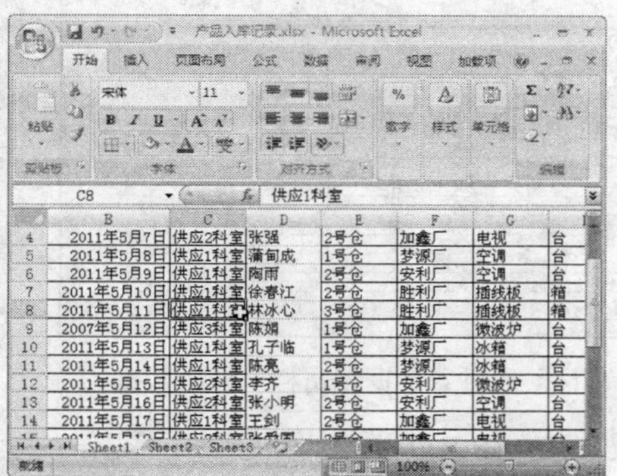

图 6-19 通过拖动复制数据

（9）在“开始”选项卡的“编辑”功能组中单击“查找和选择”按钮，在弹出

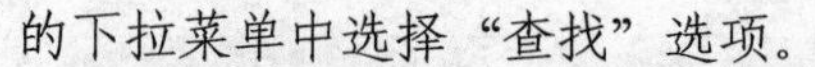

的下拉菜单中选择“查找”选项。

（10）在打开的“查找和替换”对话框的“查找内容”下拉列表框中输入“梦源厂”，单击“查找全部”按钮。

（11）选择“替换”选项卡，在“替换为”下拉列表框中输入“梦缘厂”，如图 6-20 所示，单击“全部替换”按钮。

（12）替换完成后，出现信息提示框，单击“确定”按钮确认替换，返回“查找和替换”对话框，单击“关闭”按钮即可完成替换，替换内容后的效果如图 6-21 所示。

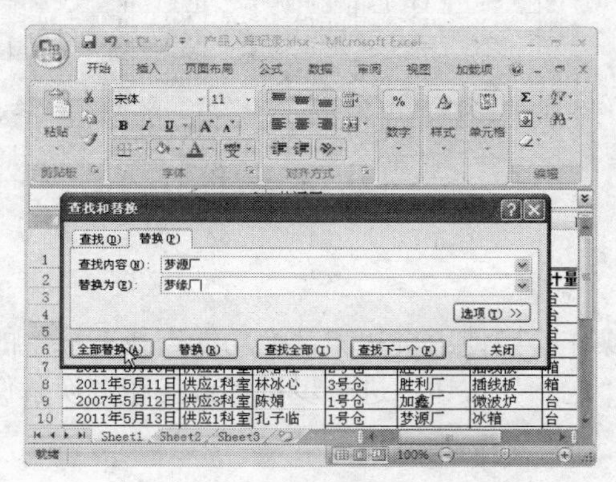

图 6-20　“查找和替换”对话框

图 6-21　替换内容后的效果

操作二　删除数据和冻结表格

（1）将鼠标指针移动到行号（如“1”）上，当其变为➡形状时单击鼠标即可选择整行表格。

（2）在“开始”选项卡的“单元格”功能组中单击“删除”按钮，在弹出的下拉菜单中选择“删除单元格”选项，即可删除该行单元格。

（3）拖动鼠标选择 A22:J22 单元格区域，单击“数据编辑栏”中的“清除”按钮，在弹出的下拉菜单中选择“全部清除”选项即可清除单元格区域中的数据和格式，如图 6-22 所示。

（4）选择整张工作表，选择“视图”选项卡，在“窗口”功能组中单击“冻结窗格”按钮旁的按钮，在弹出的下拉菜单中选择“冻结首行”选项。

（5）此时在首行单元格下将出现一条黑色的横线，滚动鼠标滚轴或拖动垂直滚动条查看表中的数据，首行的位置始终保持不变，如图 6-23 所示。

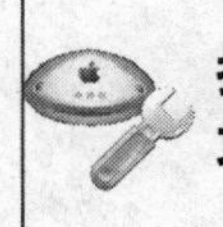

技巧　单击“冻结窗格”按钮右侧的下拉按钮，在弹出的下拉菜单中选择“冻结拆分窗格”选项可以在查看工作表中的数据时，保持设置的行和列的位置不变；选择“冻结首行”选项可以在查看工作表中的数据时，保持首行的位置不变；选择“冻结首列”选项可以在查看工作表中的数据时，保持首列的位置不变。

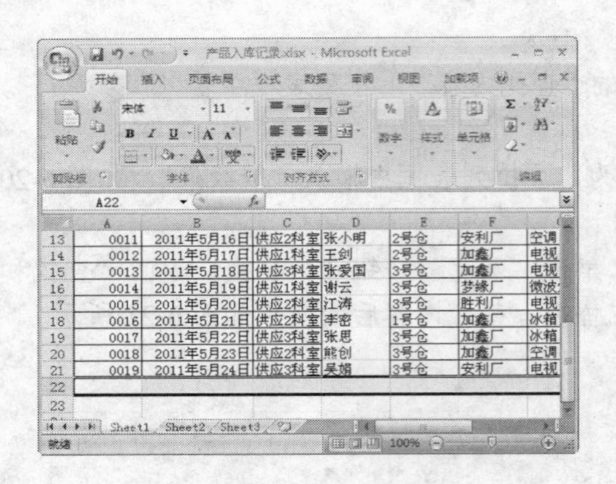

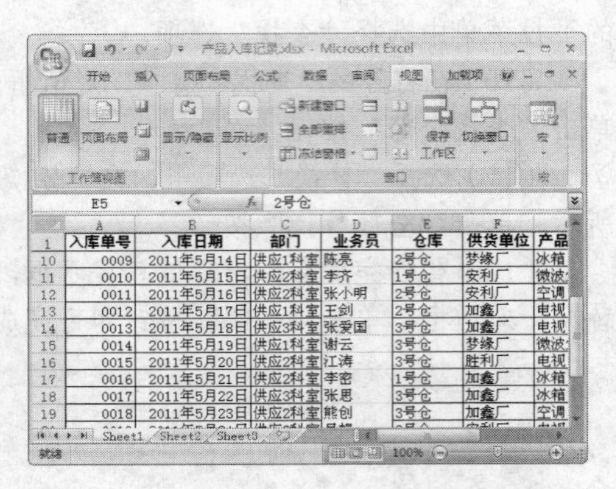

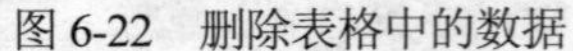

图 6-22　删除表格中的数据　　　　　　图 6-23　冻结表格首行

◆ 学习与探究

本任务练习了在表格中编辑数据的相关操作。当使用查找和替换功能查找表格中的数据时，可以单击“查找和替换”对话框中的“选项”按钮，进一步设置查找和替换条件，如图 6-24 所示，其中各项含义如下。

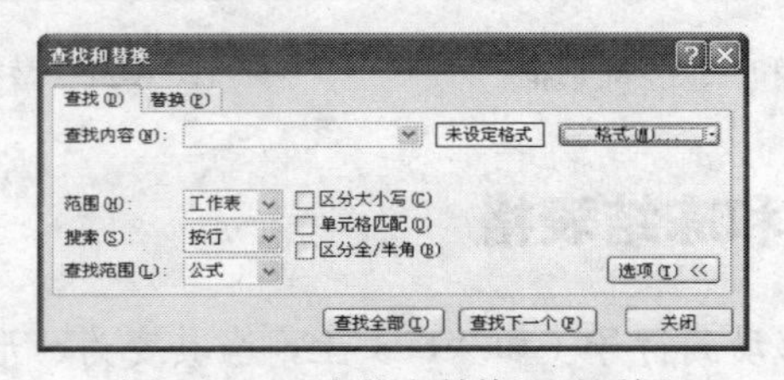

图 6-24　“查找和替换”对话框

- “范围”下拉列表框：用于选择查找的范围，如选择“工作表”则表示在当前工作表中查找。
- “区分大小写”复选框：选中该复选框，可以区分表格中数据的英文大小写状态。
- “区分全/半角”复选框：选中该复选框，可以区分中文输入法的全角和半角。
- “查找范围”下拉列表框：可以设置查找范围为公式、值或批注。

另外，在编辑表格数据时，如果执行了错误的操作，可使用撤销功能将其恢复，在撤销某步操作以后还可使用恢复功能对其进行恢复。其方法是单击“撤销”按钮，或按【Ctrl+Z】组合键即可撤销输入操作，单击“恢复”按钮，或按【Ctrl+Y】组合键即可恢复到撤销前的状态。

任务三　制作销售业绩电子表格

◆ 任务目标

本任务的目标主要是对表格的格式进行设置来美化表格，以满足在不同办公中的需要，

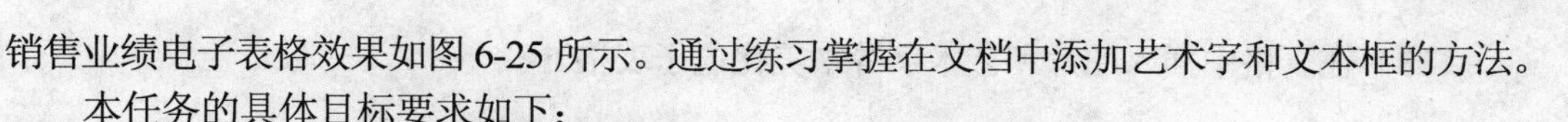

销售业绩电子表格效果如图 6-25 所示。通过练习掌握在文档中添加艺术字和文本框的方法。

本任务的具体目标要求如下：

（1）熟练掌握设置表格格式的基本操作。

（2）掌握自动套用表格格式的方法。

（3）熟练掌握在表格中插入图片和艺术字的方法。

素材位置：模块六\素材\销售业绩表.xlsx。

效果图位置：模块六\源文件\销售业绩表.xlsx。

销售业绩表.xlsx

东方酒水有限公司本月员工销售业绩

东方酒水

编号	姓名	本月订单	收到金额	到账比例	提成
001001	周倩	8000	5000	0.625	1000
001002	张强	3500	1000	0.285714286	200
001003	蒲甸成	3000	3000	1	600
001004	陶雨	5000	2000	0.4	400
001005	徐春江	9000	5000	0.555555556	1000
001006	林冰心	4000	3500	0.875	700
001007	陈娟	3500	3500	1	700
001008	孔子临	2000	650	0.325	130
001009	陈亮	4000	4000	1	800
001010	李齐	7000	2850	0.407142857	570
001011	张小明	1500	1500	1	300
001012	王剑	2000	1500	0.75	300
001013	张爱国	5000	1500	0.3	300
001014	谢云	1000	1000	1	200
001015	江涛	9500	9000	0.947368421	1800
001016	李密	1500	1500	1	300
001017	张思	4000	500	0.125	100
001018	熊创	2000	2000	1	400
001019	吴娟	4000	2000	0.5	400
001020	詹秋	1500	1200	0.8	240
001021	夏微	4500	4000	0.888888889	800

Sheet1　Sheet2　Sheet3

图 6-25　销售业绩电子表格效果

◆ 专业背景

在本任务中需要了解销售业绩电子表格的作用，销售业绩表一般用于考核销售量、计划和达成率，不同类型的公司其考核方式也不一样，完整的销售业绩电子表格包括表头、产品名称、计划数量、实际完成数量、达成率、下月计划、签字等内容，最后再汇总，用总金额来分析人员业绩情况。

◆ 操作思路

本任务的操作思路如图 6-26 所示，涉及的知识点有设置表格中数据的对齐方式和字体、设置边框和图案、自动套用表格格式、插入图片和艺术字等，具体思路及要求如下。

（1）打开素材，设置表格的格式，包括设置字体和对齐方式。

（2）设置自动套用表格格式。

（3）在表格中插入图片和艺术字等来美化电子表格。

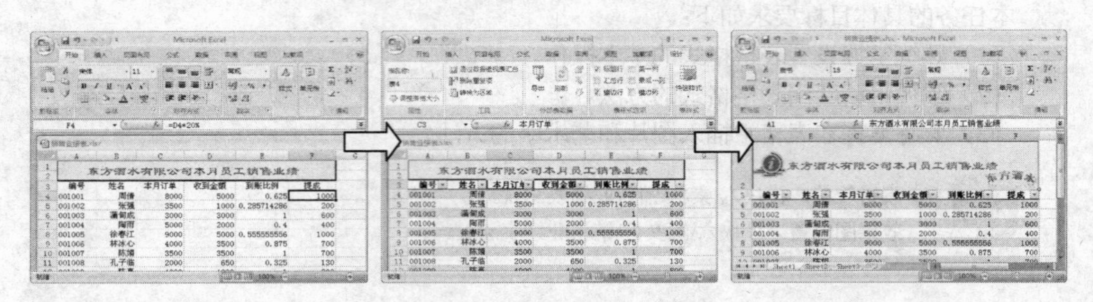

图 6-26　制作销售业绩电子表格的操作思路

操作一　设置表格格式

（1）选择“东方酒水有限公司本月员工销售业绩”所在的单元格，单击“字体”工具栏右下角的按钮，打开“设置单元格格式”对话框，选择“字体”选项卡。

（2）在“字体”、“字形”和“字号”列表框中分别选择“隶书”、“常规”和“18”选项，在“颜色”下拉列表框中选择“红色”，如图 6-27 所示。

（3）设置完成后，单击“确定”按钮，即可在表格中看到应用字体格式后的效果，如图 6-28 所示。

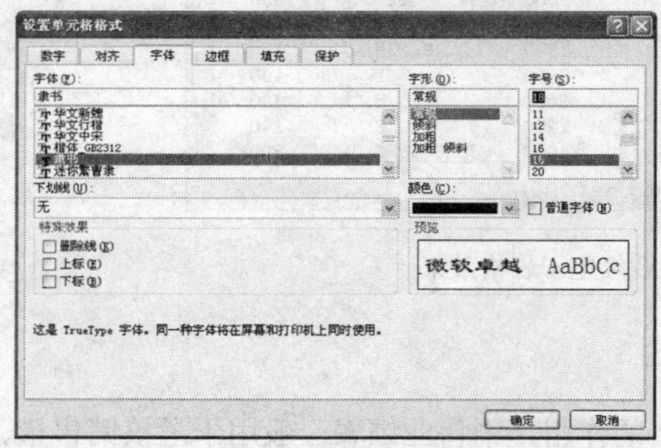

图 6-27　设置字体格式

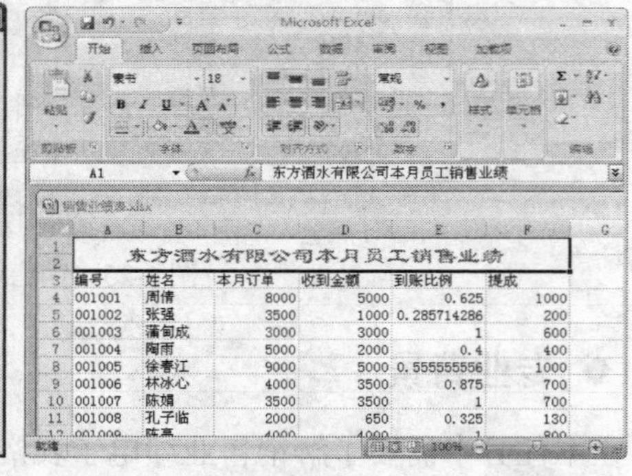

图 6-28　应用字体格式后的效果

（4）选择 A3:F3 单元格区域，选择“开始”选项卡，在“对齐方式”功能组中单击“居中”按钮即可设置数据居中对齐。

（5）选择 B4:B24 单元格区域，选择“开始”选项卡，在“对齐方式”功能组中单击“居右”按钮即可设置数据右对齐。

（6）选择 A1:F2 单元格区域，单击“对齐方式”功能组右下角的按钮，打开“设置单元格格式”对话框。

（7）选择“边框”选项卡，在“预置”栏中单击“外边框”按钮，添加的边框效果将显示在预览框中，在“样式”列表框中选择一个较粗的线条样式。

（8）在“颜色”下拉列表框中选择“深蓝”选项，如图 6-29 所示，单击“确定”按钮。

（9）返回电子表格，设置边框后的效果如图 6-30 所示。

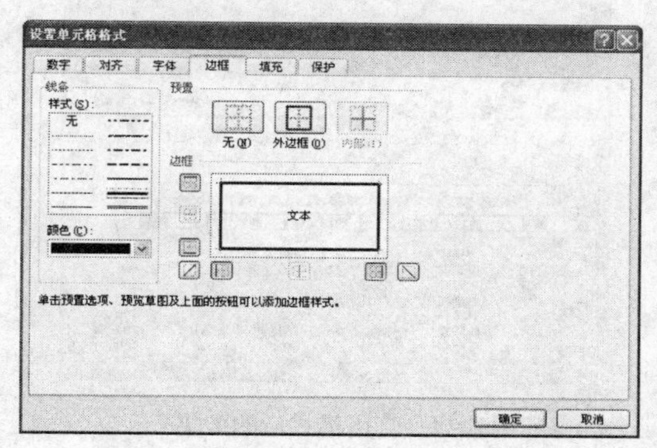

图 6-29　设置边框

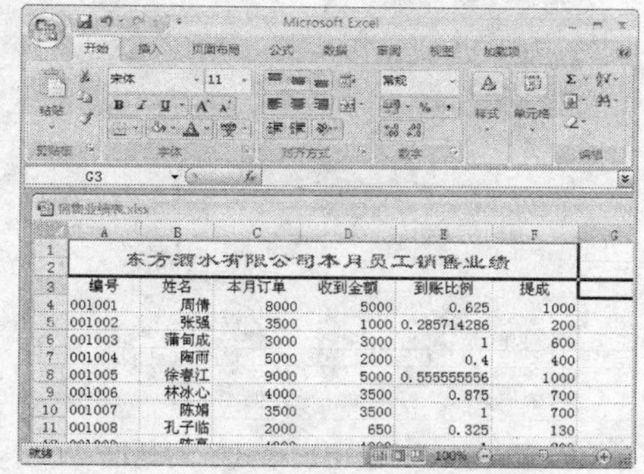

图 6-30　设置边框后的效果

（10）选择 A1:F2 单元格区域，单击“对齐方式”功能组右下角的按钮，打开“设置单元格格式”对话框。

（11）选择“填充”选项卡，单击“填充效果”按钮，打开“填充效果”对话框。

（12）在其中的“颜色 1”下拉列表框中选择“橄榄色”选项，在“颜色 2”下拉列表框中选择“水绿色”选项。

（13）在“底纹样式”中选中“中心辐射”单选按钮，如图 6-31 所示。

（14）单击“确定”按钮，返回“设置单元格格式”对话框，单击“确定”按钮返回电子表格，填充图案后的效果如图 6-32 所示。

图 6-31　设置填充效果

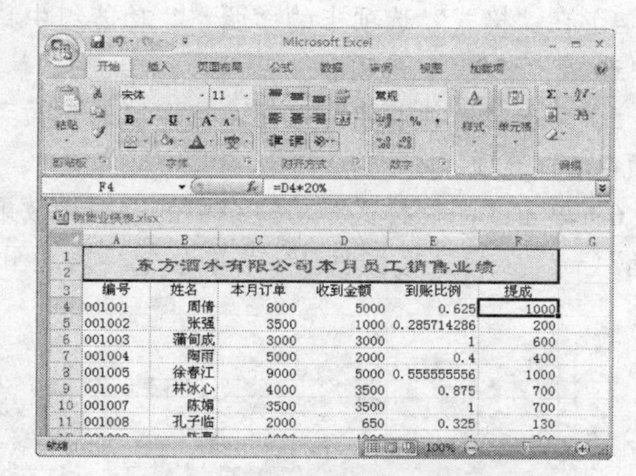

图 6-32　填充图案后的效果

操作二　自动套用格式

（1）选择 A3:F24 单元格区域。

（2）单击“样式”功能组中的“套用表格格式”按钮，在弹出的下拉列表中选择需要套用的样式。

（3）此时将打开“套用表格式”对话框，如图 6-33 所示，单击“确定”按钮，套用格式后的效果如图 6-34 所示。

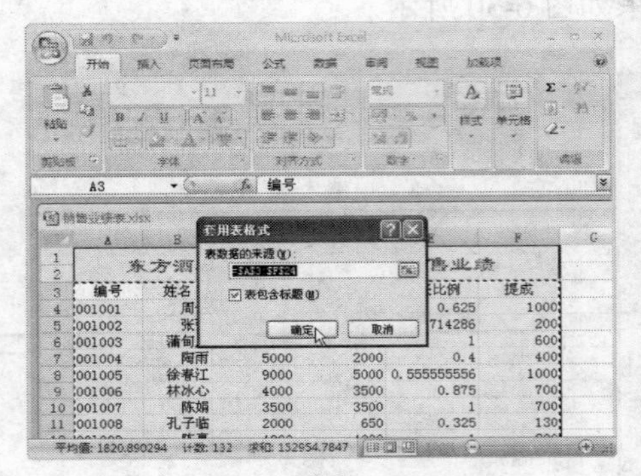

图 6-33 “套用表格式”对话框

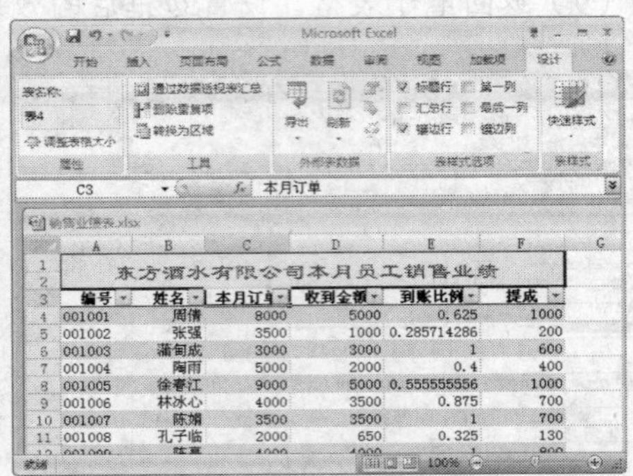

图 6-34 套用格式后的效果

操作三 插入图片和艺术字

（1）将光标移动到行号“2”和“3”之间，当其变为÷形状时，按住鼠标向下拖动，调整行高到合适的位置。

（2）选择 A1:F2 单元格区域，选择“插入”选项卡，在“插图”功能组中单击“剪贴画”按钮，此时将在窗口右侧打开“剪贴画”面板，如图 6-35 所示，在“搜索文字”文本框中输入“符号”，单击“搜索”按钮，在下面的列表框中选择需要的剪贴画即可。

（3）拖动剪贴画的 4 个角点，调整剪贴画大小到合适的位置。

（4）在“格式”选项卡的“调整”功能组中单击“对比度”按钮，在弹出的下拉列表框中选择“+30%”选项。

（5）单击“重新着色”按钮，在弹出的下拉菜单中选择“深色变体”栏中的“强调文字颜色 6”选项。

（6）单击“图片样式”功能组中的“图片效果”按钮，在弹出的下拉列表框中执行“发光”→“强调文字颜色 2”菜单命令，插入图片后的效果如图 6-36 所示。

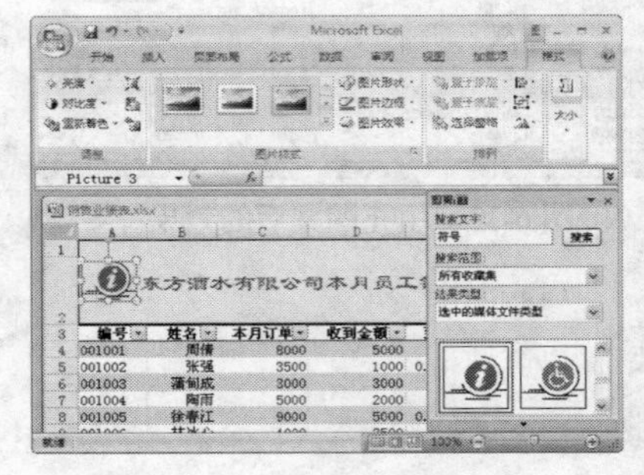

图 6-35 “剪贴画”面板

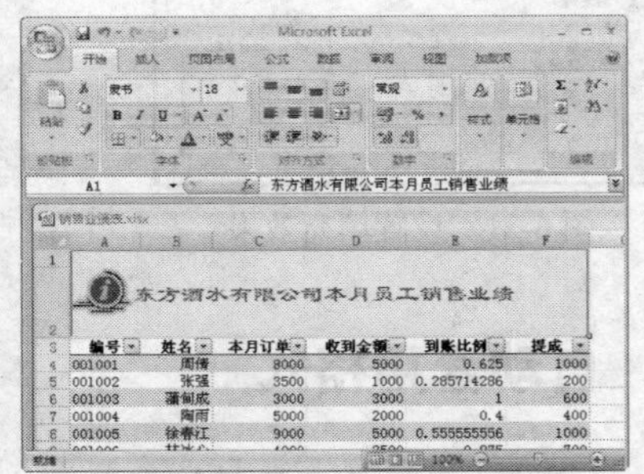

图 6-36 插入图片后的效果

（7）单击任意单元格，即可退出剪贴画编辑状态。

（8）在“格式”选项卡的“文本”功能组中单击“艺术字”按钮，在弹出的下拉列表框中选择最后一种艺术字效果，在表格中将出现如图6-37所示的“艺术字编辑”文本框。

（9）在其中输入文本“东方酒水”，选中文本并选择“开始”选项卡，在“字体”功能组中设置字体为“方正华隶简体”，字号为“16”。

（10）将光标移动到文本框上，拖动艺术字到适当的位置。

（11）在“格式”选项卡的“艺术字样式”功能组中单击“文本效果”按钮，在弹出的下拉列表框中执行“转换”→“跟随文字转换”菜单命令，插入艺术字后的效果如图6-38所示。

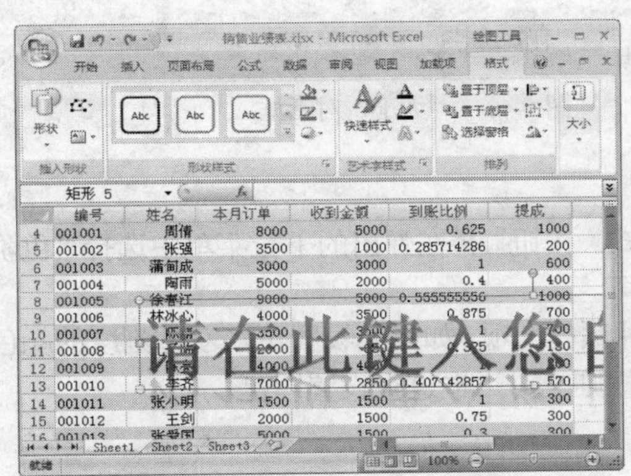

图6-37　“艺术字编辑”文本框

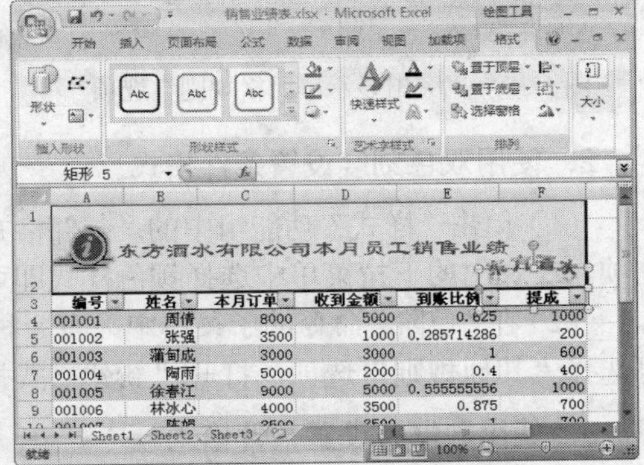

图6-38　插入艺术字后的效果

提示　在表格中不仅可以插入剪贴画和艺术字，还可以根据用户的需要，在表格中插入各种图片、形状、SmartArt图形、文本框等，并设置相应的样式效果。

◆ 学习与探究

本任务练习了在表格中设置表格样式的相关操作，通过本任务的练习，用户可以利用Excel制作各种精美的电子表格。

另外，除了本任务中介绍的套用表格样式来美化表格的方法外，还可以使用条件格式来美化表格，从而使表格更有特色。

条件格式即规定单元格中的数据在满足设定条件时，单元格将显示为相应条件的单元格样式，以突出显示所关注的单元格或单元格区域，强调异常值及使用颜色刻度、数据条和图标集来直观地显示数据。使用条件格式来美化表格的方法主要有以下几个方面，下面具体进行介绍。

1. 使用突出显示单元格规则

（1）在“开始”选项卡的“样式”功能组中单击“条件格式”按钮，在弹出的下拉菜单中选择“突出显示单元格规则”选项，将弹出如图6-39所示的选项。

（2）选择相应的选项，这里选择“大于”选项，将弹出“大于”对话框，在数值框中输入大于的数值，这里输入“500”，在右侧列表框中选择一种颜色样式，单击“确定”按钮，如图 6-40 所示。

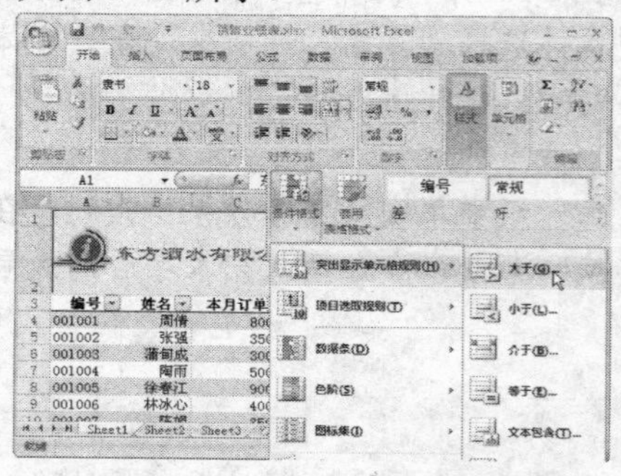

图 6-39　“突出显示单元格规则”选项

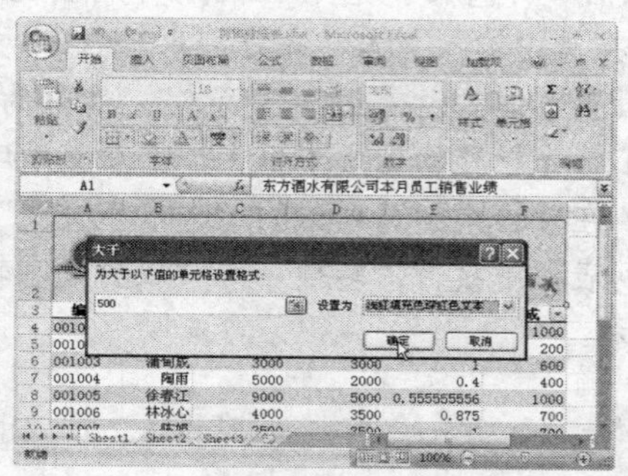

图 6-40　“大于”对话框

2．使用双色刻度设置条件格式

（1）单击“样式”功能组中的“条件格式”按钮，在弹出的下拉菜单中选择“色阶”选项，在弹出的下拉菜单中选择颜色样式即可。

（2）在“色阶”命令的子菜单中只有 8 种颜色选项，如果要设置更多双色刻度的颜色，可选择“其他规则”选项，打开“新建格式规则”对话框进行设置即可。

3．使用数据条设置条件格式

（1）在“开始”选项卡的“样式”功能组中选择“条件格式”下拉菜单中的“数据条”选项，在其下拉菜单中可选择相应的数据条样式。

（2）在“条件格式”下拉列表中选择“新建规则”选项，在打开的对话框中可以设置条件格式；若选择“清除规则”选项，则可删除单元格中设置的条件格式。

4．使用图标集设置条件格式

在“开始”选项卡的“样式”功能组中选择“条件格式”下拉菜单中的“图标集”选项，在弹出的下拉菜单中可选择相应的图标集样式。

实训一　制作采购计划电子表格

◆ 实训目标

本实训要求利用制作 Excel 电子表格的相关知识，通过调整单元格和设置单元格格式的方法来制作一个采购计划电子表格，其效果如图 6-41 所示。通过本实训掌握电子表格的制作和调整方法。

效果图位置：模块六\源文件\采购计划表.xlsx。

图 6-41 采购计划电子表格效果

◆ 实训分析

本实训的操作思路如图 6-42 所示，具体分析及思路如下。

（1）新建工作簿，合并单元格，调整表格的行高和列宽。

（2）在表格的相应位置输入数据。

（3）设置表格样式，使其更加合理美观。

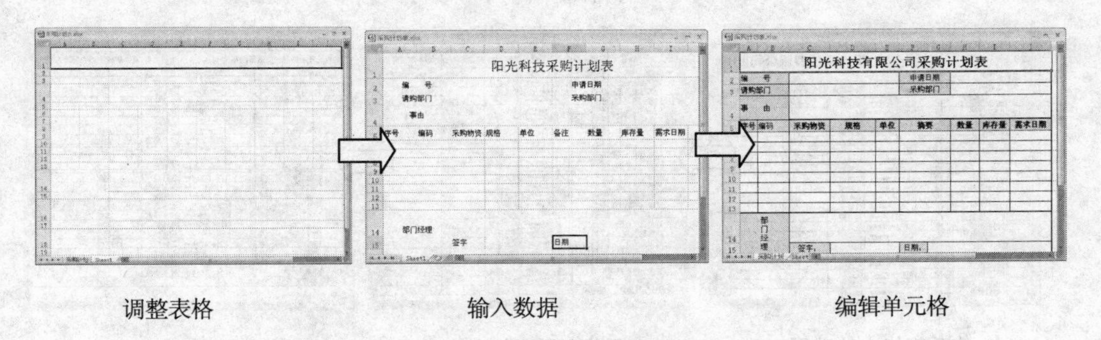

图 6-42 制作采购计划电子表格的操作思路

实训二 制作通讯费用统计电子表格

◆ 实训目标

本实训要求利用编辑表格中的数据和冻结表格等知识制作如图 6-43 所示的通讯费用统计电子表格。

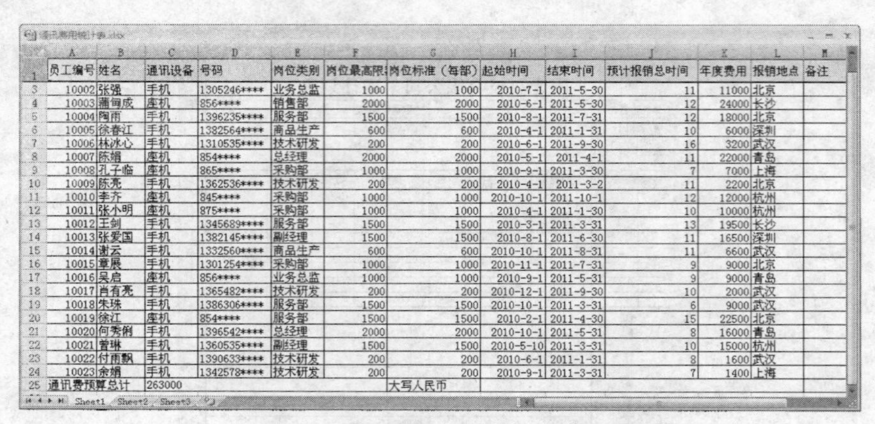

员工编号	姓名	通讯设备	号码	岗位类别	岗位最高限	岗位标准（每部）	起始时间	结束时间	预计报销总时间	年度费用	报销地点	备注
10002	张强	手机	1305246****	业务总监	1000	1000	2010-7-1	2011-5-30	11	11000	北京	
10003	蒲每成	座机	856****	销售部	2000	2000	2010-6-1	2011-5-30	12	24000	长沙	
10004	陶雨	手机	1396235****	服务部	1500	1500	2010-8-1	2011-7-31	12	18000	北京	
10005	徐春江	手机	1382564****	商品生产	600	600	2010-4-1	2011-1-31	10	6000	深圳	
10006	林冰心	手机	1310535****	技术研发	200	200	2010-6-1	2011-9-30	16	3200	武汉	
10007	陈娟	座机	854****	总经理	2000	2000	2010-5-1	2011-4-1	11	22000	青岛	
10008	孔子临	座机	865****	采购部	1000	1000	2010-9-1	2011-3-30	7	7000	上海	
10009	陈亮	手机	1362536****	技术研发	200	200	2010-4-1	2011-3-2	11	2200	北京	
10010	李齐	座机	845****	采购部	1000	1000	2010-10-1	2011-10-1	12	12000	杭州	
10011	张小明	座机	875****	采购部	1000	1000	2010-4-1	2011-1-30	10	10000	杭州	
10012	王剑	手机	1345689****	服务部	1500	1500	2010-3-1	2011-3-31	13	19500	长沙	
10013	张爱国	手机	1382145****	副经理	1500	1500	2010-8-1	2011-6-30	11	16500	深圳	
10014	谢云	手机	1332560****	商品生产	600	600	2010-10-1	2011-8-31	11	6600	武汉	
10015	章展	手机	1301254****	采购部	1000	1000	2010-11-1	2011-7-31	9	9000	北京	
10016	吴启	座机	856****	业务总监	1000	1000	2010-9-1	2011-5-31	9	9000	青岛	
10017	肖有亮	手机	1365482****	技术研发	200	200	2010-12-1	2011-9-30	10	2000	武汉	
10018	朱珠	手机	1386306****	服务部	1500	1500	2010-10-1	2011-3-31	6	9000	武汉	
10019	徐江	座机	854****	服务部	1500	1500	2010-2-1	2011-4-30	15	22500	北京	
10020	何秀俐	手机	1396542****	总经理	2000	2000	2010-10-1	2011-5-31	8	16000	青岛	
10021	曾琳	手机	1360535****	副经理	1500	1500	2010-5-10	2011-3-31	10	15000	杭州	
10022	付雨飘	手机	1390633****	技术研发	200	200	2010-6-1	2011-1-31	8	1600	武汉	
10023	余娟	手机	1342578****	技术研发	200	200	2010-9-1	2011-3-31	7	1400	上海	
通讯费预算总计		263000				大写人民币						

图 6-43 通讯费用统计电子表格

素材位置：模块六\素材\通讯费用统计电子表格.xlsx。

效果图位置：模块六\源文件\通讯费用统计电子表格.xlsx。

◆ 实训分析

本实训的操作思路如图 6-44 所示，具体分析及思路如下。

（1）打开素材文件，修改表格中的数据。

（2）删除不需要的单元格，并为表格添加底纹。

（3）冻结表格首行查看表格。

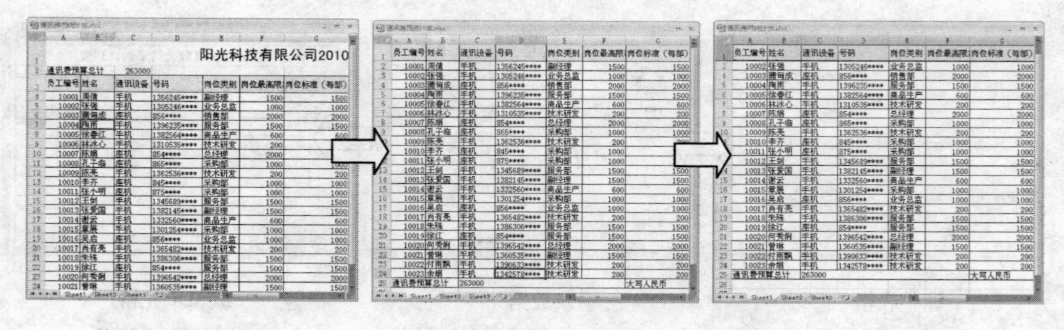

修改表格中的数据　　删除不需要的表格　　冻结表格首行

图 6-44 制作通讯费用统计电子表格的操作思路

实训三　美化客户联系电子表格

◆ 实训目标

本实训要求利用设置表格样式的相关知识来美化客户联系电子表格，效果如图 6-45 所示。

素材位置： 模块六\素材\美化客户联系电子表格.xlsx。
效果图位置： 模块六\源文件\美化客户联系电子表格.xlsx。

阳光科技科华联系表

编号	客户类别	公司名称	所在地	公司地址	联系人	邮编	联系电话
0001	签约	城市中心	成都	滨江路 93号	陶先生	456203	1341564****
0002	签约	玩具宝贝有限公司	北京	宁安西路 5号	何先生	235645	1324564****
0003	临时	嘉业科技	成都	扩充街 48号	李小姐	356510	1358989****
0004	签约	华科实业有限公司	重庆	南门路 36号	朱先生	355600	1364574****
0005	签约	夕阳红练歌房	成都	环城路 113号	严先生	435600	1355655****
0006	签约	联帮文化	成都	白马路 60号	杨先生	135654	1305614****
0007	签约	中企公司	重庆	唐山路 64号	刘小姐	565601	1382635****
0008	签约	迅捷失业有限公司	上海	学子路 22号	姚小姐	134452	1362659****
0009	签约	华北贸易	成都	华夏路 22号	罗小姐	465642	1385646****
0010	不签约	农业招待所	上海	八一路 67号	邓小姐	561322	1342562****
0011	临时	世纪家电	成都	机场路 59号	赵小姐	156123	1345265****
0012	签约	天天花店	北京	福星路 66号	汤小姐	135265	1305696****
0013	临时	永中科技	成都	滨州路 54号	杨先生	256560	1314655****
0014	签约	一级医院	成都	承德路 48号	高女士	235640	1342123****
0015	不签约	友恒科达纸业	成都	淮水路 63号	张女士	235660	1305656****
0016	签约	天宝实业公司	成都	解放路 15号	董先生	264001	1306554****
0017	不签约	浩田旅行社	北京	博世街 59号	伍先生	785304	1356556****
0018	不签约	泰斗剧场	成都	海滨路 40号	谢小姐	236004	1324652****
0019	临时	远远源公司	重庆	三夏路 42号	黄女士	650200	1351544****
0020	签约	长河家私	成都	二马路 1号	林先生	165640	1394566****
0021	签约	妹妹礼品	成都	环城西路 75号	王女士	135656	1334656****
0022	临时	义填有限责任公司	重庆	大海洋路 117号	程先生	276001	1352654****
0023	不签约	五金机械	上海	城东路 56号	朱先生	265400	1301545****
0024	签约	曙光实业	成都	广西路 11号	崔先生	264000	1351254****
0025	不签约	越远运输公司	上海	解放路 28号	熊先生	131434	1359892****
0026	签约	黄河工业公司	成都	朝阳路 38号	许先生	285004	1356565****
0027	签约	环球商贸	北京	南应祥路 68号	方女士	865410	1352165****
0028	临时	艾克华出版社	成都	人民东路 5号	徐女士	254601	1315479****
0029	签约	大官家办事处	成都	湟源路 4号	余先生	561001	1354659****
0030	临时	正人企业	成都	金光路 52号	邹先生	466120	1334688****
0031	签约	大洋科技	成都	胜利南路 4号	张先生	356560	1354680****
0032	不签约	英达唱片公司	北京	北马路 20号	马先生	456100	1373562****
0033	签约	高丽公司	成都	观潮路 27号	王女士	275604	1334656****
0034	签约	英格兰英语	重庆	博学路 66号	周女士	123230	1395232****

图 6-45　客户联系电子表格效果

◆ 实训分析

本实训的操作思路如图 6-46 所示，具体分析及思路如下。

（1）设置表格格式，如边框线、字体样式和对齐方式，以及表格的行高和列宽等。

（2）为表格插入背景图片来美化表格。

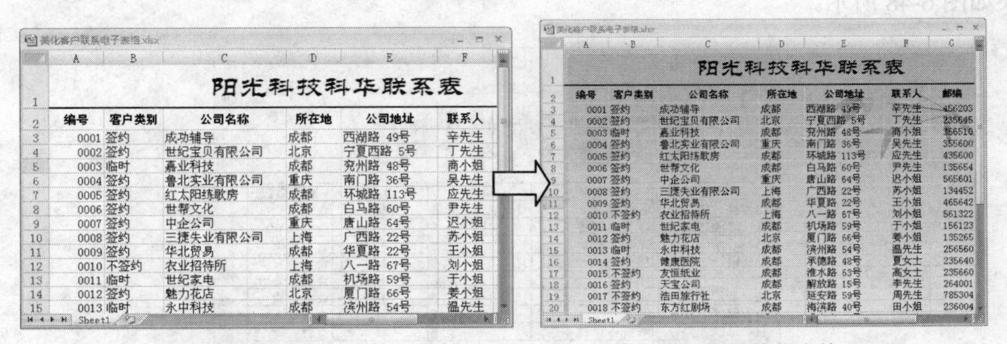

设置表格格式　　　　添加背景美化表格

图 6-46　美化客户联系电子表格的操作思路

实践与提高

根据本模块所学内容，动手完成以下实践内容。

练习 1　制作公司员工工资表

运用制作表格和调整表格的相关知识，制作一个公司员工工资表，效果如图 6-47 所示。

效果图位置：模块六\源文件\川贝医药商贸有限公司员工工资表.xlsx。

川贝医药商贸有限公司员工工资表

姓名	部门	基本工资	提成	扣除	应得工资
熊宇	销售部	1500	2000	300	3200
梁怡	销售部	1500	1200	100	2600
孟繁玲	技术部	1800	800	30	2570
张霞	技术部	1800	700	10	2490
熊锦陆	人事部	2000	500	20	2480
刘静	技术部	1800	680	10	2470
陈林庆	技术部	1800	700	30	2470
司徒元圣	人事部	2000	500	40	2460
曾秋雨	销售部	1500	1000	40	2460
周小娟	人事部	2000	500	50	2450
顾小明	技术部	1800	650	30	2420
刘明杰	人事部	2000	450	50	2400
程熙	销售部	1500	1000	100	2400
邓希	人事部	2000	400	20	2380
张黎明	技术部	1800	750	200	2350
张震	人事部	2000	400	100	2300
刘志刚	技术部	1800	700	200	2300
李杰	销售部	1500	800	20	2280
王卉	技术部	1800	600	200	2200
吴婧婷	销售部	1500	400	100	1800
本月发放总工资		本月员工平均工资		最高工资	最低工资
48480		2424		3200	1800

1月份　2月份　3月份

图 6-47　川贝医药商贸有限公司员工工资表效果

练习 2　制作商品一览表

本练习将制作一个商店一览表，需要用到编辑表格数据和插入艺术字的相关操作，效果如图 6-48 所示。

恋客饮料吧

产品名称	成份	单价	单位	推荐指数
鲜什锦	各类鲜果	4.5	杯	☆☆☆☆
绿波荡漾	苹果、青枣	4.5	杯	☆☆☆☆☆
心情	草莓、樱桃	4.5	杯	☆☆☆
橙汁	橙子	3.5	杯	☆☆☆
咖啡	咖啡豆	6	杯	☆☆☆☆☆
亲涩年代	青柠檬	4.5	杯	☆☆☆☆
椰奶	椰子	5	杯	☆☆☆
珍珠奶茶	鲜奶+珍珠+茶	2.5	杯	☆☆
冰淇淋	鲜果汁	2	杯	☆☆☆

Sheet1　Sheet2　Sheet3

图 6-48　商品一览表效果

效果图位置：模块六\源文件\商品一览表.xlsx。

练习 3　制作产品质量检验记录表

本练习需要用到设置表格样式的相关操作，通过设置表格格式和套用表格样式等操作，快速制作一个产品质量检验记录表，效果如图 6-49 所示。

效果图位置：模块六\源文件\产品质量检验记录表.xlsx。

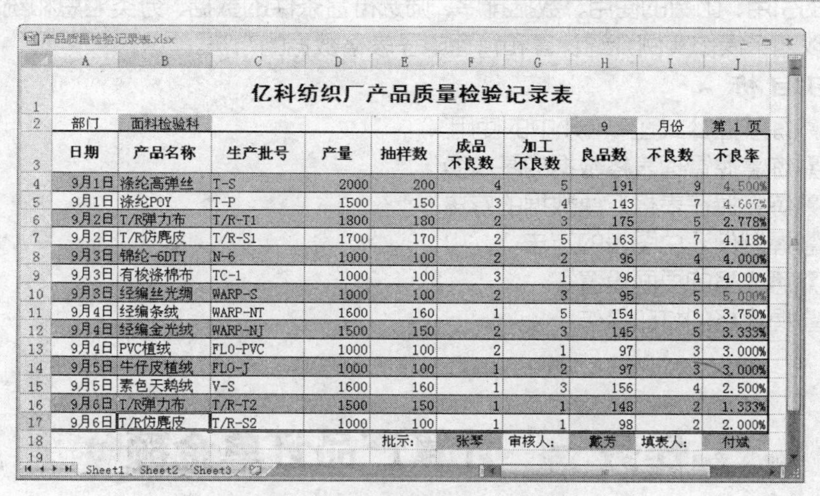

亿科纺织厂产品质量检验记录表

部门	面料检验科						9	月份	第 1 页
日期	产品名称	生产批号	产量	抽样数	成品不良数	加工不良数	良品数	不良数	不良率
9月1日	涤纶高弹丝	T-S	2000	200	4	5	191	9	4.500%
9月1日	涤纶POY	T-P	1500	150	3	4	143	7	4.667%
9月2日	T/R弹力布	T/R-T1	1800	180	2	3	175	5	2.778%
9月2日	T/R仿麂皮	T/R-S1	1700	170	2	5	163	7	4.118%
9月3日	锦纶-6DTY	N-6	1000	100	2	2	96	4	4.000%
9月3日	有梭涤棉布	TC-1	1000	100	3	1	96	4	4.000%
9月3日	经编丝光绸	WARP-S	1000	100	2	3	95	5	5.000%
9月4日	经编条绒	WARP-NT	1600	160	1	5	154	6	3.750%
9月4日	经编金光绒	WARP-NJ	1500	150	2	3	145	5	3.333%
9月4日	PVC植绒	FLO-PVC	1000	100	2	1	97	3	3.000%
9月5日	牛仔皮植绒	FLO-J	1000	100	1	2	97	3	3.000%
9月5日	素色天鹅绒	V-S	1600	160	1	3	156	4	2.500%
9月6日	T/R弹力布	T/R-T2	1500	150	1	1	148	2	1.333%
9月6日	T/R仿麂皮	T/R-S2	1000	100	1	1	98	2	2.000%
				批示:	张琴	审核人:	戴芳	填表人:	付斌

图 6-49　产品质量检验记录表效果

练习 4　提高编辑和美化电子表格能力

在编辑和美化电子表格时，除了本模块讲解的知识外，用户还可以通过上网查阅资料或购买相关书籍来提高编辑和美化电子表格的能力，从而制作出更加精美的电子表格。

模块七

计算和管理电子表格数据

Excel 2007 具有强大的数据计算和数据管理功能，能轻松地计算大量复杂的数据并有序地管理好各种数据信息，包括对表格中的数据进行计算与统计管理、公式的使用、单元格和区域的引用、函数的使用、数据排序、筛选符合条件的数据、分类汇总和统计数据等。本模块将以四个操作实例介绍计算和管理电子表格数据的方法。

学习目标

- 📖 熟练掌握公式在 Excel 中的使用
- 📖 熟练掌握管理表格数据的基本操作
- 📖 熟练掌握在表格汇总数据的方法
- 📖 掌握制作汇总图表的方法
- 📖 熟悉表格的页面设置
- 📖 掌握表格的打印操作

任务一　计算产品订单金额

◆ 任务目标

本任务的目标是通过 Excel 中公式和函数的使用来计算产品订单金额，效果如图 7-1 所示。通过练习掌握公式和函数在表格中的使用方法，并掌握公式和函数在表格中的运用。

科创世纪电脑客户订单表

订单编号	客户姓名	所在城市	产品名称	单价（元）	数量（件）	发货日期	交货日期	订单总额（元）	明年生产（件）
tc05024	周倩	上海	80G硬盘	483	140	2010-12-3	2011-2-13	67620	100
tc05014	张强	上海	液晶显示器	1972	500	2010-12-4	2011-2-14	986000	900
tc05011	蒲甸成	上海	主板	627	820	2010-12-5	2011-2-15	514140	900
tc05008	陶雨	上海	显卡	389	180	2010-12-6	2011-2-16	70020	100
tc05003	徐春江	上海	512M内存	408	640	2010-12-7	2011-2-17	261120	900
tc05001	林冰心	上海	奔腾2.2CPU	1204	80	2010-12-8	2011-2-18	96320	100
tc05019	陈娟	杭州	纯平显示器	1124	340	2010-12-9	2011-2-19	382160	900
tc05012	孔子临	杭州	主机箱	371	300	2010-12-10	2011-2-20	111300	900
tc05009	陈亮	杭州	显卡	389	500	2010-12-11	2011-2-21	194500	900
tc05007	李齐	杭州	80G硬盘	483	230	2010-12-12	2011-2-22	111090	100
tc05021	张小明	广州	512M内存	408	190	2010-12-13	2011-2-23	77520	100
tc05020	王剑	广州	主板	627	370	2010-12-14	2011-2-24	231990	900
tc05015	张爱国	广州	显卡	389	410	2010-12-15	2011-2-25	159490	900
tc05023	谢云	成都	网线	1.5	60	2010-12-16	2011-2-26	90	100
tc05016	江涛	成都	液晶显示器	1972	120	2010-12-17	2011-2-27	236640	100
tc05006	李密	成都	交换机	521	280	2010-12-18	2011-2-28	145880	100
tc05004	张思	成都	512M内存	408	360	2010-12-19	2011-3-1	146880	900
tc05022	熊创	北京	奔腾2.2CPU	1204	310	2010-12-20	2011-3-2	373240	900
tc05018	吴娟	北京	纯平显示器	1124	180	2010-12-21	2011-3-3	202320	100
tc05017	詹秋	北京	80G硬盘	483	250	2010-12-22	2011-3-4	120750	100
tc05013	夏微	北京	显卡	389	300	2010-12-23	2011-3-5	116700	900
tc05010	邹城	北京	主板	627	190	2010-12-24	2011-3-6	119130	100
tc05005	杨雨	北京	512M内存	408	270	2010-12-25	2011-3-7	110160	100
tc05002	陶璐	北京	液晶显示器	1972	50	2010-12-26	2011-3-8	98600	100
							合计收入	4933660	
							订单最多	820	

图 7-1　计算产品订单金额效果

素材位置：模块七\素材\计算产品订单金额.xlsx。
效果图位置：模块七\源文件\计算产品订单金额.xlsx。

本任务的具体目标要求如下：

（1）熟练掌握公式的使用方法。

（2）熟练掌握函数的使用方法。

◆ 专业背景

本任务在操作时需要了解产品订单金额电子表格的作用，这类表格能直观地体现产品的销售状况，从而分析产品的销量市场并为下一年产品的生产做计划。

◆ 操作思路

本任务的操作思路如图 7-2 所示，涉及的知识点有公式的使用方法和函数的使用方法等，具体思路及要求如下。

（1）打开素材文件，使用公式计算订单总额。

（2）使用函数计算明年生产件数等。

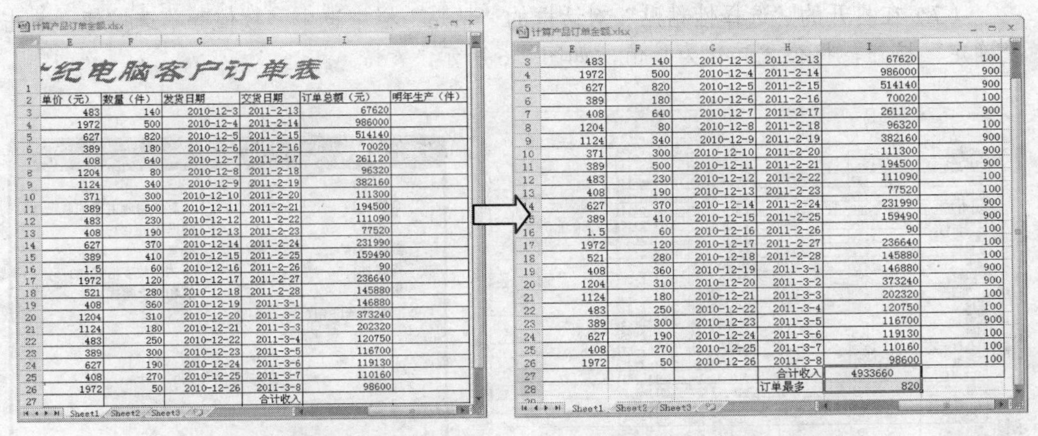

使用公式计算订单总额　　　　使用函数计算明年生产件数等

图 7-2　计算产品订单金额的操作思路

操作一　使用公式

（1）打开素材“计算产品订单金额.xlsx”电子表格，选中 I3 单元格。

（2）在“数据编辑框”中输入等号“=”，选择 E3 单元格，再在“数据编辑框”中输入乘号“*”，选择 F3 单元格，如图 7-3 所示。

（3）按【Enter】键，在 I3 单元格中将显示公式的计算结果，如图 7-4 所示。

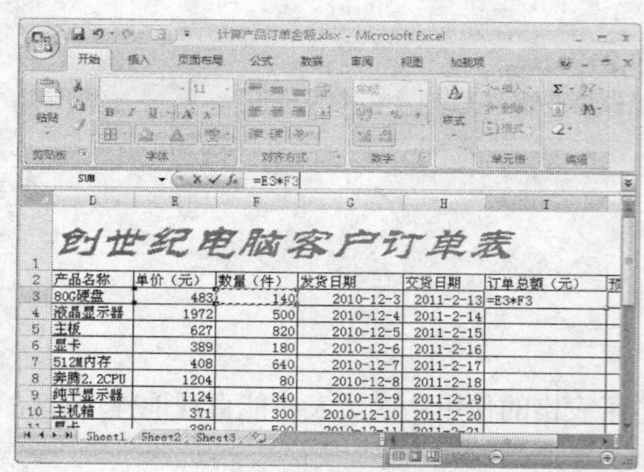

图 7-3 输入公式

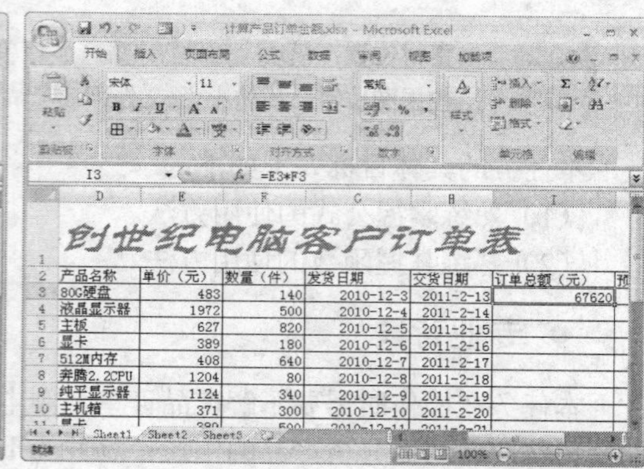

图 7-4 显示公式的计算结果

（4）选择 I3 单元格，将鼠标指针移动到单元格的右下方，向下拖动控制柄至 I26 单元格，释放鼠标完成公式的复制。

（5）此时在 I3:I26 单元格区域中将自动计算出公式结果，如图 7-5 所示。

（6）在“剪贴板”功能组中单击“复制”按钮，再单击“粘贴”按钮下方的按钮，在弹出的下拉菜单中选择“选择性粘贴”选项。

（7）在打开的“选择性粘贴”对话框的“粘贴”栏中选中“数值”单选按钮，单击“确定”按钮，将公式转化为数值，如图 7-6 所示。

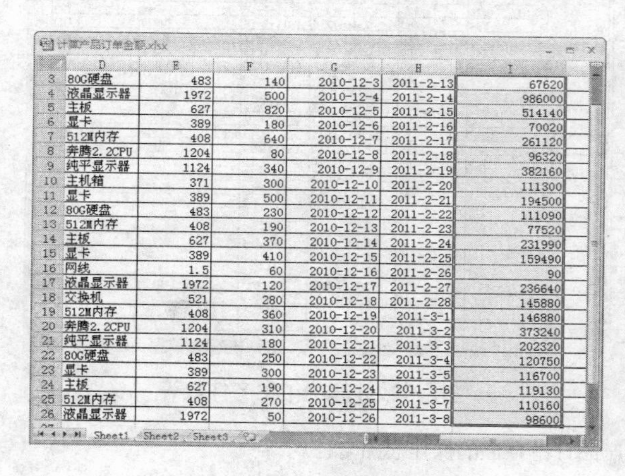

图 7-5 复制公式

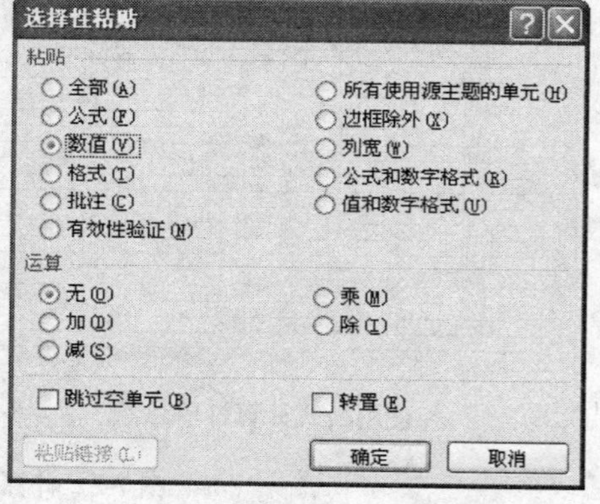

图 7-6 “选择性粘贴”对话框

技巧 要将单元格中计算出的结果和计算公式一起删除，可先选择需要删除结果和公式的单元格，然后按【Delete】键，或通过“数据编辑栏”的“编辑框”删除公式。

操作二 设置表格

（1）选择 I27 单元格，选择“公式”选项卡，在“函数库”功能组中单击“自动求和”按钮，系统将自动对该列包含数值的单元格进行求和，如图 7-7 所示。

（2）按【Ctrl+Enter】组合键，自动求和的结果将显示在 I27 单元格中，自动求和后的效果如图 7-8 所示。

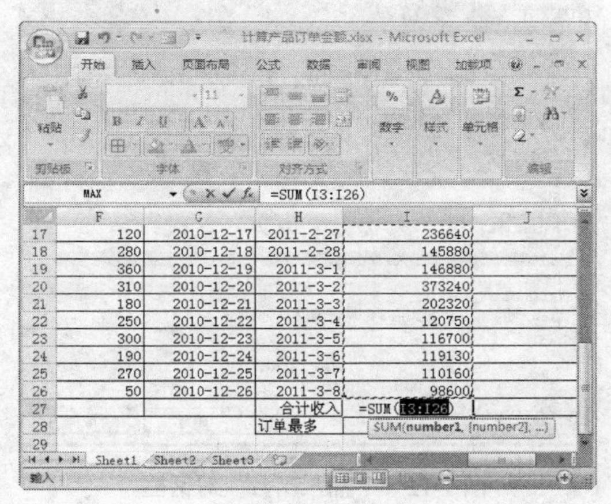

图 7-7　插入 SUM 函数

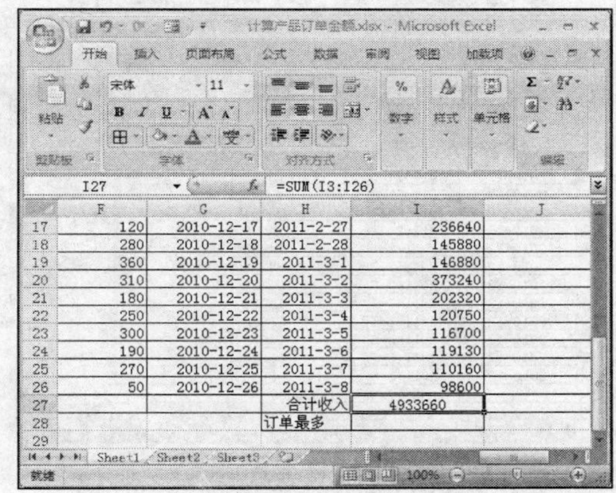

图 7-8　自动求和后的效果

（3）选择 J3 单元格，在“编辑栏”中单击“插入函数”按钮。

（4）在打开的“插入函数”对话框的“或选择类别”下拉列表框中选择“常用函数”选项，在“选择函数”列表框中选择“IF”选项，如图 7-9 所示，单击“确定”按钮。

（5）在打开的“函数参数”对话框中的“Logical_test”参数框中输入“F3>=300”，在“Value_if_true”参数框中输入“900”，在“Value_if_false”参数框中输入“100”，如图 7-10 所示。

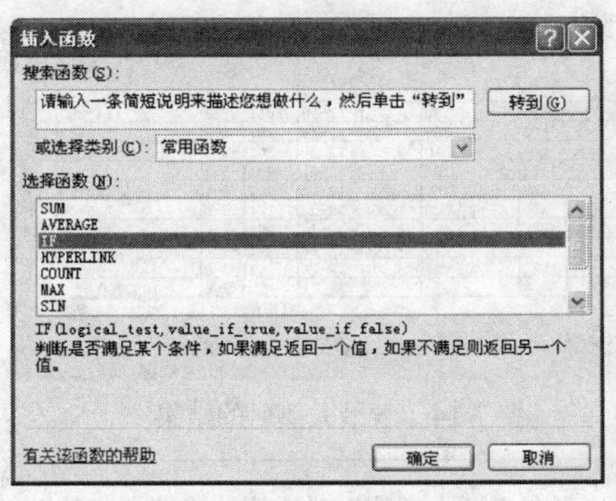

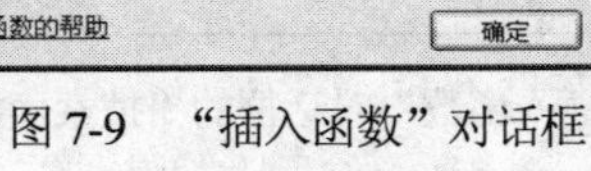

图 7-9　“插入函数”对话框

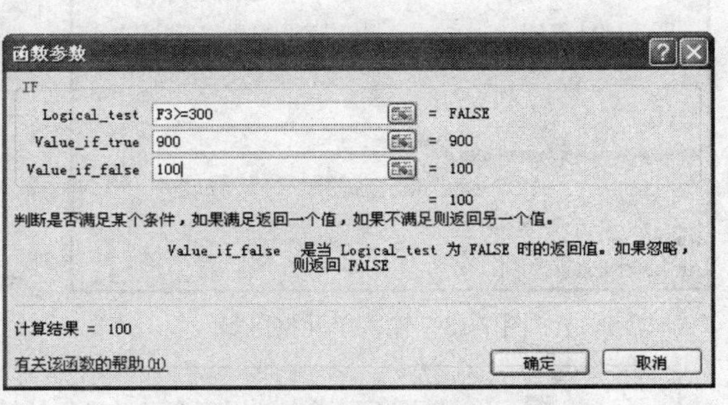

图 7-10　“函数参数”对话框

（6）单击“确定”按钮，如果 F3 单元格中的件数大于或等于 300 时，在 J3 单元格中将显示明年的生产件数为 900，否则显示 100。

（7）将鼠标指针移动到 J3 单元格右下角的填充柄上，按住鼠标左键向下拖动到 J26 单元格中释放，计算出所有明年的生产件数，计算结果如图 7-11 所示。

（8）选择 I28 单元格，在“编辑栏”中单击“插入函数”按钮。

（9）在打开的“插入函数”对话框的“或选择类别”下拉列表框中选择“常用函

数”选项，在“选择函数”列表框中选择“MAX”选项，如图 7-12 所示，单击“确定”按钮。

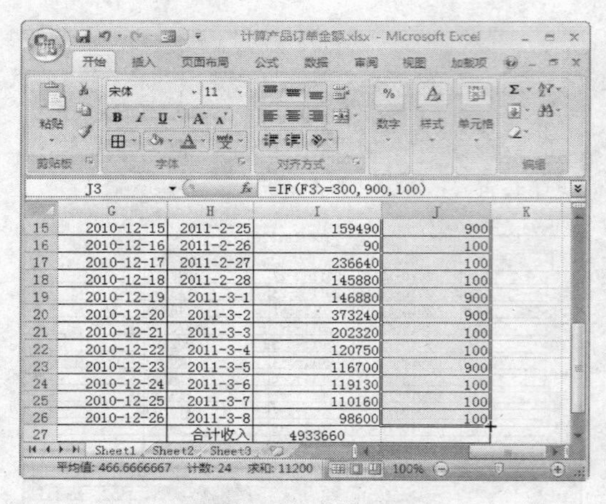

图 7-11　计算结果

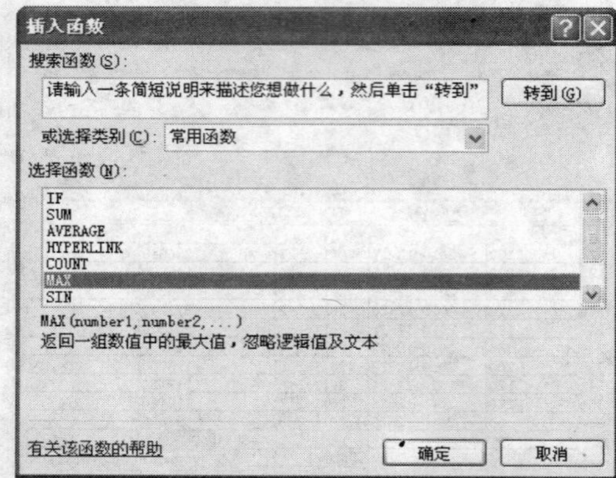

图 7-12　“插入函数”对话框

（10）在打开的“函数参数”对话框的“Number1”参数框中输入“F3:F26”，如图 7-13 所示，单击“确定”按钮。

（11）返回工作表，可以在 I28 单元格中看到订单的最大值，求最大值后的效果如图 7-14 所示。

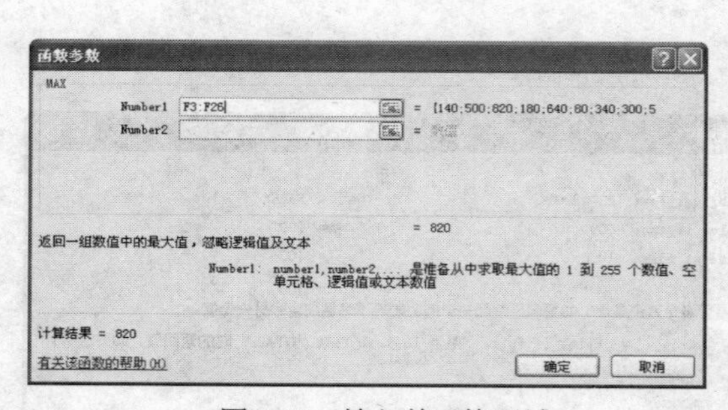

图 7-13　输入单元格区域

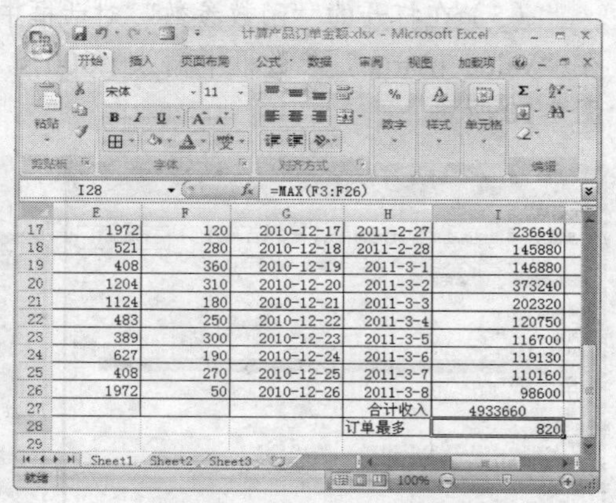

图 7-14　求最大值后的结果

提示　如果不知道应该用哪个函数进行计算，可在“插入函数”对话框的“搜索函数”文本框中输入关键字，然后单击“转到”按钮查找相关函数。

◆ 学习与探究

本任务练习了在表格中使用公式和函数计算数据的操作，使用公式计算数据时只须选中单元格，然后在单元格中输入公式即可；使用函数计算数据时常用的函数主要有以下几个，下面分别介绍。

1．求和函数 SUM

SUM 函数用于计算单元格区域中所有数值的总和，其参数可以是数值，如 SUM(1,2)表示计算“1+2”的和；也可以是一个单元格的引用或一个单元格区域的引用，如 SUM(A3,F7)表示计算“A3+F7”，而 SUM(C4:B5)表示求“C4:B5”区域内各单元格中数值的总和。

2．条件函数 IF

使用 IF 函数可以对数值和公式进行条件判断，根据逻辑计算的真假值返回不同的结果。其方法是选择需要的单元格，单击“插入函数”按钮f_x，在打开的“插入函数”对话框的“选择函数”列表框中选择“IF”函数，单击“确定”按钮，在打开的“函数参数”对话框中的“Logical_test”文本框中输入条件，单击“确定”按钮即可。

3．求平均值函数 AVERAGE

AVERAGE 函数用于求参数中所有数值的平均值，其参数与 SUM 函数的参数类似，选择该函数后单元格中会自动出现计算结果。

4．求最大值函数 MAX 和求最小值函数 MIN

MAX 函数可返回所选单元格区域中所有数值的最大值，MIN 函数是 MAX 函数的反函数，用来返回所选单元格区域中所有数值的最小值。它们的语法结构为 MAX 或 MIN(number1,number2,…)，其中“number1,number2,…”表示要筛选的 1~30 个数值或引用，如 MAX(C1,C2,C3)表示求 C1、C2 和 C3 单元格中数值的最大值，MIN(C1,C2,C3)表示求 C1、C2 和 C3 单元格中数值的最小值。

另外，除了本例用到的选择函数外，还可以在函数中嵌套函数，即将一个函数或公式作为另一个函数的参数使用。在使用嵌套函数时应该注意，返回值类型需要符合函数的参数类型，如参数为整数值，则嵌套函数也必须返回整数值，否则 Excel 将显示#VALUE!错误值。嵌套函数中的参数最多可嵌套 64 个级别的函数。

当在工作表中多处使用公式或函数时，为了查看公式的输入是否正确，用户可在工作表中将公式显示出来，其方法有两种，一种是选择“公式”选项卡，在“公式审核”功能组中单击“显示公式”按钮；另一种是选取要显示公式的单元格，按【Ctrl+~】组合键即可显示该单元格中的公式，再次按【Ctrl+~】组合键则显示公式的计算结果。

任务二　分析汽车各季度销售数量

◆ 任务目标

本任务的目标是运用记录单来记录表格数据及对表格进行排序、筛选、分类汇总等操作的相关知识，分析汽车各季度销售数量，效果如图 7-15 所示。通过练习掌握管理表格数据的方法。

素材位置：模块七\素材\汽车各季度销售数量.xlsx。

效果图位置：模块七\源文件\汽车各季度销售数量.xlsx。

汽车各季度销售数.xlsx

迅捷汽车公司2010年个季度汽车销售情况

品牌	1季度	2季度	3季度	4季度	市场占有率	交易额	业务员
宝马	28	34	124	78	0.0233	1347309	邹城
宝马	32	154	211	241	0.0266	4208000	谢云
宝马	38	48	69	87	0.0316	2538577	詹秋
宝马	60	45	215	166	0.0499	6431100	张爱国
宝马 计数	4	4	4	4		4	
长安羚羊	126	298	54	35	0.1048	7893600	孔子临
长安羚羊	1	1	1	1		1	
福莱尔	37	68	15	87	0.0306	3240275	熊创
福莱尔 计	1	1	1	1		1	
吉利	46	148	799	45	0.0383	3874417	江涛
吉利 计数	1	1	1	1		1	
捷达	11	56	345	54	0.0092	3301571	张思
捷达	18	456	34	89	0.015	7184571	王剑
捷达	18	99	33	59	0.015	3004650	吴娟
捷达	38	926	155	59	0.0316	9371644	林冰心
捷达	59	89	76	168	0.0452	4872493	余锡
捷达 计数	5	5	5	5		5	
桑塔纳	11	278	46	64	0.0092	7400250	张小明
桑塔纳	14	98	125	56	0.0116	3619000	李密
桑塔纳	28	87	48	485	0.0233	1112100	陶瑞
桑塔纳	59	256	87	56	0.0509	8457860	陈娟
桑塔纳 计	4	4	4	4		4	
现代	10	45	65	97	0.0083	1234000	杨雨
现代	10	456	45	97	0.0183	1748571	夏微
现代	23	79	84	45	0.0191	737650	王黎
现代	25	59	245	98	0.0208	11444600	蒲甸成
现代	27	54	52	35	0.0225	10563750	徐春江
现代	34	150	455	54	0.0283	13035600	张强
现代	52	466	44	41	0.0433	7837885	陈亮
现代	67	265	25	68	0.0577	7459722	李齐
现代	103	192	300	450	0.1065	17014964	周倩
现代	103	192	168	200	0.1139	10458945	赵纯雨
现代 计数	10	10	10	10		10	
总计数	26	26	26	26		26	

Sheet1 Sheet2 Sheet3

图 7-15　分析汽车各季度销售数量效果

本任务的具体目标要求如下：

（1）掌握记录单的使用方法。

（2）熟练掌握在表格中排序和筛选数据的操作。

（3）熟练掌握分类汇总的操作方法。

◆ 专业背景

本任务的操作中需要了解数据的筛选和分类汇总在表格中的作用，当表格中统计的数据较多而且种类复杂时，为了方便查找数据，可以对表格进行数据筛选和分类汇总，使用户在查找时更加方便，同时也使表格更有条理性。

◆ 操作思路

本任务的操作思路如图 7-16 所示，涉及的知识点有记录单的使用、在表格中排序和筛选数据、分类汇总数据等操作，具体思路及要求如下。

（1）使用记录单管理表格中的数据。

（2）排序和筛选表格中的数据。

（3）分类汇总表格中的数据。

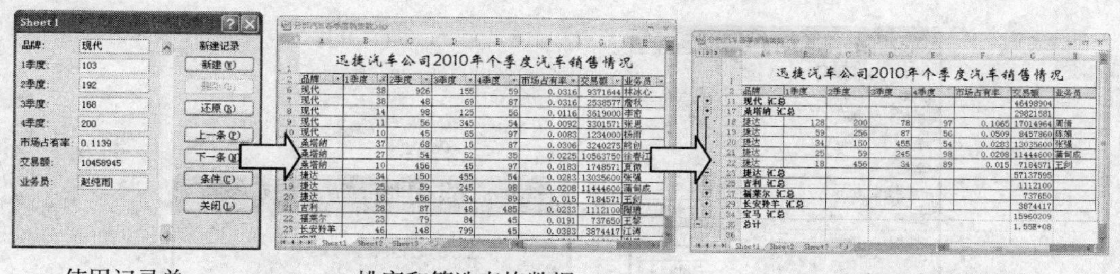

使用记录单　　排序和筛选表格数据　　分类汇总表格数据

图 7-16　分析汽车各季度销售数量的操作思路

操作一　使用记录单

（1）单击“Office”按钮，在弹出的下拉菜单中选择“Excel 选项”。

（2）在打开的“Excel 选项”对话框中选择“自定义”选项卡，在“从下列位置选择命令”下拉列表框中选择“所有命令”选项，在其下的列表框中选择“记录单”选项，单击“添加”按钮将其添加到右侧的列表框中，如图 7-17 所示。

（3）单击“确定”按钮，选择 A3:H27 单元格区域中的任意单元格，在快速访问工具栏中单击“记录单”按钮。

（4）在打开的对话框中单击“新建”按钮，打开新建记录的对话框，在其中输入相应的数据信息，如图 7-18 所示。

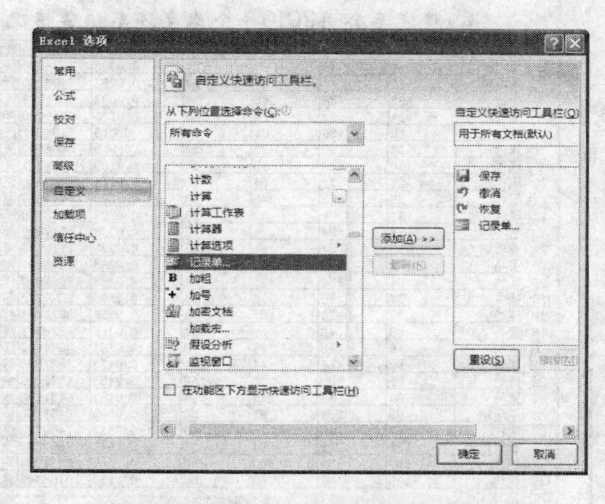

图 7-17　添加“记录单”命令

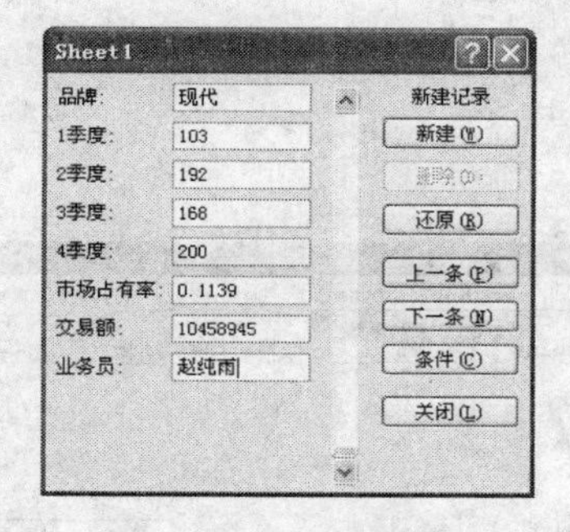

图 7-18　新建记录

（5）完成数据输入后，按【Enter】键，继续输入另一名员工的销售情况。

（6）单击“条件”按钮，打开输入查找条件的对话框，在“业务员”文本框中输入“陶雨”，按【Enter】键，Excel 将自动查找符合条件的记录并显示出来，如图 7-19 所示。

（7）单击“删除”按钮，打开提示对话框，单击“确定”按钮将其删除，如图 7-20 所示，然后单击“关闭”按钮将记录单对话框关闭即可。

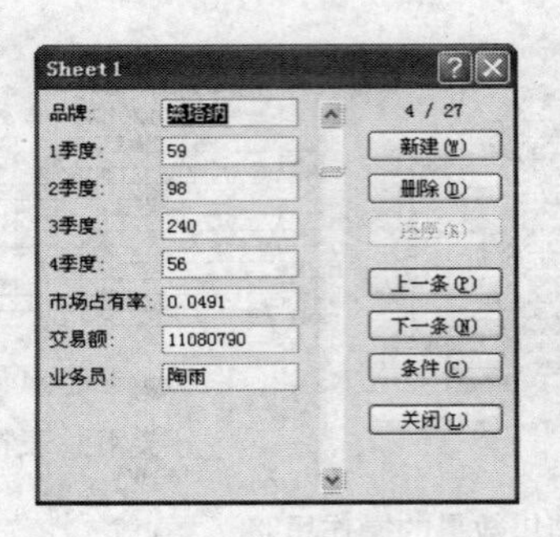

图 7-19　查找记录

图 7-20　删除记录

操作二　排序和筛选数据

（1）打开素材“汽车各季度销售数量.xlsx”电子表格，选择任意一个有数据的单元格，选择“数据”选项卡。

（2）单击“排序和筛选”功能组中的“排序”按钮，打开“排序”对话框，在“主要关键字”下拉列表框中选择“市场占有率”选项，在“次序”下拉列表框中选择“升序”选项，如图 7-21 所示。

（3）单击“确定”按钮，完成排序操作后的效果如图 7-22 所示。

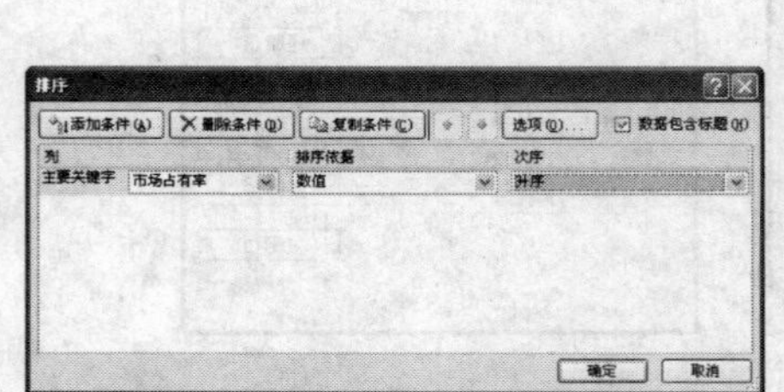

图 7-21　设置排序条件

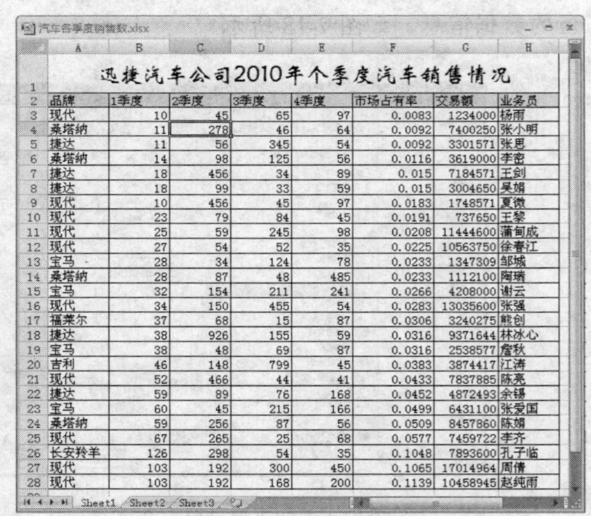

迅捷汽车公司2010年个季度汽车销售情况

品牌	1季度	2季度	3季度	4季度	市场占有率	交易额	业务员
现代	10	45	65	97	0.0083	1234000	杨雨
桑塔纳	11	278	46	64	0.0092	7400250	张小明
捷达	11	56	345	54	0.0092	3301571	张思
桑塔纳	14	98	125	56	0.0116	3619000	李密
捷达	18	456	34	89	0.015	7184571	王剑
捷达	18	99	33	59	0.015	3004650	吴娟
现代	10	456	45	97	0.0183	1748571	夏微
现代	23	79	84	45	0.0191	737650	王黎
现代	25	59	245	98	0.0208	11444600	蒲甸成
现代	27	54	52	35	0.0225	10563750	徐春江
宝马	28	34	124	78	0.0233	1347309	邹城
桑塔纳	28	87	48	485	0.0233	1112100	陶瑞
宝马	32	154	211	241	0.0266	4208000	谢云
现代	34	150	455	54	0.0283	13035600	张强
福莱尔	37	68	15	87	0.0306	3240275	熊创
捷达	38	926	155	59	0.0316	9371644	林冰心
宝马	38	48	69	87	0.0316	2538577	詹秋
吉利	46	148	799	45	0.0383	3874417	江涛
现代	52	466	44	41	0.0433	7837885	陈亮
捷达	59	89	76	168	0.0452	4872493	余锡
宝马	60	45	215	166	0.0499	6431100	张爱国
桑塔纳	59	256	87	56	0.0509	8457860	陈娟
现代	67	265	25	68	0.0577	7459722	李齐
长安羚羊	126	298	54	35	0.1048	7893600	孔子临
现代	103	192	300	450	0.1065	17014964	周倩
现代	103	192	168	200	0.1139	10458945	赵纯雨

图 7-22　完成排序操作后的效果

提示　在表格中可以对数字、文本、日期、时间等数据进行排列，对文本是按拼音的首个字母进行排列的；日期和时间是按照时间的早晚进行排列的；如果进行排序的单元格旁的单元格中有数据，那么选择排序命令后将打开“排序提醒”对话框。

（4）单击任意一个有数据的单元格，单击“排序和筛选”功能组中的“筛选”按钮。

（5）此时在每个表头的右边都会出现一个“下拉箭头”按钮▾，单击需进行筛选数据的表头右侧的“下拉箭头”按钮▾，这里单击“1 季度”右侧的“下拉箭头”按钮▾，在弹出的快捷菜单中，执行“数字筛选”→“大于”菜单命令，如图 7-23 所示。

（6）打开“自定义自动筛选方式”对话框，在第一行的第一个下拉列表框中选择“大于”选项，在其后的下拉列表框中输入“50”，如图 7-24 所示。

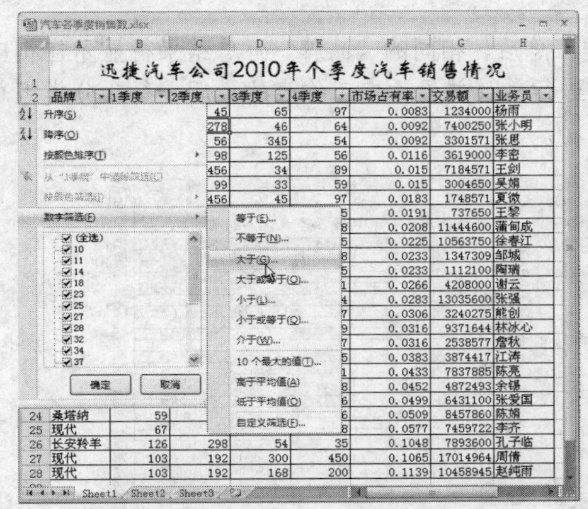

图 7-23　选择命令

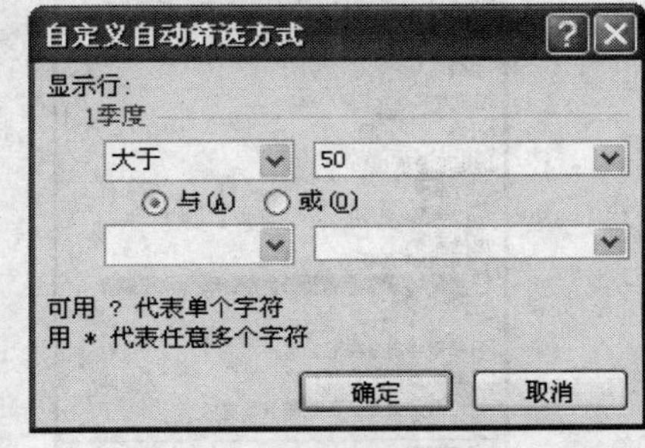

图 7-24　“自定义自动筛选方式”对话框

（7）单击“确定”按钮返回，在工作表中将只显示 1 季度中销售量大于 50 的相关品牌，并且“1 季度”字段名右侧的▾按钮将变成▾按钮，筛选数据后的效果如图 7-25 所示。

迅捷汽车公司2010年个季度汽车销售情况

	品牌	1季度	2季度	3季度	4季度	市场占有率	交易额	业务员
21	现代	52	466	44	41	0.0433	7837885	陈亮
22	捷达	59	89	76	168	0.0452	4872493	余锡
23	宝马	60	45	215	166	0.0499	6431100	张爱国
24	桑塔纳	59	256	87	56	0.0509	8457860	陈娟
25	现代	67	265	25	68	0.0577	7459722	李齐
26	长安羚羊	126	298	54	35	0.1048	7893600	孔子临
27	现代	103	192	300	450	0.1065	17014964	周倩
28	现代	103	192	168	200	0.1139	10458945	赵纯雨

图 7-25　筛选数据后的效果

操作三　销售数据分类汇总

（1）选择“数据”选项卡，在“排序和筛选”功能组中单击“筛选”按钮，取消对表格数据的筛选，并单击“排序”按钮，在打开的“排序”对话框中的“主要关键字”下拉列表框中选择“品牌”选项，在“次序”下拉列表框中选择“升序”选项，单击“确定”按钮进行排序。

（2）选择 A3:H27 单元格区域中的任意单元格，选择“数据”选项卡，在“分级显示”功能组中单击“分类汇总”按钮。

（3）在打开的“分类汇总”对话框的“分类字段”下拉列表框中选择“品牌”选项，在“汇总方式”下拉列表框中选择“计数”选项，在“选定汇总项”列表框中选中“1季度”、“2 季度”、“3 季度”、“4 季度”和“交易额”复选框，其他各项设置保持不变，如图 7-26 所示。

（4）单击“确定”按钮，完成分类汇总后，相同的“品牌”汇总结果将显示在相应的品牌数据下方，最后还将所有交易额进行总计并显示在工作表的最后一行，分类汇总后的效果如图 7-27 所示。

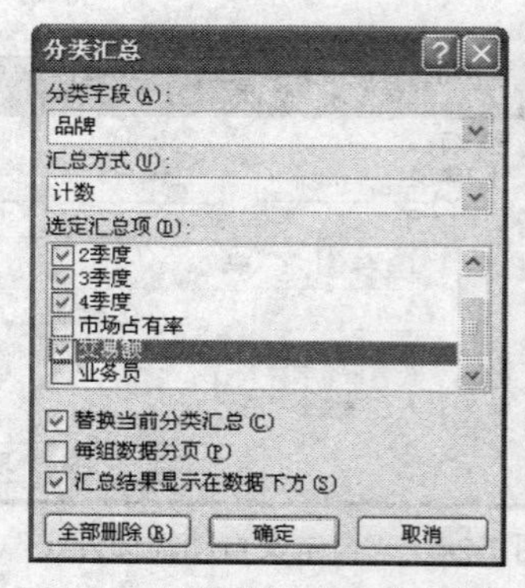

图 7-26 “分类汇总”对话框

迅捷汽车公司2010年个季度汽车销售情况

	A	B	C	D	E	F	G	H
2	品牌	1季度	2季度	3季度	4季度	市场占有率	交易额	业务员
3	宝马	28	34	124	78	0.0233	1347309	邹城
4	宝马	32	154	211	241	0.0266	4208000	谢云
5	宝马	38	48	69	87	0.0316	2538577	詹秋
6	宝马	60	45	215	166	0.0499	6431100	张爱国
7	宝马 计数	4	4	4	4		4	
8	长安羚羊	126	298	54	35	0.1048	7893600	孔子临
9	长安羚羊	1	1	1	1		1	
10	福莱尔	37	68	15	87	0.0306	3240275	熊创
11	福莱尔 计	1	1	1	1		1	
12	吉利	46	148	799	45	0.0383	3874417	江涛
13	吉利 计数	1	1	1	1		1	
14	捷达	11	56	345	54	0.0092	3301571	张思
15	捷达	18	456	34	89	0.015	7184571	王剑
16	捷达	18	99	33	59	0.015	3004650	吴娟
17	捷达	38	926	155	59	0.0316	9371644	林冰心
18	捷达	59	89	76	168	0.0452	4872493	余锈
19	捷达 计数	5	5	5	5		5	
20	桑塔纳	11	278	46	64	0.0092	7400250	张小明
21	桑塔纳	14	98	125	56	0.0116	3619000	李密
22	桑塔纳	28	87	48	485	0.0233	1112100	陶瑞
23	桑塔纳	59	256	87	56	0.0509	8457860	陈娟
24	桑塔纳 计	4	4	4	4		4	
35	现代 计数	10	10	10	10		10	
36	总计数	26	26	26	26		26	

图 7-27 分类汇总后的效果

◆ 学习与探究

本任务练习了在表格中对数据进行排序和筛选及分类汇总的操作方法。另外，在排序时，若只按一个条件进行排序，用户一般都通过按钮来进行快速排序，其方法是选择需要进行排序区域的任意一个单元格，单击“排序和筛选”功能组中的升序按钮或降序按钮。在分类汇总时需要注意的是，分类汇总前，必须先将数据进行排序，当不需要分类汇总时，可以将其删除，删除分类汇总的方法是单击“分级显示”功能组中的“分类汇总”按钮，在打开的“分类汇总”对话框中单击“全部删除”按钮。

除了本任务介绍的管理表格数据的方法外，还可以通过按钮来进行排序，使用自定义排序和筛选，下面分别对其进行介绍。

1. 自定义排序

自定义条件排序就是按照用户自行设置的条件来对数据进行排序，其方法如下。

（1）选择需要进行排序的单元格区域，单击“数据”选项卡“排序和筛选”工具栏中的“排序”按钮，打开“排序”对话框，单击“选项”按钮，打开“排序选项”对话框，在其中可以设置区分大小写、排序方向和排序方法，如图 7-28 所示，设置完成后单击“确定”按钮，返回到“排序”对话框。

（2）在“排序”对话框中设置“主要关键字”和“排序依据”，在“次序”下拉列表框中选择“自定义序列”选项单击“确定”按钮。

（3）打开“自定义序列”对话框，可以在“自定义序列”列表框中选择已有的排序方式，也可以单击“添加”按钮，在“输入序列”文本框中输入自定义的排序方式，如图 7-29 所示，单击“确定”按钮，返回“排序”对话框。

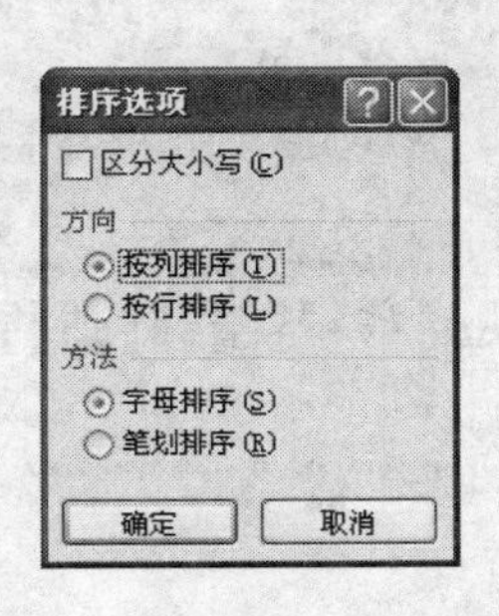

图 7-28　“排序选项”对话框

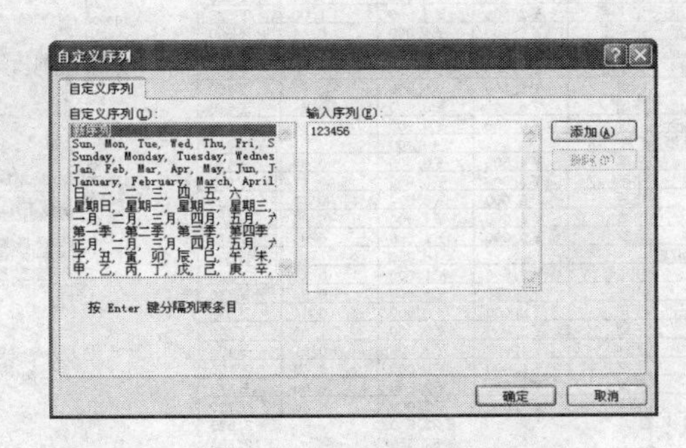

图 7-29　“自定义序列”对话框

（4）此时，“排序”对话框“次序”下拉列表框中将出现刚自定义的次序，单击“确定”按钮，关闭该对话框即可。

2．自定义筛选

自定义筛选功能是在自动筛选的基础上进行操作的，即单击需要自定义筛选的字段名右侧的▼按钮，在弹出的下拉菜单中选择“自定义筛选”选项，在打开“自定义自动筛选方式”对话框中进行相应的设置即可，如图 7-30 所示。

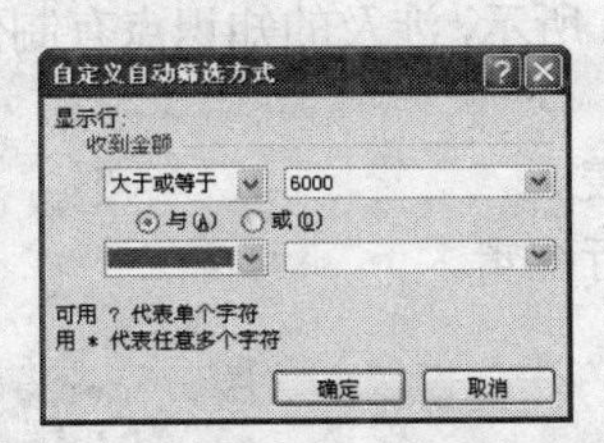

图 7-30　“自定义自动筛选方式”对话框

任务三　制作产品销售汇总图表

◆ 任务目标

本任务的目标主要是利用记录单来对数据进行记录，并将数据分类汇总后制作汇总图表，效果如图 7-31 所示。通过练习掌握在表格中制作和编辑图表的方法。

本任务的具体目标要求如下：

（1）掌握在表格中对数据进行分类汇总的方法。

（2）掌握在表格中制作汇总图表的操作。

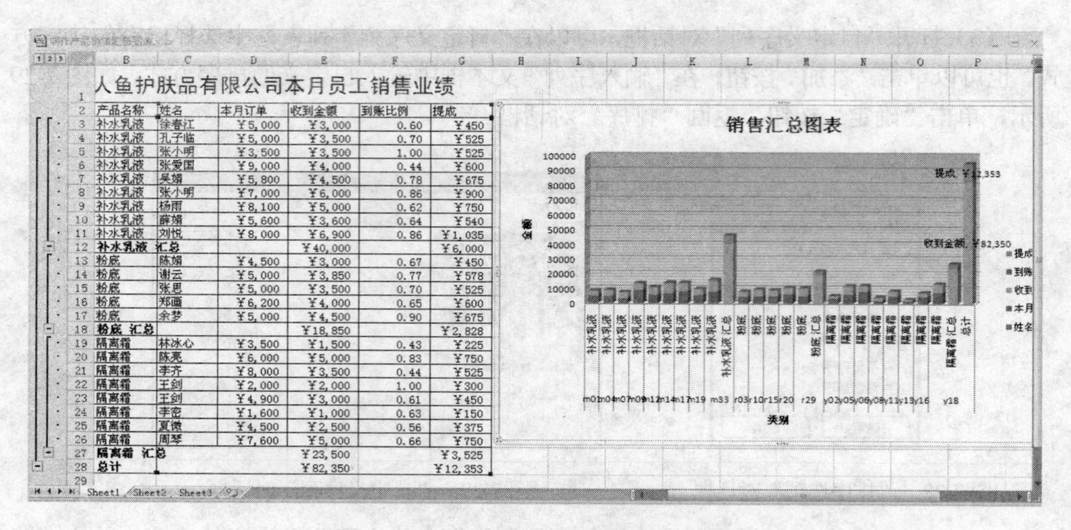

图 7-31　制作产品销售汇总图表效果

素材位置：模块七\素材\产品销售表.xlsx。
效果图位置：模块七\源文件\产品销售汇总图表.xlsx。

◆ 操作思路

本任务的操作思路如图 7-32 所示，涉及的知识点有制作汇总图表和对汇总图表进行编辑等，具体思路及要求如下。

（1）在表格中制作汇总图表。

（2）对制作的汇总图表进行编辑。

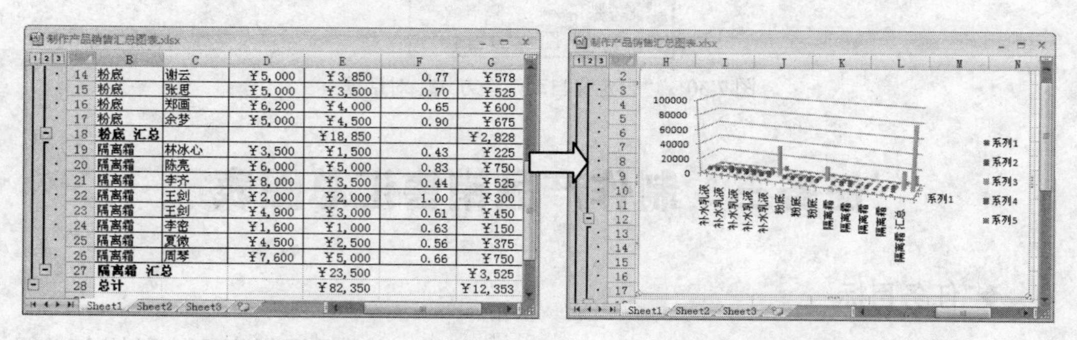

图 7-32　制作产品销售汇总图表的操作思路

操作一　制作汇总图表

（1）打开素材“产品销售表.xlsx”工作簿，选择 A2:G28 单元格区域，选择“插入”

选项卡，在“图表”功能组中单击右下角的按钮，打开“插入图表”对话框。

（2）在左侧的列表框中选择“柱形图”，在右侧对应打开的列表框中选择需要的图表样式，如图7-33所示。

（3）单击“确定”按钮，此时工作表中将插入所选图表样式的图表，然后用鼠标单击工作表空白处，确认创建的图表，插入的汇总图表如图7-34所示。

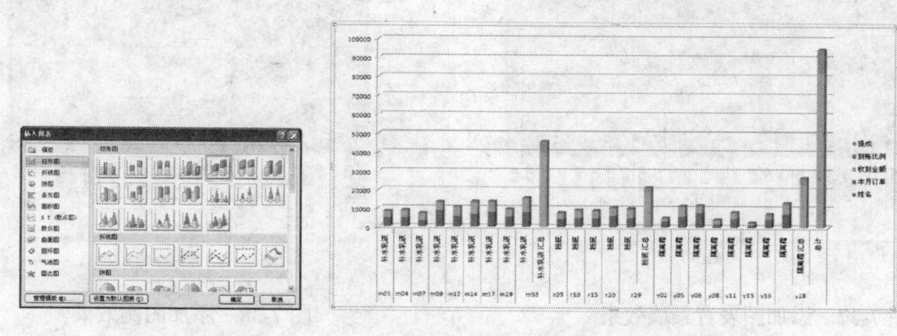

图7-33　选择图表样式　　图7-34　插入的汇总图表

操作二　编辑图表

（1）单击表格中的图表，将鼠标放在图表框周围的4个角点上，拖动鼠标即可调整其大小。

（2）选择“设计”选项卡，在“图表布局”功能组中单击“其他”按钮，在弹出的下拉菜单中选择“布局 6”选项，在图表的相应位置输入图表标题和坐标标题，图表布局如图7-35所示。

（3）选择“布局”选项卡，在“坐标轴”功能组中单击“网格线”按钮，在弹出的列表框中执行“主要横网格线”→“主要网格线和次要网格线”菜单命令。

（4）在“背景”功能组中单击“图表背景墙”按钮，在弹出的下拉菜单中选择“其他背景墙选项”选项，打开“设置背景墙格式”对话框，并进行设置如图7-36所示。

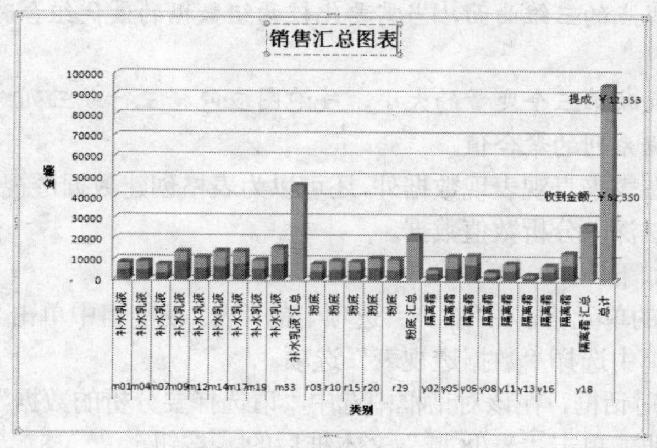

图7-35　图表布局

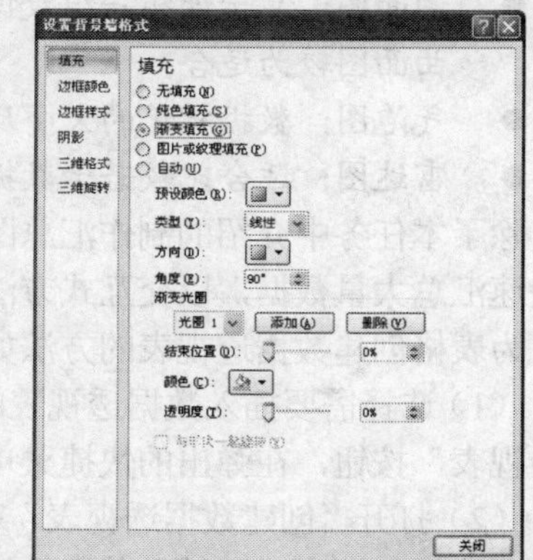

图7-36　“设置背景墙格式”对话框

（5）单击“关闭”按钮，即可为图表添加背景墙，效果如图 7-37 所示。

（6）单击“标签”功能组中的“图例”按钮，在弹出的列表框中选择“在右侧显示图例”选项，即可为图表添加图例，效果如图 7-38 所示。

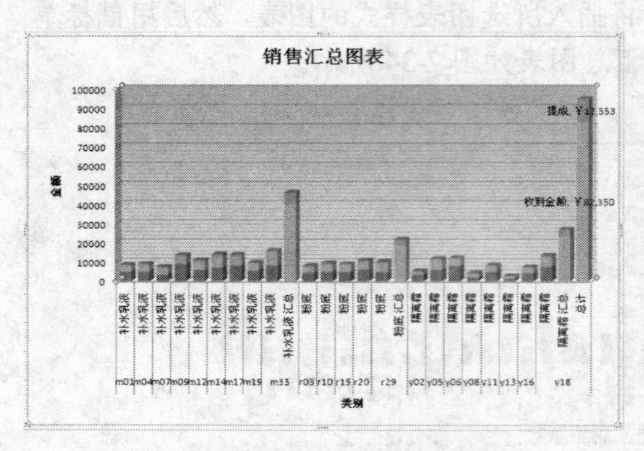

图 7-37　添加图表背景墙效果

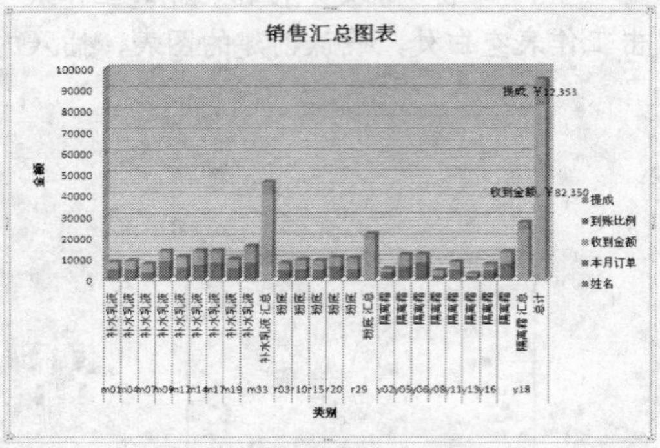

图 7-38　添加图例效果

◆ 学习与探究

本任务练习了在表格中通过制作汇总图表来直观地表现表格中的数据。

另外，在“选择图表样式”对话框中有多种图表类型，下面分别介绍其特点。

- 柱形图：即直方图，表示不同项目间的比较结果，也可说明时间段内的数据变化。
- 折线图：常用于描绘连续数据系列，确定数据的发展趋势。
- 饼图和圆环图：都常用于表示总体与部分的比例关系，但饼图只能表示一个数据系列，而圆环图可表示多个数据系列。
- 条形图：表示各个项目之间的比较情况，主要强调各个值间的比较，不强调时间。
- 面积图：显示各数据系列与整体的比例关系，强调随时间的变化幅度。
- 散点图：比较在不均匀时间或测量间隔的数据变化趋势。
- 股价图：股价图经常用来显示股价的波动，也可用于科学数据，如显示每天或每年温度的波动，创建股价图时必须按正确的顺序组织数据才能创建。
- 曲面图：显示连接一组数据点的三维曲面，当需要比较两组数据的最优组合时，曲面图较为适合。
- 气泡图：数据标记的大小反映第三个变量的大小，气泡图应包括三行或三列。
- 雷达图：适合比较若干数据系列的聚合值。

除了本任务中介绍的制作汇总图表来直观表现数据外，还可以为表格创建数据透视表，来快速汇总大量数据，以交互式方法深入分析数值数据。

为表格创建数据透视表的方法如下。

（1）选择需要插入数据透视表的单元格，在“插入”选项卡的“表”功能组中单击“数据透视表”按钮，在弹出的快捷菜单中选择“数据透视表”选项。

（2）打开“创建数据透视表”对话框，在该对话框中选中“请选择要分析的数据”栏中的“选择一个表或区域”单选按钮，单击“表/区域”文本框后的按钮。

（3）选择需要用来创建数据透视表的单元格区域，然后单击对话框中的按钮，返回“创建数据透视表”对话框中。

（4）选中“选择放置数据透视表的位置”栏中的“现有工作表”单选按钮，单击“位置”文本框后的按钮。

（5）选择数据透视表放置的位置，单击对话框中的按钮，返回到“创建数据透视表”对话框中，如图 7-39 所示，然后单击“确定”按钮，关闭该对话框。

（6）打开“数据透视表字段列表”任务窗格，在其中的“选择要添加到报表的字段”栏中选中需要显示的报表字段。

（7）单击任意单元格，“数据透视表字段列表”任务窗格将自动关闭，在选择的放置数据透视表的单元格中会出现刚插入的数据透视表，效果如图 7-40 所示。

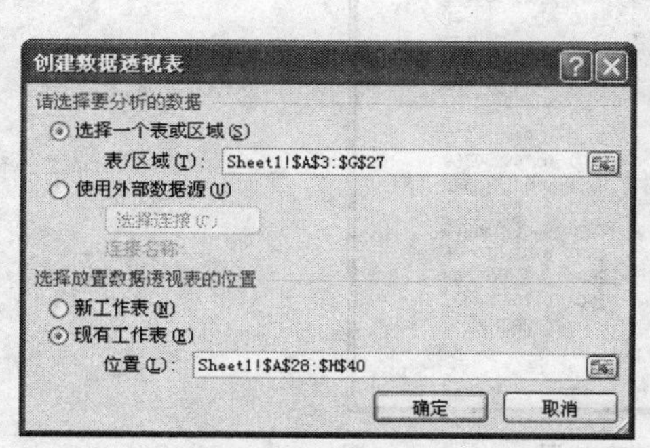

图 7-39　“创建数据透视表”对话框

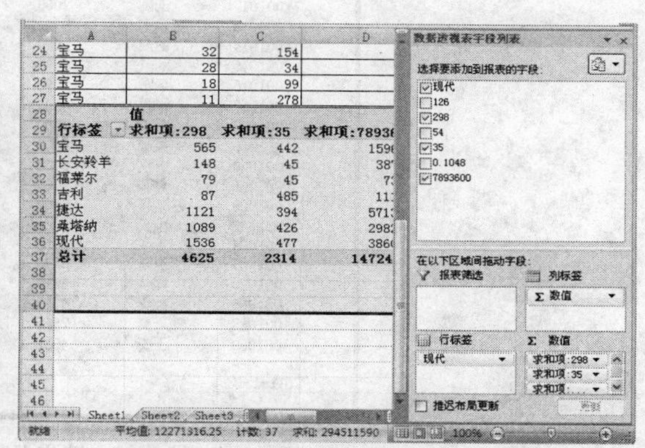

图 7-40　插入的数据透视表效果

任务四　打印销售业绩表

◆ 任务目标

本任务的目标是通过对表格的页面进行设置，然后进行打印，包括页眉和页脚的设置，表头和分页符的设置及调整页边距，最后进行打印预览，预览无误后进行打印输出，效果如图 7-41 所示。通过练习掌握在 Excel 中打印表格的方法。

本任务的具体目标要求如下：

（1）掌握设置页眉和页脚的方法。

（2）了解设置表头和分页符的方法。

（3）掌握打印表格的操作方法。

素材位置：模块七\素材\销售业绩表.xlsx、图标.jpg。

效果图位置：模块七\源文件\销售业绩表.xlsx。

东方酒水有限公司

东方酒水有限公司本月员工销售业

编号	姓名	本月订单	收到金额	到账比例
001001	周倩	8000	5000	0.625
001002	张强	3500	1000	0.285714286
001003	潘甸成	3000	3000	1
001004	陶雨	5000	2000	0.4
001005	徐春江	9000	5000	0.555555556
001006	林冰心	4000	3500	0.875
001007	陈娟	3500	3500	1
001008	孔子临	2000	650	0.325
001009	陈亮	4000	4000	1
001010	李齐	7000	2850	0.407142857
001011	张小明	1500	1500	1
001012	王剑	2000	1500	0.75
001013	张爱国	5000	1500	0.3
001014	谢云	1000	1000	1
001015	江涛	9500	9000	0.947368421
001016	李密	1500	1500	1
001017	张思	4000	500	0.125
001018	熊创	2000	2000	1
001019	吴娟	4000	2000	0.5
001020	詹秋	1500	1200	0.8
001021	夏微	4500	4000	0.888888889
001022	赵秋霜	6500	5000	0.769230769
001023	冯云	5900	5561	0.942542373
001024	陈华	7800	6000	0.769230769
001025	卫东	2346	2000	0.852514919
001026	周晓	4810	4500	0.935550936
001027	吴耀	4851	2500	0.515357658
001028	郑兴莫	2512	1900	0.756369427
001029	王鉴	4531	3900	0.860737144

2011-1-18

图 7-41　销售业绩表效果

◆ 操作思路

本任务的操作思路如图 7-42 所示，涉及的知识点有设置页眉和页脚、设置分页符、设置表头、打印电子表格等操作，具体思路及要求如下。

（1）为电子表格设置页眉和页脚。

（2）设置表头和分页符。

（3）打印表格。

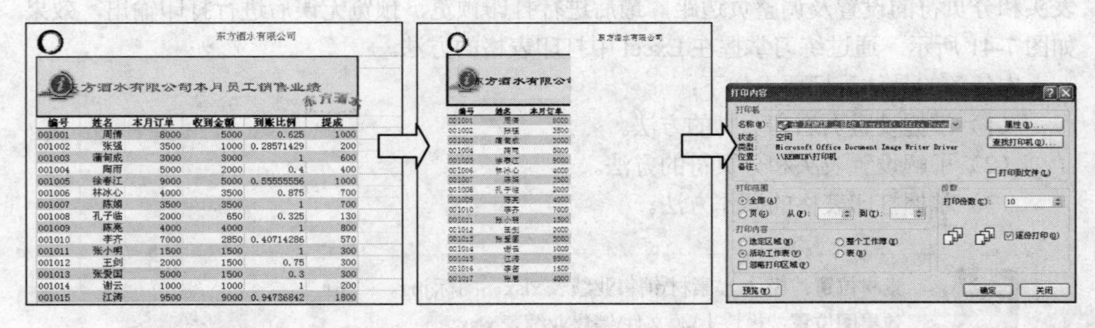

设置页眉和页脚　　设置表头和分页符　　打印电子表格

图 7-42　打印销售业绩表的操作思路

操作一　设置页眉和页脚

（1）打开素材“销售业绩表.xlsx”电子表格，选择“页面布局”选项卡，在“页面设置”功能组中单击右下角的“对话框启动器”按钮。

（2）在打开的“页面设置”对话框中选择“页眉/页脚”选项卡，单击“自定义页眉”按钮，如图 7-43 所示。

（3）在打开的“页眉”对话框中的“中”文本框中输入“东方酒水有限公司”，单击“格式文本”按钮A，如图 7-44 所示。

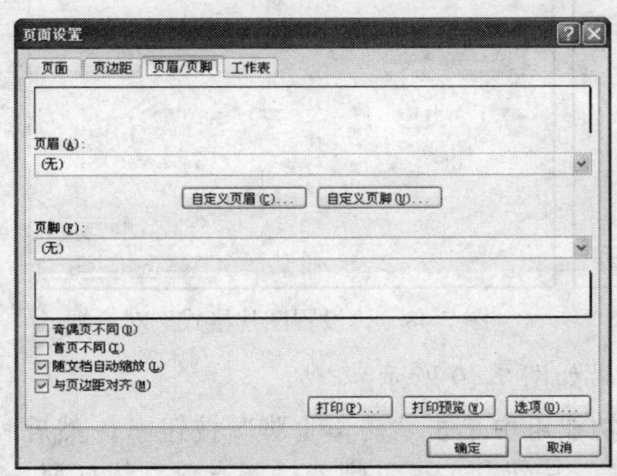

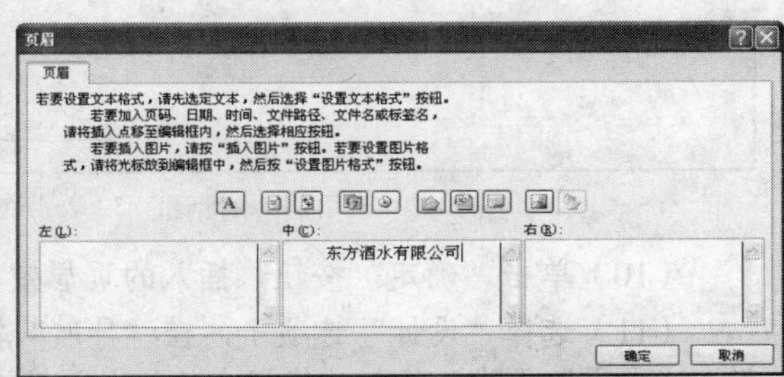

图 7-43　“页面设置”对话框　　　　图 7-44　“页眉”对话框

（4）打开“字体”对话框，设置文本的字体为“宋体（标题）”、字形为“加粗 倾斜”、字号为“14”、颜色为“蓝色”，如图 7-45 所示，单击“确定”按钮。

（5）返回“页眉”对话框，将文本插入点定位在“左”文本框中，单击“插入图片”按钮，在打开的“插入图片”对话框中选择需要插入的图片，如图 7-46 所示，单击“插入”按钮。

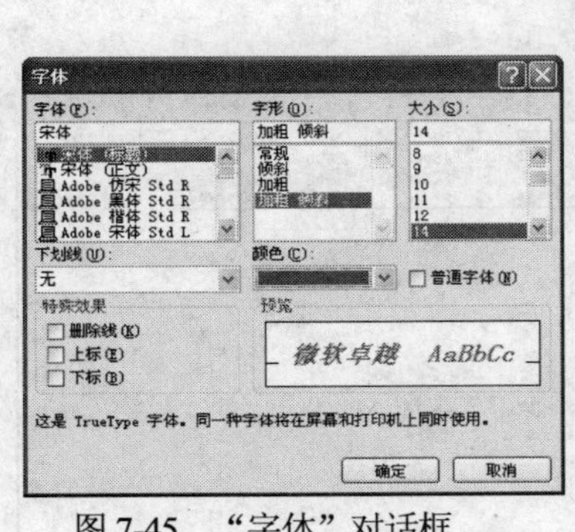

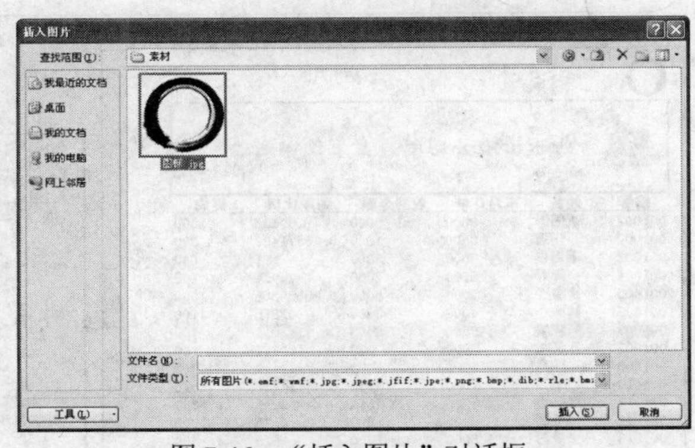

图 7-45　“字体”对话框　　　　图 7-46　“插入图片”对话框

（6）设置成功以后，单击“确定”按钮，返回“页眉”对话框，如图 7-47 所示，单击“确定”按钮，返回工作表。

（7）选择“插入”选项卡，在“文本”功能组中单击“页眉和页脚”按钮。

（8）工作表自动进入页眉和页脚的编辑状态，并且当前功能区为“设计”选项卡，在页眉左侧的图片位置单击鼠标左键，在“页眉和页脚元素”功能组中单击“设置图片格式”按钮。

（9）打开“设置图片格式”对话框，在其中选择“大小”选项卡，在“比例”栏中的“高度”数值框中输入“5%”，如图 7-48 所示。

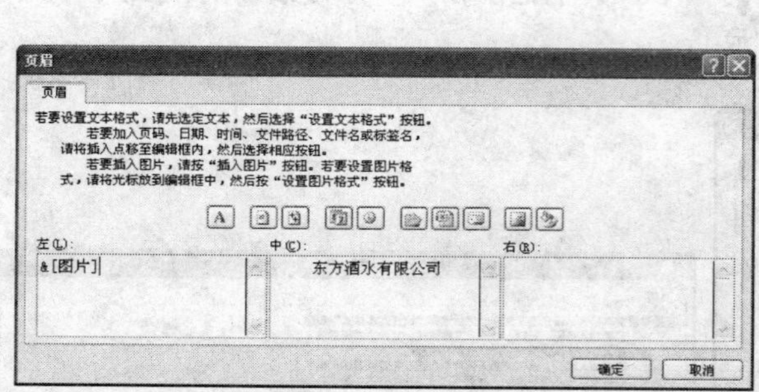

图 7-47 “页眉”对话框

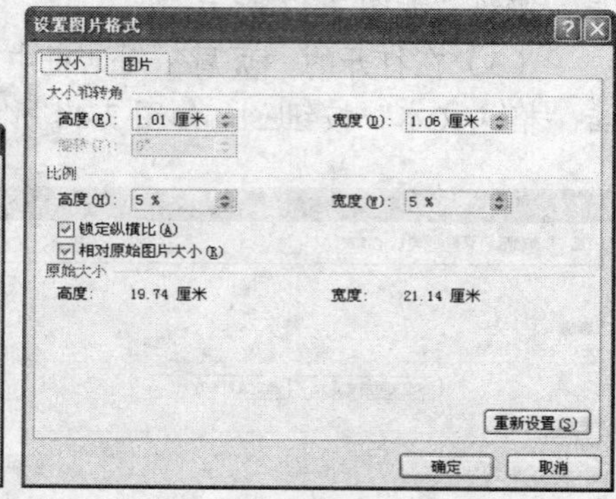

图 7-48 “设置图片格式”对话框

（10）单击“确定”按钮，插入的页眉效果如图 7-49 所示。

（11）选择“设计”选项卡，在“导航”功能组中单击“转至页脚”按钮，然后单击“页眉和页脚元素”功能组中的“当前日期”按钮，在页脚处插入当前系统日期，插入的页脚效果如图 7-50 所示。

提示

在“页眉”和“页脚”数值框中可以设置页眉和页脚区域与纸张顶部和底部的距离，通常这两个数值应小于相应的页边距，以免页眉和页脚覆盖工作表数据，并且页眉和页脚都是独立于工作表数据的，只有在打印预览状态或已被打印输出的工作表中才会显示。

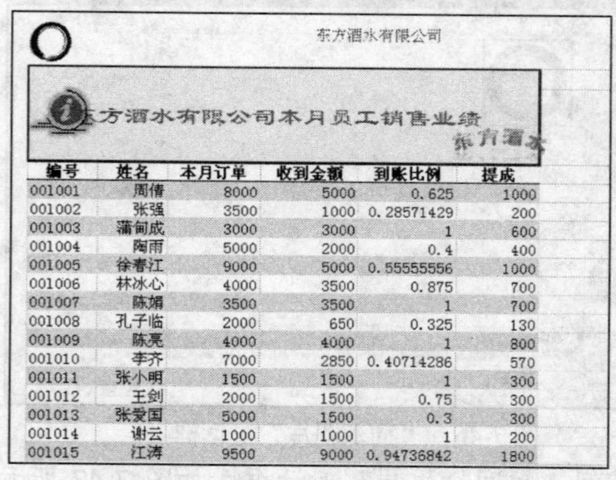

东方酒水有限公司

东方酒水有限公司本月员工销售业绩

编号	姓名	本月订单	收到金额	到账比例	提成
001001	周倩	8000	5000	0.625	1000
001002	张强	3500	1000	0.28571429	200
001003	蒲甸成	3000	3000	1	600
001004	陶雨	5000	2000	0.4	400
001005	徐春江	9000	5000	0.55555556	1000
001006	林冰心	4000	3500	0.875	700
001007	陈娟	3500	3500	1	700
001008	孔子临	2000	650	0.325	130
001009	陈亮	4000	4000	1	800
001010	李齐	7000	2850	0.40714286	570
001011	张小明	1500	1500	1	300
001012	王剑	2000	1500	0.75	300
001013	张爱国	5000	1500	0.3	300
001014	谢云	1000	1000	1	200
001015	江涛	9500	9000	0.94736842	1800

图 7-49 插入的页眉效果

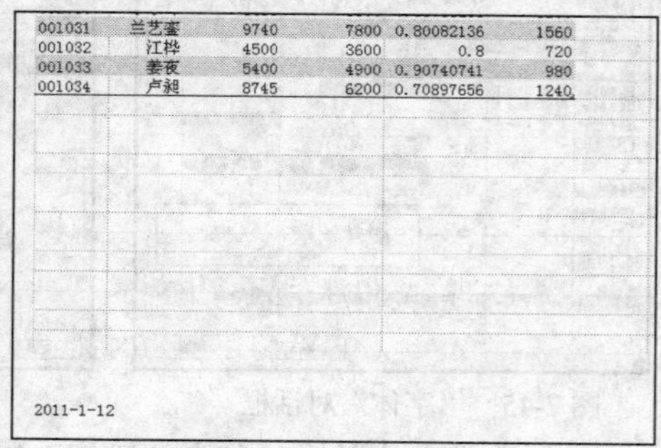

001031	兰艺蛮	9740	7800	0.80082136	1560
001032	江梓	4500	3600	0.8	720
001033	姜夜	5400	4900	0.90740741	980
001034	卢昶	8745	6200	0.70897656	1240

2011-1-12

图 7-50 插入的页脚效果

操作二　设置表头和分页符

（1）选择“页面布局”选项卡，在“页面设置”功能组中单击“打印标题”按钮，打开“页面设置”对话框。

（2）在“打印标题”栏中单击“顶端标题行”文本框右侧的按钮，在工作表中选择表头，单击按钮，返回“页面设置”对话框，如图 7-51 所示，单击“确定”按钮。

（3）选择 D21 单元格，在“页面设置”功能组中单击“分页符”按钮，在弹出的下拉列表框中选择“插入分页符”选项。

（4）单击“Office”按钮，在弹出的下拉菜单中执行“打印”→“打印预览”菜单命令，即可查看插入分页符后的效果如图 7-52 所示。

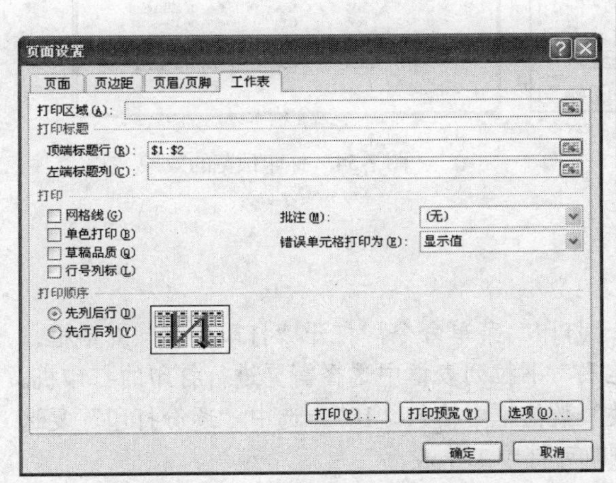

图 7-51　“页面设置”对话框

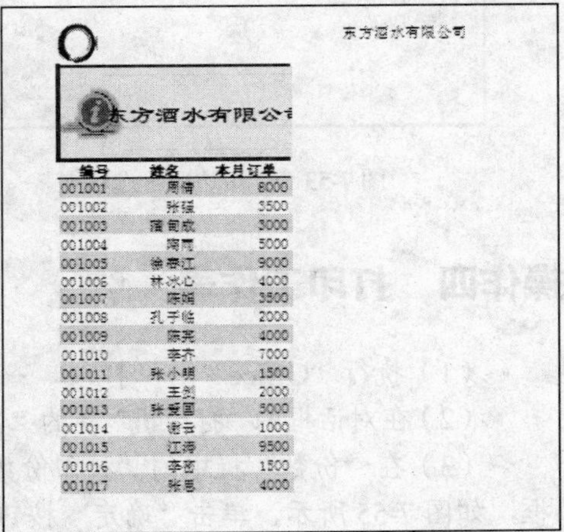

图 7-52　插入分页符后的效果

操作三　打印预览

（1）在“页面设置”功能组中单击“分页符”按钮，在弹出的下拉列表框中选择“删除分页符”选项。

（2）单击“Office”按钮，在弹出的下拉菜单中执行“打印”→“打印预览”菜单命令。

（3）单击“打印”功能组中的“页面设置”按钮，在打开的“页面设置”对话框中选择“页面”选项卡，在“缩放”栏中的“缩放比例”数值框中输入“150”，设置打印预览时的缩放比例。

（4）选择“页边距”选项卡，在其中设置页边距的“上”、“下”、“左”、“右”的值，在“居中方式”栏中选中“水平”和“垂直”复选框，如图 7-53 所示。

（5）单击“确定”按钮，即可看到打印预览的效果，如图 7-54 所示，单击“关闭打印预览”按钮，关闭打印预览窗口。

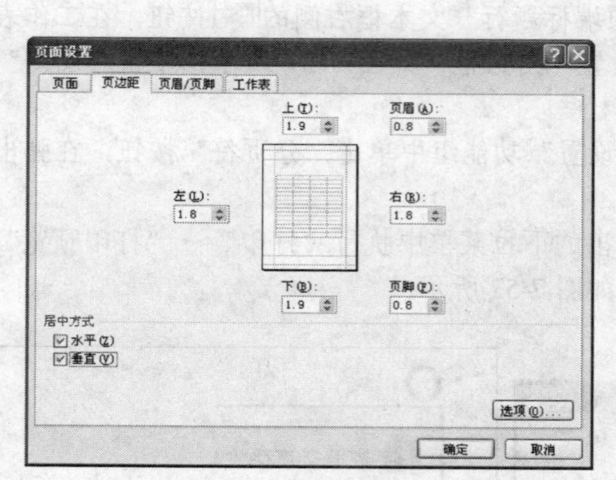

图 7-53 “页边距”选项卡

图 7-54 打印预览的效果

操作四 打印工作表

（1）执行“Office”→“打印”→“打印”菜单命令，打开“打印内容”对话框。

（2）在对话框的“打印机”栏的“名称”下拉列表框中选择需要进行打印的打印机。

（3）在“份数”栏中的“打印份数”数值框中输入“10”，选中“逐份打印”复选框，如图 7-55 所示，单击“确定”按钮即可打印工作表。

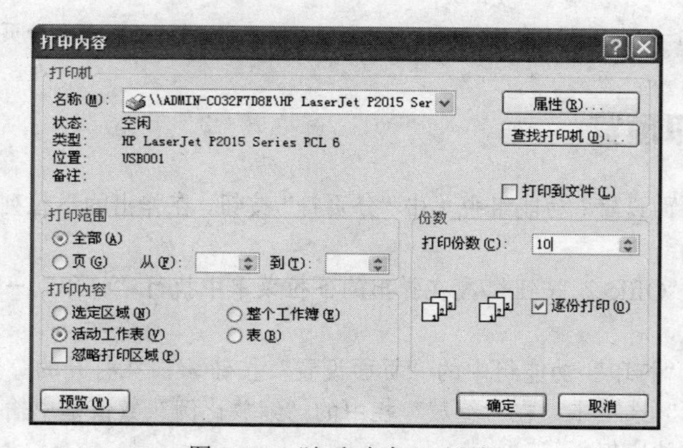

图 7-55 “打印内容”对话框

提示 若要打印多个不连续的区域，可以按住【Ctrl】键不放选取多个区域后再进行区域设置。

◆ 学习与探究

本任务练习了打印电子表格的相关知识，包括页面设置、分页符、表头设置、打印预览等。除了本任务讲解的知识外，还可以设置表格的主题和纸张的大小、方向等，下面分别进行介绍。

1. 设置表格主题

表格主题是一组统一归类的设计元素。用户通过设置表格主题可以快速并且轻松地设置整个表格的样式，赋予它专业和时尚的外观。其方法是在“页面布局”选项卡的“主题”功能组中，通过下面两种方式来设置打印主题。

- 应用预定义主题。单击“主题”按钮，在弹出的下拉菜单中选择一种预定义的主题，工作表中的数据包括图表即可应用该主题的字体格式、颜色和效果等样式。
- 自定义打印主题。在组中分别单击“颜色”、“字体”或“效果”按钮，在弹出的下拉菜单中选择主题的颜色、文字字体及效果等。

2. 设置纸张的大小和方向

设置纸张包括设置纸张大小和设置纸张方向两个方面。

（1）设置纸张大小。方法是在“页面设置”功能组中单击“纸张大小”按钮，在弹出的下拉菜单中选择已经定义好的纸张大小或选择“其他纸张大小”选项，在打开的对话框中自定义纸张大小。

（2）设置纸张方向。在“页面设置”功能组中单击“纸张方向”按钮，在弹出的下拉菜单中选择“纵向”或“横向”选项。

另外，也可以打印表格的部分区域，设置打印表格区域的方法是选择需要打印的单元格区域，选择“页面布局”选项卡，在“页面设置”功能组中单击“打印区域”按钮，在弹出的下拉菜单中选择“设置打印区域”选项。此时，所选区域四周将被虚线框包围表示该区域将被打印，单击“Office”按钮，在弹出的下拉菜单中执行“打印”→“打印预览”命令。

当表格内容较少时，可将表格的行高和列宽增加并居中显示或放大打印；当表格的列数较多时可横向打印表格；当表格有多页时可设置打印表头。

实训一　计算服装订单费用数据

◆ 实训目标

本实训要求利用公式和函数的相关知识，来计算服装订单费用数据，其效果如图 7-56 所示。通过本实训掌握公式和函数在表格中的应用。

素材位置：模块七\素材\计算服装费用订单数据.xlsx。
效果图位置：模块七\源文件\计算服装费用订单数据.xlsx。

	A	B	C	D	E	F	G
1	梦缘服装有限公司订货表						
2	产品类别	一季度	二季度	三季度	四季度	总费用	平均费用
3	棉衣	6544	7822	7841	8554	30761	7690.25
4	休闲裤	9540	5622	2151	5412	22725	5681.25
5	牛仔裤	5611	1232	3126	4125	14094	3523.5
6	衬衣	6569	5423	5120	1552	18664	4666
7	西服	8914	3614	3500	5410	21438	5359.5
8	休闲服	3521	4122	2512	4212	14367	3591.75
9	针织衫	4666	1541	5413	4457	16077	4019.25
10	毛衣	2682	1254	6413	2621	12970	3242.5
11	羽绒服	4812	5412	6412	6523	23159	5789.75
12	打底裤	6236	1264	3510	2623	13633	3408.25
13	风衣	5112	1512	1420	2345	10389	2597.25
14							

图 7-56　计算服装订单费用数据效果

◆ 实训分析

本实训的操作思路如图 7-57 所示，具体分析及思路如下。

（1）打开素材文件，使用公式计算各季度服装订单的总费用。

（2）使用函数计算各季度服装订单的平均费用。

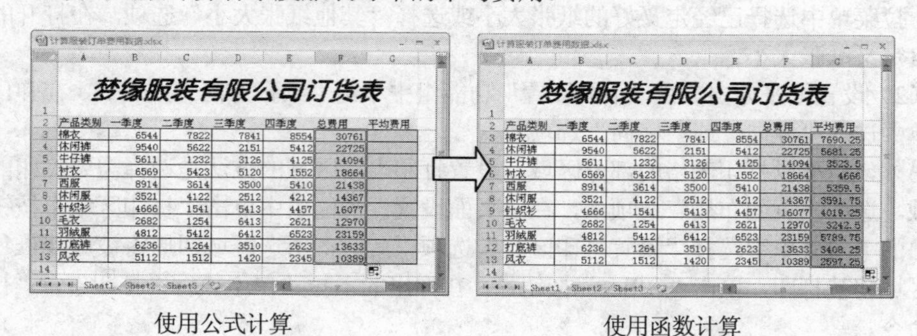

图 7-57　计算服装订单费用数据的操作思路

实训二　管理产品库存表数据

◆ 实训目标

本实训要求通过对表格中的数据进行排序和筛选及分类汇总等操作来管理产品库存表数据，效果如图 7-58 所示的。

素材位置：模块七\素材\产品库存量.xlsx。

效果图位置：模块七\源文件\管理产品库存量表数据.xlsx。

管理产品库存表数据.xlsx

美又美超市库存量

	产品编号	产品名称	供应商编号	类别	单位数量	单价	库存量	订购量	再订购量
3	mymss070	苏打水	Mm2970	饮料类	每箱24瓶	￥15.00	15	10	30
4	mymss002	牛奶	Mm2902	饮料类	每箱24瓶	￥19.00	17	40	25
5	mymss038	绿茶	Mm2938	饮料类	每箱24瓶	￥263.50	17	0	15
6	mymss043	柳橙汁	Mm2943	饮料类	每箱24瓶	￥46.00	17	10	25
7	mymss024	汽水	Mm2924	饮料类	每箱12瓶	￥4.50	20	0	0
8	mymss035	蜜桃汁	Mm2935	饮料类	每箱24瓶	￥18.00	20	0	15
9	mymss001	苹果汁	Mm2901	饮料类	每箱24瓶	￥18.00	39	0	10
10	mymss067	矿泉水	Mm2967	饮料类	每箱24瓶	￥14.00	52	0	10
11	mymss076	柠檬汁	Mm2976	饮料类	每箱24瓶	￥18.00	57	0	20
12	mymss039	运动饮料	Mm2939	饮料类	每箱24瓶	￥18.00	69	0	5
13	mymss034	啤酒	Mm2934	饮料类	每箱24瓶	￥14.00	111	0	15
14	mymss075	浓缩咖啡	Mm2975	饮料类	每箱24瓶	￥7.75	125	0	25
15				**饮料类 汇总**		￥455.75	559	60	195
16	mymss005	麻油	Mm2905	调料类	每箱12瓶	￥21.35	0	0	0
17	mymss066	肉松	Mm2966	调料类	每箱24瓶	￥17.00	4	100	20
18	mymss008	胡椒粉	Mm2908	调料类	每箱30盒	￥40.00	6	0	0
19	mymss003	蕃茄酱	Mm2903	调料类	每箱12瓶	￥10.00	13	70	25
20	mymss063	甜辣酱	Mm2963	调料类	每箱24瓶	￥43.90	24	0	5
21	mymss044	蚝油	Mm2944	调料类	每箱24瓶	￥19.45	27	0	15
22	mymss077	辣椒粉	Mm2977	调料类	每袋3公斤	￥13.00	32	0	15
23	mymss015	味精	Mm2915	调料类	每箱30盒	￥15.50	39	0	5
24	mymss004	盐	Mm2904	调料类	每箱12瓶	￥22.00	53	0	0
25	mymss065	海苔酱	Mm2965	调料类	每箱24瓶	￥21.05	76	0	0
26	mymss061	海鲜酱	Mm2961	调料类	每箱24瓶	￥28.50	113	0	25
27	mymss006	酱油	Mm2906	调料类	每箱12瓶	￥25.00	120	0	25
28				**调料类 汇总**		￥276.75	507	170	135
29	mymss021	花生	Mm2921	零食类	每箱30包	￥10.00	3	40	5
30	mymss068	绿豆糕	Mm2968	零食类	每箱24包	￥12.50	6	10	15
31	mymss049	薯条	Mm2949	零食类	每箱24包	￥20.00	10	60	15
32	mymss026	棉花糖	Mm2926	零食类	每箱30盒	￥31.23	15	0	0
33	mymss048	玉米片	Mm2948	零食类	每箱24包	￥12.75	15	70	25
34	mymss062	山渣片	Mm2962	零食类	每箱24包	￥49.30	17	0	0
35	mymss019	糖果	Mm2919	零食类	每箱30盒	￥9.20	25	0	5
36	mymss016	饼干	Mm2916	零食类	每箱30盒	￥17.45	29	0	10
37	mymss047	蛋糕	Mm2947	零食类	每箱24个	￥9.50	36	0	0
38	mymss020	桂花糕	Mm2920	零食类	每箱30盒	￥81.00	40	0	0
39	mymss027	牛肉干	Mm2927	零食类	每箱30包	￥43.90	49	0	30
40	mymss050	玉米饼	Mm2950	零食类	每箱24包	￥16.25	65	0	30
41	mymss025	巧克力	Mm2925	零食类	每箱30盒	￥14.00	76	0	30
42				**零食类 汇总**		￥327.08	386	180	165

产品

图 7-58　管理产品库存表数据效果

◆ 实训分析

本实训的操作思路如图 7-59 所示，具体分析及思路如下。

（1）打开素材电子表格，以“类别”为关键字对表格中的数据进行升序排序。

（2）筛选表格中“库存量”大于 0 的数据。

（3）取消对表格中数据的选择，然后对数据进行分类汇总。

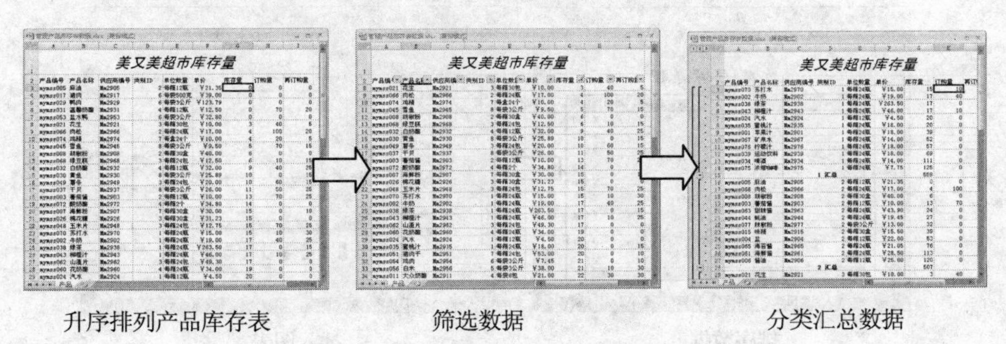

升序排列产品库存表　　筛选数据　　分类汇总数据

图 7-59　管理产品库存表数据的操作思路

实训三　制作水果月销量图表

◆ 实训目标

本实训要求利用在表格中插入图表的相关知识，制作水果月销量图表，效果如图 7-60 所示。

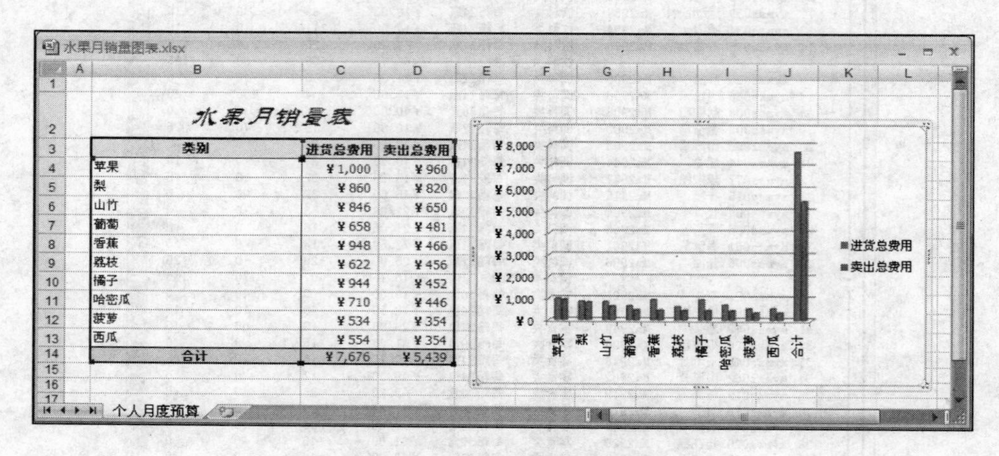

水果月销量表

类别	进货总费用	卖出总费用
苹果	￥1,000	￥960
梨	￥860	￥820
山竹	￥846	￥650
葡萄	￥658	￥481
香蕉	￥948	￥466
荔枝	￥622	￥456
橘子	￥944	￥452
哈密瓜	￥710	￥446
菠萝	￥534	￥354
西瓜	￥554	￥354
合计	￥7,676	￥5,439

图 7-60　水果月销量图表效果

素材位置：模块七\素材\水果月销量表.xlsx。
效果图位置：模块七\源文件\水果月销量图表.xlsx。

◆ 实训分析

本实训的操作思路如图 7-61 所示，具体分析及思路如下。

（1）在素材表格中以“卖出总费用”为主关键字对数据进行降序排序。

（2）在表格中插入图表，分析卖出总费用和进货总费用之间的趋势。

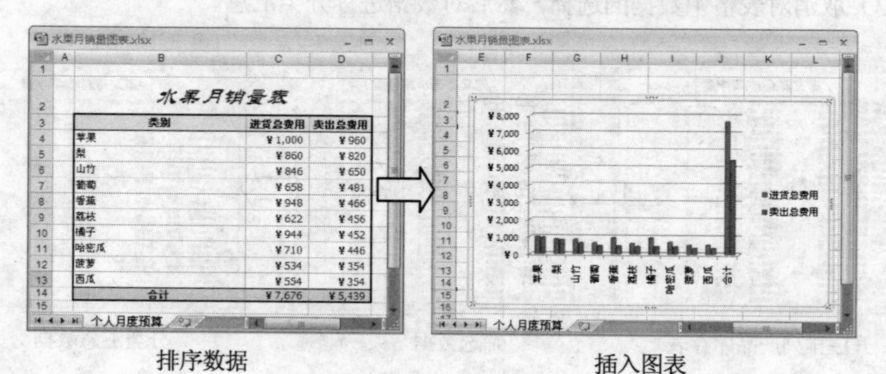

排序数据　　插入图表

图 7-61　制作水果月销量图表的操作思路

实训四 打印生产记录表

◆ 实训目标

本实训要求对生产记录表进行相应的设置，包括设置页眉和页脚、设置纸张大小等操作，然后打印生产记录表，效果如图 7-62 所示。

川东食品有限公司

川东食品有限公司6月份生产记录表

产品代码	产品名称	生产数量	单位	生产车间	生产时间	合格率
T0004	XX话梅	600	袋	第一车间	2005-2-8	90.00%
T0005	XX山楂片	500	袋	第一车间	2005-2-30	88.00%
XG001	XX酸溜溜糖	750	盒/瓶	第一车间	2005-2-16	90.00%
T0001	XX豆腐干	1000	袋	第二车间	2005-2-6	99.00%
T0002	XX薯片	1200	袋	第二车间	2005-2-5	100.00%
T0003	XX薯条	800	袋	第二车间	2005-2-4	93.00%
T0006	XX小米锅粑	1300	袋	第二车间	2005-2-13	92.70%
T0007	XX通心卷	800	袋	第二车间	2005-2-23	89.50%
T0008	XX蚕豆	750	袋	第二车间	2005-2-29	100.00%
S0005	XX鱼皮花生	500	袋	第二车间	2005-2-26	91.70%
XG004	XX芝麻糖	350	袋	第二车间	2005-2-20	95.50%
XG003	XX水果口香糖	1000	盒	第三车间	2005-2-17	94.00%
ZJ002	XX营养早餐饼干	880	袋	第三车间	2005-2-25	100.00%
ZJ003	XX蛋黄派	650	袋	第三车间	2005-2-23	94.00%
T0009	XX巧克力豆	700	袋	第三车间	2005-2-30	96.50%
S0001	XX咸干花生	1500	袋	第四车间	2005-2-10	100.00%
S0002	XX怪味胡豆	1350	袋	第四车间	2005-2-22	99.00%
S0003	XX五香瓜子	1700	袋/桶	第四车间	2005-2-19	96.00%
S0004	XX红泥花生	1250	袋/桶	第四车间	2005-2-13	95.00%
XG002	XX泡泡糖	600	盒	第四车间	2005-2-6	89.60%

6月份生产记录表

图 7-62 生产记录表效果

素材位置：模块七\素材\生产记录表.xlsx。
效果图位置：模块七\源文件\生产记录表.xlsx。

◆ 实训分析

本实训的操作思路如图 7-63 所示，具体分析及思路如下。

（1）设置表格的页眉。
（2）设置表格的页脚。
（3）对表格进行打印预览。

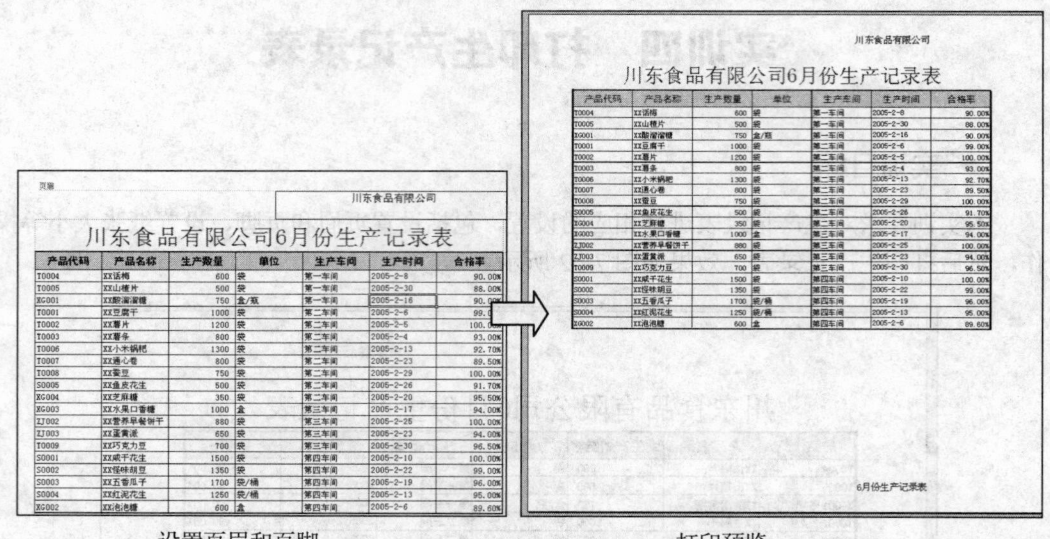

产品代码	产品名称	生产数量	单位	生产车间	生产时间	合格率
T0004	XX话梅	600	袋	第一车间	2005-2-8	90.00%
T0005	XX山楂片	500	袋	第一车间	2005-2-30	88.00%
XG001	XX酸溜溜糖	750	盒/瓶	第一车间	2005-2-16	90.00%
T0001	XX豆腐干	1000	袋	第二车间	2005-2-6	99.00%
T0002	XX薯片	1200	袋	第二车间	2005-2-5	100.00%
T0003	XX薯条	800	袋	第二车间	2005-2-4	93.00%
T0006	XX小米锅粑	1300	袋	第二车间	2005-2-13	92.70%
T0007	XX通心卷	800	袋	第二车间	2005-2-23	89.50%
T0008	XX蚕豆	750	袋	第二车间	2005-2-29	100.00%
S0005	XX鱼皮花生	500	袋	第二车间	2005-2-26	91.70%
XG004	XX芝麻糖	350	袋	第二车间	2005-2-20	95.50%
XG003	XX水果口香糖	1000	盒	第三车间	2005-2-17	94.00%
ZJ002	XX营养早餐饼干	880	袋	第三车间	2005-2-25	100.00%
ZJ003	XX蛋黄派	650	袋	第三车间	2005-2-23	94.00%
T0009	XX巧克力豆	700	袋	第三车间	2005-2-30	96.50%
S0001	XX咸干花生	1500	袋	第四车间	2005-2-10	100.00%
S0002	XX怪味胡豆	1350	袋	第四车间	2005-2-22	99.00%
S0003	XX五香瓜子	1700	袋/桶	第四车间	2005-2-19	96.00%
S0004	XX红泥花生	1250	袋/桶	第四车间	2005-2-13	95.00%
XG002	XX泡泡糖	600	盒	第四车间	2005-2-6	89.60%

图 7-63　制作水果月销量图表的操作思路

实践与提高

根据本模块所学内容，动手完成以下实践内容。

练习 1　计算员工工资表

运用公式和函数的相关知识计算公司员工工资表总的数据，最终效果如图 7-64 所示。

计算员工工资表.xlsx

员工工资表

编号	姓名	部门	职务	基本工资	月销售额	业绩提成	工资总额
101	欧沛东	人事部	经理	¥3,000.00	¥ -	¥ -	¥3,000.00
102	韩风	人事部	办事员	¥1,500.00	¥ -	¥ -	¥1,500.00
103	谢宇	人事部	办事员	¥1,500.00	¥ -	¥ -	¥1,500.00
201	王郭英	财务部	经理	¥3,000.00	¥ -	¥ -	¥3,000.00
202	张婷	财务部	会计	¥2,000.00	¥ -	¥ -	¥2,000.00
203	刘一守	财务部	出纳	¥2,000.00	¥ -	¥ -	¥2,000.00
301	章展	销售部	经理	¥3,000.00	¥ 5,500.00	¥ 27.50	¥8,527.50
302	吴启	销售部	业务员	¥1,800.00	¥ 4,000.00	¥ 20.00	¥5,820.00
303	肖有亮	销售部	业务员	¥1,800.00	¥ 3,800.00	¥ 19.00	¥5,619.00
304	朱珠	销售部	业务员	¥1,800.00	¥ 4,100.00	¥ 20.50	¥5,920.50
305	徐江	销售部	业务员	¥1,800.00	¥ 2,200.00	¥ 11.00	¥4,011.00
401	何秀俐	办公室	主任	¥2,500.00	¥ -	¥ -	¥2,500.00
402	曾琳	办公室	干事	¥1,500.00	¥ -	¥ -	¥1,500.00
403	邓怡	办公室	干事	¥1,500.00	¥ -	¥ -	¥1,500.00
501	苏益	技术部	经理	¥3,500.00	¥ -	¥ -	¥3,500.00
502	何勇	技术部	工程师	¥2,800.00	¥ -	¥ -	¥2,800.00
503	王剑锋	技术部	工程师	¥2,800.00	¥ -	¥ -	¥2,800.00
504	林冰	技术部	工程师	¥2,500.00	¥ -	¥ -	¥2,500.00
601	赵东阳	生产部	经理	¥2,800.00	¥ -	¥ -	¥2,800.00
602	高鹏	生产部	主管	¥2,500.00	¥ -	¥ -	¥2,500.00
603	陈涓涓	生产部	生产人员	¥1,200.00	¥ -	¥ -	¥1,200.00
604	孔杰	生产部	生产人员	¥1,200.00	¥ -	¥ -	¥1,200.00

图 7-64　计算员工工资表的最终效果

素材位置：模块七\素材\计算员工工资表.xlsx。
效果图位置：模块七\源文件\计算员工工资表.xlsx。

练习 2 管理员工工资表

本练习将运用管理表格数据的相关知识来管理员工工资表，需要对表格进行排序和筛选数据，以及分类汇总数据等操作，最后再制作汇总图表，最终效果如图 7-65 所示。

素材位置：模块七\素材\员工工资表.xlsx。
效果图位置：模块七\源文件\管理员工工资表.xlsx。

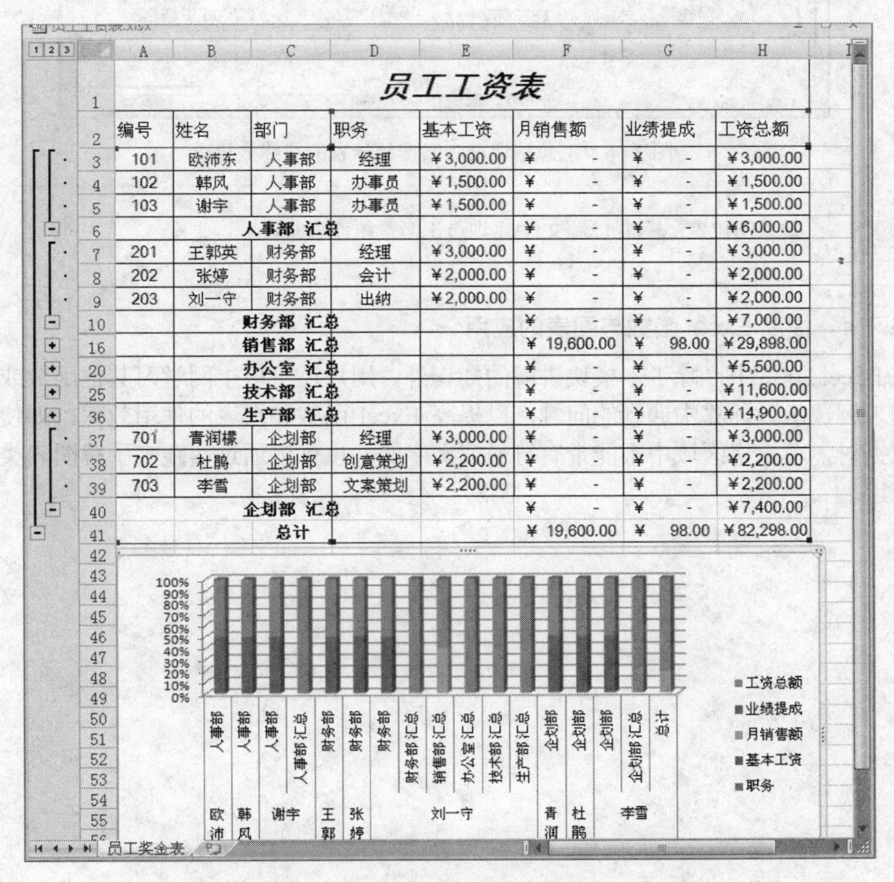

员工工资表

编号	姓名	部门	职务	基本工资	月销售额	业绩提成	工资总额
101	欧沛东	人事部	经理	¥3,000.00	¥ -	¥ -	¥3,000.00
102	韩风	人事部	办事员	¥1,500.00	¥ -	¥ -	¥1,500.00
103	谢宇	人事部	办事员	¥1,500.00	¥ -	¥ -	¥1,500.00
		人事部 汇总			¥ -	¥ -	¥6,000.00
201	王郭英	财务部	经理	¥3,000.00	¥ -	¥ -	¥3,000.00
202	张婷	财务部	会计	¥2,000.00	¥ -	¥ -	¥2,000.00
203	刘一守	财务部	出纳	¥2,000.00	¥ -	¥ -	¥2,000.00
		财务部 汇总			¥ -	¥ -	¥7,000.00
		销售部 汇总			¥ 19,600.00	¥ 98.00	¥29,898.00
		办公室 汇总			¥ -	¥ -	¥5,500.00
		技术部 汇总			¥ -	¥ -	¥11,600.00
		生产部 汇总			¥ -	¥ -	¥14,900.00
701	青润檬	企划部	经理	¥3,000.00	¥ -	¥ -	¥3,000.00
702	杜鹏	企划部	创意策划	¥2,200.00	¥ -	¥ -	¥2,200.00
703	李雪	企划部	文案策划	¥2,200.00	¥ -	¥ -	¥2,200.00
		企划部 汇总			¥ -	¥ -	¥7,400.00
		总计			¥ 19,600.00	¥ 98.00	¥82,298.00

图 7-65 管理员工工资表的最终效果

练习 3 汇总培训员工缴费统计表

运用对表格数据进行分类汇总的相关操作来汇总培训员工缴费统计表中的缴费数据，最终效果如图 7-66 所示。

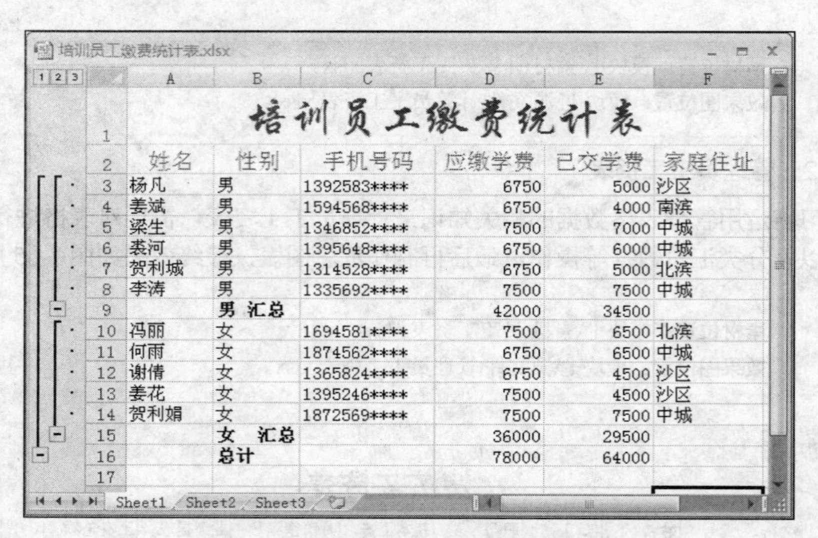

培训员工缴费统计表.xlsx

培训员工缴费统计表

姓名	性别	手机号码	应缴学费	已交学费	家庭住址
杨凡	男	1392583****	6750	5000	沙区
姜斌	男	1594568****	6750	4000	南滨
梁生	男	1346852****	7500	7000	中城
龚河	男	1395648****	6750	6000	中城
贺利城	男	1314528****	6750	5000	北滨
李涛	男	1335692****	7500	7500	中城
	男 汇总		42000	34500	
冯丽	女	1694581****	7500	6500	北滨
何雨	女	1874562****	6750	6500	中城
谢倩	女	1365824****	6750	4500	沙区
姜花	女	1395246****	7500	4500	沙区
贺利娟	女	1872569****	7500	7500	中城
	女 汇总		36000	29500	
	总计		78000	64000	

Sheet1 Sheet2 Sheet3

图 7-66　汇总培训员工缴费统计表的最终效果

效果图位置：模块七\源文件\培训员工缴费统计表.xlsx。

练习 4　提高 Excel 函数与图表的应用

在 Excel 2007 中，除了本模块讲解的知识外，用户还可以上网学习其他函数或购买相关书籍来解决函数计算中遇到的问题，以提高 Excel 函数和图表的使用效率，如使用函数计算数据时，单元格区域中不能带有符号或文字等，也可以通过实践来了解图表类型的分析与应用。

模块八

PowerPoint 2007 的基本操作

PowerPoint 2007 是 Office 2007 办公软件中的一个组件，它具有强大的制作演示文稿的功能，利用它可以制作各种演示文稿，如产品介绍、公司会议、公司介绍、课件等。本模块将用两个任务来介绍 PowerPoint 2007 的基本操作，最后以一个操作实例来介绍 PowerPoint 2007 中幻灯片内容的编辑方法。

学习目标

- 熟悉 PowerPoint 2007 的工作界面
- 熟练掌握 PowerPoint 2007 演示文档的打开、新建、保存等操作
- 熟练掌握幻灯片的插入、复制、移动等操作
- 熟练掌握演示文稿的输入、修改等操作
- 熟练掌握在演示文稿中插入图片、自选图形和艺术字
- 掌握在演示文稿中插入声音和影片

任务一　初识 PowerPoint 2007

◆ 任务目标

本任务的目标是对 PowerPoint 2007 的操作环境进行初步认识。通过练习对 PowerPoint 2007 有一定的了解，包括启动和退出 PowerPoint 2007，以及认识 PowerPoint 2007 的工作界面和视图模式。

本任务的具体目标要求如下：

（1）熟悉 PowerPoint 2007 的工作界面。

（2）掌握 PowerPoint 2007 演示文稿的视图模式。

操作一　认识 PowerPoint 2007 的工作界面

要进入 PowerPoint 2007 的工作界面，首先要启动 PowerPoint 2007，然后执行“开始”→“所有程序”→“Microsoft Office”→“Microsoft Office PowerPoint 2007”菜单命令即可。PowerPoint 2007 的工作界面主要包括“Office”按钮、快速访问工具栏、标题栏、功能选项卡、功能区、“幻灯片编辑”窗口、“备注”窗格、“大纲/幻灯片”窗格、状态栏和

视图栏等部分，如图 8-1 所示。

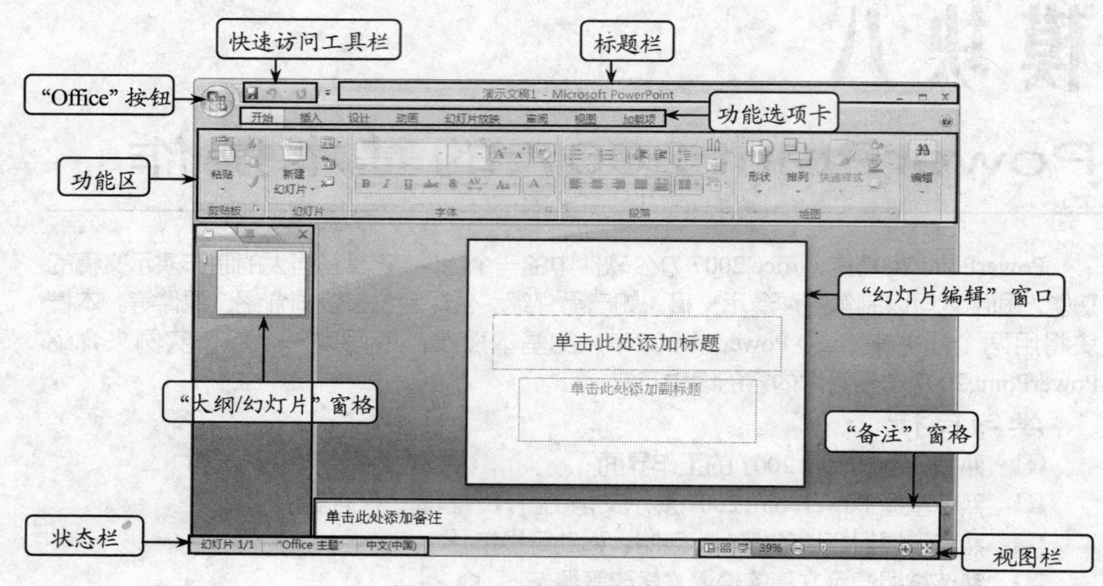

图 8-1　PowerPoint 2007 的工作界面

在 PowerPoint 2007 的工作界面中除了增加了“幻灯片编辑”窗口、“备注”窗格、“大纲/幻灯片”窗格以外，其他的组成部分功能与 Word 2007 的相同。下面将主要讲解新增窗格的作用。

- “大纲/幻灯片”窗格：位于“幻灯片编辑”窗口的左侧，用于显示演示文稿的幻灯片数量及播放位置，通过它便于查看演示文稿的结构，包括“大纲”和“幻灯片”两个选项卡。选择“大纲”选项卡演示文稿将以“大纲”形式显示在窗格中，同时可修改演示文稿的文本等内容，如图 8-2 所示；选择“幻灯片”选项卡可在“大纲/幻灯片”窗格中以缩略图的形式浏览整个演示文稿的结构，如图 8-3 所示。

图 8-2　“大纲”选项卡

图 8-3　“幻灯片”选项卡

- “幻灯片编辑”窗口：位于工作界面的中间，用于显示和编辑演示文稿，所有幻灯片的编辑操作都将在这个窗口中完成。在此窗口中可以添加文本，插入图形图像、表格、视频、声音和超级链接等，如图 8-4 所示
- “备注”窗格：位于“幻灯片编辑”窗口的下方，用于查阅该幻灯片的相关信息及添加演示文稿说明和注释。根据实际需要，可用鼠标拖动其上边缘处调整其宽度，在“备注”窗格中添加说明如图 8-5 所示。

图 8-4　“幻灯片编辑”窗口

最新产品介绍

图 8-5　在“备注”窗格中添加说明

提示　在视图栏中单击“显示比例”按扭 40%，可在打开的“显示比例”对话框中调节“幻灯片编辑”窗口的比例或单击“缩小”按钮或“放大”按扭调节窗口的显示比例。

操作二　认识演示文稿的视图模式

PowerPoint 2007 为满足不同用户的需求可分为四种视图模式，包括普通视图模式、幻灯片浏览视图模式、备注页视图模式和幻灯片放映视图模式，在默认情况下，PowerPoint 2007 为普通视图模式。通过在视图栏或在“视图”选项卡的“演示文稿视图”功能组中单击相应的按钮切换到相应的视图模式。下面分别介绍各视图模式的作用。

- 普通视图模式：单击“普通视图”按钮，进入该视图模式，在该模式下可进行幻灯片编辑，调整幻灯片总体结构、编辑单张幻灯片内容及在“备注”窗格添加备注等操作，如图 8-6 所示。
- 幻灯片浏览视图模式：单击“幻灯片浏览视图”按钮，进入该视图模式，在该模式下可进行幻灯片浏览及编辑操作，可以浏览整个演示文稿的整体效果，并能对幻灯片进行复制或删除、重新排列和添加操作，以及改变其版式、设计模式和配色方案等，如图 8-7 所示。
- 幻灯片放映视图模式：单击“幻灯片放映视图”按钮，进入该视图模式，在该模式下可以查看演示文稿中幻灯片的放映效果，如动画和声音及幻灯片的切换效果等，如图 8-8 所示。
- 备注页视图模式：单击“备注页视图”按钮，进入该视图模式，在该模式下将以整页格式查看和使用备注，如图 8-9 所示。

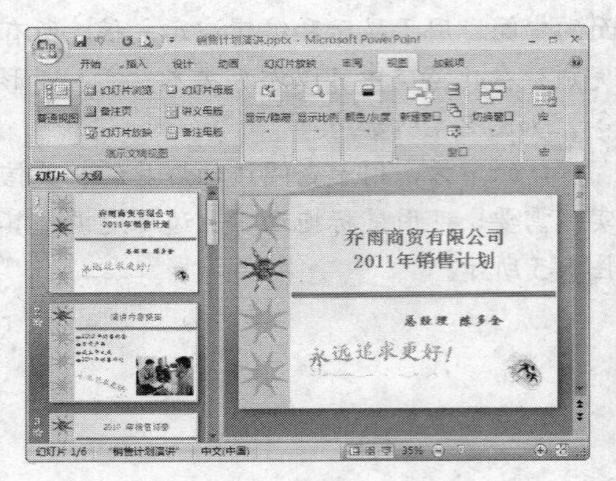

图 8-6　普通视图模式

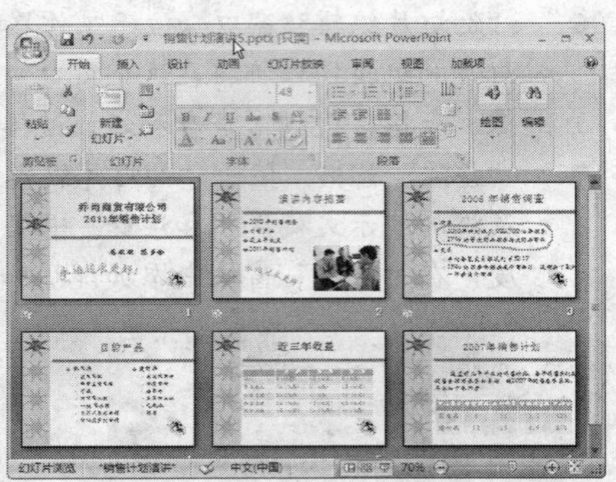

图 8-7　幻灯片浏览视图模式

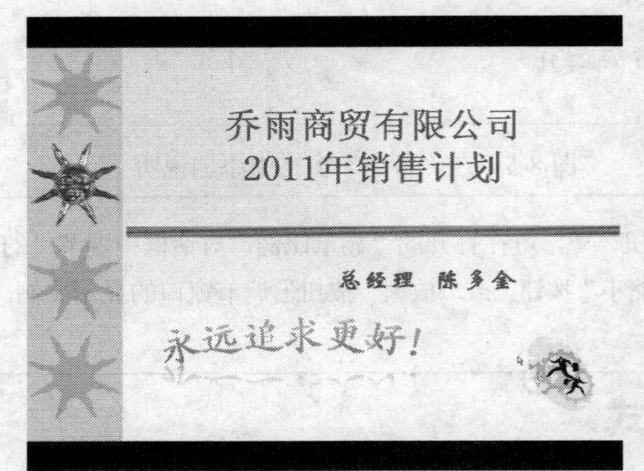

图 8-8　幻灯片放映视图模式

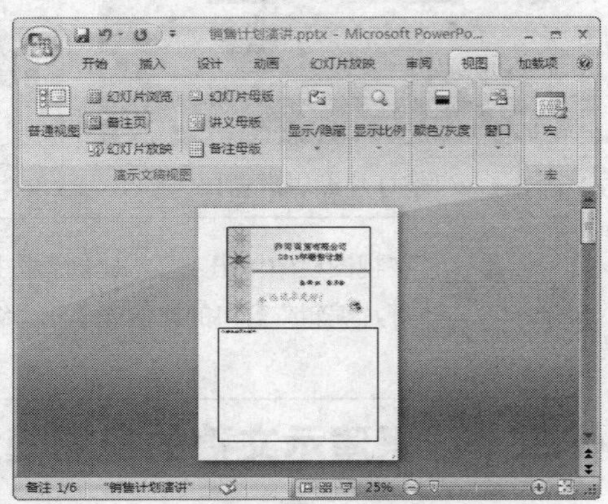

图 8-9　备注页视图模式

提示 在制作幻灯片时，按【F5】键可快速切换到幻灯片放映视图模式查看制作效果，按【Esc】键可返回普通视图模式。

◆ 学习与探究

本任务介绍了 PowerPoint 2007 的工作界面和认识演示文稿的视图模式，同时，用户可以参考自定义 Word 工作界面的方法来对 PowerPoint 的工作界面进行设置。

另外，为了能更好地学习制作演示文稿，需要在制作文稿前进行一些准备工作，主要包括以下几个方面的内容。

- 确定演示文稿的类型及演示主题。
- 准备好制作演示文稿的文本、图片、声音、视频等素材。
- 拟订演示文稿大纲和结构等。
- 根据观看者来确定制作风格、配色、动画效果等。

任务二　演示文稿与幻灯片的基本操作

◆ 任务目标

本任务的目标是介绍PowerPoint 2007演示文稿与幻灯片的基本操作。通过练习掌握制作演示文稿的基本操作，包括演示文稿的新建、保存、打开和关闭，以及幻灯片的插入、删除、复制、移动等操作。

素材位置：模块八\素材\销售计划演讲.pptx。

本任务的具体目标要求如下：

（1）掌握新建、保存、打开和关闭PowerPoint演示文档操作。

（2）掌握插入、删除、复制和移动幻灯片操作。

操作一　新建与保存演示文稿

在使用PowerPoint 2007编辑演示文稿前，首先需要新建一个演示文稿。启动PowerPoint 2007后，系统将自动新建一个名为“演示文稿1”的空白文稿以供使用，也可以根据需要新建其他类型的文稿，如根据模板新建带有格式和内容的文稿或以现有演示文稿为模板新建演示文稿，以提高工作效率。另外，对PowerPoint演示文稿进行编辑后，需将其保存在计算机中，避免制作的演示文稿内容丢失，下面分别进行介绍。

1．新建空白演示文稿

（1）启动PowerPoint 2007，打开系统默认的PowerPoint 2007窗口。

（2）单击“Office”按钮，在弹出的下拉菜单中选择“新建”选项，打开“新建演示文稿”对话框。

（3）在“模板”栏中选择“空白文档和最近使用的文档”选项，在中间的窗格中选择“空白演示文稿”选项，单击“创建”按钮，如图8-10所示。

（4）此时将创建一个名为“演示文稿2”的空白演示文稿，如图8-11所示。

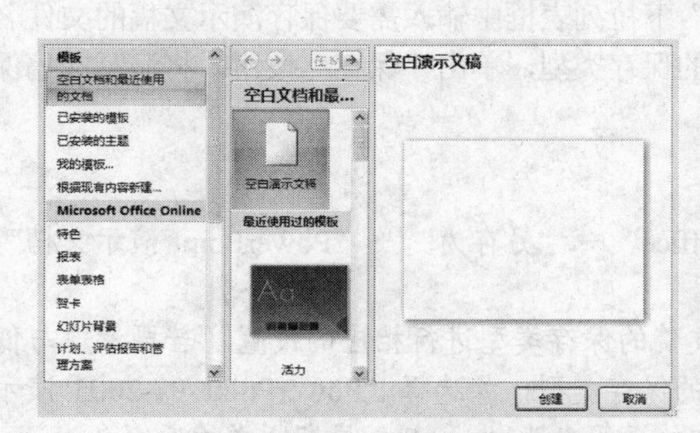

图8-10　选择“空白演示文稿”选项

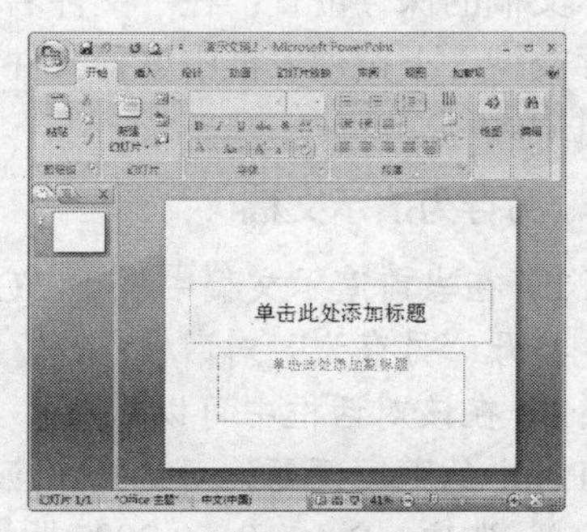

图8-11　新建的空白演示文稿

2. 根据模板新建演示文稿

（1）启动 PowerPoint 2007，执行“Office”→“新建”菜单命令，打开“新建演示文稿”对话框，在“模板”栏中选择“已安装的模板”选项。

（2）在中间的窗格中选择一个模板选项，这里选择“宽屏演示文稿”选项，如图 8-12 所示，单击“创建”按钮，创建一个名为“演示文稿 2”的带有模板的演示文稿，如图 8-13 所示。

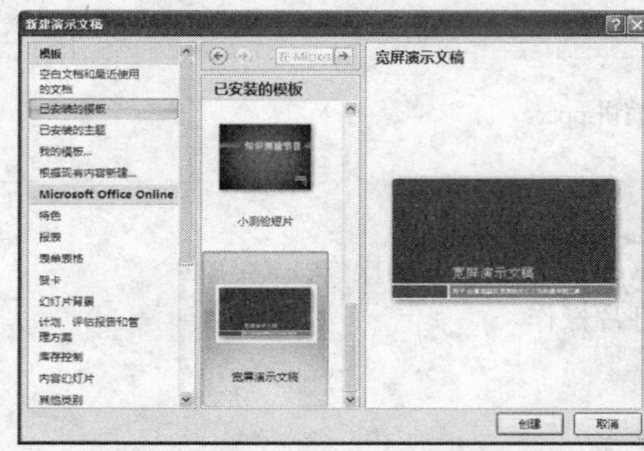

图 8-12 选择“宽屏演示文稿”选项

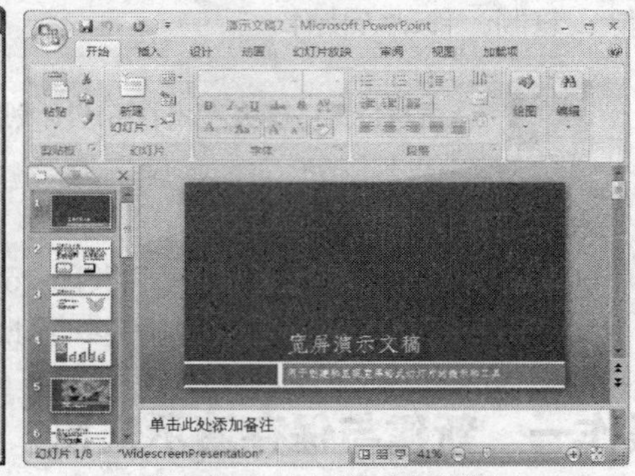

图 8-13 宽屏演示文稿模板

3. 根据现有演示文稿新建演示文稿

（1）执行“Office”→“新建”菜单命令，打开“新建演示文稿”对话框。

（2）在“模板”栏中选择“根据现有内容新建”选项，打开“根据现有演示文稿新建”对话框，选择现有演示文稿的保存路径，然后选择需新建的演示文稿。

（3）单击“新建”按钮，即可将现有模板样式应用于新建的演示文稿中。

4. 保存演示文稿

保存新建的演示文稿有以下几种方法。

- 在当前演示文稿中单击快速访问工具栏中的“保存”按钮。
- 在当前演示文稿中按【Ctrl+S】组合键。
- 在当前演示文稿中执行“Office”→“保存”菜单命令。

执行以上任意一种操作都将打开“另存为”对话框，在“保存位置”下拉列表框中选择演示文稿的保存位置；在“文件名”下拉列表框中输入需要保存演示文稿的文件名；在“保存类型”下拉列表框中选择文件的保存类型，单击“保存”按钮，将演示文稿保存在计算机中。

5. 另存为演示文稿

（1）在当前演示文稿中执行“Office”→“另存为”→“PowerPoint 演示文档”菜单命令，打开“另存为”对话框。

（2）在该对话框中可以对演示文稿的保存类型进行相应的设置，若要考虑与低版本 PowerPoint 的兼容问题，可选择相应的保存类型，如选择“PowerPoint 97-2003 演示文稿（*.ppt）”选项。PowerPoint 2007 版本的后缀名为“.pptx”，早期版本的后缀名为“.ppt”。

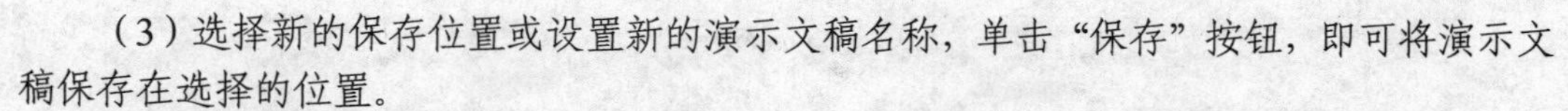

（3）选择新的保存位置或设置新的演示文稿名称，单击“保存”按钮，即可将演示文稿保存在选择的位置。

提示　在 PowerPoint 2007 中设置自动保存的方法与 Word 2007 的方法类似，可参照“模块一”中讲解的方法进行设置。

操作二　打开和关闭演示文稿

若要修改或查看计算机中已存在的演示文稿，必须先将其打开，然后才能进行编辑操作，完成编辑并保存后需将其关闭。下面以打开“销售计划演讲.pptx”演示文稿，然后关闭该文稿为例进行讲解，其具体操作如下。

（1）启动 PowerPoint 2007，执行“Office”→“打开”菜单命令。

（2）打开“打开”对话框，在“查找范围”下拉列表框中选择“销售计划演讲.pptx”演示文稿保存的路径，然后在其下的列表框中选择要打开的演示文稿，如图 8-14 所示。

（3）单击“打开”按钮，即可打开该演示文稿，如图 8-15 所示。

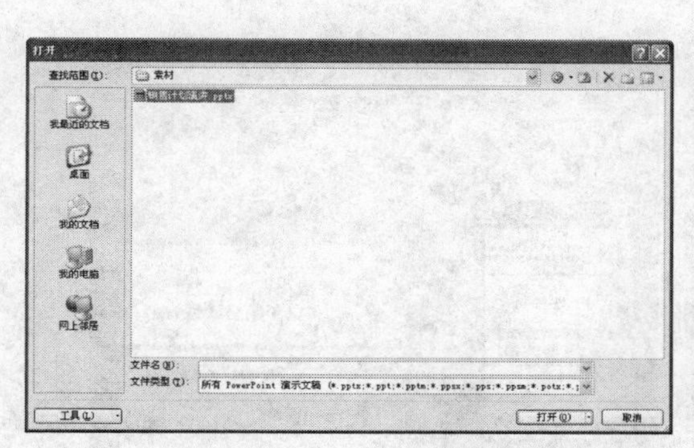

图 8-14　“打开”对话框

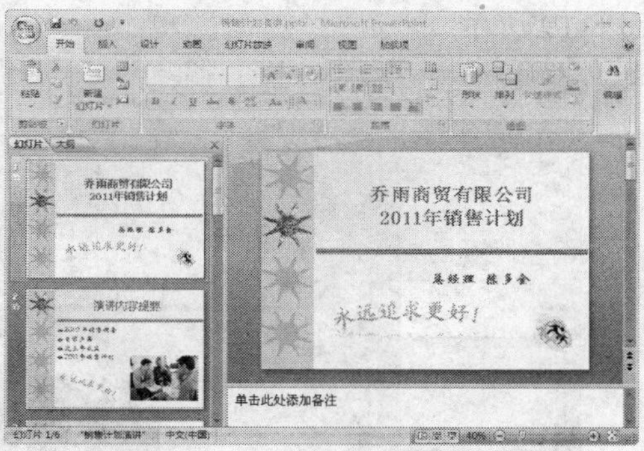

图 8-15　打开演示文稿

（4）按【Alt+F4】组合键即可关闭该演示文稿。

操作三　插入和删除幻灯片

在新建的空白演示文稿中制作演示文稿时，只有一张幻灯片是远远不能满足用户需要的，这时需要在演示文稿中插入更多的幻灯片，同时在制作过程中可以删除不需要的幻灯片。下面以在“销售计划演讲.pptx”演示文稿中插入和删除幻灯片为例进行讲解，其具体操作如下。

（1）启动 PowerPoint 2007，打开素材“销售计划演讲.pptx”演示文稿，在“幻灯片”窗格中选择第一张幻灯片，如图 8-16 所示。

（2）在“开始”选项卡的“幻灯片”功能组中单击“新建幻灯片”按钮，在选择的幻灯片下方将插入一张默认格式的幻灯片，如图 8-17 所示。

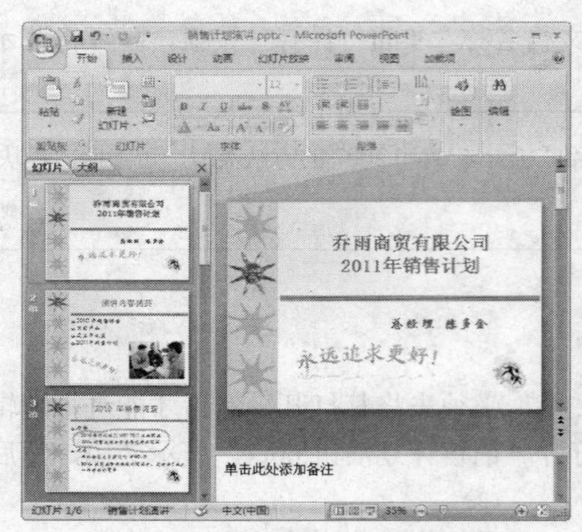

图 8-16　选择第一张幻灯片

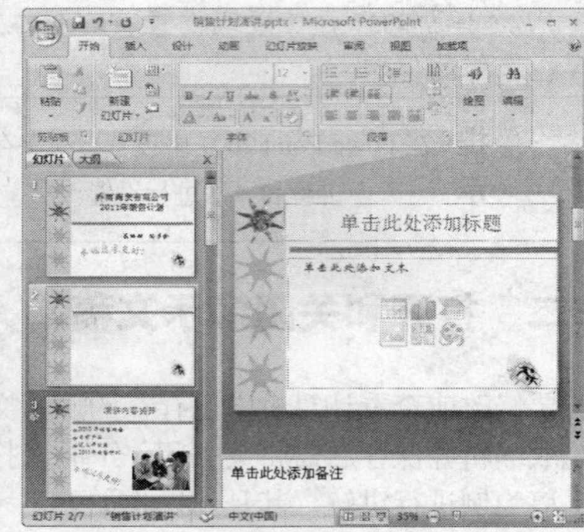

图 8-17　插入幻灯片

（3）选择需要删除的幻灯片，这里选择“幻灯片”窗格中的第三张幻灯片，如图 8-18 所示。

（4）在“开始”选项卡的“幻灯片”功能组中单击“删除”按钮将其删除，如图 8-19 所示。

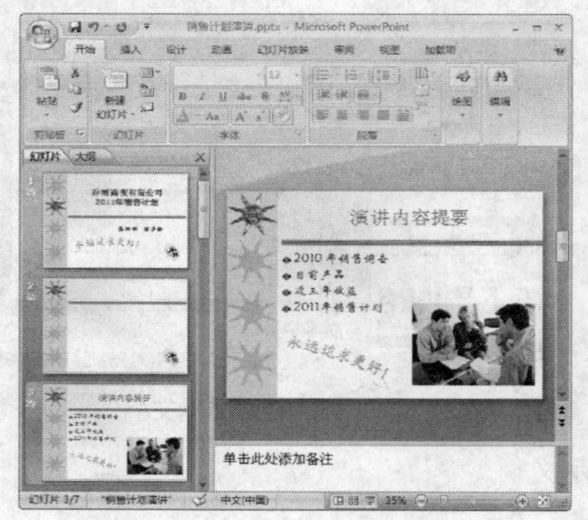

图 8-18　选择第三张幻灯片

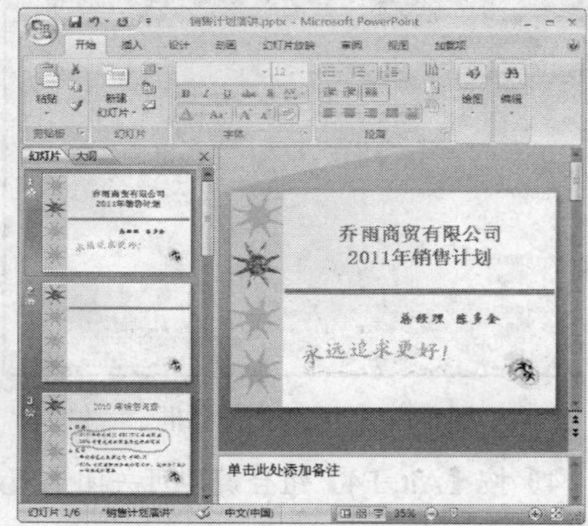

图 8-19　删除幻灯片

技巧　在“幻灯片”窗格中选择某张幻灯片后，按【Enter】键或【Ctrl+M】组合键可在该幻灯片下方插入一张默认格式的幻灯片；按【Delete】键或【Backspace】键可将该幻灯片删除。

操作四　复制和移动幻灯片

在幻灯片的编辑过程中，如果需重复使用相同幻灯片的格式可进行复制幻灯片操作，然后对复制的幻灯片进行修改，可减少工作量。修改完成后可将其移动到适当的位置。下面以在“销售计划演讲.pptx”演示文稿中进行复制和移动幻灯片操作为例进行讲解，其具

体操作如下。

（1）启动 PowerPoint 2007，打开素材“销售计划演讲.pptx”演示文稿，在“幻灯片”窗格中选择需复制的幻灯片，这里选择第二张幻灯片。

（2）在“开始”选项卡的“剪贴板”功能组中单击“复制”按钮或按【Ctrl+C】组合键。

（3）选择第三张幻灯片，在“开始”选项卡的“剪贴板”功能组中单击“粘贴”按钮或按【Ctrl+V】组合键，如图 8-20 所示。

（4）选择第一张需要移动的幻灯片，按住鼠标左键不放拖动到第二张与第三张幻灯片中间的位置，当幻灯片下方出现插入符号时，释放鼠标左键，如图 8-21 所示。

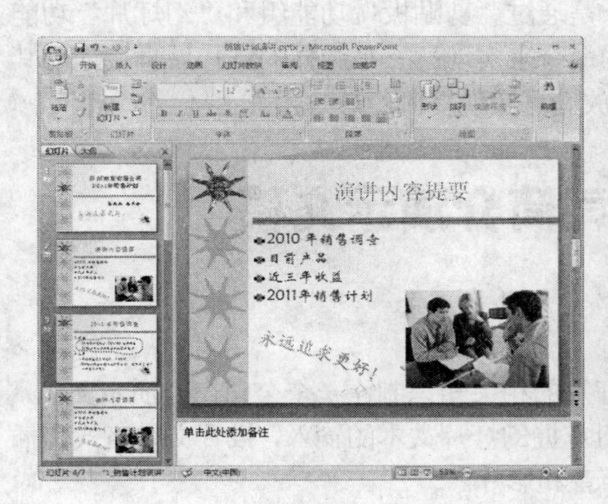

图 8-20　复制幻灯片

图 8-21　移动幻灯片

技巧　复制和移动多张幻灯片与复制和移动一张幻灯片的方法相同，按【Ctrl】键依次单击窗格中的幻灯片可选择不连续的幻灯片，按【Shift】键可选择两张幻灯片之间所有的幻灯片，此时再执行复制和移动操作即可。

◆ 学习与探究

本任务练习了 PowerPoint 2007 演示文稿的基本操作，包括新建、保存、打开和关闭演示文稿及插入、删除、复制和移动幻灯片等。在 PowerPoint 2007 中选择“开始”选项卡，如图 8-22 所示，其中“剪贴板”功能组和“幻灯片”功能组各按钮的功能分别如下。

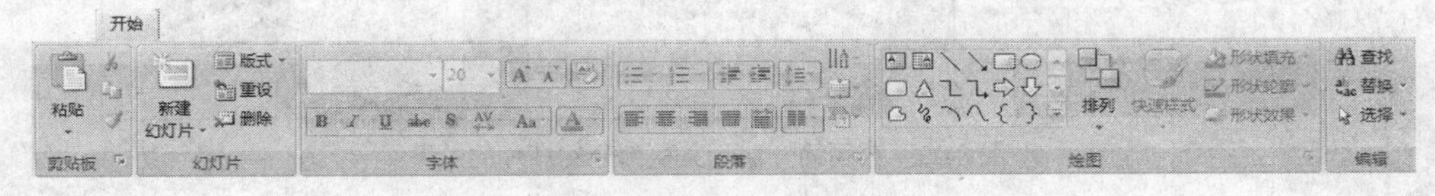

图 8-22　“开始”选项卡

- “粘贴”按钮：单击该按钮可使用其他选项，如仅粘贴值或格式。
- “剪切”按钮：单击该按钮可从文档中剪切所选内容，并将其放入剪贴板。

- “复制”按钮：单击该按钮将复制所选内容，并将其放入剪贴板。
- “格式刷”按钮：单击该按钮将复制一个位置的格式，并将其应用到另一个位置。
- “新建幻灯片”按钮：单击该按钮可新建一张与当前版式布局相同的幻灯片。
- “版式”按钮：单击该按钮可选择更改所选幻灯片的版式布局，如标题版式、标题和内容版式、节标题版式、两栏内容版式等。
- “重设”按钮：单击该按钮可将幻灯片占位符的位置、大小和格式重设为其默认设置。
- “删除”按钮：单击该按钮可删除所选幻灯片。

另外，在幻灯片浏览视图下也可以对幻灯片进行操作，其中包括新建、复制、粘贴、移动、插入、删除等。其方法主要有 3 种，一是通过“剪贴板”功能组和“幻灯片”功能组中各按钮实现；二是利用鼠标右键菜单中的命令来实现；三是选择幻灯片后直接拖动其可以移动其位置，在拖动时按住【Ctrl】键不放则可实现复制幻灯片操作。

任务三　制作公司简介演示文稿

◈任务目标

本任务的目标是利用 PowerPoint 编辑幻灯片的相关知识制作一个公司简介演示文稿，其部分幻灯片的效果如图 8-23 所示。通过练习掌握幻灯片文本的输入，设置文本格式和插入剪贴画、图片、艺术字、自选图形及播放声音和影片。

本任务的具体目标要求如下：

（1）掌握在幻灯片中输入普通文本的方法。

（2）掌握设置文本格式的方法。

（3）熟练掌握插入各种图形和图像的方法。

（4）掌握插入播放音乐和影片的方法。

素材位置：模块八\素材\公司简介.doc、网页.jpg、网页 02.jpg、发展状况.jpg。

效果图位置：模块八\源文件\公司简介.pptx。

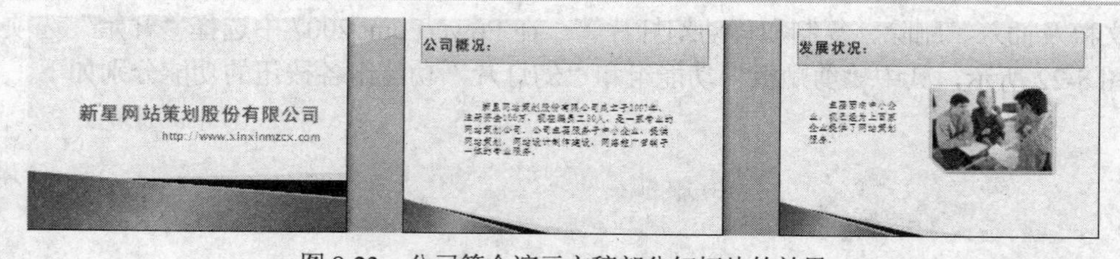

图 8-23　公司简介演示文稿部分幻灯片的效果

◆ 专业背景

公司简介主要用于推广公司业务或作为宣传使用，其主要内容包括公司名称、发展状

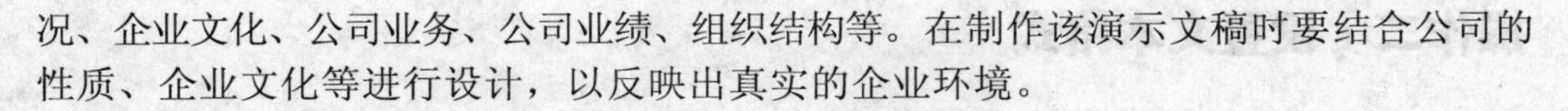

况、企业文化、公司业务、公司业绩、组织结构等。在制作该演示文稿时要结合公司的性质、企业文化等进行设计，以反映出真实的企业环境。

◆ 操作思路

本任务的操作思路如图 8-24 所示，涉及的知识点有输入幻灯片文本，设置文本格式，插入图片、艺术字、自选图形及插入影片和声音等，具体思路及要求如下。

（1）在演示文稿中输入文本和设置文本格式。

（2）在适当位置插入图片、艺术字、自选图形及声音和影片，以突出重点介绍内容。

（3）调整幻灯片。

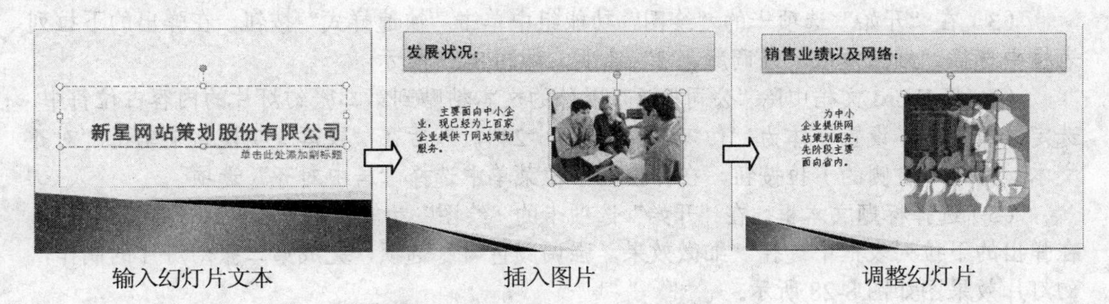

图 8-24　制作公司简介演示文稿的操作思路

操作一　输入文本

（1）启动 PowerPoint 2007，执行“Office”→“新建”菜单命令，在打开的“新建演示文稿”对话框的左侧选择“已安装的主题”选项，选择“聚合”主题后单击“创建”按钮。

（2）选择第一张幻灯片，在“幻灯片编辑”窗口中单击“单击此处添加标题”文本框，此时文本插入点定位在文本框中，如图 8-25 所示。

（3）选择适合用户使用的输入法，如搜狗拼音输入法。

（4）输入公司的名称文本“新星网站策划股份有限公司”，用同样的方法在“副标题”文本框中输入“http://www.xinxinmzcx.com”公司网址文本，如图 8-26 所示。

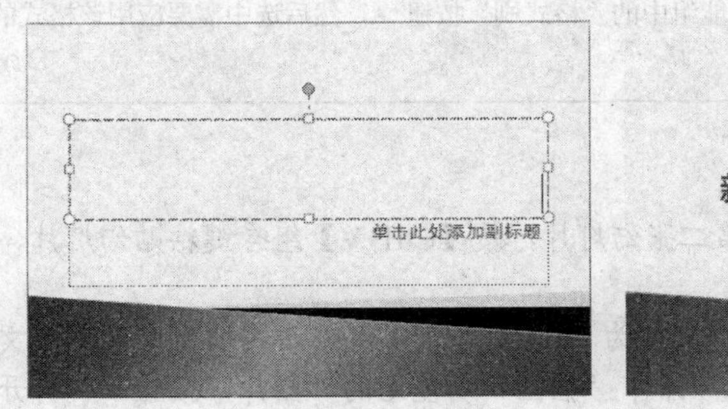

图 8-25　定位文本插入点

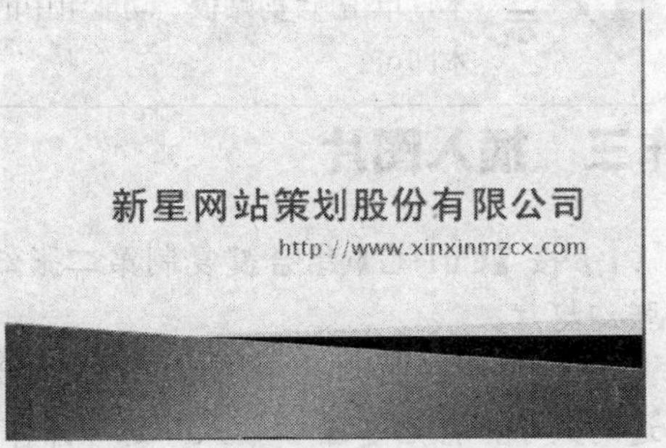

图 8-26　输入公司名称和网址

操作二　设置文本格式

（1）在“开始”选项卡的“幻灯片”功能组中单击“新建幻灯片”右侧的下拉按钮，在弹出的“版式”下拉列表框中选择“标题和内容”版式，然后打开素材文件夹中的“公司简介.doc”Word 文档，选择“公司概况”标题文本，将其复制到第二张幻灯片的标题文本框中。

（2）选择“公司概况”标题文本，在“字体”功能组中单击“字体”右侧的按钮，在弹出的下拉列表框中选择“黑体”选项；单击“字号”右侧的按钮，在弹出的下拉列表框中选择“36”选项。

（3）在“开始”选项卡的“绘图”功能组中单击“快速样式”按钮，在弹出的下拉列表框中选择“细微效果，强调颜色 2”选项，如图 8-27 所示。

（4）将 Word 文档中除“公司概况”以外的文本粘贴到第二张幻灯片的内容占位符中。选定该段文本，设置字体为“仿宋”，字号为“24”，然后在“段落”功能组中单击“对齐文本”按钮右侧的下拉按钮，在弹出的下拉菜单中选择“居中对齐”选项。

（5）选择标题文本框，在“开始”选项卡的“绘图”功能组中单击“快速样式”按钮，在弹出的下拉列表框中选择“细微效果，强调颜色 1”选项，完成第二张幻灯片的制作，幻灯片效果图如图 8-28 所示。

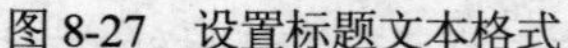
图 8-27　设置标题文本格式

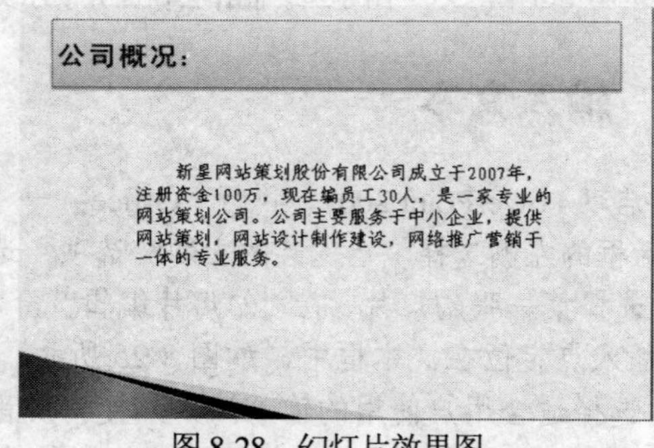

图 8-28　幻灯片效果图

提示　要快速对其他幻灯片中的文本应用设置好的文本格式，可先选定已设置好格式的文本，单击“剪贴板”功能组中的“格式刷”按钮，然后选中需要应用该格式的文本即可。

操作三　插入图片

（1）按【Ctrl+C】组合键复制第二张幻灯片，按【Ctrl+V】组合键粘贴幻灯片，生成第三张幻灯片。

（2）在复制的幻灯片中修改标题文本为“发展状况”，并修改内容文本，调整文本框至合适的大小，然后单击“插入”选项卡中“插图”功能组的“图片”按钮，打开“插入图片”对话框。

（3）在该对话框中选择素材“发展状况.jpg”图片，单击“插入”按钮，插入图片并

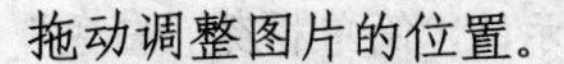

拖动调整图片的位置。

（4）选中插入的图片，将鼠标移动到图片的左上角，当鼠标指针变为↘形状时，向右下角方向拖动鼠标将图片缩小到适当大小后释放鼠标，如图 8-29 所示。

（5）在“格式”选项卡的“图形样式”功能组中单击“图片形状”按钮，在弹出的下拉菜单中选择“剪去对角的矩形”选项，然后单击“图片效果”按钮，执行“预设”→“预设 1”菜单命令，如图 8-30 所示。

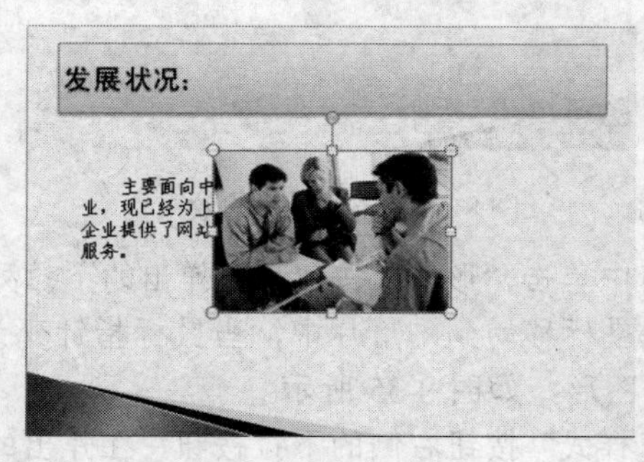

图 8-29　调整图片的大小

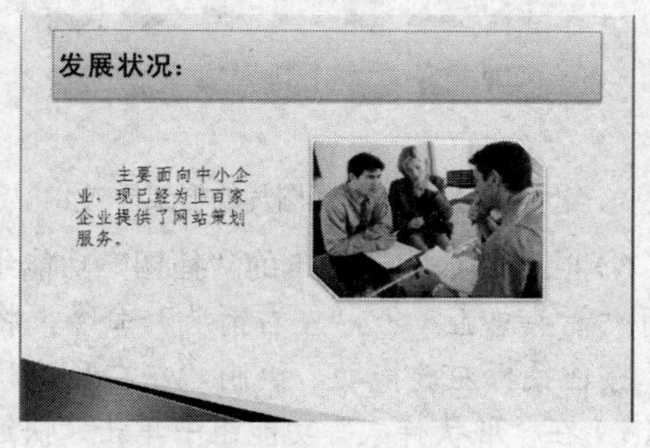

图 8-30　设置图片

操作四　使用艺术字和自选图形

（1）复制并粘贴第三张幻灯片，生成第四张幻灯片，在复制的幻灯片中修改其标题为“公司文化”，并修改内容文本，调整占位符的位置。

（2）选择“插入”选项卡，在“文本”功能组中单击“艺术字”按钮，在弹出的下拉列表框中选择如图 8-31 所示的艺术字样式，此时幻灯片文本框中显示应用该样式的文本“请在此键入您自己的内容”，选定文本框中的文本后输入文字“专注网站，用心服务”。

（3）在“格式”选项卡的“艺术字样式”功能组中单击“文本效果”按钮，在弹出的下拉菜单中执行“转换”→“弯曲”→“正三角”菜单命令。

（4）在“格式”选项卡的“形状样式”功能组中单击“形状填充”按钮，在弹出的下拉菜单中执行“标准色”→“蓝色”命令，应用艺术字的效果如图 8-32 所示。

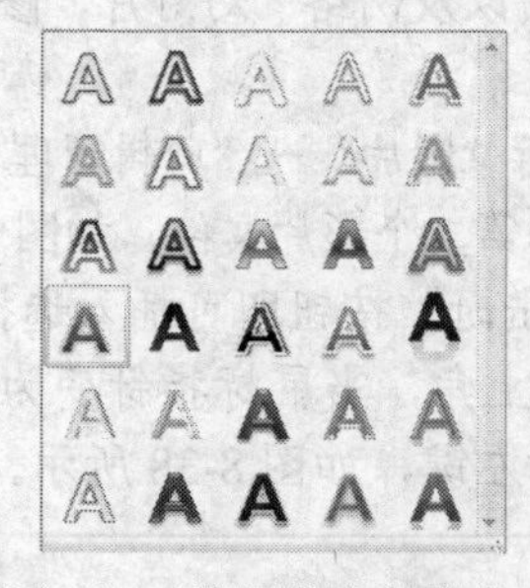

图 8-31　选择艺术字样式

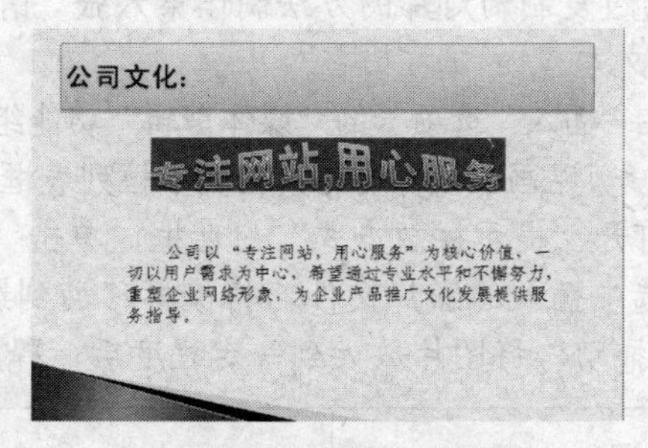

图 8-32　应用艺术字的效果

（5）用同样的方法制作第五张“公司业务”幻灯片，修改其标题文本，插入素材“网页.jpg”和“网页 02.jpg”，分别在“格式”选项卡的“图形样式”功能组中单击“快速样式”按钮右侧的下拉按钮，在弹出的下拉列表框中选择如图 8-33 所示的“简单框架，白色”框架样式，插入图片的效果如图 8-34 所示。

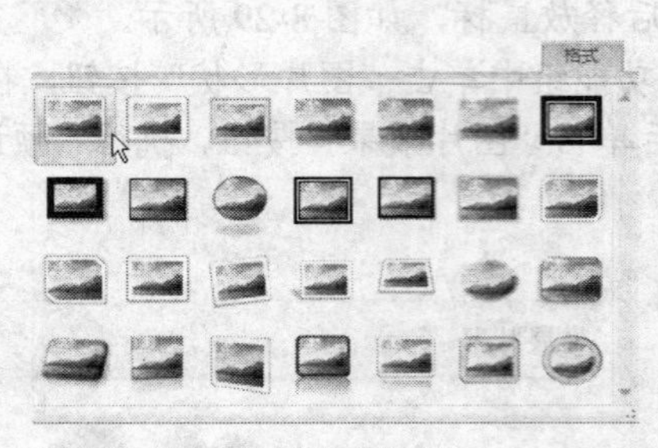

图 8-33　选择图片的框架样式

图 8-34　插入图片的效果

（6）在“插入”选项卡的“插图”功能组中单击“形状”按钮，在弹出的下拉列表框中执行“箭头总汇”→“左右箭头”命令，将鼠标移动到幻灯片中，当鼠标指针变为+形状时，按住鼠标左键拖动，绘制“左右箭头”图形，如图 8-35 所示。

（7）在“形状样式”功能组中单击“快速样式”按钮右侧的下拉按钮，在弹出的下拉列表框中选择如图 8-36 所示图形样式。

（8）输入除标题之外的文本内容，调整文本框位置，完成“公司业务”幻灯片的制作。

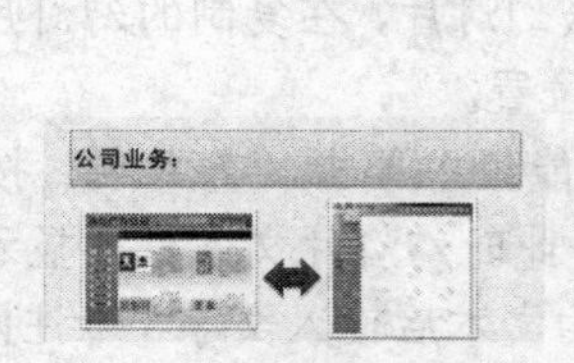

图 8-35　绘制自选图形

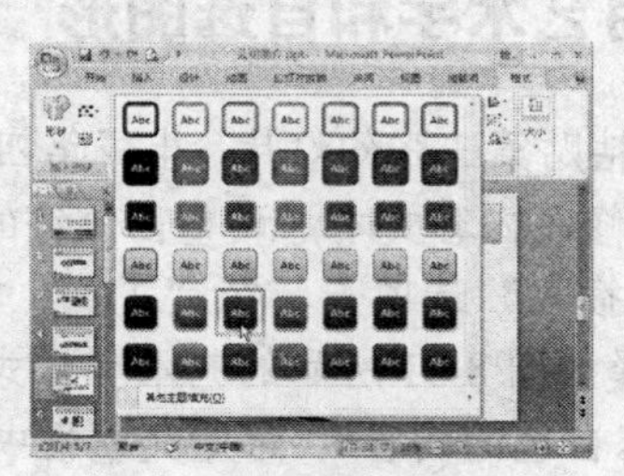

图 8-36　选择图形样式

操作五　插入影片和声音

（1）通过复制幻灯片的方法制作第六张“销售业绩以及网络”幻灯片，修改标题文本后输入内容文本。

（2）在“插入”选项卡的“媒体剪辑”功能组中执行“影片”→“剪辑管理器中的影片”命令，打开“剪贴画”任务窗格，在其下拉列表框中选择第二个影片文件，如图 8-37 所示。

（3）打开“提示播放方式”对话框，单击“在单击时”按钮即可插入选择的影片。

（4）选中插入的影片文件，将鼠标移动到影片左上角，当鼠标指针变为↘形状时向右上角方向拖动，将图片放大到一定程度后，释放鼠标左键，如图 8-38 所示。

提示　在选择声音剪辑时，如果“剪贴画”窗格中没有提供需要的声音剪辑，用户可以通过单击窗格下方的“Office 网上剪辑”超级链接命令在线查找更多的声音剪辑。

图 8-37　选择影片文件

图 8-38　调整插入的影片

（5）用复制幻灯片的方法制作第七张“售后服务”幻灯片，修改标题文本后输入内容文本。

（6）选定“更多文章请查看”文本框，在“开始”选项卡的“绘图”功能组中单击“快速样式”按钮，在弹出的下拉列表框中选择“中等效果，强调颜色 4”选项。

（7）在“插入”选项卡的“媒体剪辑”功能组中单击“声音”按钮，在弹出的列表框中选择“剪辑管理器中的声音”选项，打开“剪贴画”任务窗格，在其下拉列表框中选择“鼓掌欢迎”选项，如图 8-39 所示。

（8）打开“提示播放方式”对话框，单击“在单击时”按钮，此时幻灯片中显示“声音”图标，将其移动到右下角，“售后服务”幻灯片效果如图 8-40 所示，至此完成本任务的制作。

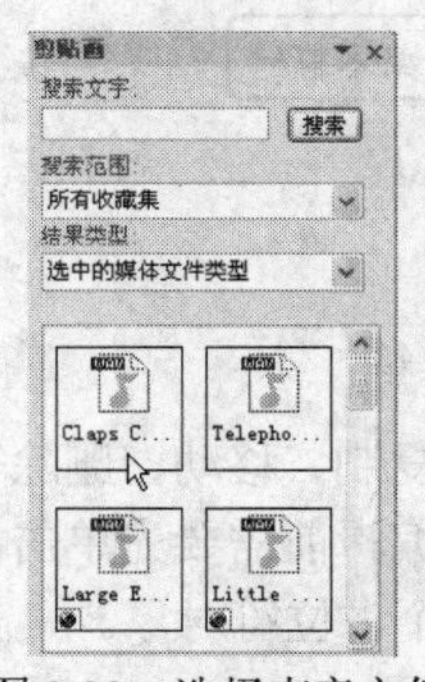

图 8-39　选择声音文件

图 8-40　“售后服务”幻灯片效果

◆ 学习与探究

本任务练习了对幻灯片文本的输入、文本格式的设置、插入图片、使用艺术字和自选图形及插入影片和声音的操作方法。其中，文本的输入、编辑和格式设置与 Word 中的文档内容编辑方法比较类似，读者应灵活运用并举一反三。

1．认识占位符

通过本任务可以看出，在幻灯片中添加文本主要通过占位符进行输入，在 PowerPoint 中选择不同版式的幻灯片后将显示不同类型的占位符，以便添加各种对象。占位符包括以下几种。

- 文本占位符：文本占位符主要用于输入文本，由于文本占位符实际上也是一种文本框，因此，也可对其位置、大小、边框等进行编辑，制作出自定义的各种版式效果，可分为横排文本占位符和竖排文本占位符，分别如图 8-41 和图 8-42 所示。

图 8-41　横排文本占位符　　　　图 8-42　竖排文本占位符

- 项目占位符：项目占位符主要用于插入图片、图表、图示、表格、媒体剪辑等对象。在项目占位符中央有一个快捷工具箱，单击其中不同的按钮可插入相应的对象，项目占位符中的快捷工具箱如图 8-43 所示。

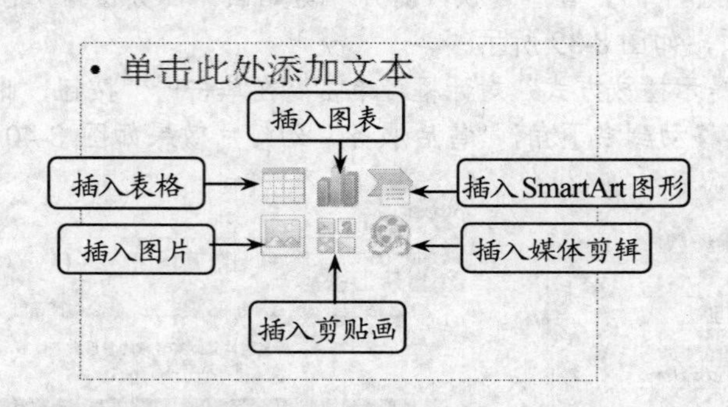

图 8-43　项目占位符中的快捷工具箱

另外，在制作幻灯片的过程中对于占位符也可以进行复制、移动、删除等编辑操作，。其方法与 Word 文档中文本的编辑方法是类似的，只是在编辑前需要先单击占位符的边框处将其选中。同时，按住【Shift】键不放可以同时选择多个占位符对象。

2．插入 SmartArt 图形和图表

在幻灯片中除了可以插入自选图形外还可以插入SmartArt图形和图表，插入方法如下。

（1）在“插入”选项卡的“插图”功能组中单击“SmartArt”按钮。

（2）打开“选择 SmartArt 图形”对话框，在该对话框左侧的窗格中选择需插入 SmartArt 图形的类型，中间的“列表”中将列出该类型所有的 SmartArt 图形，选择其中一种图形，在右侧窗格中将显示预览效果并介绍其基本图形信息，如图 8-44 所示。

（3）如选择第一种“基本列表”SmartArt 图形，单击“确定”按钮即可插入选择的 SmartArt 图形，如图 8-45 所示。

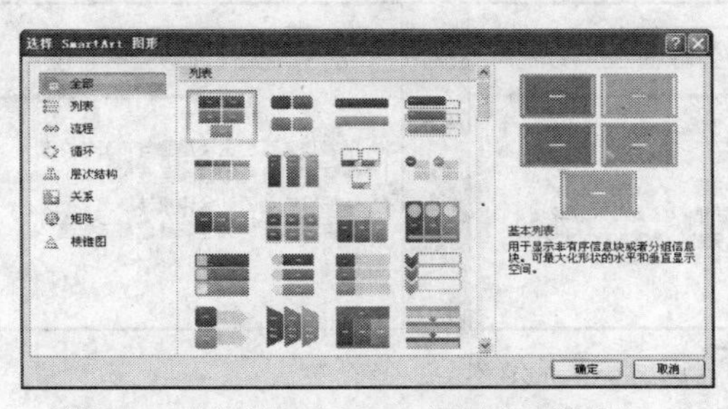

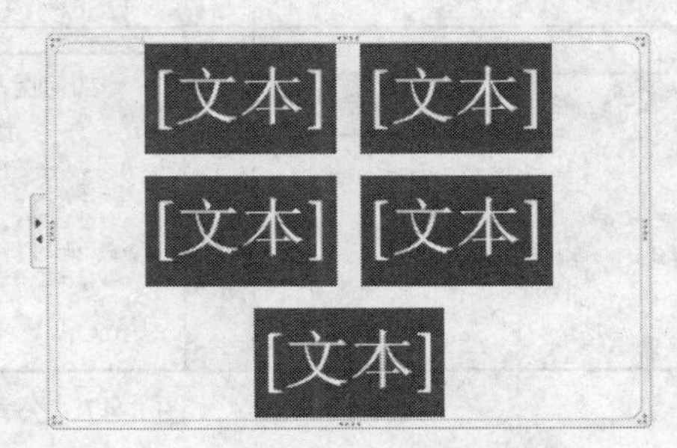

图 8-44　“选择 SmartArt 图形”对话框　　　　图 8-45　“基本列表”SmartArt 图形

另外，插入图表的方法可参照插入 SmartArt 图形的方法。

3．调整声音选项

对于插入的声音文件可以进行编辑设置，“声音选项”功能组如图 8-40 所示，下面分别介绍其各选项的作用。

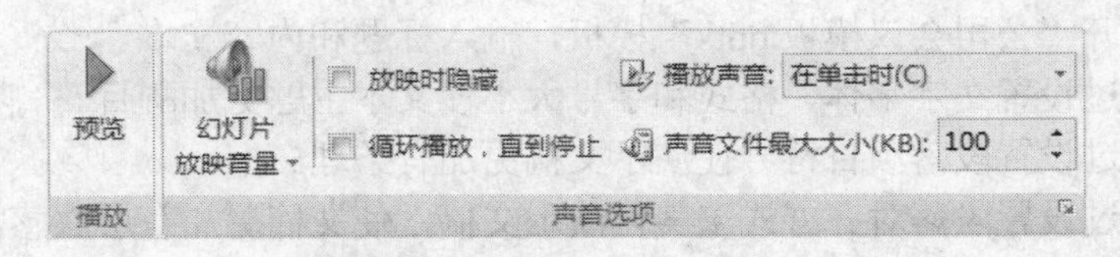

图 8-46　“声音选项”功能组

- “预览”按钮：单击“预览”按钮可以播放声音或影片。
- “调整音量”按钮：单击“调整音量”按钮可以设置在放映幻灯片时的音量大小，可设置为高、中、低或静音。
- “放映时隐藏”复选框：选中“放映时隐藏”复选框，在放映幻灯片时将不显示“声音”图标，且该选项只有将声音设置为自动播放时才可用。
- “循环播放，直到停止”复选框：选中“循环播放，直到停止”复选框，在该张幻灯片放映期间，声音将循环播放，直到切换到下一张幻灯片时停止。
- “选择播放方式”按钮：单击“选择播放方式”按钮右侧的下拉列表框中的按钮，可选择播放方式为“自动”、“在单击时”或“跨幻灯片播放”。
- “声音文件大小”图标：在“声音文件大小”数值框中可控制嵌入声音文件最大大小（KB）数值。

实训一　制作公司会议演示文稿

◆ 实训目标

本实训要求利用文本的输入和设置文本格式的相关知识制作一个公司会议演示文稿，其效果如图 8-47 所示。通过本实训掌握文本的输入、文本格式和段落项目符号的设置方法。

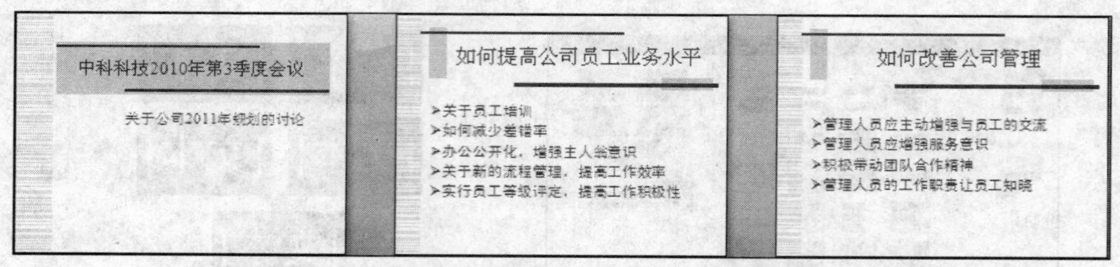

图 8-47　公司会议演示文稿效果

素材位置：模块八\素材\公司会议模板.pptx。
效果图位置：模块八\源文件\公司会议.pptx。

◆ 实训分析

本实训的操作思路如图 8-48 所示，具体分析及思路如下。

（1）打开“公司会议模板.pptx”模板，输入标题和内容文本。

（2）通过设置文字字体、格式和字号大小使文本主题更加醒目。

（3）通过设置段落项目符号使演示文稿更加有条理。

（4）通过设置段落对齐方式来美化演示文稿，使文稿更加有层次感。

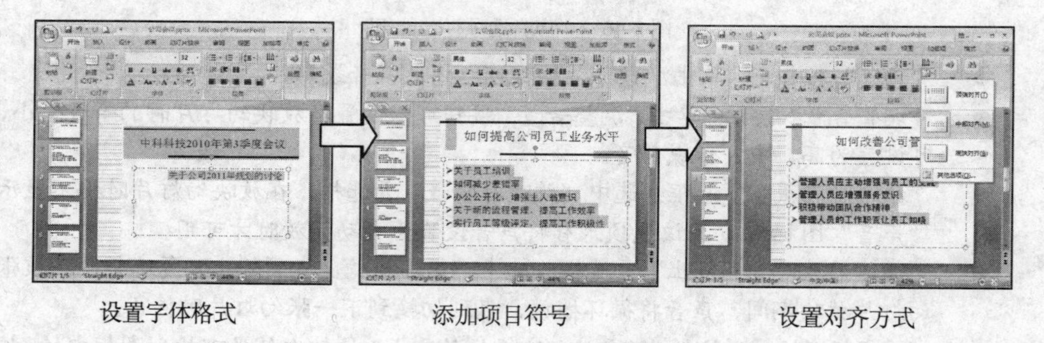

图 8-48　制作公司会议演示文稿的操作思路

实训二　制作教学课件演示文稿

◆ 实训目标

本实训要求利用文本的输入、设置段落格式和项目符号，以及插入剪贴画、图片、艺术字和自选图形的相关知识制作一个教学课件演示文稿，部分幻灯片的最终效果如图 8-49 所示。通过本实训掌握插入剪贴画、图片和艺术字的设置方法。

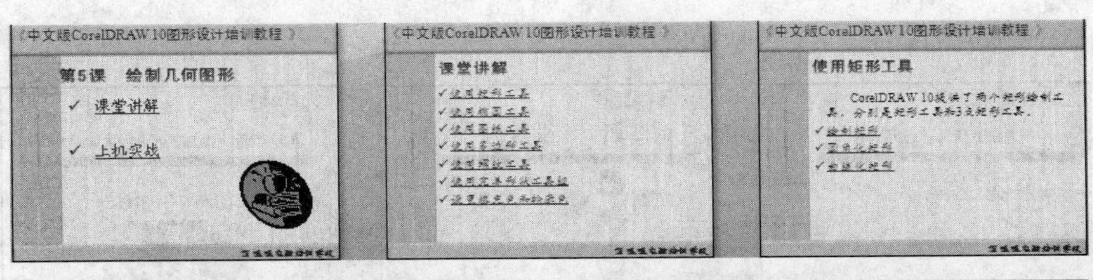

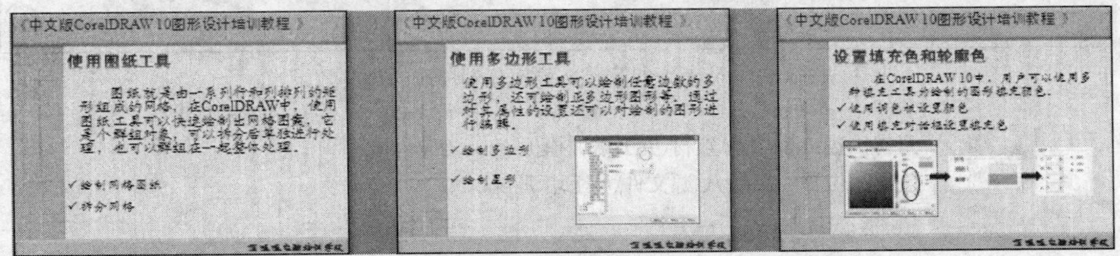

图 8-49　教学课件演示文稿部分幻灯片的最终效果

素材位置：模块八\素材\教学课件样板.pptx、选项.jpg、填充 01.jpg、填充 02.jpg、填充 03.jpg、封面.jpg。

效果图位置：模块八\源文件\教学课件.pptx。

◆ 实训分析

本实训的操作思路如图 8-50 所示，具体分析及思路如下。

（1）在文本标题中添加艺术字，设置艺术字的效果。

（2）进行文本编辑操作，设置文本段落格式和项目符号美化演示文稿。

（3）通过插入剪贴画、图片和自选图形使课件更加形象生动。

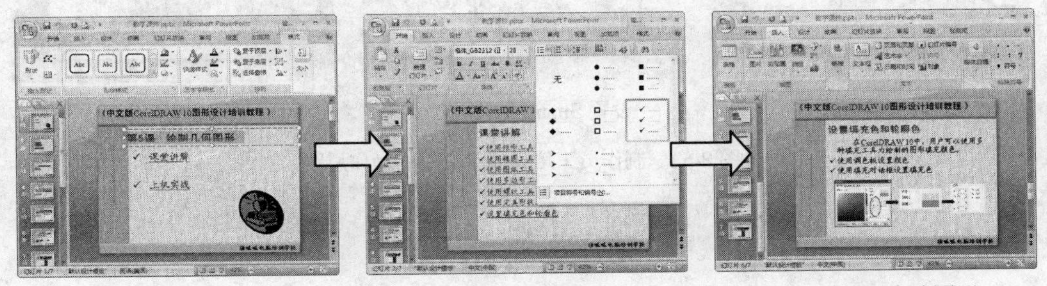

图 8-50　制作教学课件演示文稿的操作思路

实训三　制作员工培训演示文稿

◆ 实训目标

本实训要求综合利用幻灯片基本操作方法的相关知识制作一个员工培训演示文稿，其部分幻灯片的最终效果如图 8-51 所示。

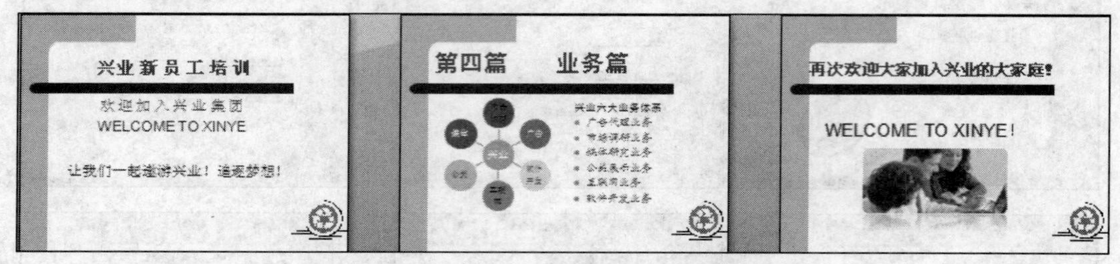

图 8-51 员工培训演示文稿部分幻灯片的最终效果

素材位置：模块八\素材\员工培训模板.pptx、欢迎.jpg。
效果图位置：模块八\源文件\员工培训.pptx。

◆ 实训分析

本实训的操作思路如图 8-52 所示，具体分析及思路如下。

（1）进行文本编辑操作，设置文本段落格式和项目符号。

（2）插入 SmartArt 图形，对图形进行编辑操作。

（3）对演示文稿进行修改。

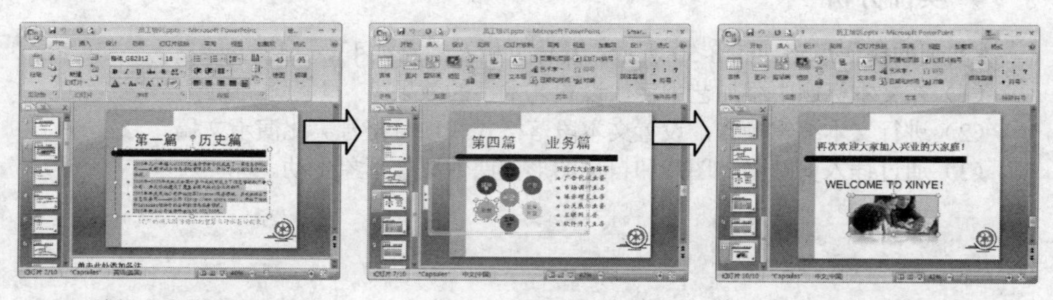

编辑文本格式　　设置 SmartArt 图形　　设置图片格式

图 8-52 制作员工培训演示文稿的操作思路

实践与提高

根据本模块所学内容，动手完成以下实践内容。

练习 1 制作古诗词鉴赏演示文稿

本练习将制作古诗词鉴赏演示文稿，需要用到设置字体、字号和文字效果等操作，其部分幻灯片的最终效果如图 8-53 所示。

素材位置：模块八\素材\古诗词鉴赏模板.pptx、赠花卿.jpg。
效果图位置：模块八\源文件\古诗词鉴赏.pptx。

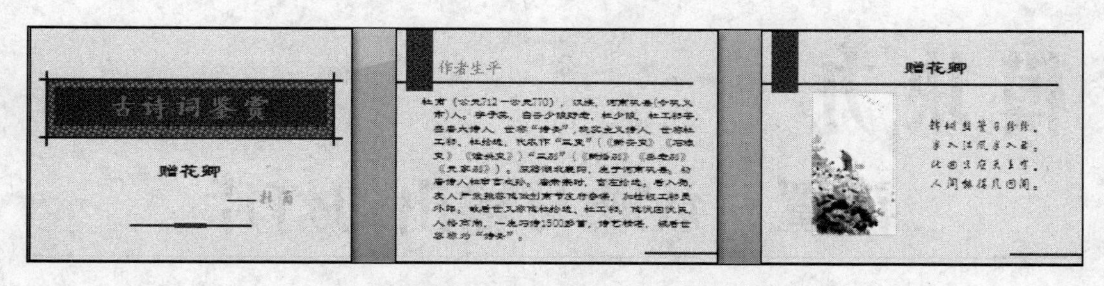

图 8-53　古诗词鉴赏演示文稿部分幻灯片的最终效果

练习 2　制作新产品演示文稿

本练习将制作新产品演示文稿，需要用到设置字体、字号和文字效果，插入图片、自选图形，设置图片和自选图形效果等操作，其部分幻灯片的最终效果如图 8-54 所示。

素材位置：模块八\素材\新产品上市模板.pptx、化妆品 01.jpg、化妆品 02.jpg、化妆品 03.jpg。

效果图位置：模块八\源文件\新产品上市.pptx。

图 8-54　新产品演示文稿部分幻灯片的最终效果

练习 3　总结疑难问题和注意事项

本模块主要学习了幻灯片的基本操作和设置方法，在实际工作中会制作各种不同类型的演示文稿，也会遇到许多疑难问题，下面列出在制作幻灯片时常出现的疑难问题和注意事项，供大家参考。

- 在占位符中录入的文字过多并超过其边界时，占位符旁边将出现按钮，单击该按钮，在弹出的下拉列表框中选中第一项单选按钮，系统将自动调整文本字号以适应该占位符；选中第二项单选按钮，系统将以设置的文本字体及字号填充占位符。
- 在绘制自选图形时，线性图形是不能添加文字的，即使用线条绘制了封闭图形也不能在其中添加文字，因此，只能在系统自带的封闭式的图形中才能添加文字。
- 在制作各类演示文稿时，需了解演示文稿的性质和使用人群，确定制作幻灯片的风格和样式，并且条理应清晰明了。

模块九

设置、放映与输出幻灯片

在 PowerPoint 2007 中制作幻灯片时经常要制作相同样式的幻灯片，如标题字体格式相同、每一页都显示公司标志等，为了提高工作效率，减少重复输入和设置，可以使用 PowerPoint 的幻灯片母版功能。另外，通过使用配色方案、添加切换效果和动画效果，可以使演示文稿更加生动且更加具有观赏性。本模块将以三个操作实例介绍设置、放映与输出幻灯片的方法。

学习目标

- 熟练掌握在 PowerPoint 中设置母版的方法
- 熟练掌握设置幻灯片背景的方法
- 熟练掌握设置切换方案和使用配色方案的方法
- 熟练掌握幻灯片动画的设置
- 熟练掌握动作按钮的制作
- 掌握幻灯片各种放映控制、打印和打包的方法

任务一　制作员工工作管理演示文稿

◆ 任务目标

本任务的目标是通过对幻灯片母版的设置来制作一个员工工作管理演示文稿，其部分幻灯片的最终效果如图 9-1 所示。通过练习掌握母版的设置、幻灯片背景的设置和了解使用配色方案等。

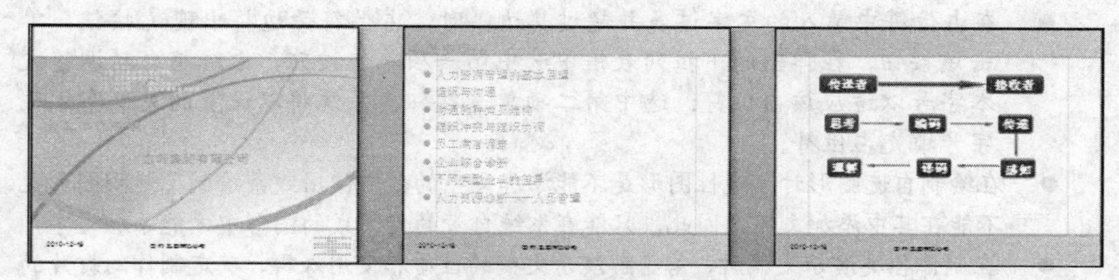

图 9-1　员工工作管理演示文稿部分幻灯片的最终效果

素材位置：模块九\素材\员工管理 01.jpg、员工管理 02.jpg、员工管理 03.jpg、员工管理 04.jpg、员工工作管理背景 01.jpg、员工工作管理背景 02.jpg。

效果图位置：模块九\源文件\员工工作管理.pptx。

本任务的具体目标要求如下：

（1）熟练掌握母版的设置方法。

（2）熟练掌握幻灯片背景的设置方法。

（3）掌握幻灯片配色方案的使用。

◆ 专业背景

本任务的操作中需要了解什么是母版，幻灯片母版就是存储关于模板信息的设计模板。在母版设计模板中可以设置字体的类型、大小、颜色、项目符号、占位符的大小和位置、背景图片的设置和填充、配色方案和幻灯片母版及可选的标题母版等。通过母版版式的修改，可以提高幻灯片的质量和制作幻灯片的工作效率。

◆ 操作思路

本任务的操作思路如图 9-2 所示，涉及的知识点有母版的设置、幻灯片背景的设置和使用幻灯片配色方案等，具体思路及要求如下。

（1）切换到幻灯片母版视图，进行母版模板的设置。

（2）对幻灯片背景进行设置，使用配色方案。

（3）切换到普通视图模式，利用母版模板制作幻灯片。

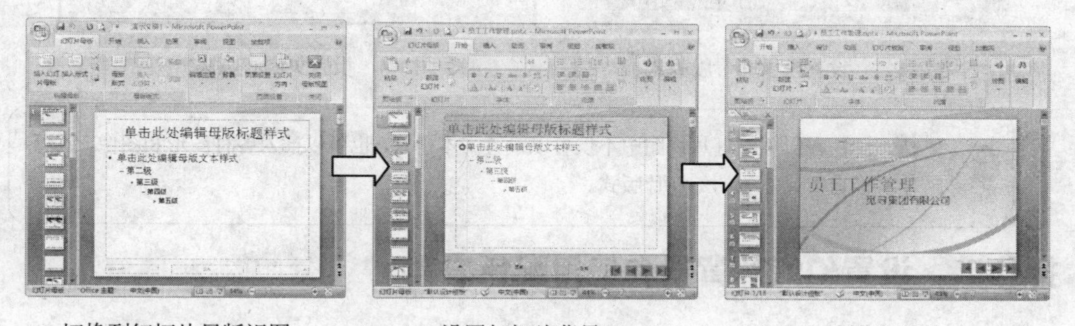

图 9-2　制作员工工作管理演示文稿的操作思路

操作一　设置母版

（1）启动 PowerPoint 2007，将打开一个名为“演示文稿 1”的空白演示文稿。

（2）执行“视图”→“演示文稿视图”→“幻灯片母版”命令，切换到“幻灯片母版视图”模式。

提示　进入“幻灯片母版视图”后在左侧窗格中的第一张母版是模板母版版式，设置第一张模板母版版式的格式将会应用到后面所有母版版式中，其中的母版版式包括标题、标题和内容、节标题等多种母版版式。

(3)选择模板母版版式，将标题占位符中的文本字体设置为“隶书”、字号设置为“36”、颜色设置为“绿色”，将内容占位符中的第一级文本字体设置为“宋体”、字号设置为“28”、项目符号设置为“●”，然后设置第二、三、四和五级文本，字号逐级递减，如图 9-3 所示。

(4)在“插入”选项卡的“文本”功能组中单击“页眉和页脚”按钮，在打开的“页眉和页脚”对话框中选中“日期和时间”复选框，再选中其下的“固定”单选按钮，在其下的文本框中输入日期“2010-12-18”，然后选中“页脚”复选框并在其下的文本框中输入“峦轩集团有限公司”文本，单击“全部应用”按钮，如图 9-4 所示。

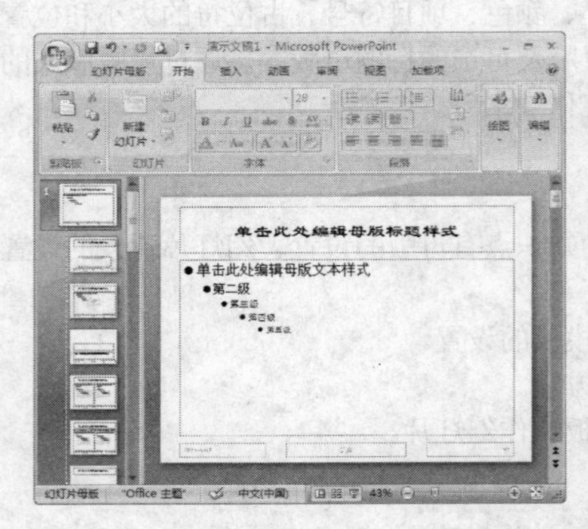

图 9-3 设置模板的母版版式

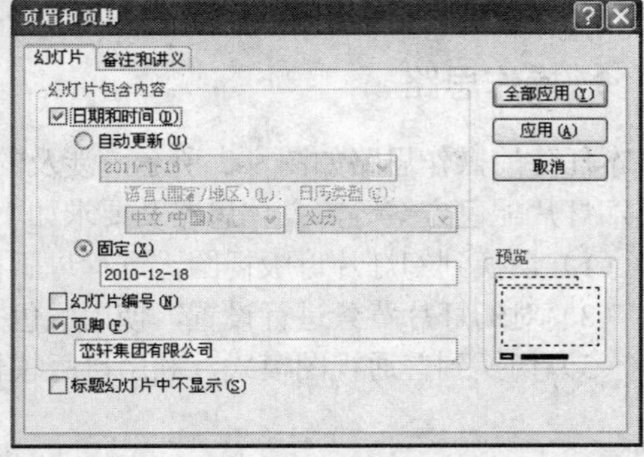

图 9-4 设置页眉和页脚

提示 在母版幻灯片视图中不仅可以设置文本格式，也可以插入各种图形和图像，还可以自定义需要的幻灯片版式。

操作二 设置幻灯片背景和使用配色方案

(1)选择第一张模板母版版式，在“幻灯片母版”选项卡的“背景”功能组中单击“背景样式”按钮，在弹出的列表框中选择“设置背景格式”选项，打开“设置背景格式”对话框，如图 9-5 所示。

(2)在对话框中选中“图片或纹理填充”单选按钮，然后在“插入自”栏中单击“文件”按钮。

(3)打开“插入图片”对话框，在该对话框中选择“员工工作管理背景 02.jpg”图片，单击“插入”按钮，所有幻灯片版式将应用该背景图片，如图 9-6 所示。

(4)在左侧的母版窗格中选择第二张标题幻灯片版式，单击鼠标右键，在弹出的快捷菜单中选择“设置背景格式”选项。在打开的“插入图片”对话框中选择“员工工作管理背景 01.jpg”图片，单击“插入”按钮，标题幻灯片版式将应用该背景图片。

提示 在“设置背景格式”对话框中还可以选择纯色和渐变色填充母版背景，选中“纯色”或“渐变色”单选按钮后，可在其下方的选项中设置背景填充参数。

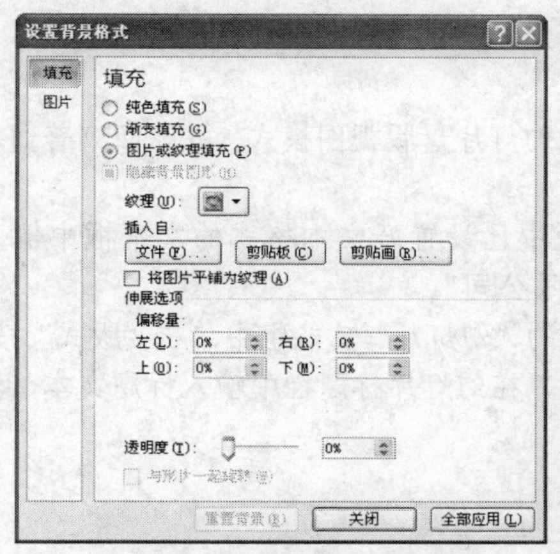

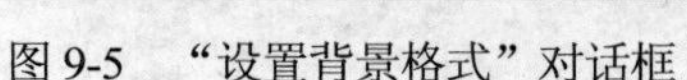

图 9-5　“设置背景格式”对话框

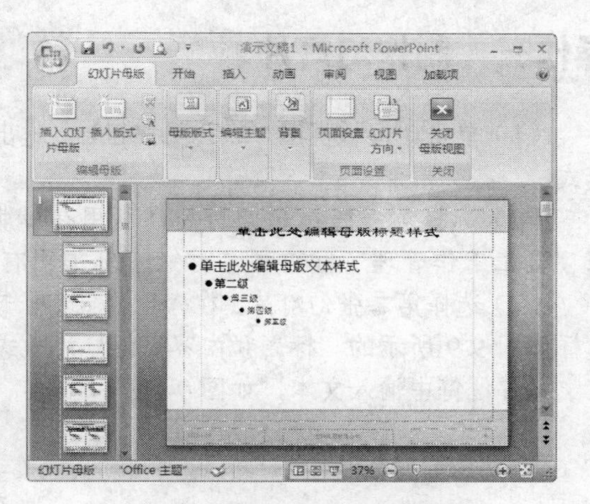

图 9-6　设置母版幻灯片的背景

提示

在“设置背景格式”对话框中进行图片填充时，单击“剪贴板”按钮则将刚执行的复制或剪切操作粘贴到剪贴板中的文件作为背景，单击“剪贴画”按钮可选择系统自带的剪贴画文件作为背景。当插入图片作为背景时，对话框左侧窗格的“图片”选项呈激活状态，还可对图片的重新着色、亮度和对比度进行设置。

(5) 在“幻灯片母版”选项卡的“编辑主题”功能组中单击“颜色”按钮颜色，在弹出的下拉列表框中列出了多种主题配色方案。

(6) 用户可直接选择其中任意一种配色方案，也可以自定义主题配色方案，这里选择“新建主题颜色”选项，如图 9-7 所示。

(7) 打开“新建主题颜色”对话框，在对话框的“主题颜色”栏中列出了多种自定义选项，包括文字/背景、强调文字颜色 1~6、超链接和已访问的超链接等颜色设置，在下方的“名称”文本框中输入“员工管理”文本，如图 9-8 所示，单击“保存”按钮应用自定义配色方案。

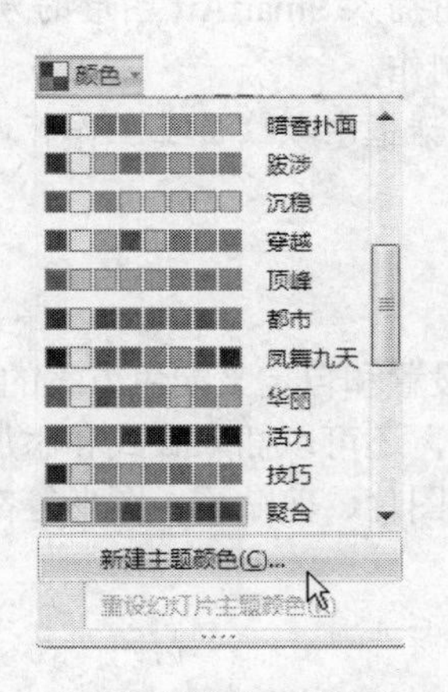

图 9-7　选择“新建主题颜色”选项

图 9-8　“新建主题颜色”对话框

操作三　制作幻灯片

（1）单击“母版视图”的关闭按钮，退出幻灯片母版视图模式，并返回到普通视图模式。

（2）选择第一张标题幻灯片，利用在母版中已设置好文本格式的文本框中输入标题“员工工作管理”和公司名称“峦轩集团有限公司”。

（3）选择第二张幻灯片，在“开始”选项卡的“幻灯片”功能组中单击“版式”按钮，选择如图 9-9 所示的“标题和内容”幻灯片版式，在幻灯片标题栏中输入标题文本，然后在文本占位符中输入文本，如图 9-10 所示。

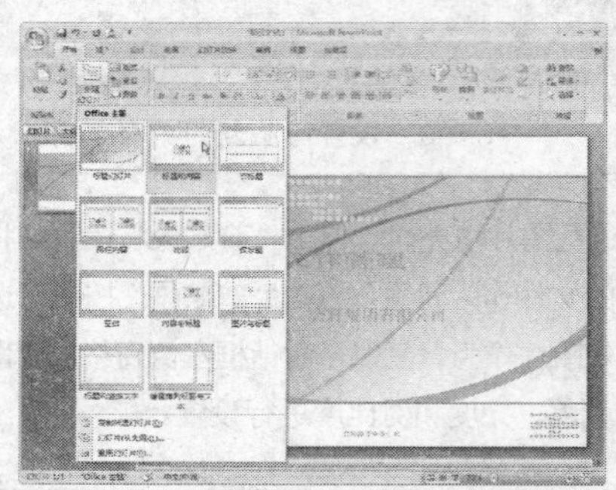
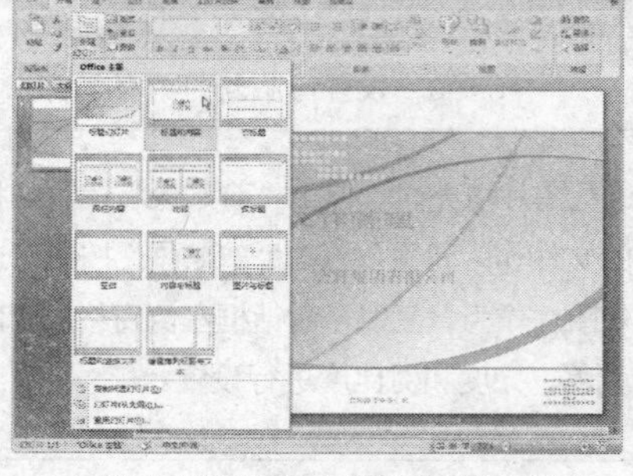

图 9-9　新建“标题和内容”幻灯片版式

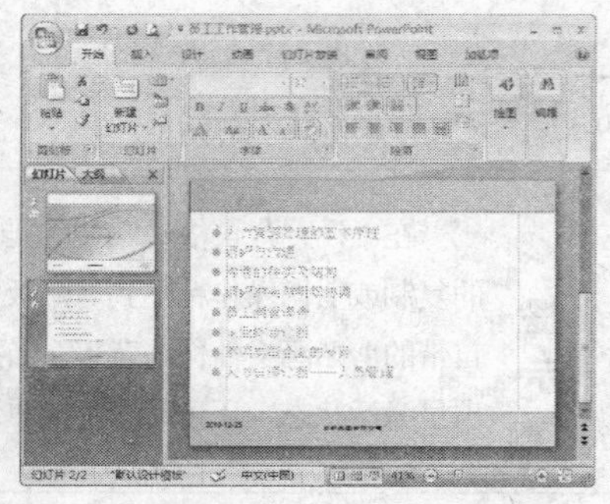

图 9-10　制作幻灯片

（4）选择第三张幻灯片，在“幻灯片”功能组中单击“版式”按钮，选择“仅标题”幻灯片版式，输入标题文本，然后在“插入”选项卡的“插图”功能组中单击“形状”按钮，在其中选择相应的图形形状，绘制图形并输入文本，应用“强烈效果，强调颜色 2”快速图形样式。

（5）用前面的方法制作第四、第五和第八张幻灯片，插入“员工工作管理 03.jpg”、“员工工作管理 01.jpg”、“员工工作管理 02.jpg”图片，将图片都移至右侧。

（6）第六和七张幻灯片与第二张幻灯片的制作方法相同。

（7）第九、第十、第十一和第十二张幻灯片均采用插入 SmartArt 图形的方法制作。

（8）用前面制作幻灯片的方法完成余下幻灯片的制作。

（9）按【Ctrl+S】组合键，在打开的“另存为”对话框中以“员工工作管理”为名称保存制作的演示文稿。

◆ 学习与探究

本任务练习了对幻灯片母版的设置、幻灯片背景的设置和自定义配色方案的操作方法。在幻灯片母版视图中除了右侧窗格中列出的母版版式外，还可以插入版式和添加更多的版式，进行自定义修改，并且在幻灯片中需要重复使用的图片、剪贴画、图形等都可以插入母版中，从而提高工作效率，下面将进行具体讲解。

1．插入幻灯片母版

在幻灯片母版视图中，单击“编辑母版”功能组中的“插入幻灯片母版”按钮，即可

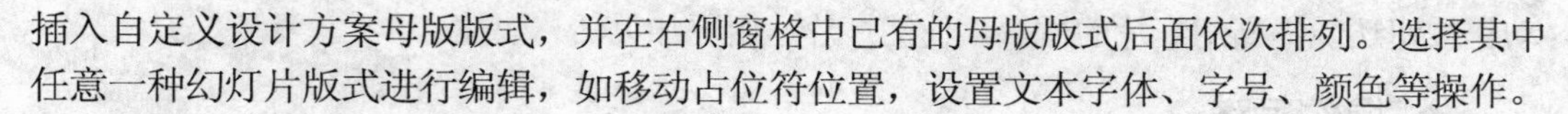

插入自定义设计方案母版版式，并在右侧窗格中已有的母版版式后面依次排列。选择其中任意一种幻灯片版式进行编辑，如移动占位符位置，设置文本字体、字号、颜色等操作。

2．插入幻灯片版式

在幻灯片母版视图中，单击“编辑母版”功能组中的“插入版式”按钮，即可插入一张自定义版式的幻灯片，可对幻灯片版式进行自定义设计，如添加占位符、插入图片和剪贴画等，完成后选中幻灯片，单击鼠标右键，在弹出的快捷菜单中选择“重命名版式”选项，打开“重命名版式”对话框，在文本框中输入名称，单击“重命名”按钮即可重命名自定义设计的版式。

3．在母版版式中适合插入的内容

在幻灯片的制作过程中，需要大量运用到的图片、文本占位符、图形、剪贴画、背景、动作按钮等都可以从母版版式中插入，从而减少工作量，其中包括公司名称、公司 LOGO、标志、时间日期、页码等。

任务二　设置管理培训演示文稿

◆ 任务目标

本任务的目标是运用幻灯片动画、幻灯片切换方案、动作按钮等知识来制作管理培训演示文稿，其部分幻灯片的最终效果如图 9-11 所示。通过练习掌握幻灯片动画的设置、幻灯片的切换方案和动作按钮的使用等操作。

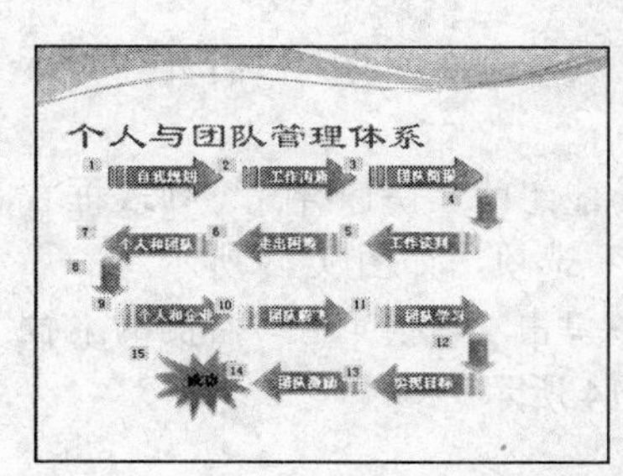

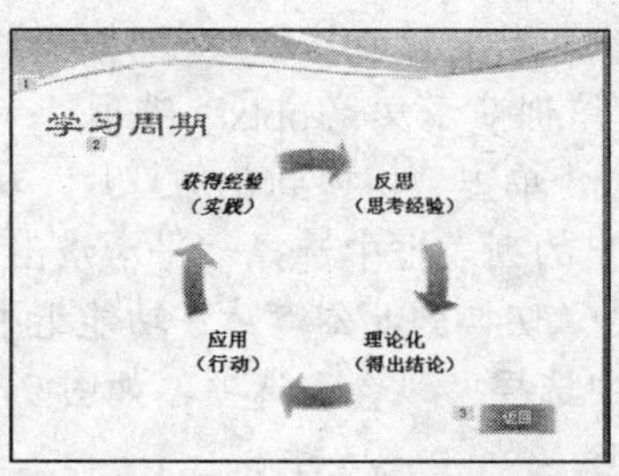

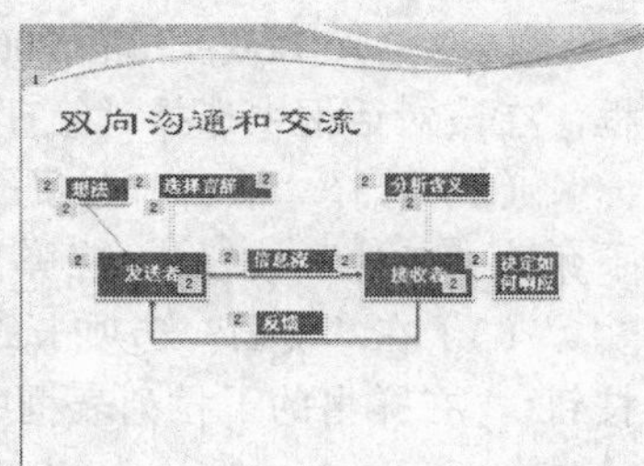

图 9-11　管理培训演示文稿部分幻灯片的最终效果

素材位置：模块九\素材\管理培训演示文稿.pptx、管理培训 01.jif、管理培训 02.jpg、管理培训 03.jpg。

效果图位置：模块九\源文件\管理培训演示文稿.pptx。

◆ 专业背景

本任务的操作中需要了解幻灯片动画效果的含义和动作按钮的作用。幻灯片动画效果是用于切换幻灯片时产生的一系列动作效果，使幻灯片看起来更加生动、活泼，更具观赏性。动作按钮用于控制放映过程、快速定位幻灯片、添加超级链接和为幻灯片添加注释等，动作按钮还能提高幻灯片的质量，使幻灯片运用更加灵活、快捷。

◆ 操作思路

本例的操作思路如图 9-12 所示，涉及的知识点有幻灯片切换方案的设置、幻灯片动画的设置、制作动作按钮等，具体思路及要求如下。

（1）切换到“动画”选项卡，进行幻灯片切换方案的设置。

（2）选中图片、图形、文本、文本占位符等对象进行幻灯片动画的设置。

（3）添加动作按钮图形，进行幻灯片动作设置。

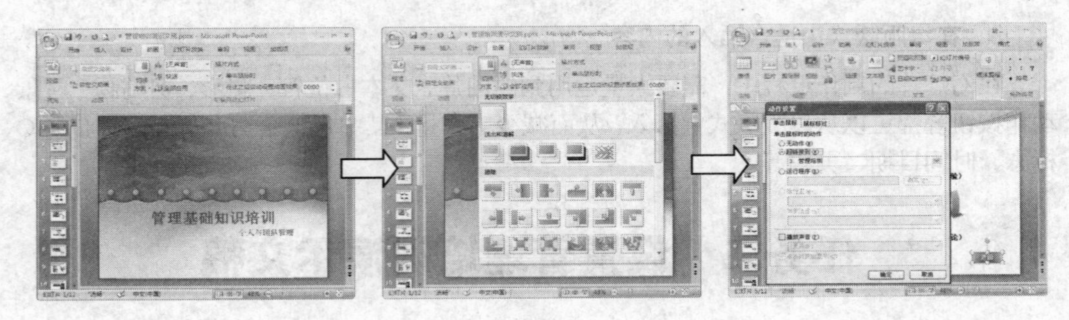

图 9-12　设置管理培训演示文稿的操作思路

操作一　设置幻灯片切换方案

（1）启动 PowerPoint 2007，执行“Office”→“打开”菜单命令，打开“打开”对话框，在该对话框中选择“管理培训演示文稿.pptx”选项。

（2）选择“动画”选项卡，单击“切换到此幻灯片”功能组的“快速样式”列表框右下角的“其他”按钮，在弹出的列表框中选择“平滑淡出”选项，如图 9-13 所示。

（3）在“动画”选项卡的“切换到此幻灯片”功能组中单击“切换声音”右侧的下拉按钮，在弹出的下拉列表框中选择“风铃”选项，如图 9-14 所示。

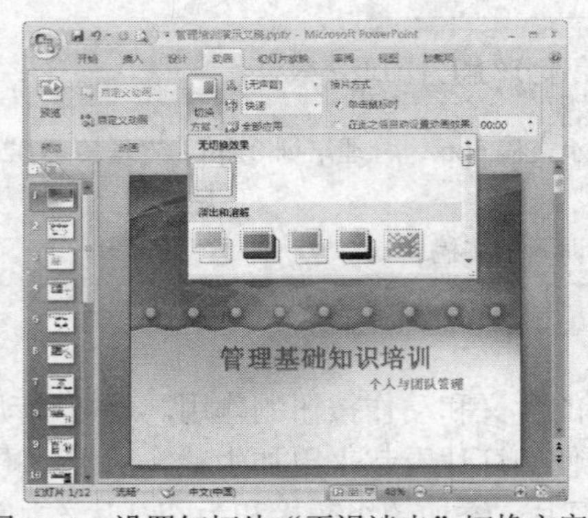

图 9-13　设置幻灯片“平滑淡出”切换方案

图 9-14　设置切换幻灯片时的声音

（4）在“动画”选项卡的“切换到此幻灯片”功能组中单击“切换速度”右侧的下拉按钮，在弹出的下拉列表框中选择“中速”选项，如图 9-15 所示。

（5）在“动画”选项卡的“切换到此幻灯片”功能组中的“换片方式”栏中，选中“单击鼠标时”复选框，如图 9-16 所示。

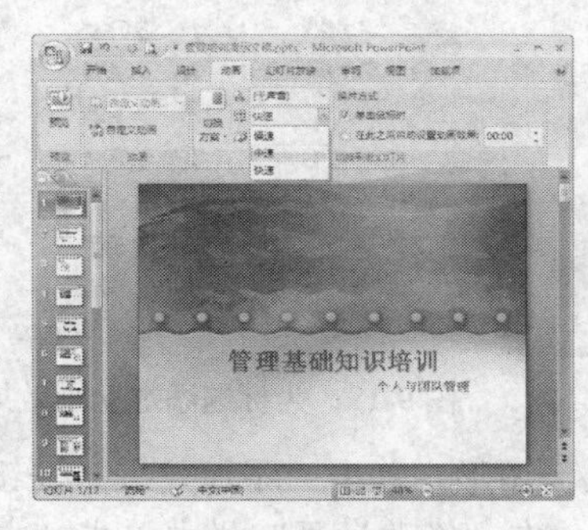

图 9-15　设置幻灯片的切换速度

图 9-16　设置幻灯片的换片方式

（6）设置完成后可单击“动画”选项卡的“预览”功能组中的“预览”按钮，此时幻灯片编辑区中将播放设置的切换效果。

（7）依次选择其他各张幻灯片，用上述方法为每一张幻灯片设置不同的切换效果。

提示　在演示文稿中的幻灯片中添加不同的幻灯片切换效果，可以重复以上的操作。要想将所有幻灯片添加相同的幻灯片切换效果，可在选择切换效果后，单击“切换到此幻灯片”功能组中的“全部应用”按钮。

操作二　设置幻灯片动画

（1）选择第一张幻灯片，选中“标题”文本框，在“动画”选项卡的“动画”功能组中单击“动画”右侧的下拉列表按钮，在弹出的下拉列表框中选择“自定义动画”选项，在幻灯片右侧将弹出“自定义动画”任务窗格，如图 9-17 所示。

（2）在“自定义动画”任务窗格中，单击“添加效果”按钮，在弹出的下拉菜单中执行“进入”→“飞入”菜单命令，如图 9-18 所示，为图形添加动画效果，在文本框左侧出现标注图标 1 。

（3）在“修改动画”栏中单击“开始”右侧的下拉按钮，在弹出的列表框中选择动画开始的方式，这里选择“单击”选项，然后单击“方向”右侧的下拉按钮，在弹出的列表框中选择“自顶部”选项，再单击“速度”右侧的下拉按钮，在弹出的列表框中选择“快速”选项。

（4）选中“副标题”文本框，在“自定义动画”任务窗格中单击“添加效果”按钮，在弹出的下拉菜单中执行“进入”→“百叶窗”菜单命令，在文本框左侧出现标注图标 2 。

提示　在幻灯片中依次设置动画，该对象左侧将会出现标注图标，并按照设置顺序依次递增，在放映幻灯片时，将按照标注图标的数字顺序放映。

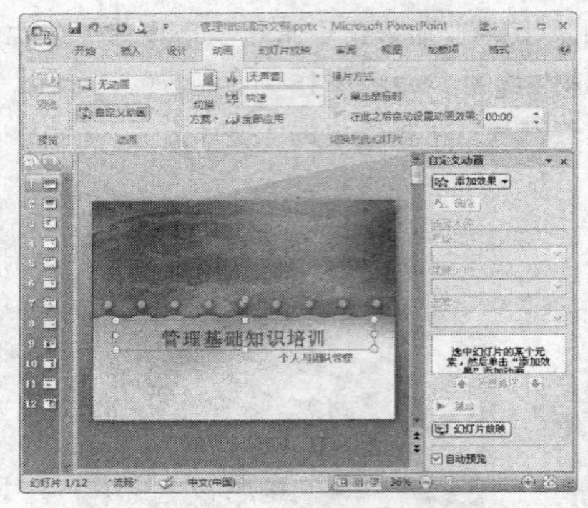

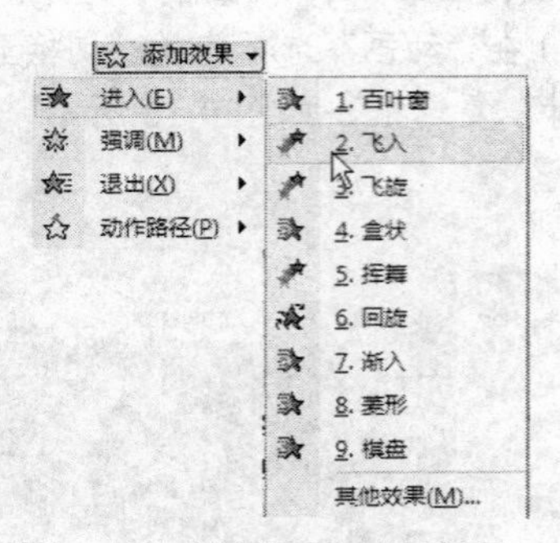

图 9-17　“自定义动画”任务窗格　　　　图 9-18　为标题添加动画效果

（5）选择第二张幻灯片，选择“虚尾箭头”图形，单击“添加效果”按钮，在弹出的下拉菜单中执行“进入”→“飞入”菜单命令，在“修改动画”栏中单击“方向”右侧的下拉按钮，在弹出的列表框中选择“自左侧”选项，再单击“速度”右侧的下拉按钮，在弹出的列表框中选择“快速”选项。依次按照图形箭头方向添加动画效果，按照箭头方向在“方向”下拉列表框中选择相应的选项，如图 9-19 所示。

（6）选择第三张幻灯片，可以为文本添加动画效果，先选中“第一部分……”文本框，为其添加进入时“飞入”的动画效果，再选中文本框中的文本，为其添加进入时“百叶窗”的动画效果，在其下的文本框中依次添加动画效果，如图 9-20 所示。

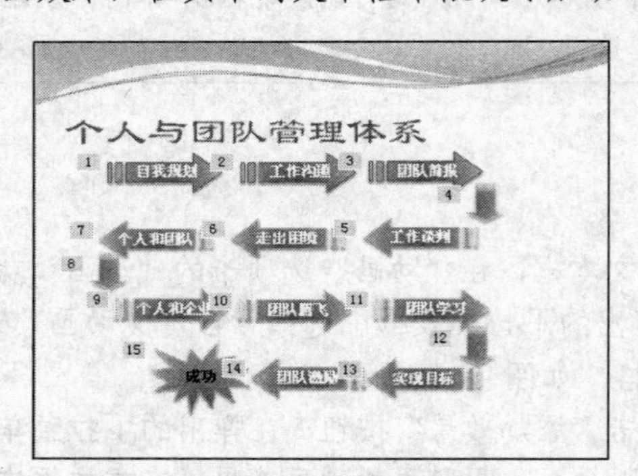

图 9-19　设置图形的动画效果

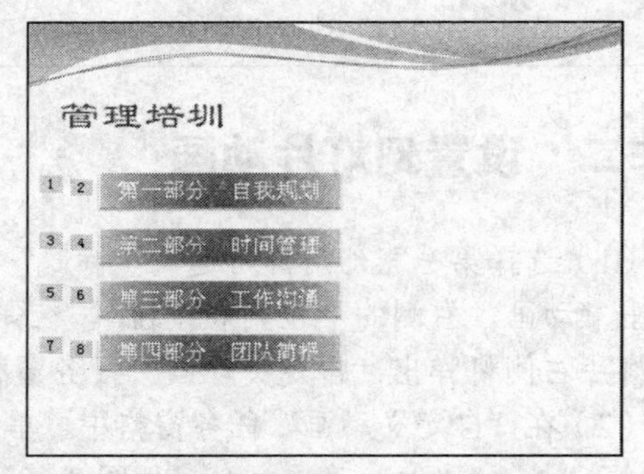

图 9-20　设置文本和文本框动画效果

提示　带有动画效果的图形或占位符被复制时，复制的图形具备之前设置的动画效果，并按照数字序列排列，在需设置相同动画效果的图形或文本时，可使用复制粘贴的方法，以减少工作量。

（7）选择第四张幻灯片，可以为 SmartArt 图形添加两种动画效果，先选择 SmartArt 图形，为其添加进入时“菱形”的动画效果，再次选择 SmartArt 图形，为其添加退出时“棋盘”动画效果，如图 9-21 所示。

（8）选择第十一张幻灯片，选中全部图形，单击“添加效果”按钮，在弹出的下拉菜单中执行“进入”→“飞旋”菜单命令，同时为全部图形添加一种动画效果，如图 9-22 所示。

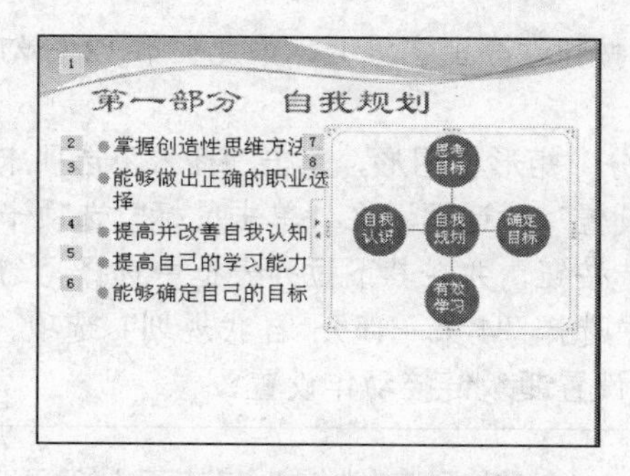

图 9-21　为图形设置多个动画效果

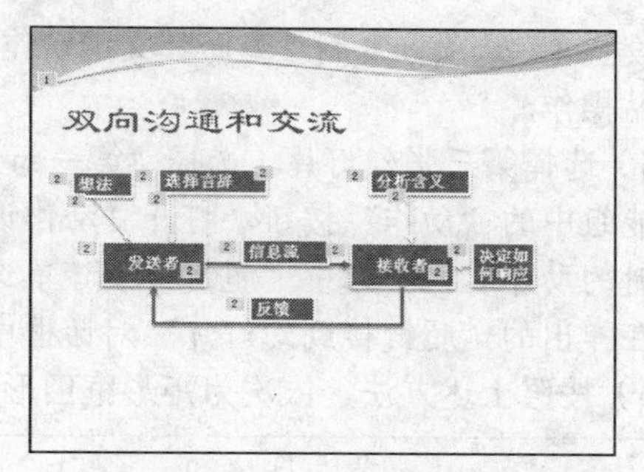

图 9-22　为多个图形添加一种动画效果

（9）按照上述方法，在还未设置动画的幻灯片中添加动画效果。

提示　想要修改添加的动画效果，可在“动画效果”列表框中选择其中的选项，此时单击“添加效果”按钮将变为“更改”按钮，单击该按钮可选择其他选项设置动画效果。要删除动画效果，在“动画效果”列表框中选择需要删除的选项，单击上方的“删除”按钮即可。

操作三　添加动作按钮

（1）选择第五张幻灯片，单击“插入”选项卡的“插图”功能组中的“形状”右侧的下拉按钮，选择“动作按钮”栏中的“自定义”选项，将鼠标移到幻灯片中，当指针变为十形状时，按住并拖动鼠标左键绘制一个矩形图形，同时打开“动作设置”对话框，如图 9-23 所示。

（2）在其中的“单击鼠标”选项卡的“单击鼠标时的动作”栏中选中“超链接到”单选按钮，并在其下面的下拉列表框中选择“幻灯片”选项，如图 9-24 所示，在打开的“超链接到幻灯片”对话框中选择“3.管理培训”选项，如图 9-25 所示，单击“确定”按钮，返回“动作设置”对话框。

图 9-23　“动作设置”对话框

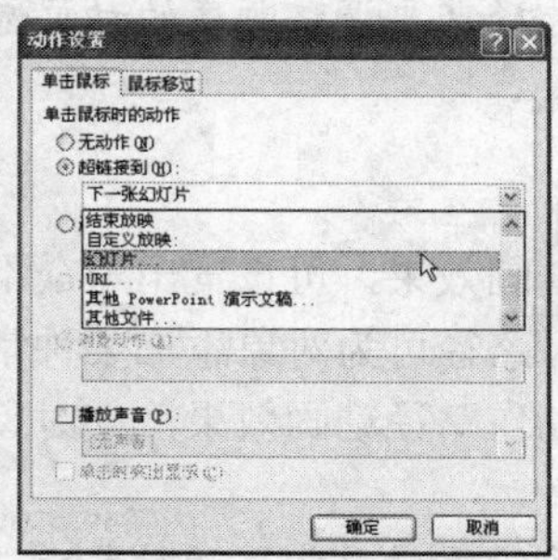

图 9-24　设置幻灯片动作

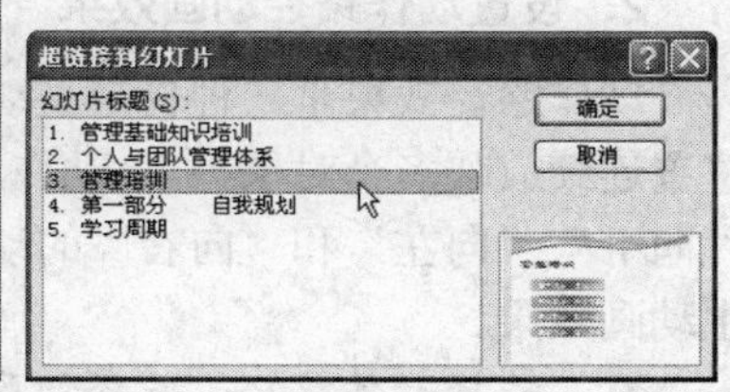

图 9-25　“超链接到幻灯片”对话框

（3）选中“播放声音”复选框，并在其下面的下拉列表框中选择“单击”选项，单击“确定”按钮，返回“动作设置”对话框，再次单击“确定”按钮，完成动作按钮声音的设置。

（4）选中该按钮，在其中输入“返回文本”，应用图形快速样式中的“强烈效果，强调颜色设置 1”选项。复制“返回”文本动作按钮，分别在第七、第九和第 12 张幻灯片中执行粘贴操作。

（5）选择第三张幻灯片，选择“第一部分”矩形框图形，单击“插入”选项卡的“链接”功能组中的“动作”按钮，打开“动作设置”对话框，在“单击鼠标”选项卡的“单击鼠标时的动作”栏中选中“超链接到”单选按钮，并在其下拉列表框中选择“幻灯片”选项，在弹出的“超链接到幻灯片”对话框中选择“4.第一部分 自我规划”选项。

（6）按照上述方法，依次为矩形框图形设置超级链接动作设置。

提示

在“动作设置”对话框中，选中“超链接到”单选按钮，在其下方的下拉列表框中可选择链接到其他幻灯片或其他文件；选中“运行程序”单选按钮，再单击“浏览”按钮，可选择在放映过程中启动其他应用程序等。

◆ 学习与探究

本任务练习了对幻灯片切换方案和动画效果的设置，以及添加动作按钮指定幻灯片链接位置的操作。为幻灯片添加动画效果时应考虑演示文稿类型、使用场合、实际应用等问题添加适合的动画效果，并且动画效果的添加种类和个数不宜过多且过于花哨，应多注意把握演示文稿的主题和展示的对象等多方面因素，从而更能使演示文稿充分地展现出来。

在设置幻灯片动画效果后还可以进行其他选择的编辑设置，下面讲解“自定义动画”任务窗格的设置技巧。

1. 设置动画播放顺序

在“自定义动画”任务窗格中“动画效果”列表的动画效果是按照设置的先后顺序从上到下排列的，放映时也将按照此顺序进行播放。可以对动画的播放顺序进行调整，调整动画效果的播放顺序有以下两种方法。

- 在“动画效果”列表中选择需要调整顺序的动画选项，然后单击“重新排序”左侧的按钮可将当前选项上移一位，单击按钮可将当前选项下移一位。
- 在“动画效果”列表中选择需要调整顺序的动画选项，按住鼠标左键拖动即可调整其播放顺序。

2. 设置动作路径动画效果

动作路径效果是一种自定义动画效果，可设置出与众不同的动画效果，还可以在同一位置连续放映多个对象等。“动作”路径可为对象添加某种常用路径的动画效果，如“向上”、“向下”、“向左”和“向右”的动作路径动画效果，使对象沿固定或绘制的路径运动，产生动画效果。

- 选择动作路径：选择需要设置动画效果的对象后，在“自定义动画”窗格中单击“添加动画”按钮，执行“动作路径”→“其他动作路径”菜单命令，打开“更改动作路径”对话框，在其中选择需要的动作路径如图 9-26 所示。在幻灯片中将以“心形”以虚线路径显示，如图 9-27 所示，按【Shift+F5】组合键放映当前幻灯片，选择图形将按“心形”路径移动。

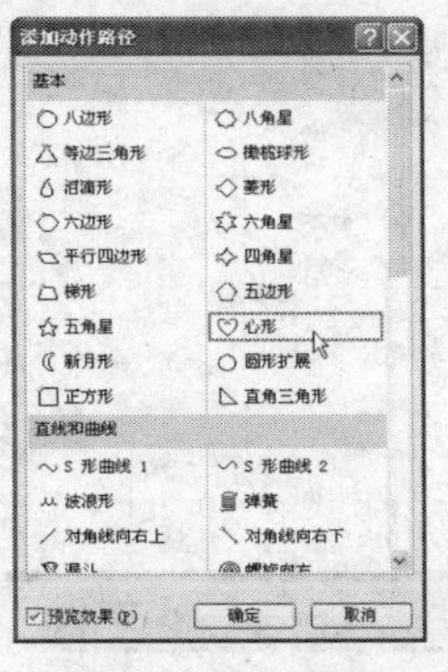

图 9-26　添加“心形”动作路径

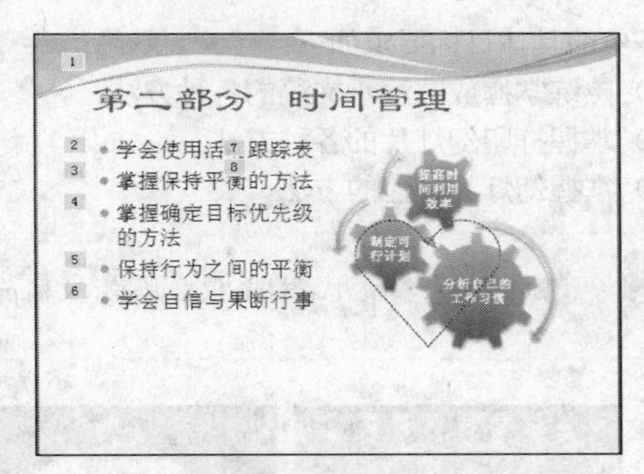

图 9-27　幻灯片中显示“心形”虚线路径

- 绘制动作路径：除了可以选择系统提供的路径外，还可以手动绘制路径，选择需要设置的对象，在“自定义动画”窗格中单击“添加动画”按钮，执行“动作路径”→“绘制自定义路径”→“曲线”菜单命令，如图 9-28 所示。将鼠标指针移动到幻灯片中，当指针变为十或✎形状时，拖动鼠标绘制所需的路径，如图 9-29 所示。

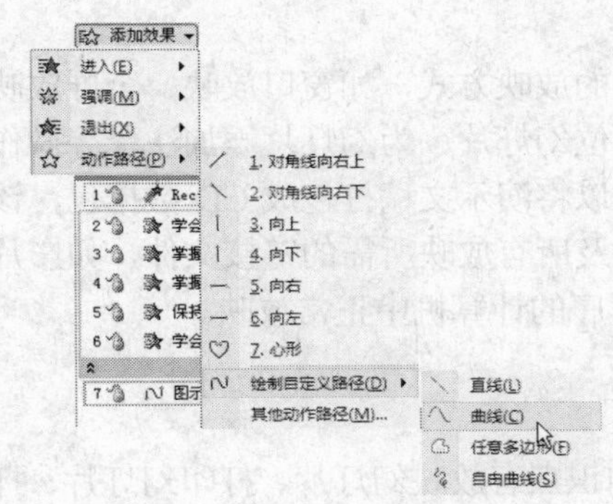

图 9-28　选择“曲线”动作路径

图 9-29　绘制“曲线”动作路径

提示　幻灯片的动作路径可绘制直线、曲线、任意多边形和自由线四种路径。设置动作路径动画效果后，幻灯片中的虚线路径表示对象运动的轨迹，放映幻灯片时将不会显示。

任务三　放映与输出礼仪培训演示文稿

◆ 任务目标

本任务的目标是通过放映礼仪培训演示文稿来学习各种放映控制动画的方法，然后将幻灯片打印到纸张上，以及将演示文稿打包成 CD，便于在其他计算机中放映，其部分幻灯片的放映效果如图 9-30 所示。通过练习掌握幻灯片的放映控制、打印幻灯片、幻灯片的打包等操作。

本任务的具体目标要求如下：

（1）熟练掌握放映演示文稿的各种方法。

（2）掌握打印幻灯片的各种方法。

（3）掌握幻灯片打包的方法。

素材位置：模块九\素材\礼仪培训演示文稿.pptx。

图 9-30　礼仪培训演示文稿部分幻灯片的放映效果

◆ 专业背景

为了满足不同用户的需要，可设置演示文稿的放映方式，如窗口放映、全屏放映、展示放映等。在放映过程中演讲者可以通过快速定位幻灯片、为幻灯片添加注释等操作表达演示文稿中的内容。为适应不同的演示环境，可以将演示文稿打包成 CD 数据包，该数据包中包含了演示文稿、PowerPoint Viewer 播放器及所有放映所需的链接文件，如影片、声音等，因此，可以在其他没有安装 PowerPoint 程序的计算机中正常放映。

◆ 操作思路

本任务的操作思路如图 9-31 所示，涉及的知识点有放映幻灯片、打印幻灯片、打包幻灯片等，具体思路及要求如下。

（1）切换到“幻灯片放映”选项卡，进行自定义幻灯片放映的设置。

（2）切换到“设计”选项卡，进行幻灯片页面设置并在打印设置中设置打印参数。

（3）运用幻灯片的发布功能，将演示文稿打包成 CD 数据包。

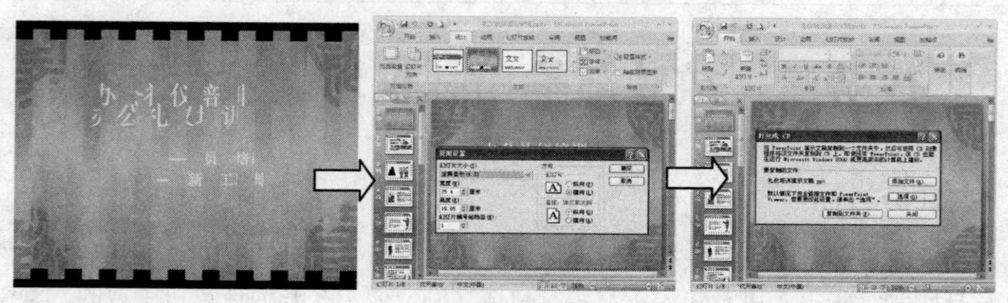

设置自定义幻灯片放映　　幻灯片的页面设置　　幻灯片的打包设置

图 9-31　放映与输出礼仪培训演示文稿的操作思路

操作一　放映幻灯片

（1）打开素材“礼仪培训演示文稿.pptx”，单击“幻灯片放映”选项卡的“开始放映幻灯片”功能组中的“自定义幻灯片放映”按钮，在弹出的下拉列表框中选择“自定义放映”选项，如图 9-32 所示。

（2）打开“自定义放映”对话框，在该对话框中单击“新建”按钮，打开“定义自定义放映”对话框，在左侧的“在演示文稿中的幻灯片”列表框中选择如图 9-33 所示的选项为需要放映的幻灯片，然后单击“添加”按钮，在右侧的“在自定义放映中的幻灯片”列表框中将显示选择的幻灯片。

图 9-32　选择“自定义放映”选项

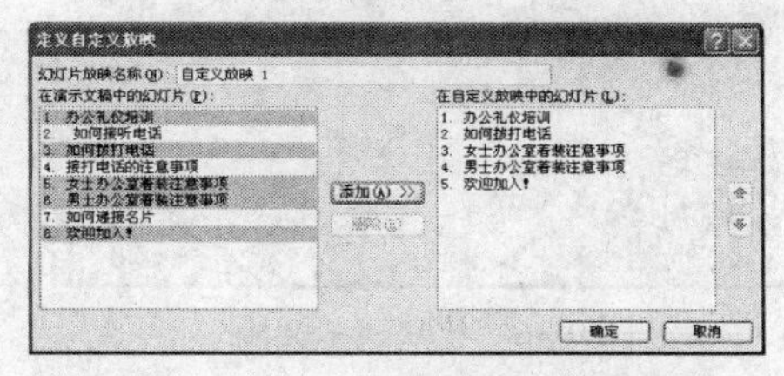

图 9-33　“定义自定义放映”对话框

（3）在“幻灯片放映名称”文本框中输入“礼仪 1”名称，然后单击“确定”按钮。

（4）单击“幻灯片放映”选项卡的“开始放映幻灯片”功能组中的“自定义幻灯片放映”按钮，在弹出的下拉列表框中将显示“礼仪 1”选项，选择该选项，即可观看自定义的放映效果。

（5）选择第三张幻灯片，单击“幻灯片放映”选项卡的“设置”功能组中的“隐藏幻灯片”按钮，将隐藏幻灯片。用相同的方法，将第五和第六张幻灯片隐藏，如图 9-34 所示。

（6）单击“幻灯片放映”选项卡的“设置”功能组中的“设置幻灯片放映”按钮，打开“设置放映方式”对话框。

（7）在该对话框的“放映类型”栏中选中“演讲者放映（全屏幕）”单选按钮，在“放映选项”栏中选中“放映时不加旁白”复选框，在“绘图笔颜色”下拉列表框中选择“黄色”选项，在“换片方式”栏中选中“手动”单选按钮，最后单击“确定”按钮，如图 9-35 所示。

图 9-34　隐藏幻灯片

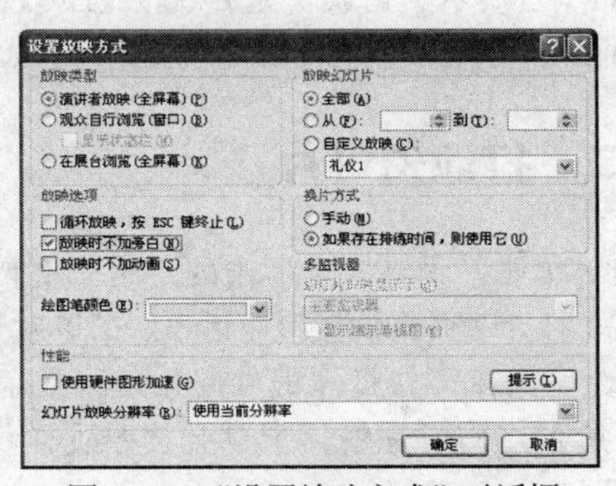

图 9-35　“设置放映方式”对话框

（8）按【F5】键，开始放映幻灯片，单击鼠标左键，演示文稿将进行动画效果的切换，如图 9-36 所示。

（9）在放映幻灯片的过程中，有时需要快速定位幻灯片，可单击鼠标右键，在弹出的快捷菜单中选择“定位至幻灯片”选项，在其子菜单中选择第四张幻灯片，即可快速定位到第四张幻灯片，如图 9-37 所示。

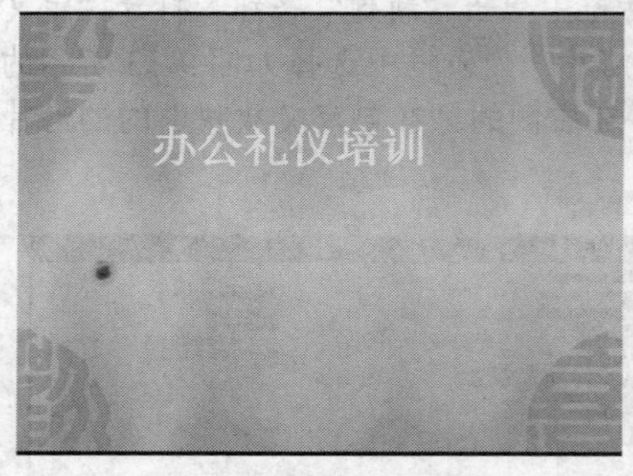

图 9-36　放映演示文稿

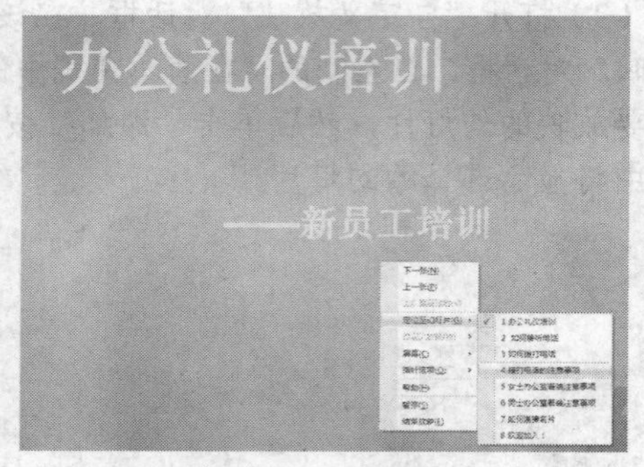

图 9-37　定位幻灯片

（10）在放映的幻灯片中通过勾画重点或添加注释可以使幻灯片中的重点内容更加突出地展现出来，在放映幻灯片时单击鼠标右键，在弹出的快捷菜单中执行“指针选项”→“荧光笔”菜单命令，鼠标指针将转换为“荧光笔”形状，如图 9-38 所示。用荧光笔在幻灯片中按住鼠标左键拖动即可添加标注，如图 9-39 所示。

图 9-38　选择　“荧光笔”选项

图 9-39　添加标注

（11）当演示文稿放映完后或按【Esc】键退出幻灯片放映时，将显示是否保存墨迹提示对话框，可选择“保留”或“放弃”选项。

操作二　打印幻灯片

（1）单击“设计”选项卡的“页面设置”功能组中的“页面设置”按钮。

（2）打开“页面设置”对话框，在该对话框的“幻灯片大小”下拉列表框中选择“A4 纸张”选项，在“幻灯片编号起始值”数值框中输入“1”，最后单击“确定”按钮，如图 9-40 所示，幻灯片编辑窗口会按照页面设置的结果变换大小和方向。

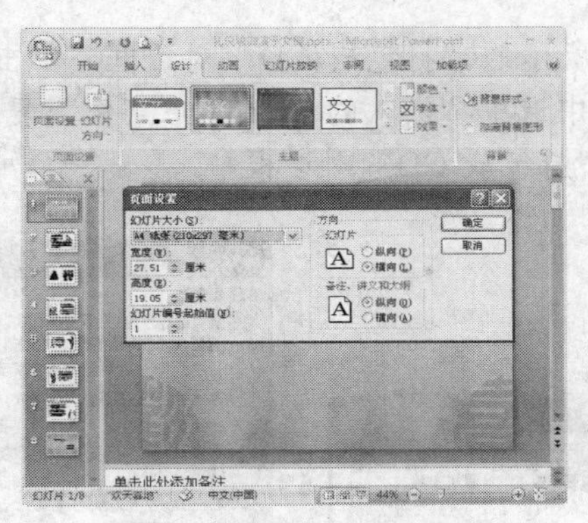

图 9-40　“页面设置”对话框

（3）单击“开始”按钮，在弹出的菜单中执行“打印”→“打印预览”菜单命令，进入打印预览视图模式，在“页面设置”功能组中单击“打印内容”右侧的下拉按钮，在弹出的列表框中选择“讲义（每页 2 张幻灯片）”选项，再单击“纸张方向”右侧的下拉按钮，在弹出的列表框中选择“横向”选项，查看页面设置后的效果，如图 9-41 所示。

（4）单击“打印”功能组中的“打印”按钮，打开“打印”对话框，在“打印机”栏的“名称”下拉列表中选择需要的打印机名称，在“打印范围”栏中选中“全部”单选按钮，在“份数”栏的“打印份数”数值框中输入“2”，并选中“逐份打印”复选框，最后单击“确定”按钮，如图 9-42 所示。

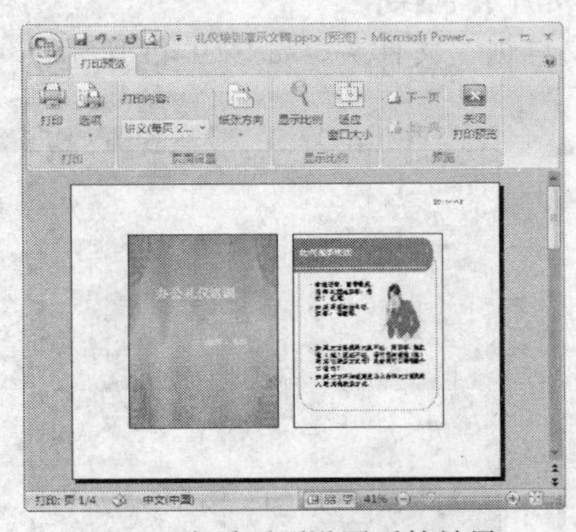

图 9-41　查看页面设置后的效果

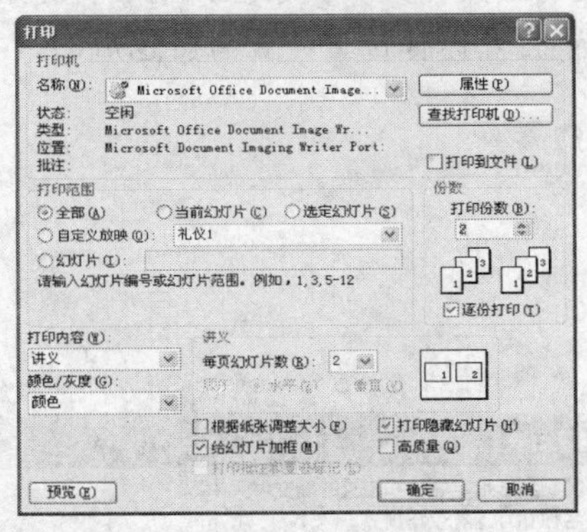

图 9-42　“打印”对话框

（5）打印机将按照打印设置进行打印操作。

提示　可以将幻灯片中的各部分内容打印到纸张上，包括幻灯片、讲义、大纲视图和备注页。在打印时，应预先做好打印备工作，将打印机与计算机相连并安装好相应的驱动程序，查看纸张是否充足等。

操作三　打包演示文稿

（1）单击“开始”按钮，在弹出的菜单中执行“发布”→“CD 数据包”菜单命令。

（2）打开如图 9-43 所示的“打包成 CD”对话框，单击“选项”按钮，打开“选项”对话框，在该对话框中选中“嵌入的 TrueType 字体”复选框，单击“确定”按钮，如图 9-44 所示，返回到“打包成 CD”对话框中。

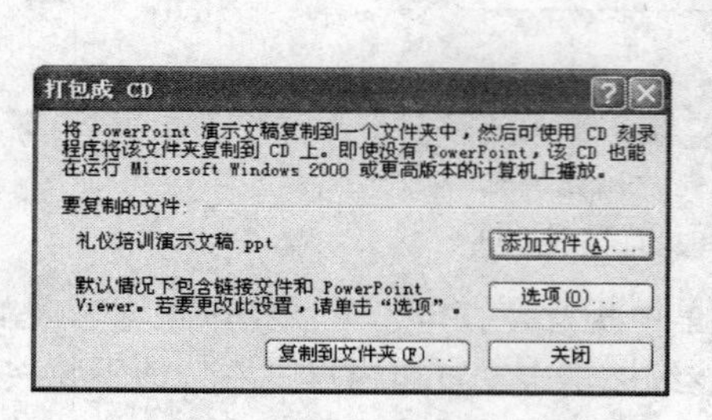

图 9-43 “打包成 CD”对话框

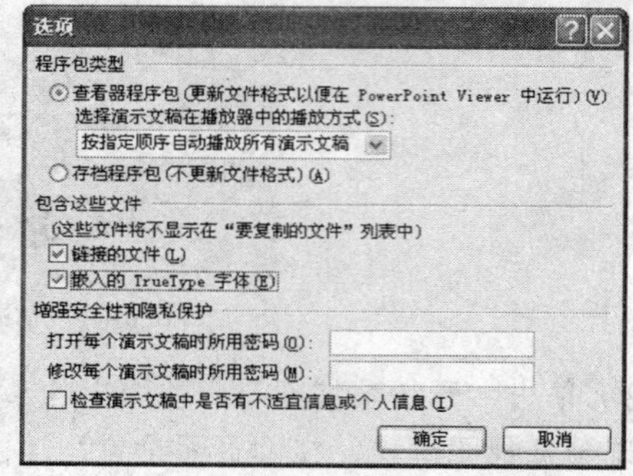

图 9-44 “选项”对话框

（3）单击“复制到文件夹”按钮，打开“复制到文件夹”对话框，在“文件夹名称”文本框中输入“礼仪培训”文本，然后在“位置”文本框中输入“D:\My Documents\”保存路径，如图 9-45 所示，单击“确定”按钮，打包后的演示文稿将存放到指定文件夹中。

（4）返回到“打包成 CD”对话框中，单击“关闭”按钮，在此过程中将弹出“正在将文件复制到文件夹”提示框，稍后将完成幻灯片打包操作。

（5）打开保存位置，查看打包后的“礼仪培训”文件夹，如图 9-45 所示。

图 9-45 “复制到文件夹”对话框

图 9-46 查看打包后的“礼仪培训”文件夹

（6）在该文件夹中，双击名称为“PPTVIEW.EXE”的可执行文件，在第一次打开时将打开“同意协议”页面，在该页面中单击“接受”按钮，打开“Microsoft Office PowerPoint Viewer”对话框，在列表框中选择“礼仪培训”演示文稿，单击“打开”按钮即可放映该幻灯片。

提示 如在打包时设置了密码，则解包时会打开提示输入打开文件和修改文件密码的对话框。

◆ 学习与探究

本任务练习了放映幻灯片、打印幻灯片、打包演示文稿的操作方法，需要注意的是在放映幻灯片进行讲解、演说时，用户可通过肢体语言更好地反映幻灯片中的内容，使讲解或演说更精彩，还可根据当时的场所、观众等条件，设置更合适的放映方式。

在“设置放映方式”对话框中放映类型及其部分主要参数的作用如下。

- “观众自行浏览（窗口）”单选按钮：表示放映演示文稿时将以“窗口”的形式放映演示文稿。
- “在展台浏览（全屏幕）”单选按钮：表示放映演示文稿时将以“全屏幕”的形式放映演示文稿，该文稿将自动放映，不能手动控制其放映进度。
- “循环放映，按 Esc 键终止”复选框：表示演示文稿将循环放映，按【Esc】键停止。
- “绘画笔颜色”：表示演示文稿中用来添加注释的画笔颜色。

实训一　制作月度销售情况演示文稿

◆ 实训目标

本实训要求利用文本格式、插入表格和设置背景图片，以及为幻灯片设置主题和配色方案等相关操作制作一个月度销售情况演示文稿，其部分幻灯片的最终效果如图 9-47 所示。

素材位置：模块九\素材\月度销售情况演示文稿模板.pptx、月度销售背景 01.jpg、月度销售背景 02.jpg。

效果图位置：模块九\源文件\月度销售情况演示文稿.pptx。

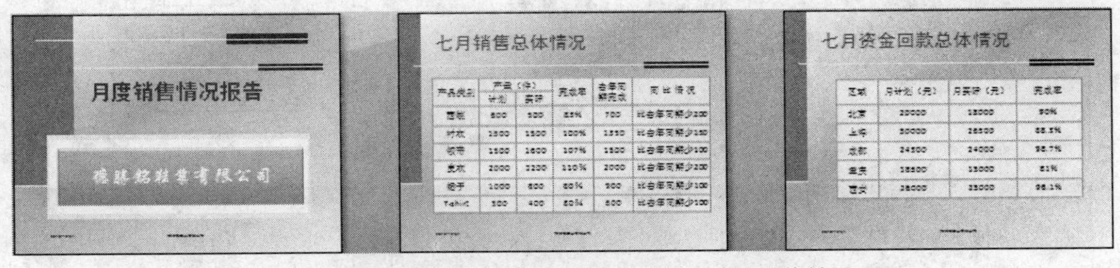

图 9-47　月度销售情况演示文稿部分幻灯片的最终效果

◆ 实训分析

本实训的操作思路如图 9-48 所示，具体分析及思路如下。

（1）切换到幻灯片母版视图，设置母版版式和文本格式及应用图形样式。

（2）在母版视图中设置母版背景填充为线性渐变填充方式。

（3）选择配色方案为“流畅”选项，返回普通视图，进行幻灯片的制作。

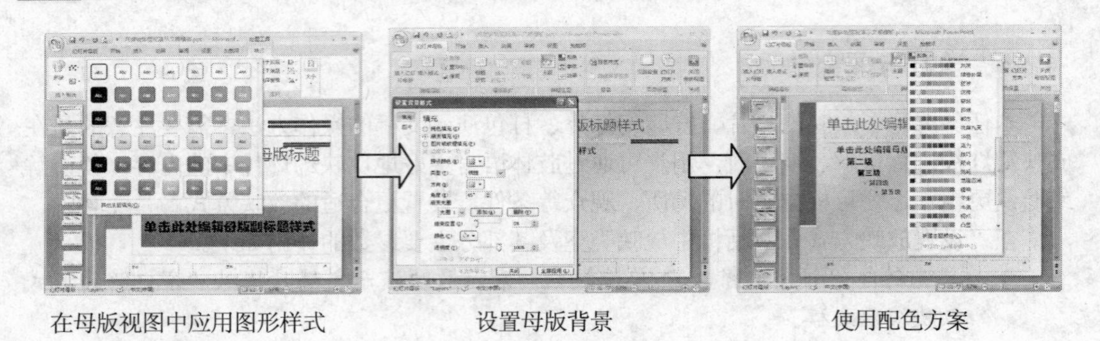

图 9-48　制作月度销售情况演示文稿的操作思路

实训二　制作员工激励演示文稿

◆ 实训目标

本实训要求利用幻灯片母版的设置、幻灯片切换效果的设置、幻灯片动画效果、幻灯片放映的设置、制作动作按钮等操作来制作员工激励演示文稿，其部分幻灯片的最终效果如图 9-49 所示。

素材位置：模块九\素材\员工激励演示文稿模板.pptx。
效果图位置：模块九\源文件\员工激励演示文稿.pptx。

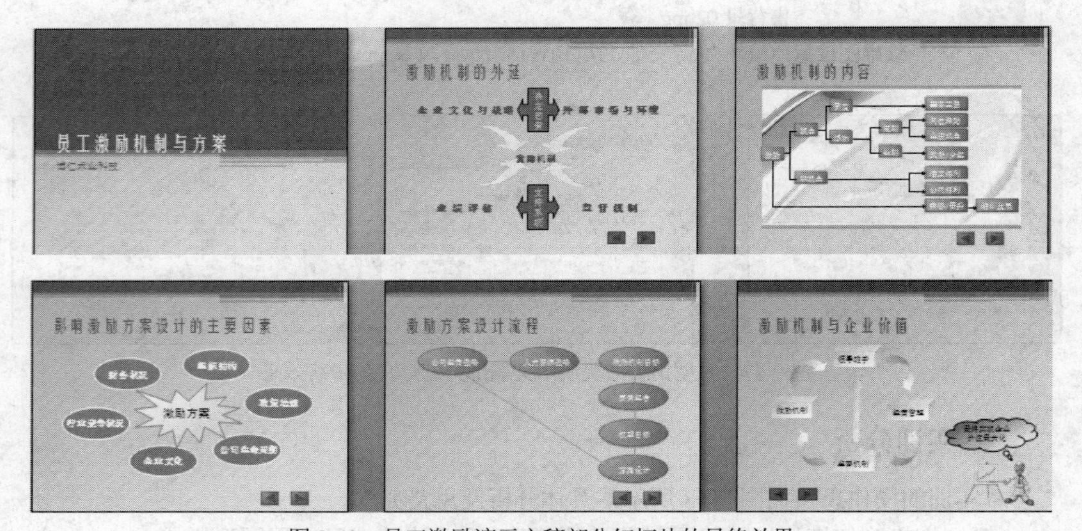

图 9-49　员工激励演示文稿部分幻灯片的最终效果

◆ 实训分析

本实训的操作思路如图 9-50 所示，具体分析及思路如下。

（1）通过模板制作员工激励演示文稿，为制作的幻灯片添加切换效果。

（2）依次为幻灯片中的图形和文本框添加动画效果。

（3）为每一张幻灯片制作“上一页”和“下一页”动作按钮。

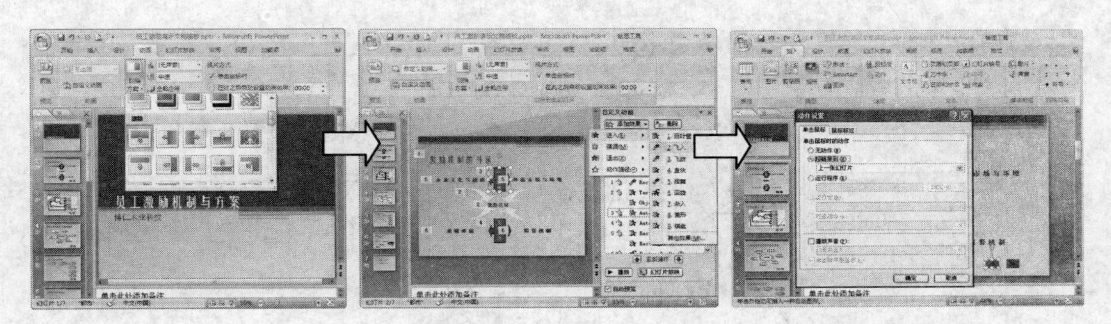

设置幻灯片切换方式　　设置幻灯片动画　　设置动作按钮

图 9-50　制作员工激励演示文稿的操作思路

实训三　制作沟通技巧演示文稿

◆ 实训目标

本实训要求利用前面所学知识制作沟通技巧演示文稿，添加幻灯片的切换效果和动画效果，其部分幻灯片的最终效果如图 9-51 所示，并通过多种方式放映沟通技巧演示文稿，将幻灯片打印到纸上及将幻灯片打包成 CD 数据包。

素材位置：模块九\素材\沟通技巧演示文稿模板.pptx。

效果图位置：模块九\源文件\沟通技巧演示文稿.pptx。

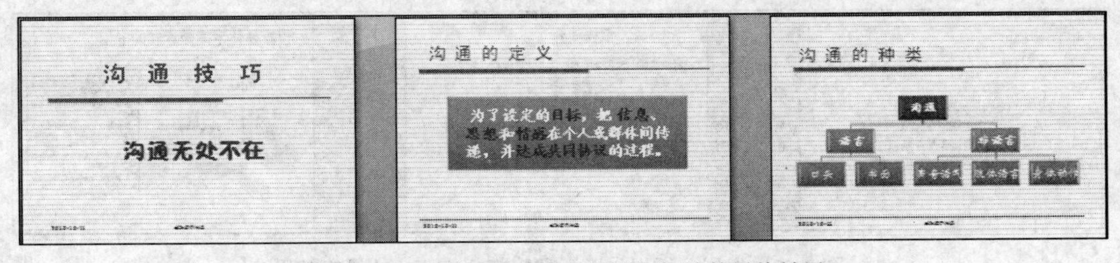

图 9-51　沟通技巧演示文稿部分幻灯片的最终效果

◆ 实训分析

本实训的操作思路如图 9-52 所示，具体分析及思路如下。

（1）运用前面所学知识，制作沟通技巧演示文稿。

（2）在“幻灯片放映”选项卡中设置幻灯片的放映方式，并设置自定义放映。

（3）在打印预览视图中设置打印参数，打印幻灯片。

（4）设置幻灯片打包选项及输出路径。

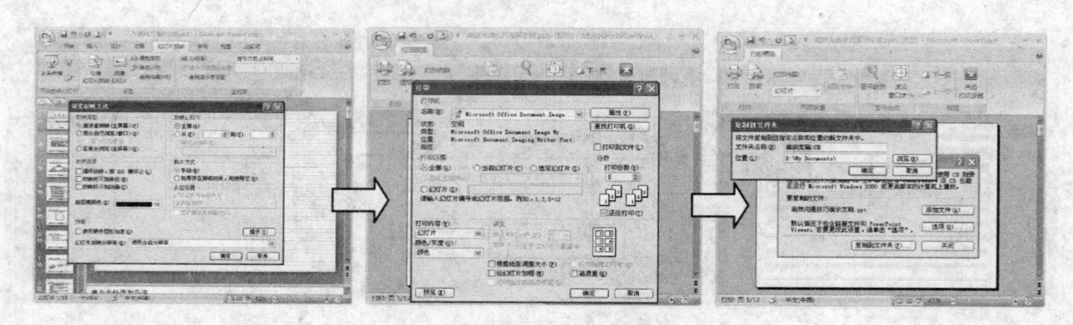

图 9-52　制作沟通技巧演示文稿的操作思路

实践与提高

根据本模块所学内容，动手完成以下实践内容。

练习 1　制作发展分析报告演示文稿

本练习将制作一个发展分析报告演示文稿，需要用到母版的设置、绘制图形和设置图形样式、设置幻灯片切换方案、设置幻灯片动画等操作，其部分幻灯片的最终效果如图 9-53 所示。

素材位置：模块九\素材\发展分析报告模板.pptx。
效果图位置：模块九\源文件\发展分析报告.pptx。

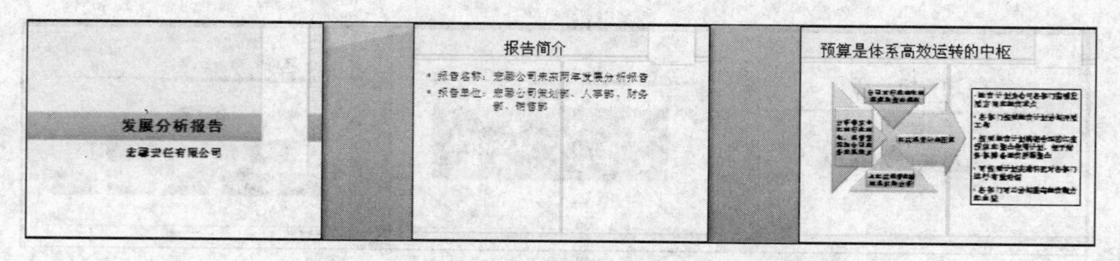

图 9-53　发展分析报告演示文稿部分幻灯片的最终效果

练习 2　制作川菜推荐演示文稿

本练习将制作一个川菜推荐演示文稿并将其打印到纸张上和打包成 CD 数据包，需要用到前面讲解的知识进行编辑操作，其部分幻灯片的最终效果如图 9-54 所示。

素材位置：模块九\素材\川菜推荐演示文稿模板.pptx、东坡肘子.jpg、黄金鸡腿.jpg、红袍虾.jpg、水煮牛肉.jpg、蒜泥白肉.jpg、糊辣脆鳝.jpg。

效果图位置：模块九\源文件\川菜推荐演示文稿.pptx。

图 9-54　川菜推荐演示文稿部分幻灯片的最终效果

练习 3　提高幻灯片的制作水平和质量

通过前面所学的知识使用户能够制作一些简单的演示文稿，但要提高幻灯片的制作水平和质量，需要在实践中积累经验并不断总结。下面列出一些总结建议，供大家参考学习。

- 可以多查看和下载网上流行的幻灯片模板，学习制作水平高的幻灯片模板。
- 在制作幻灯片前多注重幻灯片内容的提炼，做到语言精练、简要。
- 在制作幻灯片前准备分辨率较高的素材图像，以避免图片放大失真，影响幻灯片的放映效果。
- 通过演示文稿风格，在幻灯片中添加适当的幻灯片动画的类型。
- 在制作幻灯片前应考虑放映场合、适合人群，选择适当的题材内容。
- 在演示文稿中选择适合幻灯片的配色方案，最好选择同一色系的颜色。

模块十

Office 2007 协同使用

Office 协同办公在日常工作中被广泛运用。掌握 Office 协同办公能够有效地提高工作效率，如在 Word 文档中调用 Excel 表格，Word 与 Excel 组合工作能够批量打印信封，以及在 PowerPoint 中插入 Excel 工作表和 Word 文档等。本模块将用三个任务来介绍 Office 2007 的协同使用方法。

学习目标

- 掌握邮件合并与信封功能的使用
- 掌握在 Word 文档中插入 Excel 电子表格、超级链接等的操作方法
- 熟练掌握 Word、Excel 与 PowerPoint 的协同使用

任务一　批量制作并打印邀请函

◆ 任务目标

本任务的目标是应用 Word 的邮件合并和信封功能，进行批量制作并打印邀请函，效果如图 10-1 所示。通过练习掌握邮件合并与信封功能。

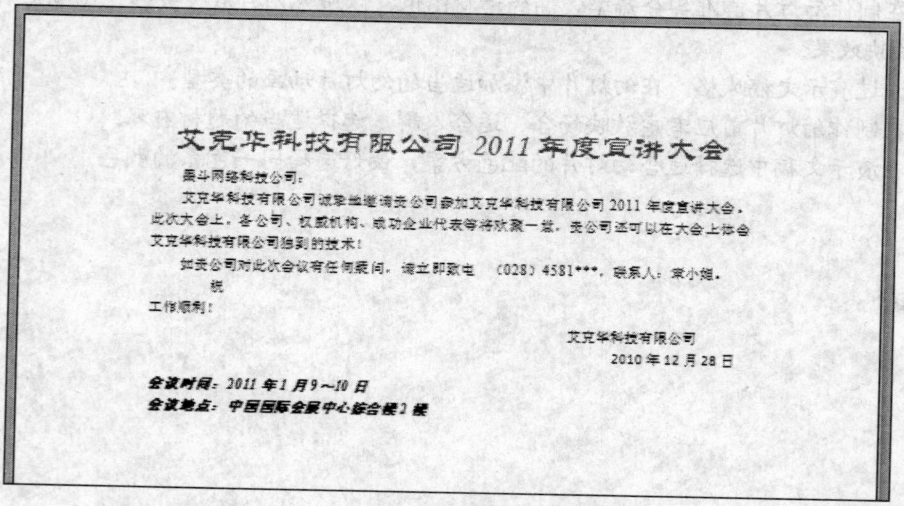

艾克华科技有限公司 2011 年度宣讲大会

晨斗网络科技公司：

艾克华科技有限公司诚挚地邀请贵公司参加艾克华科技有限公司 2011 年度宣讲大会。此次大会上，各公司、权威机构、成功企业代表等将欢聚一堂，贵公司还可以在大会上体会艾克华科技有限公司独到的技术！

如贵公司对此次会议有任何疑问，请立即致电 （028）4581***，联系人：宋小姐。

祝

工作顺利！

艾克华科技有限公司

2010 年 12 月 28 日

会议时间：2011 年 1 月 9～10 日

会议地点：中国国际会展中心综合楼 2 楼

图 10-1　邀请函效果

素材位置：模块十\素材\批量制作并打印邀请函.docx、通讯簿.xlsx。
效果图位置：模块十\源文件\批量制作并打印邀请函.docx、批量制作信封.docx。

本任务的具体目标要求如下：

（1）掌握邮件合并的使用方法。

（2）掌握信封功能的应用。

◆ 专业背景

本任务的操作中需要了解邮件合并功能在实际运用中的作用。邮件合并是一种可以发送同一封信给多个对象的方法，并可将内容中变化的部分制作成数据源，内容相同的部分制作成一个主文档，然后将数据源中的信息合并到主文档中的功能，一般用于批量制作信函、信封、标签、工资条、成绩单等。

◆ 操作思路

本任务的操作思路如图 10-2 所示，涉及的知识点有使用邮件合并功能批量制作并打印邀请函、批量制作信封等操作，具体思路及要求如下。

（1）批量制作邀请函。

（2）批量制作信封。

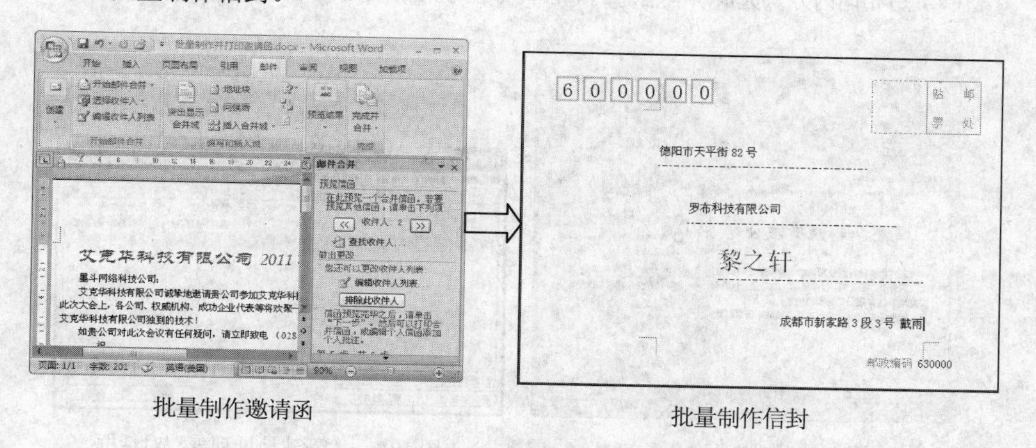

图 10-2　批量制作并打印邀请函的操作思路

操作一　批量制作并打印邀请函

（1）启动 Word 2007 后打开“批量制作并打印邀请函.docx”文档。

（2）单击“邮件”选项卡，在“开始邮件合并”功能组中单击“开始邮件合并”按钮，在弹出的下拉菜单中选择“邮件合并分布向导”选项。

（3）在打开的“邮件合并”窗格中，选中“信函”单选按钮，单击“下一步：正在启动文档”超级链接，如图 10-3 所示。

（4）在“邮件合并”窗格中，选中“使用当前文档”单选按钮，单击“下一步：选取收件人”超级链接，如图 10-4 所示。

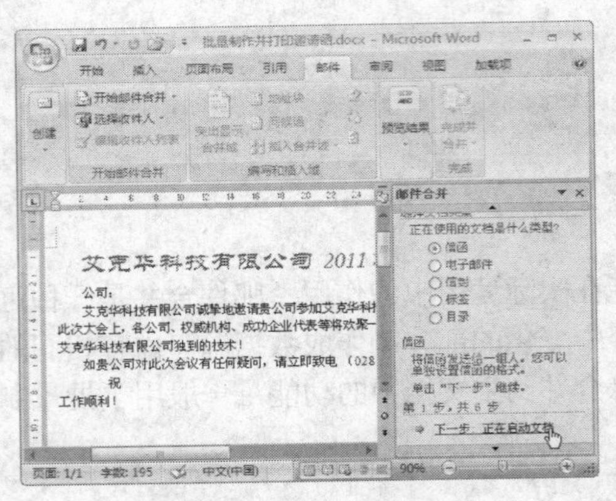

图 10-3 “邮件合并”窗格

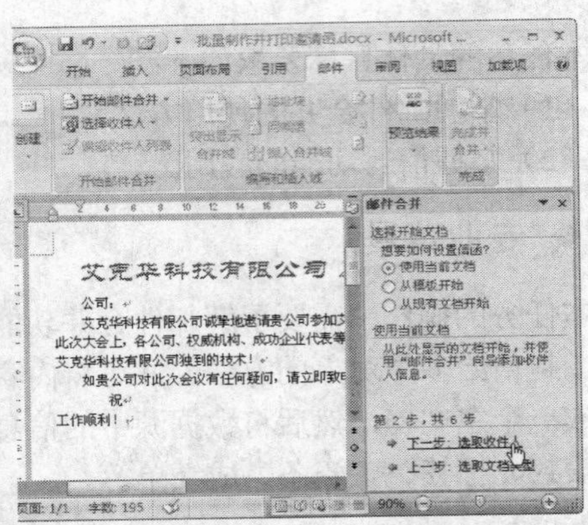

图 10-4 选择收件人

（5）在“选择收件人”栏中选中“键入新列表”单选按钮，单击“创建”超级链接，如图 10-5 所示。

（6）在打开的“新建地址列表”对话框中输入相应的信息，单击“新建条目”按钮。

（7）用相同的方法完成所有信息的添加，如图 10-6 所示，单击“确定”按钮。

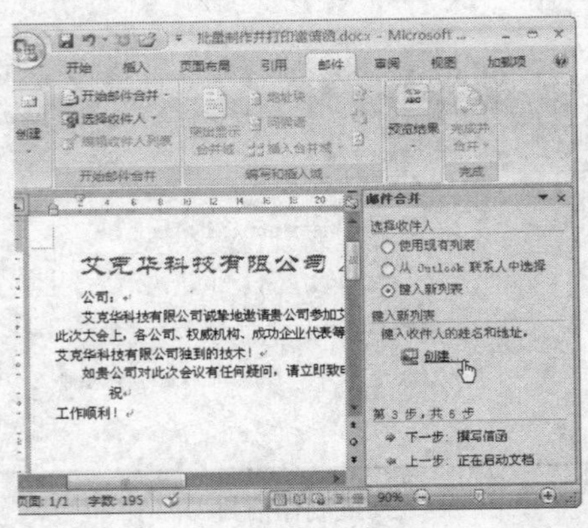

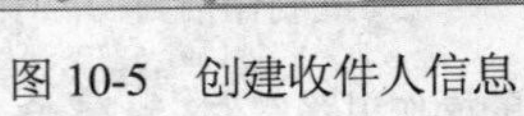

图 10-5 创建收件人信息

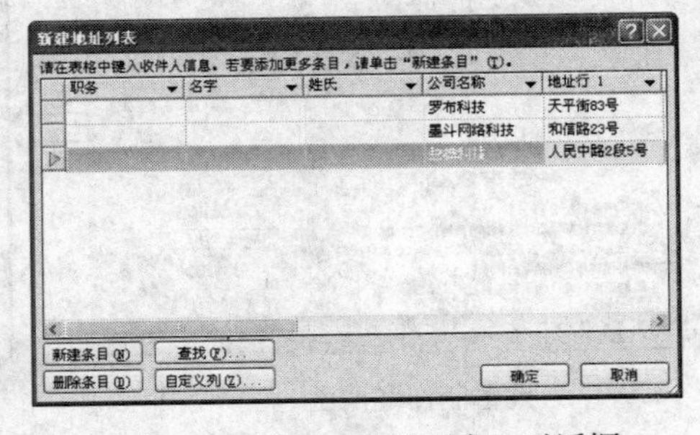

图 10-6 “新建地址列表”对话框

（8）打开“保存通讯录”对话框，数据源的保存位置是 Word 2007 默认的“我的数据源”文件夹，然后输入文件名“邀请函”，单击“保存”按钮保存创建的数据源。

（9）在打开的“邮件合并收件人”对话框中，单击“确定”按钮，如图 10-7 所示。

（10）返回到“邮件合并”窗格中，单击“下一步：撰写信函”超级链接。

（11）将文本插入点定位到“公司：”文本前，单击“其他项目”超级链接。

（12）在打开的“插入合并域”对话框的“插入”栏中，选中“数据库域”单选按钮，在“域”列表框中选择“公司名称”选项，如图 10-8 所示，单击“插入”按钮。

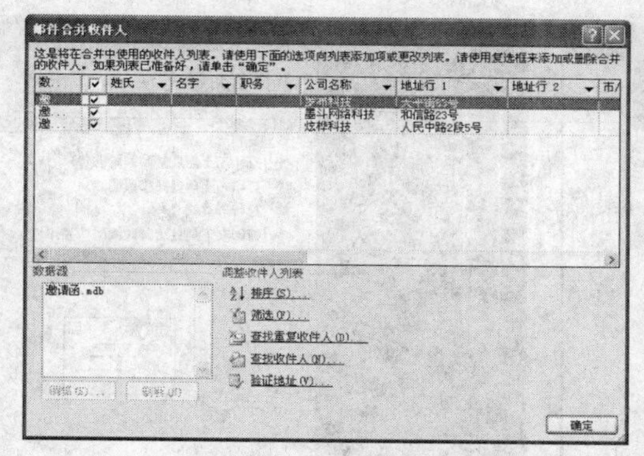

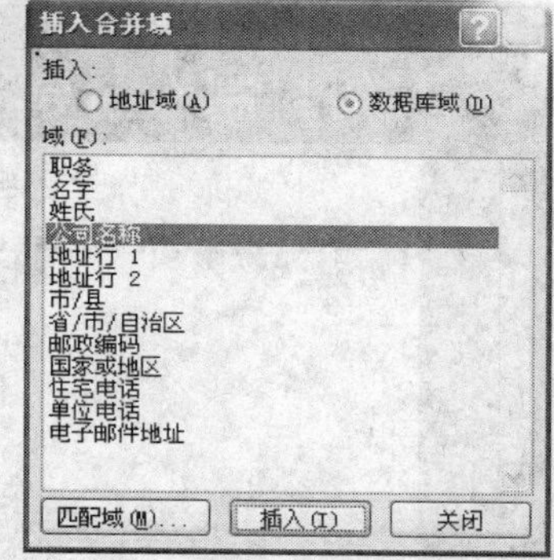

图 10-7　“邮件合并收件人”对话框　　　　图 10-8　“插入合并域”对话框

（13）此时，定位文本插入点的位置，将自动添加公司名称域，如图 10-9 所示，单击“关闭”按钮。

（14）返回 Word 中，在“邮件合并”窗格中，单击“下一步：预览信函”超级链接。

（15）在 Word 中，此时添加域的位置将显示通讯录中的名字，单击«按钮和»按钮可以进行切换浏览，插入合并域后的效果如图 10-10 所示，单击“下一步：完成合并”超级链接。

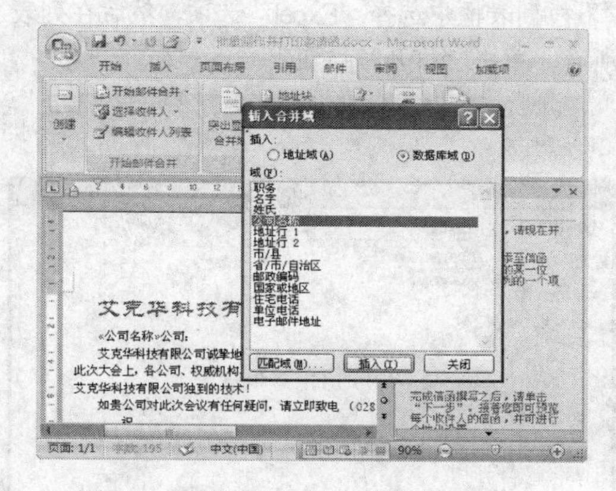

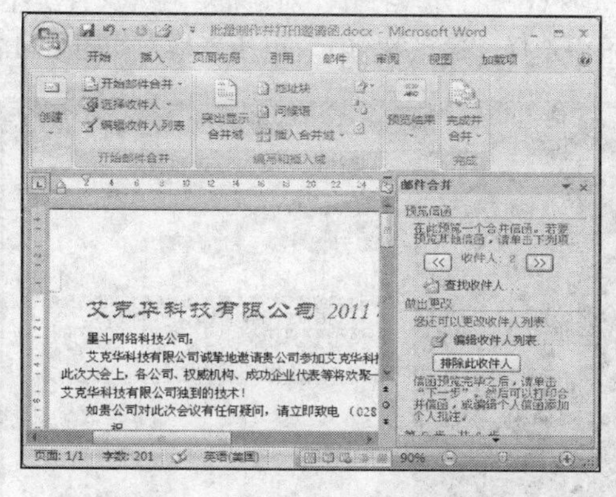

图 10-9　自动添加公司名称域　　　　图 10-10　插入合并域后的效果

（16）在“邮件合并”窗格中，单击“打印”超级链接即可对合并后的邮件进行打印。

（17）在打开的“合并到打印机”对话框中，选择打印记录的方式，单击“确定”按钮即可进行打印。

操作二　批量制作信封

（1）新建一个空白文档，选择“邮件”选项卡，在“创建”功能组中单击“中文信封”按钮。

（2）在打开的“信封制作向导”对话框中，单击“下一步”按钮，如图 10-11 所示。

（3）在打开的“选择信封样式”对话框的“信封样式”下拉列表框中选择信封样式，单击“下一步”按钮，如图 10-12 所示。

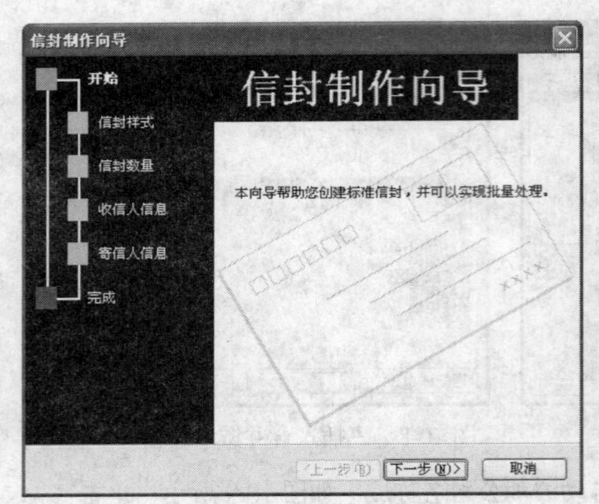

图 10-11　“信封制作向导”对话框

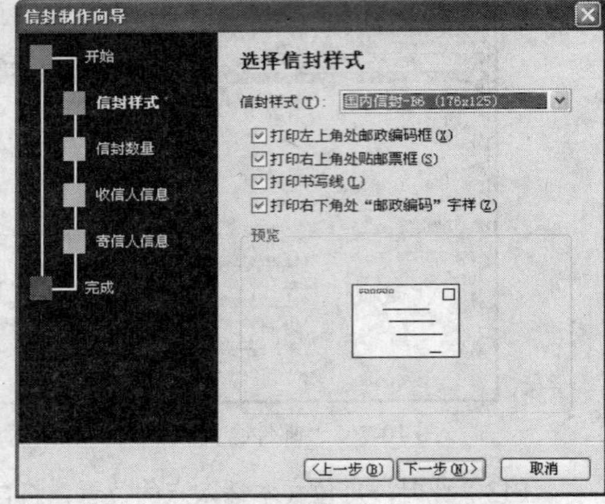

图 10-12　“选择信封样式”对话框

（4）在打开的“选择生成信封的方式和数量”对话框中，选中“基于地址簿文件，生成批量信封”单选按钮，如图 10-13 所示，单击“下一步”按钮。

（5）打开“从文件中获取并匹配收件人信息”对话框，单击“选择地址簿”按钮。

（6）打开“打开”对话框，在“文件类型”下拉列表框中选择“Excel”选项，然后在列表框中选择“通讯簿.xlsx”电子表格，如图 10-14 所示，单击“打开”按钮。

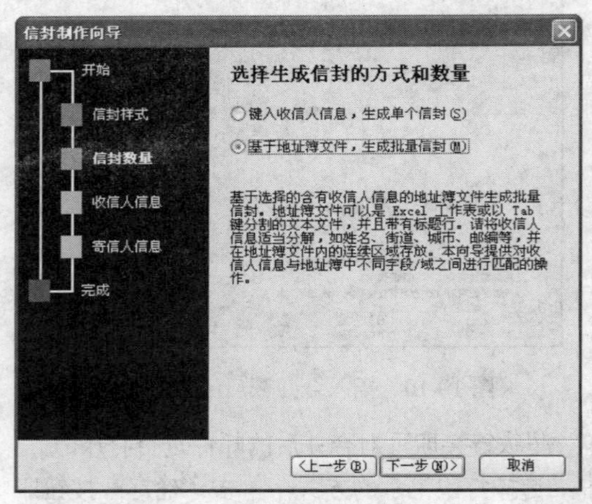

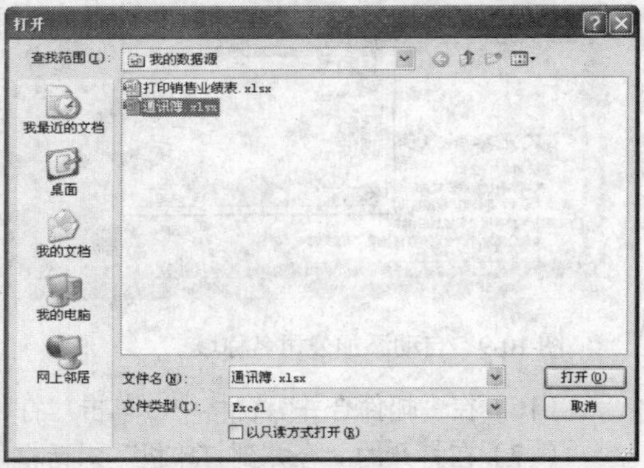

图 10-13　“选择生成信封的方式和数量”对话框

图 10-14　“打开”对话框

（7）返回到“从文件中获取并匹配收件人信息”对话框，在“匹配收件人信息”列表框中单击“地址簿中的对应项”右侧的下拉按钮，在弹出的列表框中选择相应的选项，如图 10-15 所示，单击“下一步”按钮。

（8）在打开的“输入寄信人信息”对话框中输入相应的信息，如图 10-16 所示，单击“下一步”按钮。

技巧　创建信封后也可以对其版式重新进行排列和修改，如将“收信人地址一”和“收信人地址二”放在一行及选中某个域后设置其字体等。

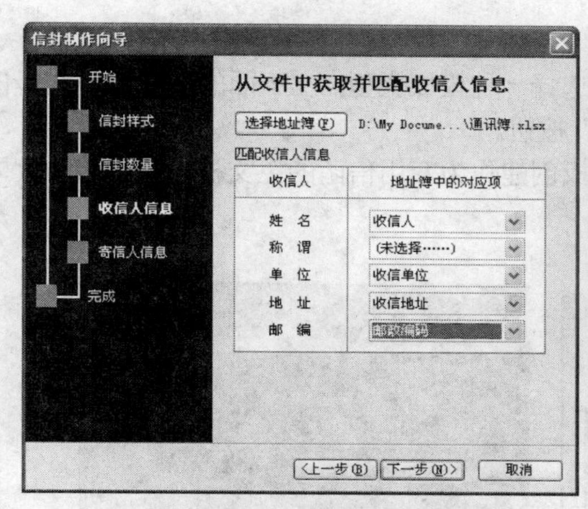

图 10-15　“从文件中获取并匹配收信人信息”对话框

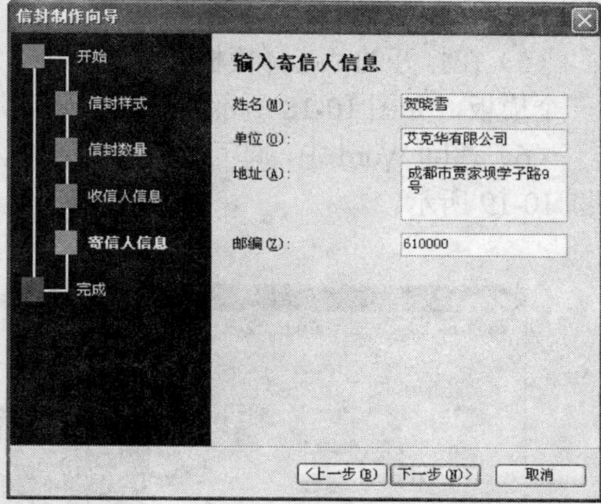

图 10-16　“输入寄信人信息”对话框

（9）最后单击“完成”按钮，即可在 Word 中看到信封的效果，如图 10-17 所示。

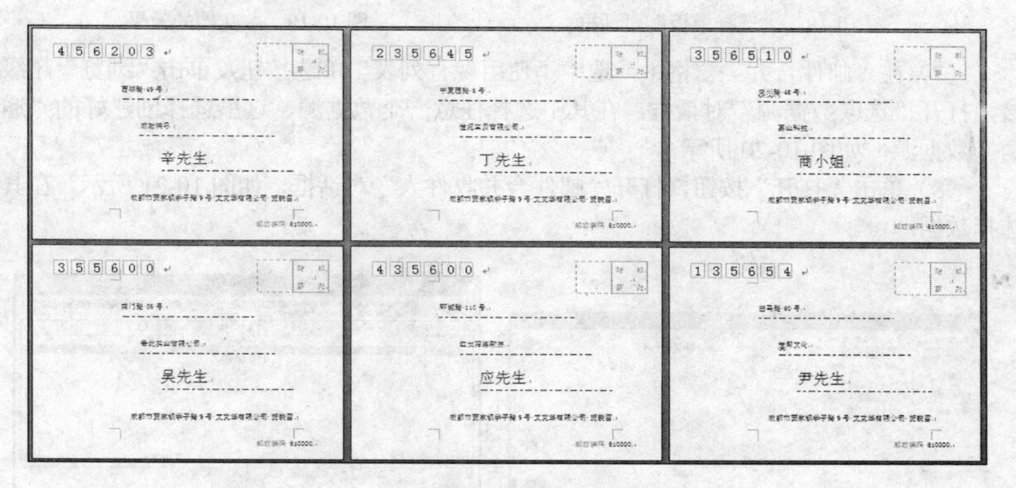

图 10-17　信封的效果

◆ 学习与探究

本任务练习了使用邮件合并和信封功能来批量制作文档的操作方法，进行邮件合并的两个主要组成部分是主文档和数据源。下面将介绍从模板中新建主文档并直接调用已有的 Access 表格数据进行创建的操作方法。

（1）新建一个空白文档，选择“邮件”选项卡。

（2）在“开始邮件合并”功能组中单击“开始邮件合并”按钮，在弹出的快捷菜单中选择“邮件合并分布向导”选项。

（3）在打开的“邮件合并”窗格中，选中“信函”单选按钮，单击“下一步：正在启动文档”超级链接。

（4）在“邮件合并”窗格中，选中“从模板开始”单选按钮，单击“选择模板”超级链接。

（5）在打开的“选择模板”对话框中，选择一种模板类型，在下面的列表框中选择任意一个模板，如图 10-18 所示，单击“确定”按钮。

（6）返回 Word 中，即可查看到根据模板创建作为套用信函的主文档，主文档的效果如图 10-19 所示。

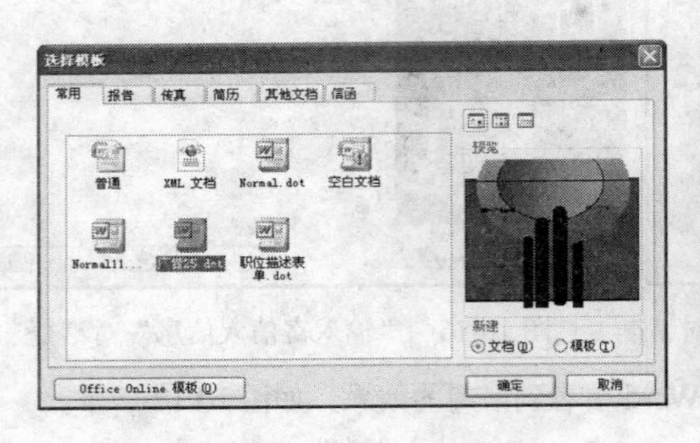

图 10-18 “选择模板”对话框

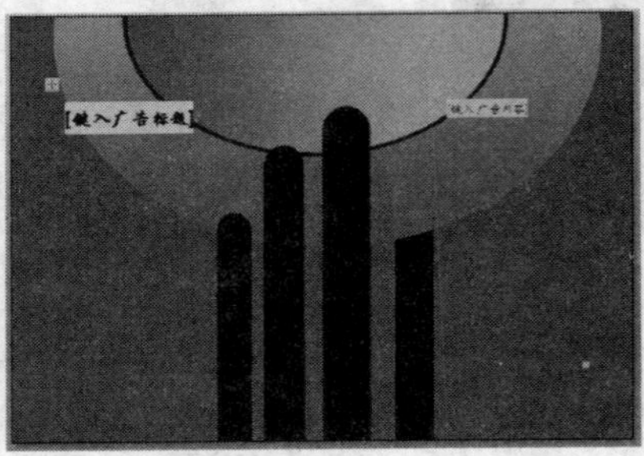

图 10-19 主文档的效果

（7）在“邮件合并”窗格中，选中“使用现有列表”单选按钮，单击“浏览”超级链接，打开“选取数据源”对话框，在其中选择任意一个数据源，这里选择创建好的“邀请函”数据源，如图 10-20 所示。

（8）单击“打开”按钮，打开“邮件合并收件人”对话框，如图 10-21 所示，在其中选择数据即可。

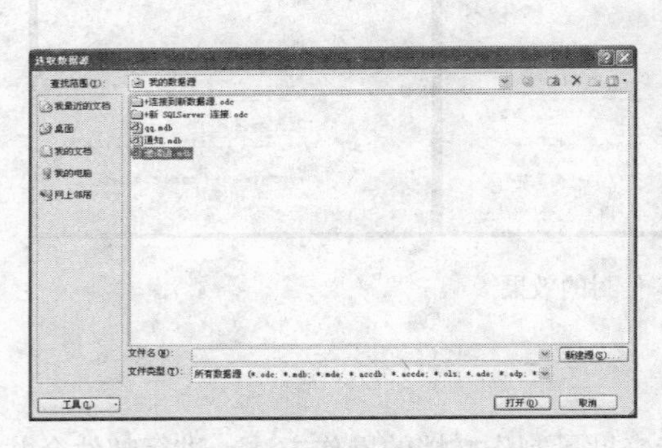

图 10-20 “选取数据源”对话框

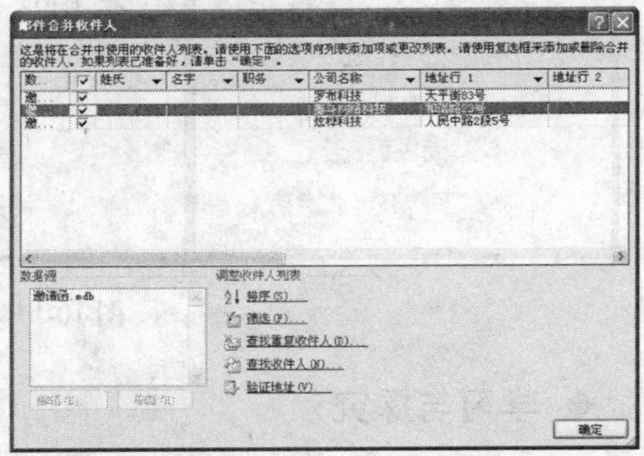

图 10-21 “邮件合并收件人”对话框

任务二 制作市场调查报告文档

◆ 任务目标

本任务的目标是运用 Word 与 Excel 协同使用的相关知识制作市场调查报告文档，最终效果如图 10-22 所示。通过练习掌握在 Word 文档中插入 Excel 电子表格和图表的方法。

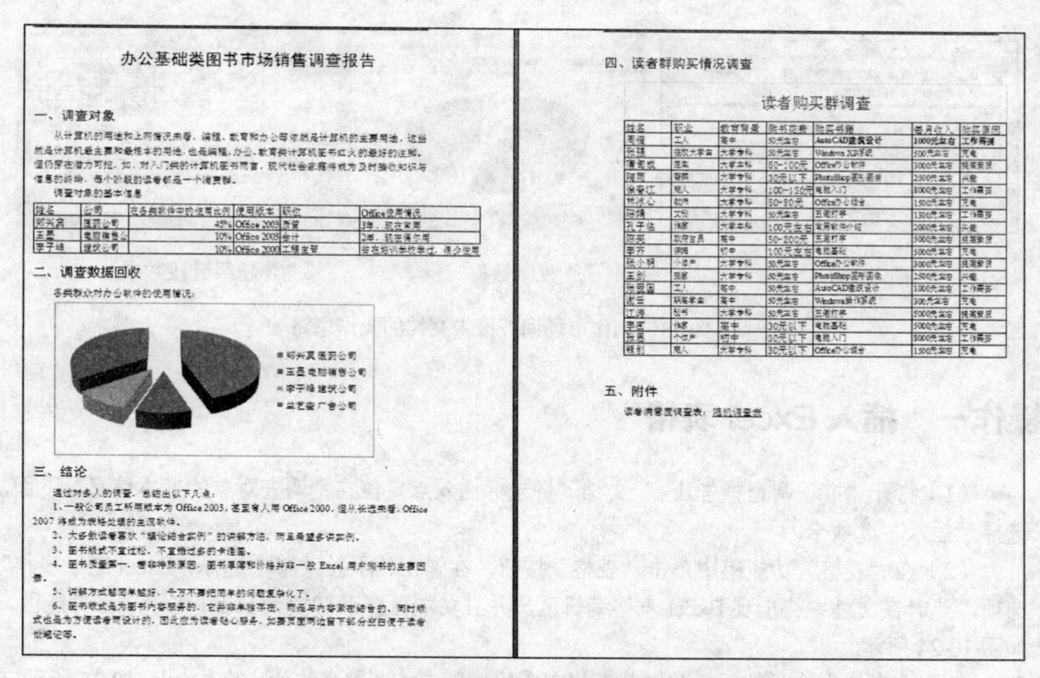

办公基础类图书市场销售调查报告

一、调查对象

从计算机的用途和上网情况来看，编程、教育和办公等依然是计算机的主要用途，这当然是计算机最主要和最根本的用途，也是编程、办公、教育类计算机图书红火的最好的注脚。但仍存在潜力可挖，如，对入门类的计算机图书而言，现代社会家庭将成为及时接收知识与信息的终端，每个阶段的读者都是一个消费群。

调查对象的基本信息

姓名	公司	在各类软件中的使用比例	使用版本	职位	Office使用情况
郑兴莫	医药公司	45%	Office 2003	主管	3年，现在常用
王晏	电脑销售公	10%	Office 2003	会计	2年，现在偶尔用
李子缘	建筑公司	10%	Office 2000	工程主管	曾在培训学校学过，很少使用

二、调查数据回收

各类群众对办公软件的使用情况

三、结论

通过对多人的调查，总结出以下几点：

1、一般公司员工所用版本为 Office 2003，甚至有人用 Office 2000，但从长远来看，Office 2007 将成为表格处理的主流软件。

2、大多数读者喜欢“理论结合实例”的讲解方法，而且希望多讲实例。

3、图书版式不宜过松，不宜插过多的卡通图。

4、图书质量第一，若非特殊原因，图书厚薄和价格并非一般 Excel 用户购书的主要因素。

5、讲解方式越简单越好，千万不要把简单的问题复杂化了。

6、图书版式是为图书内容服务的，它并非单独存在，而是与内容紧密结合的，同时版式也是为方便读者而设计的，因此应为读者贴心服务，如要页面两边留下部分空白便于读者做笔记等。

四、读者群购买情况调查

读者购买群调查

姓名	职业	教育背景	购书花费	购买书籍	每月收入	购买原因
周信	工人	高中	50元左右	AutoCAD建筑设计	1000元左右	工作需要
张琪	在校大学生	大学专科	50元左右	Windows XP系统	500元左右	充电
唐国威	医生	大学本科	50-100元	Office办公软件	3000元左右	提高素质
周雨	销售	大学专科	30元以下	PhotoShop图形图像	2500元左右	兴趣
徐睿江	商人	大学专科	100-150元	电脑入门	8000元左右	工作需要
林冰心	教师	大学专科	50-80元	Office办公组合	1500元左右	充电
陈晴	文员	大学专科	50元左右	五笔打字	1300元左右	工作需要
孔子临	作家	大学本科	100元左右	常用软件介绍	2000元左右	兴趣
陈亮	政府官员	高中	50-200元	五笔打字	5000元左右	提高素质
李齐	[illegible]	初中	100元左右	电脑基础	5000元左右	充电
张小明	个体户	大学专科	50元左右	Office办公软件	3000元左右	提高素质
王刚	画家	大学专科	50元左右	PhotoShop图形图像	2500元左右	兴趣
张国国	工人	高中	50元左右	AutoCAD建筑设计	1000元左右	工作需要
谢云	职高学生	高中	50元左右	Windows操作系统	300元左右	充电
江涛	秘书	大学专科	50元左右	五笔打字	5000元左右	提高素质
李丽	作家	高中	30元以下	电脑基础	5000元左右	充电
张勇	个体户	初中	30元以下	电脑入门	8000元左右	工作需要
顾刚	商人	大学专科	30元以下	Office办公组合	1500元左右	充电

五、附件

读者满意度调查表：随机调查表

图 10-22　市场调查报告文档的最终效果

素材位置：模块十\素材\市场调查报告.doc、Office 在实际中的应用情况.xlsx、读者购买群调查.docx、读者满意度调查表.docx。

效果图位置：模块十\源文件\市场调查报告.docx。

本任务的具体目标要求如下：

（1）掌握在文档中插入 Excel 表格的方法。

（2）掌握在文档中插入对象的方法。

（3）掌握在文档中复制数据和添加超级链接的操作方法。

◆ 专业背景

本任务的操作中需要了解调查报告的作用，调查报告是一种应用文体，调查主体在对特定对象进行深入考察了解的基础上，经过准确的归纳整理，科学的分析研究，揭示事物的本质，进而得出符合实际的结论，由此形成的汇报性应用文书。调查报告的目的是为决策和调整决策提供基本依据，因此，在制作调查报告时应确保数据的有效性。

◆ 操作思路

本任务的操作思路如图 10-23 所示，涉及的知识点有在文档中插入数据、超级链接数据、复制数据等操作，具体思路及要求如下。

（1）在文档中插入 Excel 表格。

（2）在 Office 组件中复制数据。

（3）超级链接数据到文档中。

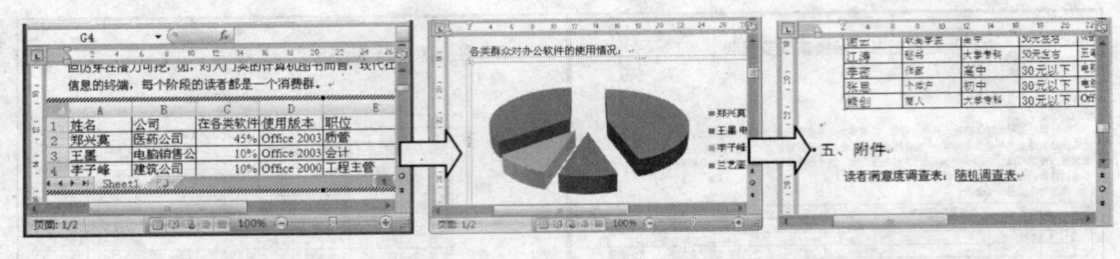

图 10-23　制作市场调查报告文档的操作思路

操作一　插入 Excel 表格

（1）打开“市场调查报告.doc”文档，将光标插入点定位在“调查对象的基本信息”下面，选择“插入”选项卡。

（2）在“表格”功能组中单击“表格”按钮，在弹出的下拉菜单中选择“Excel 电子表格”选项，此时在文档中将出现 Excel 表格编辑区，并且功能区自动切换到 Excel 电子表格功能区，如图 10-24 所示。

（3）在表格中输入数据，并拖动表格四角的控制点，调整表格的大小，如图 10-25 所示。

（4）单击文档的其他位置，退出 Excel 表格的编辑状态。

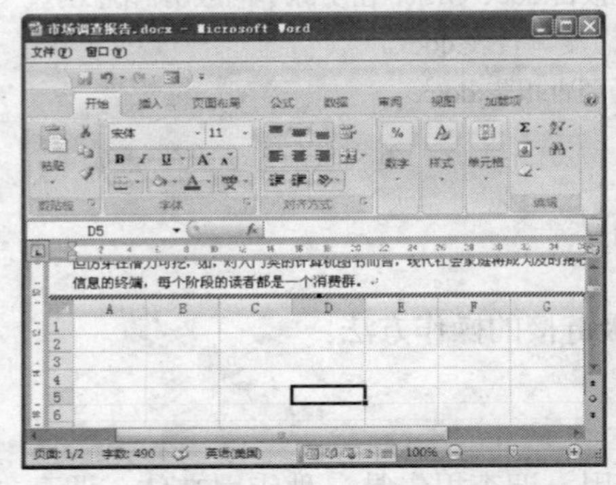

图 10-24　插入 Excel 表格

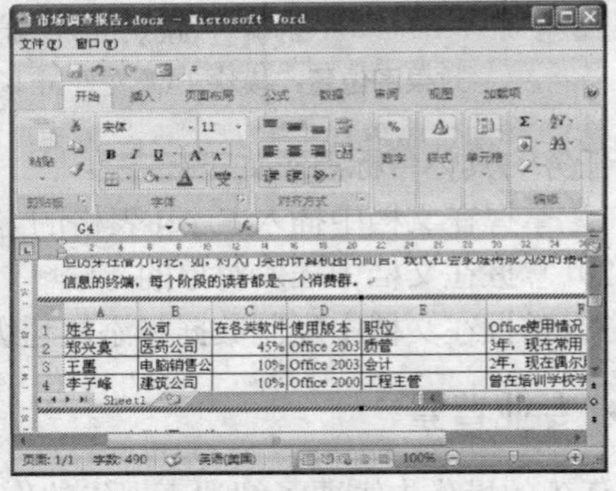

图 10-25　编辑表格数据并调整表格的大小

操作二　复制、插入和超级链接数据

（1）将光标插入点定位在“各类群众对办公软件的使用情况:”下面，启动 Excel 2007，打开“Office 在实际中的应用情况.xlsx”工作簿。

（2）在工作表中选择图表，单击鼠标右键，在弹出的快捷菜单中选择“复制”选项或按【Ctrl+C】组合键将其复制到剪贴板中，如图 10-26 所示。

（3）切换至“市场调查报告”文档，在“开始”选项卡的“剪贴板”功能组中单击“粘贴”按钮或按【Ctrl+V】组合键进行粘贴，粘贴数据后的效果如图 10-27 所示。

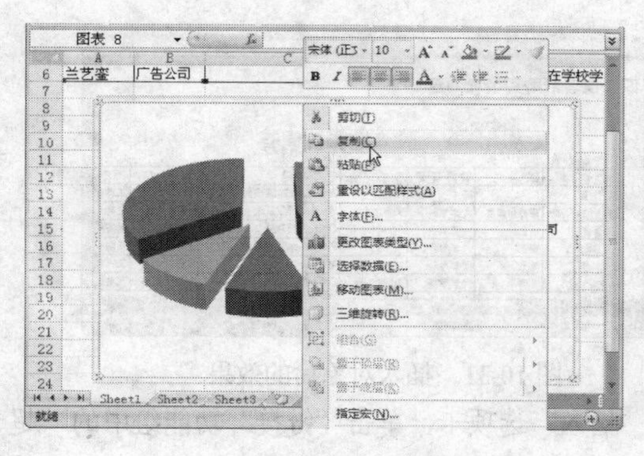

图 10-26 复制数据

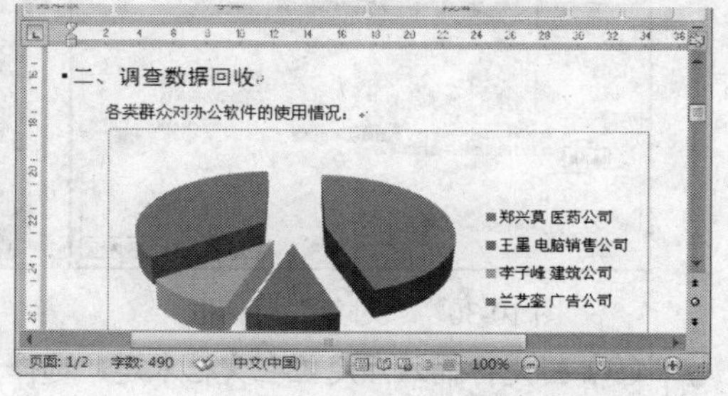

图 10-27 粘贴数据后的效果

技巧 在打开包含链接对象的文档时，Word 会提示用户用链接文件中的数据更新文档。如果怀疑链接文件的可靠性，可单击该提示对话框中的“否”按钮。

（4）将光标插入点定位在“读者群购买情况调查”文本下面，选择“插入”选项卡，在“文本”功能组中单击“对象”按钮后面的按钮，在弹出的下拉菜单中选择“对象”选项，如图 10-28 所示。

（5）打开“对象”对话框，选择“由文件创建”选项卡，然后单击“文件名”文本框后的“浏览”按钮。

（6）在打开的“浏览”对话框的“查找范围”列表框中选择文件的保存位置，在其下的列表框中选择“读者购买群调查.xlsx”文档，如图 10-29 所示。

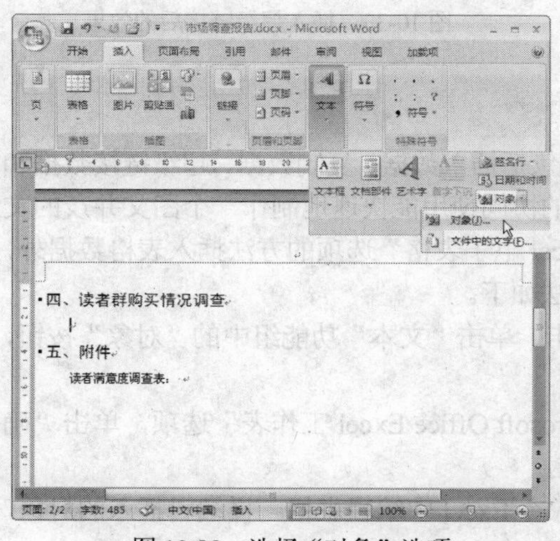

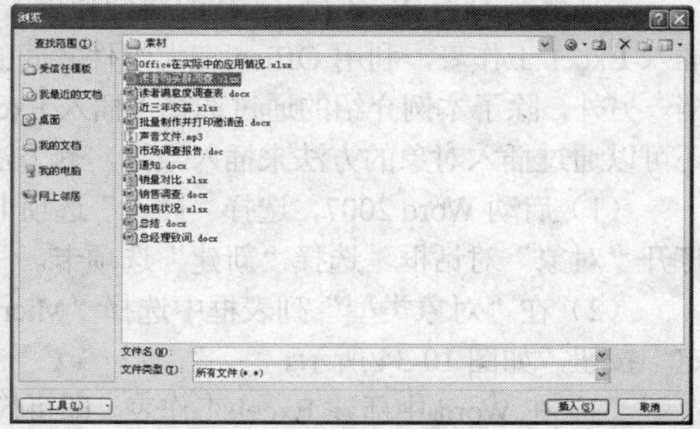

图 10-28 选择“对象”选项

图 10-29 “浏览”对话框

（7）单击“插入”按钮，返回“对象”对话框，如图 10-30 所示。

（8）单击“确定”按钮，即可在文档中插入选择的文档数据，插入对象后的效果如图 10-31 所示。

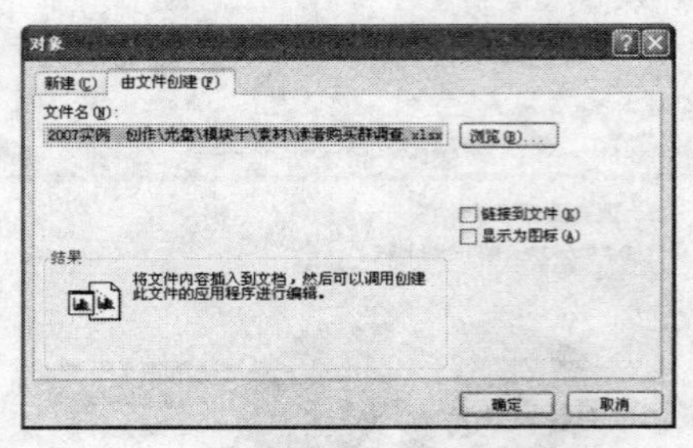

图 10-30 “对象”对话框

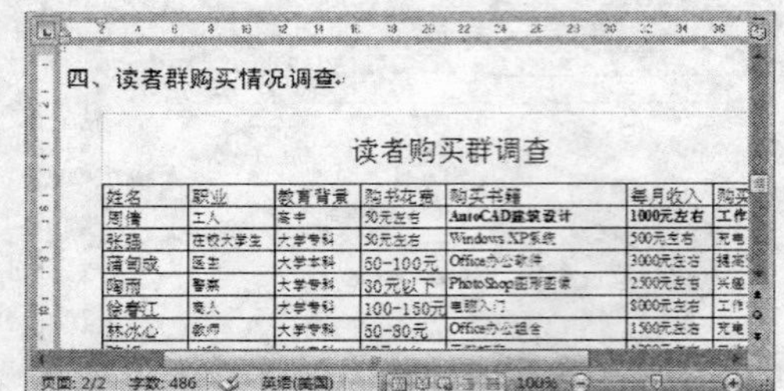

图 10-31 插入对象后的效果

(9) 将光标插入点定位在文档末尾，选择“插入”选项卡，单击“链接”功能组中的“超链接”按钮。

(10) 打开“插入超链接”对话框，在其中“要显示的文字”文本框中输入“随机调查表”，在“查找范围”列表框中选择文档保存的位置，在下面的列表框中选择“读者满意度调查表.docx”文档，如图 10-32 所示。

(11) 单击“确定”按钮，即可在文档中看到插入超级链接后的效果，如图 10-33 所示。

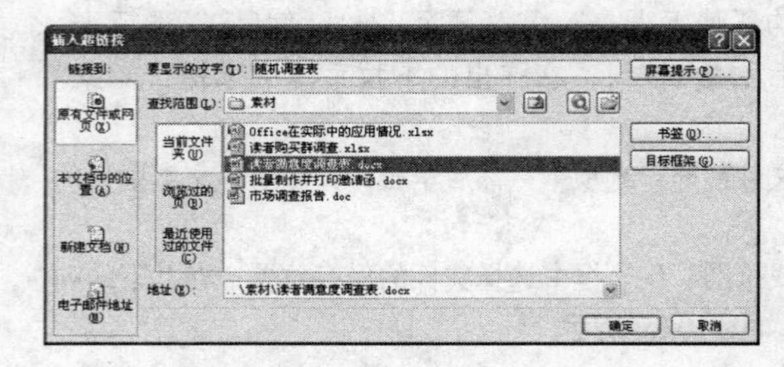

图 10-32 “插入超链接”对话框

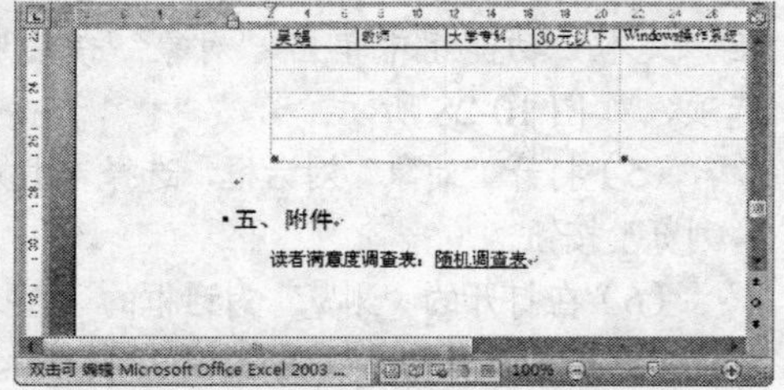

图 10-33 插入超级链接后的效果

◆ 学习与探究

本任务练习了 Word 和 Excel 的协同使用，包括插入数据、复制数据、超级链接数据和插入 Excel 工作表，利用 Office 三大组件之间的协同使用能快速地制作一个图文并茂的文档。另外，除了本例介绍的通过选择“插入 Excel 电子表格”选项的方法插入表格数据外，还可以通过插入对象的方法来插入数据，其方法如下。

(1) 启动 Word 2007，选择“插入”选项卡，单击“文本”功能组中的“对象”按钮，打开“对象”对话框，选择“新建”选项卡。

(2) 在“对象类型”列表框中选择“Microsoft Office Excel 工作表”选项，单击“确定”按钮，如图 10-34 所示。

(3) 在 Word 中新建 Excel 工作表，即可像在 Excel 中编辑表格一样编辑插入的对象，在表格中输入要插入的数据如图 10-35 所示。

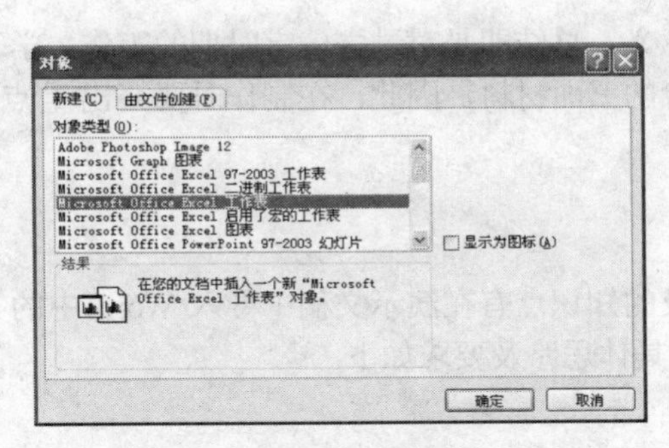

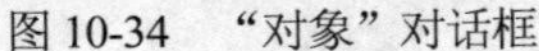
图 10-34　“对象”对话框

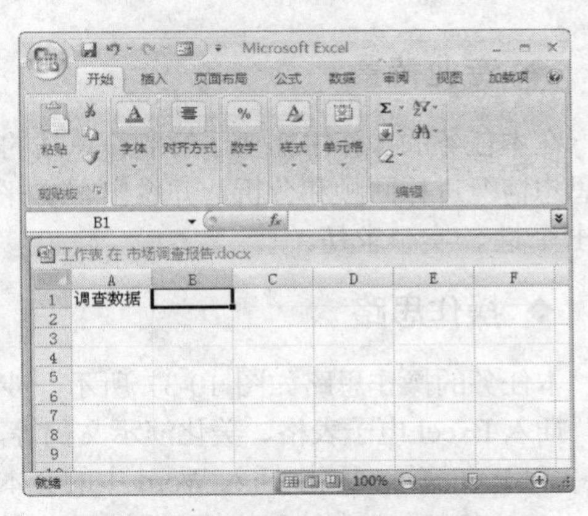

图 10-35　在表中输入要插入的数据

任务三　制作公司年终总结会议演示文稿

◆ 任务目标

本任务的目标主要是通过 Word、Excel 和 PowerPoint 协同使用的相关知识来制作一个公司年终总结会议演示文稿，最终效果如图 10-36 所示。通过练习掌握在制作演示文稿时调用其他组件中数据的方法。

本任务的具体目标要求如下：

（1）掌握在演示文稿中导入 Word 文本的方法。

（2）掌握在演示文稿中插入 Excel 电子表格的操作方法。

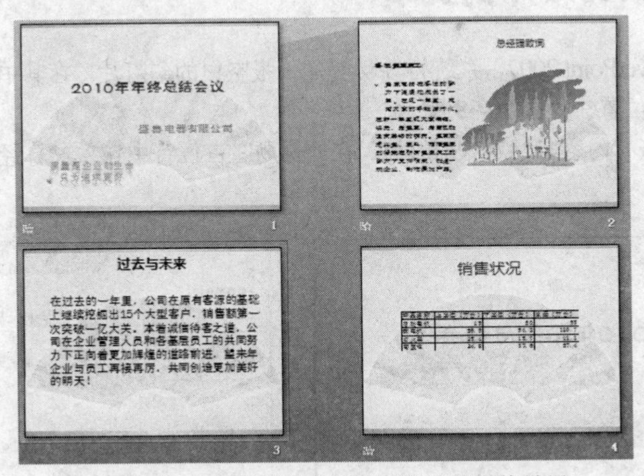

图 10-36　公司年终总结会议演示文稿的最终效果

素材位置：模块十\素材\总经理致词.docx、销售状况.xlsx、声音文件.mp3。

效果图位置：模块十\源文件\公司年终总结会议.pptx。

◆ 专业背景

在本任务的操作中需要了解制作总结的意义。总结即是对过去一定时期的工作、学习或思想情况进行回顾和分析，并做出客观评价的书面材料，因此，在制作时要突出重点、突出个性、实事求是。

◆ 操作思路

本任务的操作思路如图 10-37 所示，涉及的知识点有在演示文稿中导入 Word 中的文本、插入 Excel 电子表格、美化演示文稿等，具体思路及要求如下。

（1）在演示文稿中插入 Word 中的文本。

（2）将 Excel 中的表格插入到演示文稿中。

（3）美化演示文稿。

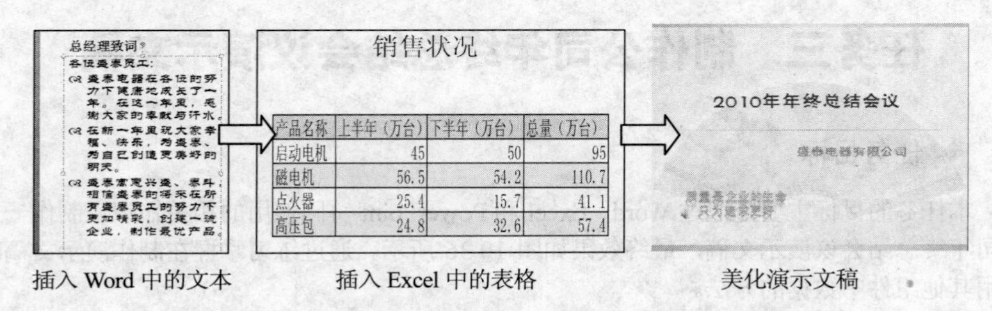

产品名称	上半年（万台）	下半年（万台）	总量（万台）
启动电机	45	50	95
磁电机	56.5	54.2	110.7
点火器	25.4	15.7	41.1
高压包	24.8	32.6	57.4

插入 Word 中的文本　　插入 Excel 中的表格　　美化演示文稿

图 10-37　制作公司年终总结会议演示文稿的操作思路

操作一　导入 Word 中的文本

（1）启动 PowerPoint 2007，系统将自动创建一张空白的幻灯片，在其中输入标题，然后设置文本格式并调整位置，如图 10-38 所示。

（2）新建一张“内容与标题”幻灯片，在“标题”占位符中输入“总经理致词”文本，如图 10-39 所示。

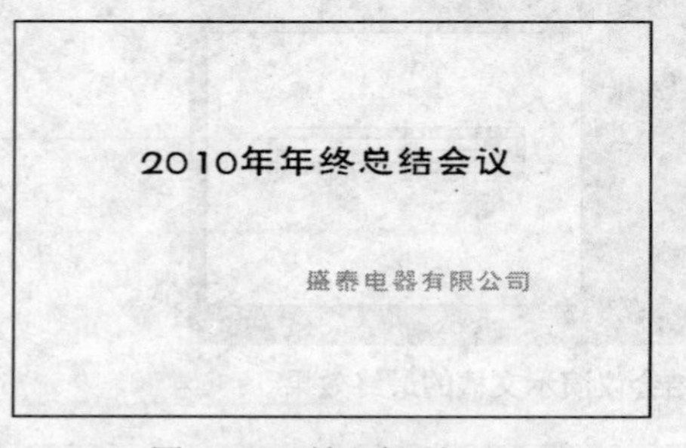

图 10-38　输入标题

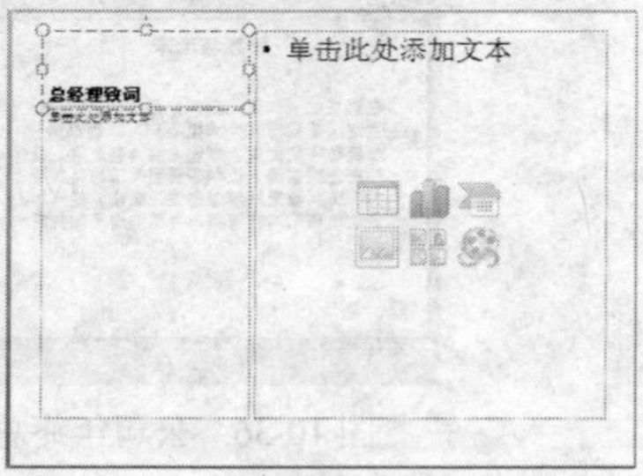

图 10-39　输入文本

（3）打开“总经理致词.docx”素材文档，同时调整 PowerPoint 窗口和 Word 窗口的大小，使其平铺于桌面。

（4）选择 Word 中要导入的文本，直接将文本拖动到 PowerPoint 窗口，即可将 Word 中的文本导入到幻灯片中，如图 10-40 所示。

（5）返回 Word 中复制需要的文本，在 PowerPoint 窗口中新建一张幻灯片，单击窗口左侧的“大纲”按钮，切换到大纲视图模式，单击新建的幻灯片，按【Ctrl+V】组合键粘贴文本。

（6）在右侧的文本框中单击“剪贴画”按钮，在窗口右侧将打开“剪贴画”面板，搜索关于季节的剪贴画，并将其插入到幻灯片中，如图 10-41 所示。

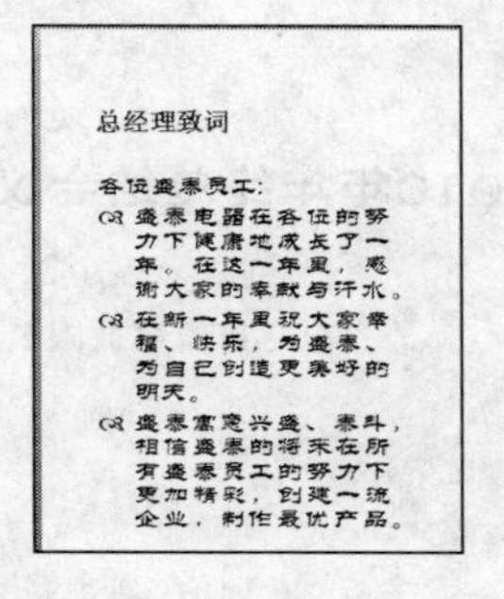

图 10-40　导入 Word 中的文本

图 10-41　插入剪贴画

操作二　插入 Excel 表格

（1）新建一张“仅标题”的幻灯片，在“标题”占位符中输入“销售状况”文本。

（2）选择“插入”选项卡，在“文本”功能组中单击“对象”按钮，打开“插入对象”对话框，选中“由文件创建”单选按钮，然后单击“浏览”按钮。

（3）在打开的“浏览”对话框中选择“销售状况.xlsx”素材文档，单击“确定”按钮，返回到“插入对象”对话框中，此时“文件”文本框中已显示出要插入的表格路径，如图 10-42 所示。

（4）单击“确定”按钮，即可将 Excel 中的表格插入到幻灯片中，将其大小调整到合适位置，插入的 Excel 表格效果如图 10-43 所示。

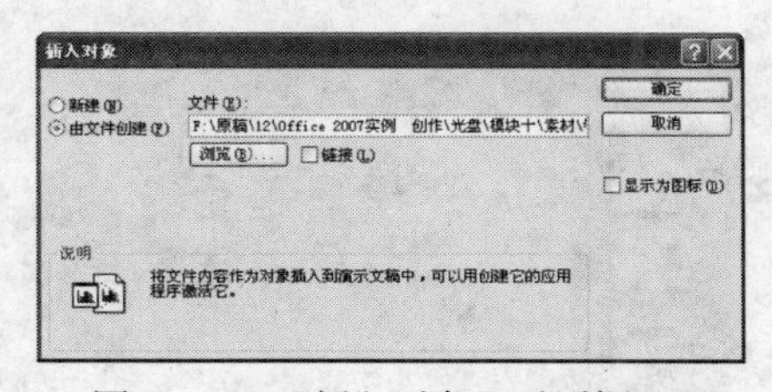

图 10-42　“插入对象”对话框

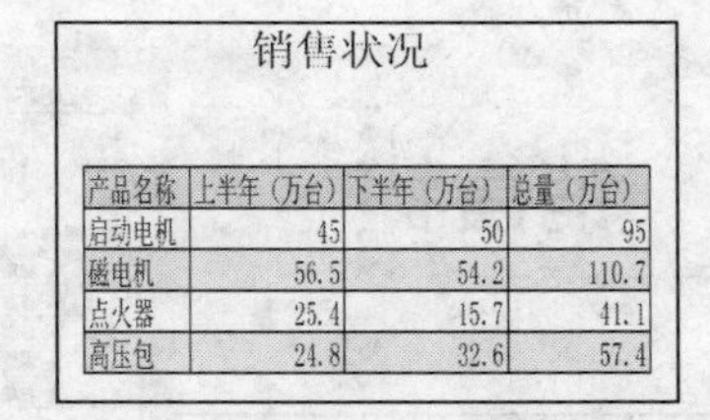

销售状况

产品名称	上半年（万台）	下半年（万台）	总量（万台）
启动电机	45	50	95
磁电机	56.5	54.2	110.7
点火器	25.4	15.7	41.1
高压包	24.8	32.6	57.4

图 10-43　插入的 Excel 表格效果

提示　将鼠标指针移动到行号或列标上，当其变为⇕或⇔形状时，向下或向右拖动鼠标可改变行高或列宽。

操作三　美化演示文稿

（1）选择“设计”选项卡，在“主题”功能组中选择“暗香扑面”主题样式，设置主题后的效果如图 10-44 所示。

（2）选择“插入”选项卡，在“文本”功能组中单击“艺术字”按钮，在弹出的列表框中选择一种艺术字样式，并输入文本“质量是企业的生命　只为追求更好”，如图 10-45 所示。

图 10-44　设置主题后的效果　　　　图 10-45　添加艺术字

（3）选择“动画”选项卡，选择第二张幻灯片，在“切换到此幻灯片”功能组中单击“其他”按钮，在弹出的下拉列表框中选择“擦除”栏下的最后一个选项，选择第三张幻灯片，在弹出的“其他”列表框中选择“推进和覆盖”栏下的最后一个选项。

（4）选择幻灯片中需要设置动画效果的对象，如文本框，在“动画”功能组中单击“自定义动画”按钮，即可在窗口右侧打开“自定义动画”面板，单击“添加效果”按钮，在弹出的下拉列表框中执行“进入”→“百叶窗”菜单命令，如图 10-46 所示。

（5）运用相同的方法为其他文本添加动画效果。

（6）选择第一张幻灯片，选择“插入”选项卡，在“媒体剪辑”功能组中单击“声音”按钮，在弹出的“插入声音”对话框中选择声音，单击“确定”按钮，将打开一个提示对话框，单击“自动”按钮即可将声音插入到幻灯片中，如图 10-47 所示。

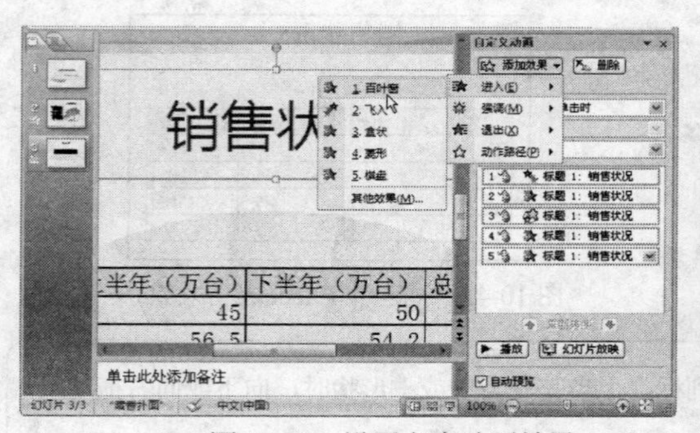

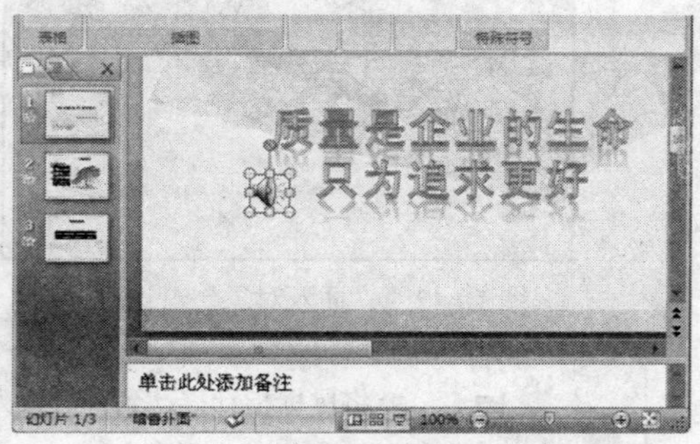

图 10-46　设置文本动画效果　　　　图 10-47　为演示文稿添加声音

（7）选择“幻灯片放映”选项卡，在“开始放映幻灯片”功能组中单击“从头开始”按钮，即可放映幻灯片，并自动播放声音。

◆ 学习与探究

本任务练习了在 Office 2007 中的三大组件协同使用的相关操作。在演示文稿中导入 Word 文本时，除了本例介绍的选择文本后直接拖动到演示文稿中的方法外，还可以通过以下操作导入文本。

（1）打开 Word 文档后，将 Word 视图模式转换为大纲视图，并设置各级的标题。

（2）在 PowerPoint 中选择“插入”选项卡，在“幻灯片”功能组中单击“新建幻灯片”按钮，在弹出的下拉菜单中选择“幻灯片从大纲”选项，在打开的“插入大纲”对话框中选择想要转换为幻灯片的 Word 文档即可。

另外，除了文本和表格对象外，三大组件间的图片、艺术字、剪贴画等都可作为共享资源，也可在演示文稿中将文本链接到其他组件文档对象中。

实训一　批量制作通知文档

◆ 实训目标

本实训要求利用邮件合并的相关知识来批量制作通知文档，最终效果如图 10-48 所示。通过本实训掌握邮件合并功能的使用方法。

通知

黎涛你好：

现根据科学技术文化交流委员会的评委评选结果，你的论文已经入围决赛，现通知你于 2011 年 3 月 25 日 9：00 到锦江大礼堂参加颁奖典礼，请准时到场。

中国金科之王四川赛区评审委员会

2011 年 1 月 13 日

图 10-48　通知文档的最终效果

素材位置：模块十\素材\通知.docx、通知.mdb。

效果图位置：模块十\源文件\通知.docx。

◆ 实训分析

本实训的操作思路如图 10-49 所示，具体分析及思路如下。

（1）打开“新建地址列表”对话框设置联系人。

（2）在“插入合并域”对话框中选择联系人。

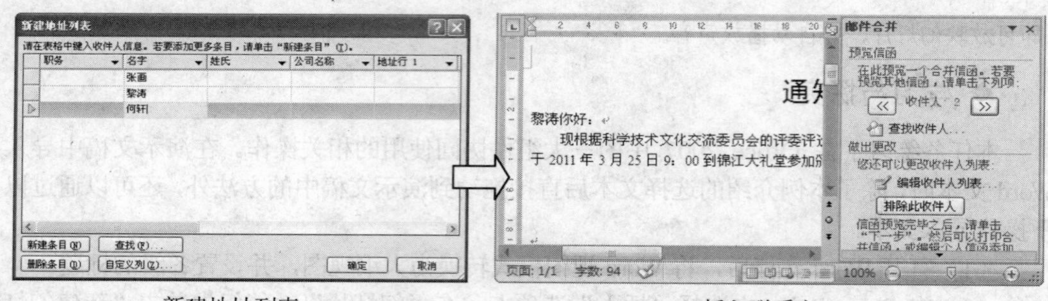

新建地址列表　　　　插入联系人

图 10-49　批量制作通知文档的操作思路

实训二　制作产品分析演示文稿

◆ 实训目标

本实训要求利用 Office 三大组件的协同使用来制作一个产品分析演示文稿，最终效果如图 10-50 所示。

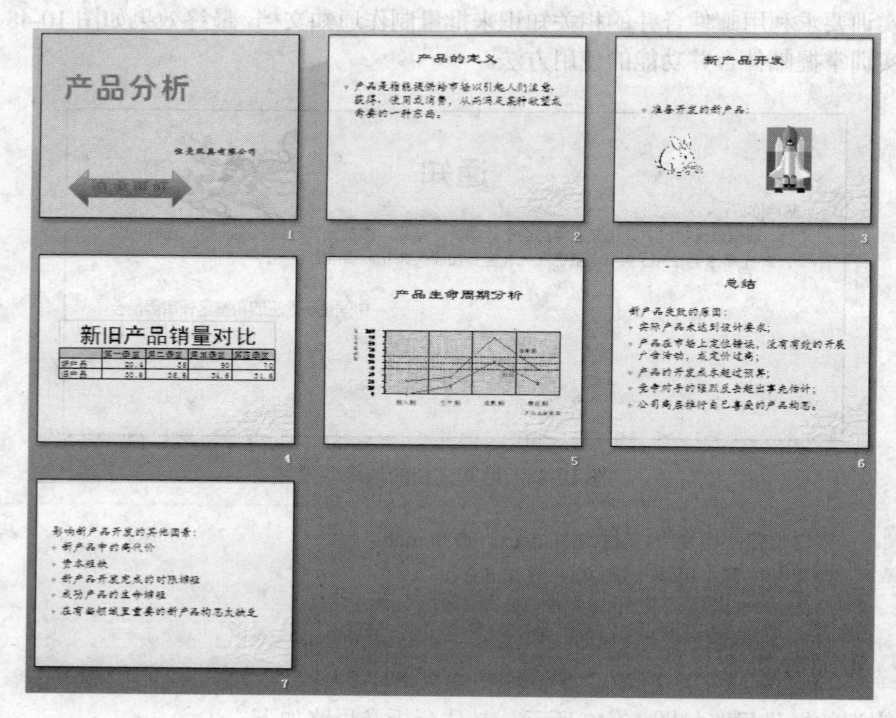

图 10-50　产品分析演示文稿的最终效果

素材位置：模块十\素材\总结.docx、销售对比.xlsx。
效果图位置：模块十\源文件\产品分析.pptx。

◆ 实训分析

本实训的操作思路如图 10-49 所示，具体分析及思路如下。

（1）在文档中导入 Word 中的文本。

（2）插入 Excel 中的数据。

（3）通过插入图形、应用主题等操作美化演示文稿。

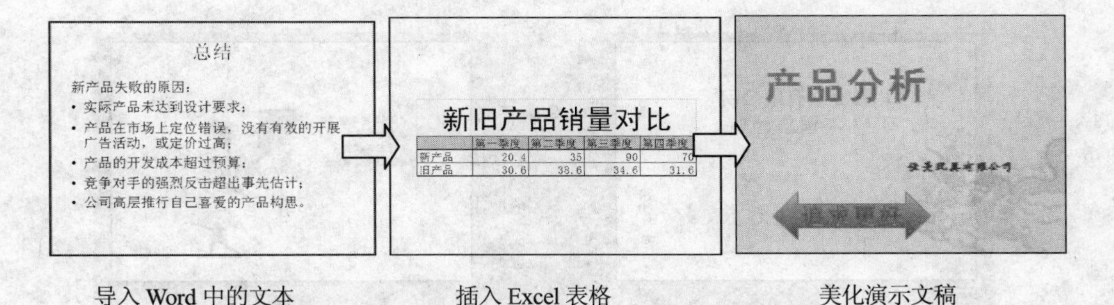

导入 Word 中的文本　　　　插入 Excel 表格　　　　美化演示文稿

图 10-51　制作产品分析演示文稿的操作思路

实践与提高

根据本模块所学内容，动手完成以下实践内容。

练习 1　制作信封

运用信封功能的相关操作制作一个公司信封文档，最终效果如图 10-52 所示。

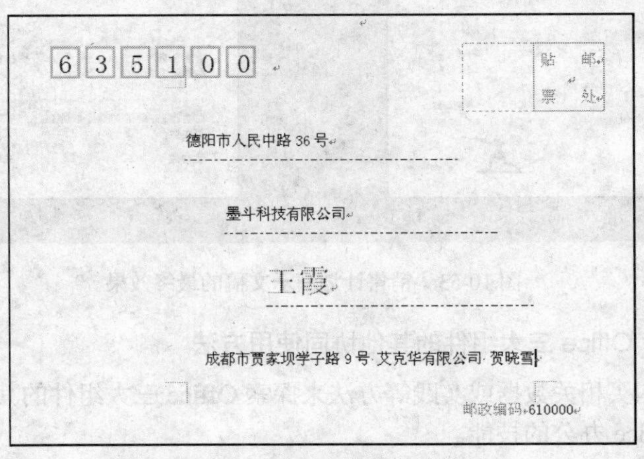

图 10-52　公司信封文档的最终效果

效果图位置：模块十\源文件\信封.docx、通知.mdb。

练习 2　制作销售计划演示文稿

本练习将运用 Office 三大组件的协同使用来制作一个销售计划演示文稿，最终效果如图 10-53 所示。

素材位置：模块十\素材\近三年收益.xlsx、销售调查.docx。
效果图位置：模块十\源文件\销售计划演示文稿.pptx。

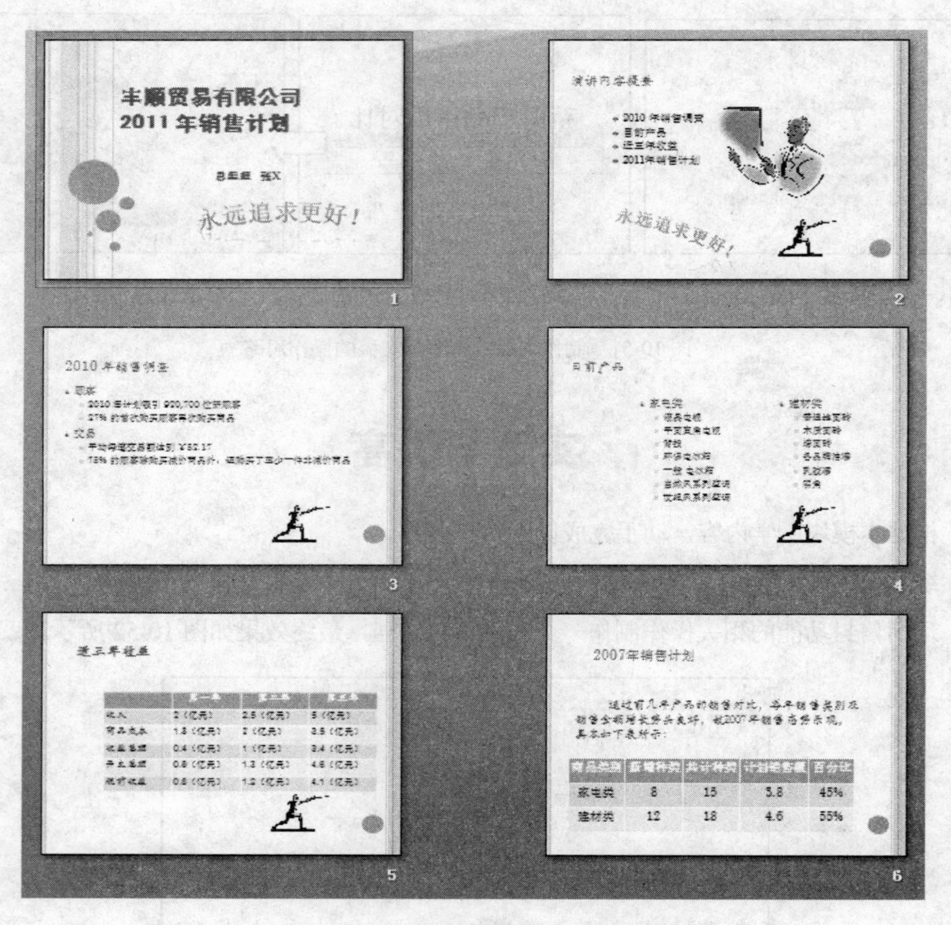

图 10-53　销售计划演示文稿的最终效果

练习 3　思考 Office 三大组件的其他协同使用方法

通过上网、购买相关数据或实践等方法来探索 Office 三大组件的其他协同使用方法，从而提高运用 Office 办公的技能。

反侵权盗版声明

举报电话：（010）88254396；（010）88258888

传　　真：（010）88254397

E-mail：dbqq@phei.com.cn

通信地址：北京市万寿路 173 信箱

　　　　　电子工业出版社总编办公室

邮　　编：100036